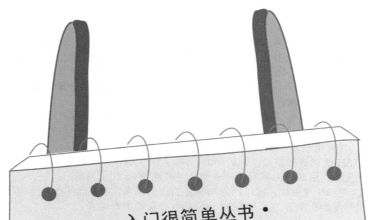

入门很简单丛书

Java Web开发入门很简单

贺振增 张海芳 等编著

清华大学出版社

北 京

内 容 简 介

本书主要介绍了 Java Web 编程的基础知识和 Java Web 开发过程中一些常用的开源框架，并且通过具体实例详细介绍了 Java Web 项目的开发流程。本书采用循序渐进、由易到难的顺序展开，好让读者轻松愉快地掌握所要讲解的知识。并且每一章都以武术的要领口诀命名，目的是想让读者明白所有事物的学习原理都是相通的，只要您肯勤劳、有悟性，就会成功。**本书提供了配套多媒体教学视频及涉及的源代码，可大大方便读者高效、直观地学习。**

本书 15 章，分 5 篇。第 1 篇为准备篇，主要为 Java Web 开发概述，并手把手带领读者一块搭建 Java Web 开发环境；第 2 篇为基础篇，主要介绍 HTML、CSS、JavaScript、Servlet、JSP 和 JavaBean 等 Java Web 开发所需的基础知识，并对这些基础知识进行练习和领悟；第 3 篇为提高篇，介绍当前流行的 SSH 开发框架，并带领读者对 SSH 框架进行整合，最后介绍了 Ajax 和 jQuery；第 4 篇为实践篇，通过 3 个具体实例了解 Java Web 开发流程；第 5 篇为扩展篇，主要是对移动 Web 开发领域的扩展。

本书内容丰富，深度和广度兼顾，可以作为初学者的入门指南。本书适用于有一定的 Java 语言基础，想从事 Java Web 编程开发的初学者，以及热爱 Java Web 开发的所有读者。

图书在版编目（CIP）数据

Java Web 开发入门很简单 / 贺振增，张海芳等编著. —北京：清华大学出版社，2014（2020.2 重印）
（入门很简单丛书）
ISBN 978-7-302-33805-5

Ⅰ．①J…　Ⅱ．①贺…　②张…　Ⅲ．①JAVA 语言 – 程序设计　Ⅳ．①TP312

中国版本图书馆 CIP 数据核字（2013）第 212253 号

责任编辑：夏兆彦
封面设计：欧振旭
责任校对：徐俊伟
责任印制：丛怀宇

出版发行：清华大学出版社
　　　　网　　　址：http://www.tup.com.cn, http://www.wqbook.com
　　　　地　　　址：北京清华大学学研大厦 A 座　　　邮　　编：100084
　　　　社 总 机：010-62770175　　　　　　　　　　邮　　购：010-62786544
　　　　投稿与读者服务：010-62776969，c-service@tup.tsinghua.edu.cn
　　　　质 量 反 馈：010-62772015，zhiliang@tup.tsinghua.edu.cn
印 装 者：北京建宏印刷有限公司
经　　销：全国新华书店
开　　本：185mm×260mm　　印　　张：28.75　　字　　数：704 千字
版　　次：2014 年 9 月第 1 版　　　　　　印　　次：2020 年 2 月第 5 次印刷
定　　价：69.00 元

产品编号：054562-01

前　　言

　　Java 语言一直以来可以说是世界上应用最广泛的编程语言。近几年，随着云计算以及移动领域的扩张，很多企业考虑将其部署到 Java 平台上，这就意味着 Java 将会有更广阔的使用空间和发展前景。而 Java Web 作为 Java 的一个重要分支，其地位和重要性也是不言而喻的。这将需要很多精通 Java Web 技术的专业人才，因此现在有越来越多的工作者、学习者正努力进入 Java Web 领域或将要努力进入 Java Web 领域。

　　而想掌握 Java Web 技术尤其是 Java EE 企业级开发技术并非想象中的那么简单，其中很多想进入 Java Web 开发领域的开发者倒在了入门的道路上。所以 Java Web 开发入门非常重要，有了好的开始就等于已经成功迈进 Java Web 开发的大门，至于以后如何就要看自己的修行了。为了帮助广大工作者、学习者能真正掌握 Java Web 编程，感受到 Java Web 开发的前景和魅力，领悟到 Java Web 编程的精华和开发过程中的快乐，笔者根据近年来的对 Java Web 编程的学习和实际开发经验，精心编写了本书。

　　本书重点介绍 Java Web 开发入门，主要面向那些想进入 Java Web 开发领域但又不知如何入门的读者，通过笔者对 Java Web 编程深入浅出的讲解，让读者轻松愉快地进入 Java Web 开发的大门。

　　由于笔者是太极拳的爱好者，所以在本书中引用了很多太极拳的精妙要义，以武术的理论来讲解 Java Web 开发的过程和原理，让读者能够在阅读本书的同时，还能体会一下太极拳的奥妙，做到松弛有度。

　　练太极拳有三到：神到、意到、形到。如身法正确，则进步甚速，每日有不同之感觉。学者宜细心体味之。如身法不合，神意不到，如火煮空铛，到老无成。同理，在学习 Java Web 编程的时候，也需要三到，需要心神合一，掌握要领，循序渐进地练习和掌握。

　　在 Java Web 编程学习过程中，我总结了两点：第一须勤，第二须悟。结果如何，视智慧如何，但勤能补拙，须自勉之。希望通过对本书的学习，那些徘徊在 Java Web 开发大门前的读者能够轻松走进 Java Web 编程的大门，只要您跟着本书学习，您会发现 Java Web 编程入门其实很简单。

本书特色

1. 通俗易懂，图文并茂

　　本书每一章都以武术的要领口诀命名，目的是想让读者明白所有事物的学习原理都是相通的，只要您肯勤劳、有悟性，就会成功；并且本书几乎对所有的操作都附有图示，以期读者更好地掌握。

2．由浅入深，涵盖广泛

涵盖了 Java Web 开发所需要的所有的基础知识，包括 HTML、CSS、JavaScript、JSP、Servlet、XML、jQuery 和 Ajax 等，以及当前流行的 SSH 框架的整合和使用。并且对开发中的异常处理和软件测试都有简单介绍。

3．深浅适中，扩展有度

本书既对基础知识做了讲解，以保障入门开发者能够很快地上手；又对 Java EE 企业开发有所介绍和渗透，以软件工程的思想教给读者如何开发一个完整的项目。本书还对当前比较流行的移动 Web 开发有所扩展，让读者掌握前沿开发动向。

4．实例丰富，实用性强

在介绍每一个知识点的同时都加入了一些操作实例，读者可以参考学习，以轻松练习和掌握所学知识。

5．视频教学，高效直观

为配合读者的学习，本书提供了配套教学视频。由于有些知识通过书面表达很难讲解到位，所以为了帮助读者在学习本书时能够轻松掌握书中所讲的知识，作者专门录制了本书重点内容的教学视频供读者高效而直观地学习。读者在阅读本书的时候请结合教学视频的讲解进行学习，才能达到更好的效果，因为有些经验和知识点在书中可能并没有提及。

本书内容安排

学习本书内容需要读者提前学习一下 Java 基础知识。因为本书旨在介绍 Java Web 开发编程入门，所以对 Java 基础知识并没有做详细的讲解。本书共 15 章，分为 5 篇，按照章节的先后顺序，由浅入深、循序渐进地讲解了 Java Web 编程基础知识和常用框架，并根据笔者的工作经验，力求将开发过程中遇到的问题分享给读者，以免读者再犯类似错误。

第 1 篇，准备篇，包括第 1、2 章，介绍了 Java Web 开发领域及开发环境的搭建。

第 1 章介绍了 Java Web 开发的背景和所需要的东西。

第 2 章介绍了 Java Web 开发环境的搭建，手把手带领读者搭建开发环境。

第 2 篇，基础篇，包括第 3～5 章，主要介绍了 Java Web 开发必备的基础知识。

第 3 章介绍了 Java Web 开发必备的基础知识，包括 HTML、JSP、Servlet 和 JavaBean 等。

第 4 章带领读者练习一下第 3 章所学的内容，为后续学习打好基础。

第 5 章介绍了 Java Web 开发组件的联系和原理，同时对 MVC 模式有所讲解。

第 3 篇，提高篇，包括第 6～8 章，主要介绍了 Java Web 开发的常用的框架。

第 6 章介绍了 Java Web 开发中最常用的 Struts、Spring 和 Hibernate 三大框架的使用。

第 7 章介绍了 SSH 三大框架的整合开发，让读者初步具备 SSH 框架的整合思维。

第 8 章介绍了 jQuery 和 Ajax 框架在 Web 开发中的应用。

第 4 篇，实践篇，包括第 9～13 章，通过具体实例介绍 Java Web 项目开发过程。

第 9 章主要从软件工程的角度介绍了 Java Web 项目的开发流程。

第 10～12 章为 3 个具体实例，按照软件开发的流程带领读者完成了 3 个 Java Web 项目。

第 13 章主要介绍了 Java Web 开发中的常见异常和处理方法，需要读者深思体会。

第 5 篇，扩展篇，包括第 14、15 章，简单介绍了移动 Web 开发的相关内容。

第 14 章简单介绍了一些移动 Web 开发的领域，目的是让读者开阔自己的知识视野。

第 15 章简单介绍了现今移动领域的迅猛发展和移动 Web 开发的前景，劝诫读者须知学海无涯，应潜心学习。

本书适合的读者

如果您已经具备了较好的 Java Web 编程功底，那么您可以绕过本书而学习更加深入的知识。但是如果您只是 Java Web 的初学者或者想进入 Java Web 开发领域，本书就是您不错的选择。

❑ 有一定 Java 基础，想从事 Java Web 开发的初学者；

❑ 热爱 Java Web 开发的所有读者。

本书作者

本书由贺振增和张海芳主笔编写。其他参与编写的人员有吴振华、辛立伟、熊新奇、徐彬、晏景现、杨光磊、杨艳玲、姚志娟、俞晶磊、张建辉、张健、张林、张迎春、张之超、赵红梅、赵永源、仲从浩、周建珍、杨文达。

致谢

感谢我的父母！长期以来你们一直默默地支持和鼓励着我。如果没有你们的支持，我不会有今天的成果，是你们的鼓励和支持让我有了前进的方向和奋斗的动力。

感谢清华大学出版社负责本书的编辑！本书写作过程中得到了不少良好的建议和指导。

感谢和我一起主笔编写本书的张海芳同学！感谢参与本书编写的张海洋等其他作者和同事，他们给了我不少宝贵的意见。

本书写作过程中借鉴和参考了网络开源社区和论坛的相关内容，在此表示感谢！

希望读者通过学习本书，有所领悟，有所收获。阅读本书的过程中若有疑问，请发邮件和我们联系。E-mail：bookservice2008@163.com。

编著者

目　　录

第 1 篇　准　备　篇

第 2 篇　基　础　篇

第 3 篇 提 高 篇

第 4 篇 实 践 篇

<h2 style="text-align:center">第 5 篇　扩　展　篇</h2>

第 1 篇　准备篇

第 1 章 师父领进门——了解 Java Web 开发领域

"师者，所以传道授业解惑也"，师父指导你正确的修行方法，帮助你解答疑惑的问题，而用功还是要靠自己。所谓"师父领进门，修行在个人"就是这个意思，师父带你走进这个领域，至于你怎么发展，发展到怎么样，就要看你的勤奋和觉悟了。

本章主要带你进入 Java Web 开发的大门，简单地了解一下 Java Web 开发到底是怎么回事，结合自己的体会介绍一下 Java Web 开发的前景，并对 Java Web 开发需要什么以及如何学好 Java Web 开发做了简单的介绍。

由于在您读 Java Web 开发入门这本书时，就认为您已经具备了 Java 编程语言的基础知识，所以在本书中就不对 Java 编程的基础知识做细致全面的讲解了。但是，由于本人担心有些读者在学习 Java Web 开发之前并没有接触过 Java 编程语言，所以在本章中也会提及一点 Java 知识，希望大家可以认真积累。当然如果您已经是 Java 高手，那么可以跳过本章的 1.1 节，直接阅读 1.2 节即可。下面我们就来进入 Java Web 开发这道门吧！

1.1 门一：Java 是开发的基础

Java 是一种可以撰写跨平台应用软件的面向对象的程序设计语言，是由 Sun Microsystems 公司于 1995 年 5 月推出的 Java 程序设计语言和 Java 平台（即 Java SE、Java EE 和 Java ME）的总称。Java 技术具有卓越的通用性、高效性、平台移植性和安全性，广泛应用于个人 PC、数据中心、游戏控制台、科学超级计算机、移动电话和互联网，同时拥有全球最大的开发者专业社群。

在全球云计算和移动互联网的产业环境下，Java 更具备了显著优势和广阔前景。由于本书主要介绍 Java Web 开发，而 Java 是 Java Web 开发的重要基础，所以如果想学好 Java Web 开发就需要读者朋友具备一定的 Java 知识。本书默认您已经具备了一定的 Java 基础了，如果您对 Java 基础知识还没有掌握，也没关系，这里我们会介绍一些最基本的 Java 基础知识。但是建议读者朋友最好再自己系统学习一下 Java 程序设计语言，这对以后的 Java Web 开发学习很有帮助。下面我们就来介绍一下 Java 语言发展历程、特点和发展前景。

1.1.1 Java 语言的发展历程

Java 的名字的来源：Java 是印度尼西亚爪哇岛的英文名称，因盛产咖啡而闻名。Java 语言中的许多库类名称，多与咖啡有关，如 JavaBeans（咖啡豆）、NetBeans（网络豆）以及 ObjectBeans（对象豆）等等。Sun 和 Java 的标识也正是一杯冒着热气的咖啡。

据 James Gosling（詹姆斯·高斯林）回忆，最初这个为 TV 机顶盒所设计的语言在 Sun 内部一直称为 Green 项目。我们的新语言需要一个名字。Gosling（高斯林）注意到自己办公室外一棵茂密的橡树 Oak，这是一种在硅谷很常见的树，所以他将这个新语言命名为 Oak，但 Oak 是另外一个注册公司的名字，这个名字不可能再用了。在命名征集会上，大家提出了很多名字。最后按大家的评选次序，将十几个名字排列成表，上报给商标律师。排在第一位的是 Silk（丝绸），尽管大家都喜欢这个名字，但遭到 James Gosling 的坚决反对。排在第二和第三的都没有通过律师这一关，只有排在第四位的名字，得到了所有人的认可和律师的通过，这个名字就是 Java。十多年来，Java 就像爪哇咖啡一样誉满全球，成为实至名归的企业级应用平台的霸主。

下面就是这十多年来 Java 的发展历程。

1995 年 5 月 23 日，Java 语言诞生。

1996 年 1 月，第一个 JDK 1.0 诞生。

1996 年 4 月，10 个最主要的操作系统供应商申明将在其产品中嵌入 Java 技术。

1996 年 9 月，约 8.3 万个网页应用了 Java 技术来制作。

1997 年 2 月 18 日，JDK 1.1 发布。

1997 年 4 月 2 日，JavaOne 会议召开，参与者逾一万人，创当时全球同类会议规模之纪录。

1997 年 9 月，JavaDeveloperConnection 社区成员超过十万。

1998 年 2 月，JDK 1.1 被下载超过 2 000 000 次。

1998 年 12 月 8 日，Java 2 企业平台 J2EE 发布。

1999 年 6 月，Sun 公司发布 Java 的三个版本：标准版（J2SE）、企业版（J2EE）和微型版（J2ME）。

2000 年 5 月 8 日，JDK 1.3 发布。

2000 年 5 月 29 日，JDK 1.4 发布。

2001 年 6 月 5 日，NOKIA 宣布，到 2003 年将出售 1 亿部支持 Java 的手机。

2001 年 9 月 24 日，J2EE 1.3 发布。

2002 年 2 月 26 日，J2SE 1.4 发布，自此 Java 的计算能力有了大幅提升。

2004 年 9 月 30 日 18:00PM，J2SE 1.5 发布，成为 Java 语言发展史上的又一里程碑。为了表示该版本的重要性，J2SE 1.5 更名为 Java SE 5.0。

2005 年 6 月，JavaOne 大会召开，Sun 公司公开 Java SE 6。此时，Java 的各种版本已经更名，以取消其中的数字"2"：J2EE 更名为 Java EE，J2SE 更名为 Java SE，J2ME 更名为 Java ME。

2006 年 12 月，Sun 公司发布 JRE 6.0。

2009 年 04 月 20 日，甲骨文以 74 亿美元收购 Sun，取得 Java 的版权。

2011 年 7 月，甲骨文公司发布 Java 7 的正式版。

1.1.2　Java 语言的特性

Sun 公司对 Java 编程语言的解释是：Java 编程语言是个简单、面向对象、分布式、解释性、健壮、安全与系统无关、可移植、高性能、多线程和动态的语言。从 Sun 公司对

Java 编程语言的解释可以知道 Java 编程语言具有简单性特点、面向对象特点、分布式特点、解释执行特点、健壮稳定特点、安全性特点、可移植性特点、高效性特点、多线程特点和动态性特点。

（1）简单性特点。Java 语言的语法与 C 语言和 C++语言很接近，使得大多数程序员很容易学习和使用。Java 丢弃了 C++ 中很少使用的、很难理解的、令人迷惑的那些特性，如操作符重载、多继承、自动的强制类型转换。特别地，Java 语言不使用指针，并提供了自动的废料收集，使得程序员不必为内存管理而担忧。Java 提供了丰富的类库供编程人员调用。

（2）面向对象特点。面向对象编程（Object Oriented Programming，OOP，即面向对象程序设计）是一种计算机编程架构。OOP 的一条基本原则是计算机程序是由单个能够起到子程序作用的单元或对象组合而成。OOP 达到了软件工程的三个主要目标：重用性、灵活性和扩展性。为了实现整体运算，每个对象都能够接收信息、处理数据和向其他对象发送信息。

面向对象编程语言支持类与对象、封装、继承和多态。

- ❑ 对象：对象是运行期的基本实体，它是一个封装了数据和操作这些数据的代码的逻辑实体。
- ❑ 类：类是具有相同类型的对象的抽象。一个对象所包含的所有数据和代码可以通过类来构造。
- ❑ 封装：封装是将数据和代码捆绑到一起，避免了外界的干扰和不确定性。对象的某些数据和代码可以是私有的，不能被外界访问，以此实现对数据和代码不同级别的访问权限。
- ❑ 继承：继承是让某个类型的对象获得另一个类型的对象的特征。通过继承可以实现代码的重用，从已存在的类派生出的一个新类将自动具有原来那个类的特性，同时，它还可以拥有自己的新特性。
- ❑ 多态：多态是指不同事物具有不同表现形式的能力。多态机制使具有不同内部结构的对象可以共享相同的外部接口，通过这种方式减少代码的复杂度。

（3）分布式特点。Java 语言支持 Internet 应用的开发，在基本的 Java 应用编程接口中有一个网络应用编程接口（java net），它提供了用于网络应用编程的类库，包括 URL、URLConnection、Socket 和 ServerSocket 等。Java 的 RMI（远程方法激活）机制也是开发分布式应用的重要手段。

（4）解释执行特点。Java 程序在 Java 平台上被编译为字节码格式，然后可以在实现这个 Java 平台的任何系统中运行。在运行时，Java 平台中的 Java 解释器对这些字节码进行解释执行，执行过程中需要的类在连接阶段被载入到运行环境中。

（5）健壮稳定特点。Java 的强类型机制、异常处理、废料的自动收集等是 Java 程序健壮性的重要保证。对指针的丢弃是 Java 的明智选择。Java 的安全检查机制使得 Java 更具健壮性。

（6）安全性特点。Java 通常被用在网络环境中，为此，Java 提供了一个安全机制以防恶意代码的攻击。除了 Java 语言具有的许多安全特性以外，Java 对通过网络下载的类具有一个安全防范机制（类 ClassLoader），如分配不同的名字空间以防替代本地的同名类、字节代码检查，并提供安全管理机制（类 SecurityManager）让 Java 应用设置安全哨兵。

（7）可移植性特点。这种可移植性来源于体系结构中立性，另外，Java 还严格规定了各个基本数据类型的长度。Java 系统本身也具有很强的可移植性，Java 编译器是用 Java 实现的，Java 的运行环境是用 ANSI C 实现的。

（8）高效性特点。与那些解释型的高级脚本语言相比，Java 的确是高性能的。事实上，Java 的运行速度随着 JIT（Just-In-Time）编译器技术的发展越来越接近于 C++。

（9）多线程特点。在 Java 语言中，线程是一种特殊的对象，它必须由 Thread 类或其子（孙）类来创建。通常有两种方法来创建线程：其一，使用型构为 Thread（Runnable）的构造子将一个实现了 Runnable 接口的对象包装成一个线程；其二，从 Thread 类派生出子类并重写 run 方法，使用该子类创建的对象即为线程。值得注意的是 Thread 类已经实现了 Runnable 接口，因此，任何一个线程均有它的 run 方法，而 run 方法中包含了线程所要运行的代码。线程的活动由一组方法来控制。Java 语言支持多个线程的同时执行，并提供多线程之间的同步机制（关键字为 synchronized）。

（10）动态性特点。Java 语言的设计目标之一是适应于动态变化的环境。Java 程序需要的类能够动态地被载入到运行环境，也可以通过网络来载入所需要的类。这也有利于软件的升级。另外，Java 中的类有一个运行时刻的表示，能进行运行时刻的类型检查。

1.1.3　Java 语言的发展前景

Java 语言的优良特性使得 Java 应用具有无比的健壮性和可靠性，这也减少了应用系统的维护费用。Java 对对象技术的全面支持和 Java 平台内嵌的 API 能缩短应用系统的开发时间并降低成本。Java 的"编译一次，到处可运行"的特性使得它能够提供一个随处可用的开放结构和在多平台之间传递信息的低成本方式。特别是 Java 企业应用编程接口（Java Enterprise API）为企业应用系统提供了有关技术和丰富的类库。

电子商务要求程序代码具有基本的要求：安全、可靠、同时要求能与运行于不同平台的机器的全世界客户开展业务。Java 以其强安全性、平台无关性、硬件结构无关性、语言简洁同时面向对象，在网络编程语言中占据无可比拟的优势，成为实现电子商务系统的首选语言。

Android 是第一个内置支持 Java 的操作系统，Android 应用程序使用 Java 语言编写。Android 开发水平的高低很大程度上取决于 Java 语言核心能力是否扎实。另外一方面，3G 应用往往会和企业级应用相互结合。因此，在 3G-Android 课程体系中将 Android 课程与 Java EE 课程紧密结合，以 Android 课程为主，以 Java EE 课程为辅，配合真实的企业级项目，不但可以深入掌握基于 Android 平台的智能手机开发技术，更重要的是还系统掌握了智能移动终端与 Java EE 服务器端相结合的诸多领域商业的应用。Java 的这些优良特性为 Java 语言的发展提供了广泛的发展前景。

1.2　门二：Java Web 开发概述

Java Web 是用 Java 技术来解决相关 Web 互联网领域的技术总和。Web 包括 Web 服务器和 Web 客户端两部分。Web 服务器的作用是接受浏览器客户端的请求，然后向浏览器客户端返回一些结果。浏览器的作用是允许用户请求服务器上的某个资源，并且向用户显示请求的结果。Java Web 开发就是利用 HTML、JSP 等告诉浏览器怎样向用户显示内容，以及通过 HTTP 实现 Web 上浏览器客户端和服务器之间通信。下面我们就来看看 Java Web 开发前途以及如何学习 Java Web 开发。

1.2.1　Java Web 开发前途

目前做 Web 开发前景还是非常乐观的，本人就我所知道的跟读者分析下目前的形势吧：由于近两年 Android 和 iOS 的风靡，导致这几年做 Android 和 iOS 很吃香，然而随着 Android 和 iOS 的火爆，很多人转向 Android 和 iOS，这样势必会导致 Android 和 iOS 趋向饱和。

随着电子产品的飞速发展，以后极有可能是超级本的天下，那时候做 Web 开发就会很吃香，而且这种可能性极大。另外，由于 Android 和 iOS 两大阵容目前存在应用都不兼容，所以跨平台的兼容性是人们迫切希望解决的，这就需要 Java Web 发力了。还有就目前 Web 开发语言方面，JSP、PHP 和 ASP 是三大阵容，PHP 这几年在国内是最火的，但是由于 Java 的优良特性，企业级开发主要还是选择 Java 的 JSP 作为主要开发语言。不过目前还是有少数公司用 ASP 开发 Web。所以目前 Java Web 开发前途是一片光明。

1.2.2　Java Web 开发需要什么

从前面介绍可以看到 Java Web 开发前途无量，但是要想学好 Java Web 开发需要学习些什么呢？基本的网页设计语言 HTML、JavaScript 和 CSS 等基本上可以做一些静态网页了。对于制作动态网站，Java、JSP（Servlet 属于 JSP 中的）等的作用是从前台网页获取数据和后台数据库进行交互。数据库有这几种：MySQL、SQL Server、SQL Lite、Access 和 Oracle。数据库用于保存网站的一些信息（例如：用户信息、网站功能等）。

然后再学习一些框架，深刻理解 MVC 思想和原理，了解 Struts、Spring 和 Hibernate 的基本工作原理，并会搭建简单的企业开发架构。这些知识我们都会在以后的章节中逐一介绍，只要您跟的我讲的学，Java Web 开发很快就会入门的。

1.2.3　如何学习 Java Web 开发

目前，国内外信息化建设特别是移动互联网的高速发展，使得 Java Web 技术已经进入基于 Web 应用为核心的阶段，Java 作为应用于网络的最好语言，前景无限看好。

然而，利用 Java 建造 Web 应用也并非想象中的那么容易，Java Web 开发需要很多基础知识作支撑，比如 Java 编程语言、JDBC 技术、Servlet 技术、JSP 技术、JavaBean 技术、HTML 语言、CSS 技术、JavaScript 脚本语言等，这些技术我们会在第 3 章中详细讲解。

当然除了这些基础知识之外，还要知道一些比较好的开源框架，了解 MVC 思想，掌握 SSH 框架的搭建和基本原理。所以要实施 Java 的 Web 项目需要有规划、有条理地学习，下面我们就来看看几个比较重要的需要我们必须掌握的技术。

1．Java编程语言

Java 编程语言是基础，但是本书主要介绍的是 Java Web 开发入门，默认读者已经对 Java 编程语言基础有所了解，所以就不会再花费大的篇幅介绍 Java 编程语言了，只对 Java 编程语言的基本特点做简要介绍。由于 Java 包括多个模块，从 Java Web 项目应用角度出发涉及到 JSP、Servlet、JDBC 和 JavaBean（Application）四部分技术。

2．JDBC（Java DataBase Connectivity）技术

JDBC（Java DataBase Connectivity）是一种用于执行 SQL 语句的 Java API。它由一组用 Java 编程语言编写的类和接口组成。JDBC 为数据库开发人员提供了一个标准的 API，使他们能够用纯 Java API 来编写数据库应用程序。

3．Servlet技术

Servlet 从客户端（通过 Web 服务器）接收请求，执行某种操作，然后返回结果。所以 Servlet 是运行在服务器端的程序，我们可以认为它是服务器端的 applet。Servlet 被 Web 服务器（例如 Tomcat）加载和执行，就如同 applet 被浏览器加载和执行一样。

4．JSP（Java Server Pages）技术

JSP 是我们从事 Java Web 开发用到的最多、打交道最多的技术。JSP 可以说是从 Servlet 的基础上分离出来的一小部分，简化了开发，加强了界面设计。JSP 主要用在交互网页的开发，运用 Java 语法，但功能较 Servlet 弱了很多，并且高级开发中只充当用户界面部分。

JSP 实现了"一次编写，各处执行（Write Once，Run Anywhere）"的特性，作为 Java 平台的一部分，JSP 技术可依赖于重复使用跨平台的组件（如：JavaBean 或 Enterprise JavaBean 组件）来执行更复杂的运算、数据处理。开发人员能够共享开发完成的组件，或者能够加强这些组件的功能，让更多用户或是客户团体使用。基于善加利用组件的方法，可以加快整体开发过程，也大大降低公司的开发成本和人力。

5．JavaBean（Application）应用组件技术

Application 是 Java 应用程序，在 Web 项目和一些开发中主要应用 JavaBean。它就是 Application 的一部分，逻辑运算能力很强，能极大地发挥 Java 语言的优点。JavaBean 被称为是 Java 组件技术的核心。JavaBean 的结构必须满足一定的命名约定。JavaBean 能提供常用功能并且可以重复使用，这使得开发人员可以把某些关键功能和核心算法提取出来封装成为一个组件对象，这样就增加了代码的重用率和系统的安全性。

是不是学习好这些技术就可以做 Java Web 开发了？应该还是可以开发一些简单的 Web 应用的，但是如果想做一些真正的企业级别的 Web 开发，这些还是不够的，还需要掌握面向对象的分析和设计思想、常用的设计模式和框架结构等等。

由于 Java 语言是完全面向对象的语言，所以在项目设计时应尽量舍弃以往的面向过程的设计方式。在分析项目业务关系的时候，应用一些 UML（Unified Modeling Language）图，例如常用的用例图（Use Case Diagram）、类图（Class Diagram）和时序图（Sequence Diagram）等，这些会给我们的设计带来很大的帮助。这样能尽快找出业务逻辑主要面对的

对象，然后对每个对象进行行为划分，最后再实现带来对象之间的集成和通信。

设计模式在 Java Web 项目实施过程更是重中之重。开始我们在普通的 Web 项目中很多采用两层的开发结构，主要是 JSP+Servlet 或 JSP+JavaBean。对于开发要求高的项目，我们使用 MVC 的三层开发结构，也就是 JSP+Servlet+JavaBean。它能有效地分离逻辑开发，使开发人员能专注于各自的开发。同时也能使整个开发结构流程更清晰，但是需要比较高的开发配合度。这些我们将在第 5 章开发模式中详细讲解。

当然，我们还需要掌握一些目前比较流行的开发框架，像 SSH。掌握这些之后我们就可以把一些工作直接交给这些框架自己处理，对于我们的开发效率会有很多的提升。并且由于这些开发框架本身有很多优点，这会对我们开发的应用的质量有所提高。这些我们在后面提高篇和实践篇中会很详细地讲解和教您如何使用。只要您跟着我讲的一步一步走，Java Web 开发入门很简单！

1.3　门三：Java Web 开发的基本知识

由于本书的重点内容是讲解 Java Web 开发的知识，所以本节就开始简单地介绍 Java Web 程序运行原理、Java Web 开发使用的开发组件和 Java EE 主流的开发平台。相信通过本节知识的讲解，就真正带领大家进入了 Java Web 开发的大门了！

1.3.1　Java Web 程序运行原理

其实我们所说的 Java Web 程序也就是我们平常说的 Java Web 应用，Java Web 应用分为两种：一种是静态的，另一种是动态的，即静态网站和动态网站。那么什么是静态网站和动态网站呢？

静态网站资源（如 HTML 页面）：指 Web 页面中供人们浏览的数据始终是不变的。

动态网站资源：指 Web 页面中供人们浏览的数据是由程序产生的，不同时间点访问 Web 页面看到的内容各不相同。

开始 Java Web 应用只是静态的网页，这些静态的网页是使用 HTML 语言编写的。把 HTML 放在服务器上，用户只需要在浏览器中输入相应的 HTTP 请求，就可以将放在 Web 服务器上的静态网页传送给浏览器并显示给用户。

由于随着技术的进步和社会的发展，对网页的要求也越来越高，用户所访问的资源已不能只局限于服务器上所存放的 HTML 网页，更多的是需要用户的请求直接生成动态页面信息，即动态的网站。所以现在我们所说的 Java Web 实际上就是动态网页的开发，使用到 JSP 页面。我们课程的重点也是教大家如何使用 Java 技术开发动态的 Web 资源，即动态 Java Web 页面。Java Web 应用程序的工作原理如图 1-1 所示。

Java Web 应用程序的工作原理可以说由以下四步组成。

（1）浏览器和 Web 服务器建立连接，浏览器和服务器的连接就是与浏览器和服务器的一个 TCP Socket 套接字连接。

（2）浏览器发送 HTTP 请求，HTTP 请求包含以下几部分。

❑ 请求行：请求行是一个 ASCII 文本行，由请求的 HTTP 方法、请求的 URL 和 HTTP

版本组成，中间用空格分开。

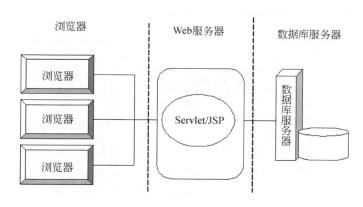

图 1-1　Java Web 应用程序的工作原理

❏ 请求头：HTTP 协议使用 HTTP 头来传递请求的元信息。
❏ 空行：发送回车符和退行，通知服务器以下不再有请求头。
❏ 消息体：HTTP 请求中带有查询字符串时，如果是 GET 方法，查询字符串或表单数据附加在请求行中，那么消息体就没有内容，如果是 POST 方法，查询字符串或表单数据就添加在消息体中。

（3）服务器端接收客户端的 HTTP 请求，生成 HTTP 响应回发。响应包含以下几部分。

❏ 状态行：每个 HTTP 响应以一个状态行开头，它由 HTTP 协议版本、响应状态码和响应描述组成，中间用空格分开。
❏ 响应头：响应头与请求头一样，也是一个用冒号分隔的名称/值对，冒号前面是 HTTP 头的名称，后面是 HTTP 头的值。
❏ 空行：发送回车符和退行，通知服务器以下不再有响应头。
❏ 消息体：要发送回客户端的 HTML 文档或其他要显示的内容等，Web 服务器把要发送给客户端的文档信息放在消息体中。

（4）服务器端关闭连接，客户端解析并回发响应，恢复页面。HTTP 响应到达客户端后，浏览器先解析 HTTP 响应中的状态行，查看请求是否成功的状态代码，然后开始一步步解析响应。

提示：Http 是一种超文本传输协议（HyperText Transfer Protocol），它是计算机在网络中通信的一种规则，在 TCP/IP 体系结构中 HTTP 属于应用层协议，位于 TCP/IP 协议的顶层。HTTP 是一种无状态的协议，意思是指在 Web 浏览器和 Web 服务器之间不需要建立持久的连接。这里只是简单地介绍一下，在第 3 章中还会讲到。

1.3.2　Java Web 应用程序组成

Java Web 应用程序组成包括以下三种。
❏ 配置文件（web.xml）。
❏ 静态文件和 JSP。

❏　类文件和包。

具体 Java Web 应用程序组成结构如图 1-2 所示。

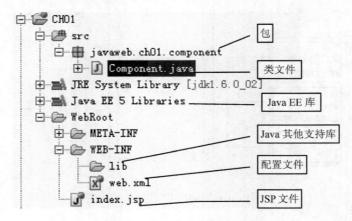

图 1-2　Java Web 应用程序组成

Java Web 应用程序组成说明如下。

❏　配置文件，每个 Web 应用程序包括一个配置文件，即 web.xml。

❏　静态文件和 JSP 文件。

❏　类文件和包，用于 Web 应用程序装载和管理自定义的 Java 代码。

❏　网页可以放在 Web 应用程序的根目录下，根据动态网页或者静态网页的不同放在不同的目录里。

❏　图像一般会放在 images 子目录中，不过这是习惯，不是必须的。

❏　Servlet 类和 JavaBean 类，编译为 Class 文件后是放在 WEB-INF/classes 目录中的。

❏　lib 目录用来包含应用程序任何所需要的 jar 文件。

❏　标记描述放在 WEB-INF 目录下。

❏　Applet 程序放在应用的目录下。

❏　WEB-INF 目录下存放 web.xml 部署描述文件器。

1.3.3　Java Web 主要开发体系结构

Java Web 主要开发结构分为两种：C/S 开发结构和 B/S 开发结构。下面我们就来具体介绍一下这两种开发结构。

1. C/S开发结构

C/S 结构，即 Client/Server（客户机/服务器）结构，通过将任务合理分配到 Client 端和 Server 端，降低了系统的通讯开销，可以充分利用两端硬件环境的优势。

目前大多数应用软件系统都是 Client/Server 形式的两层结构，由于现在的软件应用系统正在向分布式的 Web 应用发展，Web 和 Client/Server 应用都可以进行同样的业务处理，应用不同的模块共享逻辑组件。因此，内部的和外部的用户都可以访问新的和现有的应用系统，通过现有应用系统中的逻辑可以扩展出新的应用系统。这也是目前应用系统的发展方向。

　　传统的 C/S 体系结构虽然采用的是开放模式，但这只是系统开发一级的开放性，在特定的应用中无论是 Client 端还是 Server 端都需要特定的软件支持。由于没能提供用户真正期望的开放环境，C/S 结构的软件需要针对不同的操作系统开发不同版本的软件，加之产品的更新换代十分快，已经很难适应百台电脑以上的局域网用户同时使用。而且代价高、效率低。

2．B/S开发结构

　　B/S（Browser/Server）结构即浏览器和服务器结构。它是随着 Internet 技术的兴起，对 C/S 结构的一种变化或者改进的结构。在这种结构下，用户工作界面是通过 WWW 浏览器来实现，极少部分事务逻辑在前端（Browser）实现，但是主要事务逻辑在服务器端（Server）实现，形成所谓的三层结构。这样就大大简化了客户端电脑载荷，减轻了系统维护与升级的成本和工作量，降低了用户的总体成本。

　　以目前的技术看，局域网建立 B/S 结构的网络应用，并通过 Internet/Intranet 模式下的数据库应用，相对易于把握，成本也是较低的。它是一次性到位的开发，能实现不同的人员，从不同的地点，以不同的接入方式（比如 LAN、WAN 和 Internet/Intranet 等）访问和操作共同的数据库；它能有效地保护数据平台和管理访问权限，服务器数据库也很安全。目前 B/S 体系结构已经受到 Java Web 企业开发的重视，很多大型的企业项目都是使用 B/S 体系结构开发的。特别是在 Java 这样的跨平台语言出现之后，B/S 架构管理软件更是方便、快捷、高效。

　　另外，B/S 体系结构已经成为管理软件的主流技术。管理软件技术的主流技术与管理思想一样，也经历了三个发展时期。首先，界面技术从上世纪 DOS 字符界面到 Windows 图形界面（或图形用户界面 GUI），直至 Browser 浏览器界面三个不同的发展时期；其次，今天所有电脑的浏览器界面，不仅直观和易于使用，更主要的是基于浏览器平台的任何应用软件风格都是一样的，对使用人要求不高，可操作性强，易于识别；再者，平台体系结构也从过去的单用户发展到今天的文件/服务器（F/S）体系、客户端/服务器（C/S）结构体系和浏览器/服务器（B/S）结构体系。

3．B/S开发体系结构和CS开发体系结构特点

　　B/S 结构的优点如下。
- 具有分布性特点，可以随时随地进行查询、浏览等业务处理。
- 业务扩展简单方便，通过增加网页即可增加服务器功能。
- 维护简单方便，只需要改变网页，即可实现所有用户的同步更新。
- 开发简单，共享性强。

　　B/S 结构的缺点如下。
- 个性化特点明显降低，无法实现具有个性化的功能要求（个性化的要求取决以软件框架，而非架构，分享 B/S 软件就挺灵活）。
- 操作是以鼠标为最基本的操作方式，无法满足快速操作的要求（如果辅助于插件，照样可以用键盘快速操作）。
- 页面动态刷新，响应速度明显降低（分享软件用分页保证响应速度稳定）。

- ❑ 功能弱化，难以实现传统模式下的特殊功能要求（技术问题，用微软 C#或 Java 怎么会不能解决任何要求呢）。

C/S 结构的优点如下。

- ❑ 由于客户端实现与服务器的直接相连，没有中间环节，因此响应速度快（当数据少时，B/S 软件速度与 C/S 软件一般；当数据超过十万时，C/S 软件变慢，B/S 软件能维持稳定速度）。
- ❑ 操作界面漂亮、形式多样，可以充分满足客户自身的个性化要求（似乎可以随意排列界面，但遇到第二客户要求时又要从头做起，比较灵活）。
- ❑ C/S 结构的管理信息系统具有较强的事务处理能力，能实现复杂的业务流程。

C/S 结构的缺点如下。

- ❑ 需要专门的客户端安装程序，分布功能弱，针对点多面广且不具备网络条件的用户群体，不能够实现快速部署安装和配置。
- ❑ 兼容性差，对于不同的开发工具，具有较大的局限性。若采用不同工具，需要重新改写程序。
- ❑ 开发成本较高，需要具有一定专业水准的技术人员才能完成（就开发企业管理软件而言，C/S 开发人员比 B/S 开发人员的成本高了许多）。

4．B/S开发体系结构和CS开发体系结构的选择

C/S 和 B/S 是当今世界开发模式技术架构的两大主流技术。C/S 是由美国 Borland 公司最早研发，B/S 是由美国微软公司研发。目前，这两项技术已经被世界各国所掌握，国内公司以 C/S 和 B/S 技术开发出的产品也很多。这两种技术都有自己一定的市场份额和客户群，各家企业都说自己的管理软件架构技术功能强大、先进、方便，都能举出各自的客户群体，都有一大群文人墨客为自己摇旗呐喊，广告满天飞，可谓仁者见仁，智者见智。

确实，对于这两种开发结构，从上面的特点分析可以看出各自有自己的优缺点，很难单独地用好与坏对这两种开发结构做出判断。

1.4　本　章　小　结

本章是 Java Web 的入门篇，主要介绍了 Java Web 开发领域的一些基本知识，让大家对 Java Web 开发有所了解。本章从三个方面带领读者进入 Java Web 的开发大门。

1．Java程序设计语言基础

做什么都要有基础，Java Web 开发也不例外，Java Web 开发的基础就是 Java 程序设计语言。由于本书主要是讲 Java Web 开发的，所以对 Java 程序设计语言的基础讲解就只是略带一下而已，目的是想说明，如果想学好 Java Web 开发，Java 程序设计的基础知识应该必须掌握，否则，无从谈起学习 Java Web 开发。

2．Java Web开发概述

本章主要从什么是 Java Web 开发、Java Web 需要什么以及怎么学好 Java Web 开发这

三个方面对 Java Web 开发做了概述介绍。目的是让读者朋友一开始就对 Java Web 开发有一个清楚的认识，这样才会知道以后怎么学好 Java Web 开发。

3．Java Web开发基础

对 Java Web 开发基础，本章只是简单地介绍了 Java Web 程序的运行原理、Java Web 应用程序的组成以及 Java Web 程序的常用的两种结构模式。这样读者就可以对 Java Web 开发有更加清楚的认识了，为以后学习 Java Web 开发铺平了道路。

所谓"师父领进门，成败在个人"，通过本章的介绍已经真正地带领读者走进 Java Web 的开发大门了，至于以后如何学习，学成怎样就要看读者朋友自己的努力了。只要读者朋友肯下苦功，按照本人的讲解一步一步地学习，就一定可以学好 Java Web 开发。要相信自己，Java Web 开发入门就这么简单！

第 2 章　工欲善其事，必先利其器——开发环境的搭建

子曰："工欲善其事，必先利其器。居是邦也，事其大夫之贤者，友其士之仁者"。
这两句名言，出自《论语》。有一天，孔子告诉子贡，一个做手工或工艺的人，要想把工作完成，做得完美，应该先把工具准备好。那么为仁是用什么工具呢？住在这个国家，想对这个国家有所贡献，必须结交上流社会，乃至政坛上的大员，政府的中坚。并和这个国家社会上各种贤达的人，都要交成朋友。换句话说，就是要先了解这个国家的内情，有了良好的关系，然后才能得到有所贡献的机会，完成仁的目的。

同样我们做软件开发想把工作完成，做得完善，也应该先把工具准备好。下面介绍一下我们 Java Web 开发的工具，只有熟练掌握和使用这些工具，才能很好地做开发工作。

2.1　Java 开发环境的搭建

设置环境变量对 Java 初学者来说也不是一件容易的事，笔者也曾经经历过这样的事情。要学习 Java，首先需要在自己的电脑上装好 JDK（Java Develop Kit，即 Java 开发工具包，内含 Java 编译器和 Java 虚拟机，以及大量对 Java 程序非常重要的类（class）库）。这里为减少初学者的困惑，给大家详细地介绍 JDK 的下载、安装和设置 Java 环境变量的步骤和方法。

2.1.1　JDK 下载与安装

在官网网站下载最新版的 JDK 7.0。JDK 分为安装版和解压版两个版本，这里我们选择安装版，下载后，解压缩到 jdk-7-windows-i586.exe 安装文件，如图 2-1 所示。

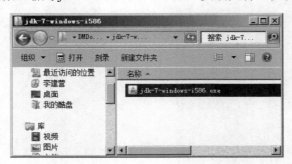

图 2-1　jdk-7-windows-i586.exe 安装文件图

下面来安装 JDK。

（1）双击下载过来的 jdk-7-windows-i586.exe，进入 JDK 安装向导界面。单击"下一步"按钮，在弹出的对话框中选择第一个 JDK 包安装，下面会给出默认的安装路径（C:\Programfiles\Java\jdk7.0），可以根据实际的安装路径修改，如图 2-2 所示。

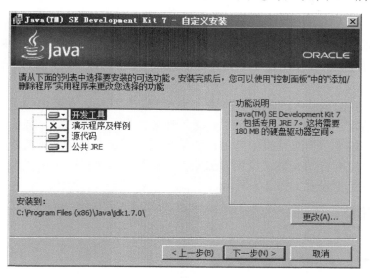

图 2-2　JDK 自定义安装界面

（2）这里我们默认安装设置，单击"下一步"按钮，就会进入安装界面。如果不出错的话，等几分钟，就会弹出安装完成界面，如图 2-3 所示。在安装完成界面单击"完成"按钮，此时 JDK 就安装好了。

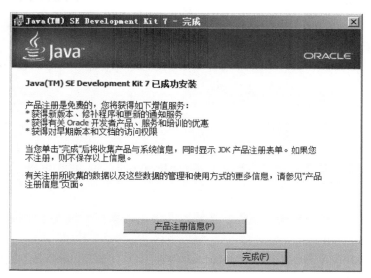

图 2-3　JDK 安装完成界面

注意：在第二步自定义安装中，需要安装 jre 包，这时默认的安装路径为（C:\Program files\Java\jre）。这时，如果您已经安装过 JDK，就不能将路径修改为上次安装 jdk

包的路径，否则会覆盖掉您已安装 jdk 包中的 jre 文件夹，这有可能导致丢失 jdk 包中 jre 文件夹下 bin 文件夹中的 bin 文件。

2.1.2　配置环境变量

安装完 JDK 后，我们要设置 Java 环境变量，否则我们上面安装的 JDK 就不能很好地起作用。不过要注意的是，配置环境变量是很容易出错的地方。下面详细介绍设置 Java 环境变量的步骤。

（1）单击"我的电脑"|"属性"|"高级系统设置"选项，在弹出的系统属性对话框中选择"高级选项"，单击"环境变量"。进入环境变量的设置界面，如图 2-4 所示。

（2）在"环境变量"对话框中有用户变量和系统变量两栏，这时需要格外注意，我们要在两个栏中设置同样的变量。设置方法如下：在系统变量栏中单击"新建"按钮，在弹出的新建系统变量中设置如图 2-5 所示。

图 2-4　环境变量设置界面　　　　　图 2-5　JAVA_HOME 变量的设置

🔔注意：这里设置的变量值为 C:\ProgramFiles\Java\jdk1.7.0，这个需要根据您的实际安装路径填写。

（3）在系统变量栏中单击"新建"按钮，在弹出的新建系统变量中设置如下。

变量名：classpath

变量值：.;%JAVA_HOME%\lib\dt.jar;%JAVA_HOME%\lib\tools.jar(根据你的实际安装路径填写)。如图 2-6 所示。

（4）在系统变量栏中单击"新建"按钮，在弹出的新建系统变量中设置如下。

变量名：path

变量值：.;%JAVA_HOME%\bin;%JAVA_HOME%\jre\bin(根据你的实际安装路径填写)

如图 2-7 所示。

图 2-6　classpath 变量的设置　　　　　　图 2-7　Path 变量的设置

最后还需要在用户变量栏中设置前面已设置的三个变量，这样就设置好 JDK 环境变量了。

2.1.3　JDK 环境测试

在配置好 JDK 的环境变量之后，需要测试环境是否设置正确，可以在命令行中使用 java 和 javac 命令，如图 2-8 所示。

图 2-8　JDK 环境测试

从图 2-8 中可以看出，JDK 环境变量设置已经生效，当前系统的 JDK 版本是 1.7.0。至此 JDK 的下载、安装、配置和测试就完成了。

2.2　Web 部署环境的搭建

使用 Eclipse 开发 B/S 结构 Web 应用时，必须使用 Web 服务器。由于 Web 服务器有很多，常见的 Web 服务器有 Microsoft IIS、IBM WebSphere、BEA WebLogic、Apache 和 Tomcat 等。

Tomcat 是 Java Servlet 2.2 和 JavaServer Pages 1.1 技术的标准实现，是基于 Apache 许可证下开发的自由软件。Tomcat 是完全重写的 Servlet API 2.2 和 JSP 1.1 兼容的 Servlet/JSP 容器。

随着 Catalina Servlet 引擎的出现，Tomcat 第四版号的性能得到提升，使得它成为一个值得考虑的 Servlet/JSP 容器，因此目前许多 Web 服务器都是采用 Tomcat。目前最新版本是 Tomcat 7.X，所以在本书中也主要将 Web 应用部署到 Tomcat 上。接下来将详细介绍 Tomcat 的下载、安装、配置和使用。

2.2.1 Tomcat 的下载与安装

操作步骤如下。

（1）下载最新版本的 Tomcat，官方网址：http://tomcat.apache.org/。在下载界面选择下载版本，下面以下载 Tomcat 7.0.32 为例，单击 Tomcat 7.0.32，页面右侧会出现下载格式。

（2）有 zip 与 exe 两种格式，zip 格式是免安装的，需要解压缩，再配置环境变量就可以使用了。exe 格式安装比较方便。我们选择下载：32-bit/64-bit Windows Service Installer(pgp,md5)。

（3）下载完成后，出现图标如图 2-9 所示。

apache-tomcat-7.0.32.exe 修改日期：2012/11/19 19:42
应用程序　　　　　　　　　　　　　大小：8.35 MB

图 2-9　Tomcat 安装文件

（4）双击下载的 exe 文件进行安装。进入欢迎安装界面，单击 Next 按钮。进入服务条款说明界面，选择 I Agree，进入图 2-10 所示界面。

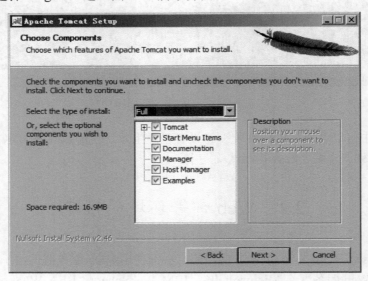

图 2-10　选择安装组件界面

（5）在图 2-10 中选择完全安装 Full，再单击 Next 按钮，进入图 2-11 所示界面。

（6）在图 2-11 中输入用户名（user name）和密码（password），单击 Next 按钮。

🔔提示：在安装过程中会自动搜索电脑中的 jre，也就是 Java 运行环境，所以必须先安装 JDK 才可以安装 Tomcat。

（7）选择安装路径，单击 Install 按钮，等待几分钟就会安装完成，如图 2-12 所示。单击 Finish 按钮，完成安装。

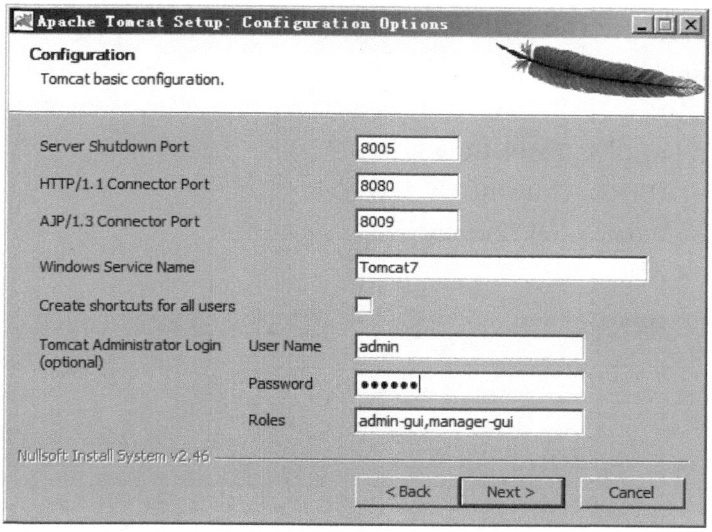

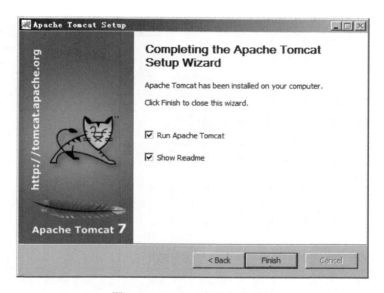

图 2-11　Tomcat 配置界面

图 2-12　Tomcat 安装完成界面

2.2.2　Tomcat 的环境变量配置

我们选择的是安装版本（环境变量配置和非安装版本环境变量配置相同），如果我们选择的是非安装版，还需要对环境变量进行设置。接下来配置非安装版的 Tomcat 7.0.32 的环境。

（1）解压缩下载好的安装包，例如解压到了 E:\soft\tomcat-7.0.32，当然这个由读者自己设置。如果是安装版的也可以自定义安装路径。然后选择“我的电脑”→“属性”→“高级系统设置”→“环境变量”，新建 CATALINA_BASE 变量：

变量名：CATALINA_BASE

变量值：E:\soft\tomcat-7.0.32

效果如图 2-13 所示。

（2）新建 CATALINA_TMPDIR 变量：

变量名：CATALINA_TMPDIR

变量值：E:\soft\tomcat-7.0.32\temp

效果如图 2-14 所示。

图 2-13　CATALINA_BASE 变量设置　　　图 2-14　CATALINA_TMPDIR 变量设置

（3）新建 CATALINA_HOME 变量：

变量名：CATALINA_HOME

变量值：E:\soft\tomcat-7.0.32

效果如图 2-15 所示。

（4）编辑 path，在变量值最后追加 E:\soft\tomcat-7.0.32\bin，然后单击"确定"按钮。

现在，Tomcat 7.0.2 要运行的环境变量已经配置好了。然后启动 Tomcat，可以点击 Tomcat

图 2-15　CATALINA_HOME 变量设置

安装目录下的 tomcat\bin\startup.bat 文件启动 Tomcat，也可以在命令提示符中启动，输入如下命令：

```
E:\>soft\tomcat-7.0.32\bin\startup
```

如图 2-16 所示。

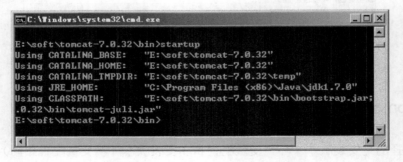

图 2-16　Tomcat 启动命令界面

（5）接下来要设置 manager。打开 tomcat/conf/tomcat-users.xml 文件，添加如下代码：

```
<tomcat-users>
    <role rolename="manager-gui"/>
    <role rolename="admin"/>
<user username="admin" password="123" roles="manager-gui,admin" />
```

⚑说明：这里设置了账号为"admin"，密码为"123"。

（6）到此，Tomcat 设置基本完成。如果要与 Eclipse 配合使用，那还得进行一些配置，具体步骤如下：

window（窗口）→preferences→server→runtime environment→add→Apache→Apache Tomcat v7→next→tomcat installation directory 浏览找到 Tomcat 的安装目录，单击"确定"按钮完成。

（7）重新启动 Tomcat，然后打开浏览器，输入网址 http://localhost:8080/ 或 http://127.0.1.1:8080/，打开浏览器，出现如图 2-17 界面，说明配置成功。

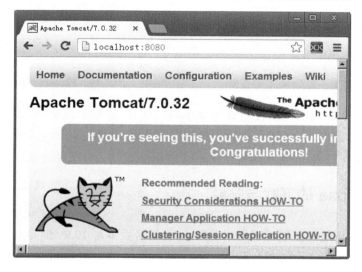

图 2-17　Tomcat 启动界面首页

2.3　搭建 Java EE 开发环境

我们上面讲解的内容，包括 JDK、Tomcat 环境搭建都是为了搭建 Java EE 开发环境奠定基础，没有 JDK 和 Tomcat 环境是没有办法开发 Java EE 项目的。其实只要有 JDK 环境和 Tomcat 环境结合就可以进行 Web 开发了，但是为了开发更方便、更有效率，我们一般都在一定的开发环境中进行的。常见的 Java EE 开发环境有 JBuilder、JCreater、Eclipse 和 MyEclipse 等等，这里我们选择比较流行的 Eclipse 和 MyEclipse 进行讲解。

2.3.1　Eclipse 的下载和安装

（1）首先进入 Eclipse 官方网站 http://www.eclipse.org/downloads，选择对应的版本进行下载，因为分 32 位的和 64 位的版本，这个根据您的电脑配置决定下载哪个版本的。还有 Eclipse 和 JDK、Tomcat 一样，同样分为安装版本和解压缩版本，这里下载解压缩版本的 Eclipse，下载界面如图 2-18 所示。

（2）单击图 2-18 中的下载箭头，就会进行下载了。当下载完成后选择一个您想放置的安装目录，直接解压到该目录即可。解压后打开该文件夹，如图 2-19 所示。

图 2-18　Eclipse 下载界面　　　　　图 2-19　Eclipse 解压后的文件目录

（3）在图 2-19 中我们可以看到 eclipse.exe，我们只要双击该文件，就可以打开 Eclipse 了，但是前提是已经配置好 JRE 环境。直接双击 eclipse.exe 文件，就可以看到 Eclipse 集成开发环境，到此 Eclipse 就下载安装好了。

2.3.2　MyEclipse 的下载与安装

MyEclipse 的下载和安装 Eclipse 相同，目前最新版本是 10.x，但是对于我们学习而言，没有必要这么高的版本。对于 MyEclipse 的下载和安装由于和 Eclipse 完全相同，在此就不详细介绍了。

需要说明的是，由于 MyEclipse 之前对中国的 IP 封掉了，所以可能不好找到 MyEclipse 的官方网站，但是不用担心这个，因为 MyEclipse 的功能强大，非常流行，所以在不少的下载网站、论坛都可以找到 MyEclipse 进行下载。这里以 MyEclipse 8.5 进行讲解。由于 MyEclipse 集成了很多有用的插件，这对于我们新的开发者非常方便，所以以后的项目也大多在 MyEclipse 中建立和开发。

2.3.3　Tomcat 集成到开发环境

在上节中我们已经安装好 Tomcat 并对 Tomcat 的环境变量做了正确的配置，接下来我们就介绍一下如何在 Eclipse 集成开发环境中集成 Tomcat 组件。具体步骤如下。

（1）打开 Eclipse（MyEclipse），选择 window→show view→other，进入 Show View 界面，如图 2-20 所示。

（2）选择 Server→Servers，打开 Servers 窗口，在 Servers 窗口中单击鼠标右键，在快捷键中选择 new→Server，进入 New Server 界面，如图 2-21 所示。

（3）在这里可以看到有 Apache、Basic、IBM、Jboss、ObjectWeb 和 Oracle 等主流服务器，这里我们选择 Apache，打开后如图 2-22 所示。

（4）选择安装的 Tomcat，因为我安装的是 7.0，所以选择 Tomcat v7.0 Server，然后单击 Next 按钮，进入 Tomcat 安装路径选择，如果当前没有安装过该版本的 Tomcat，可以选择 Down and Install，就可以在线安装该版本的 Tomcat 了。因为我们已经安装过，只要选择安装路径就可以了，如图 2-23 所示。

图 2-20　Show View 界面

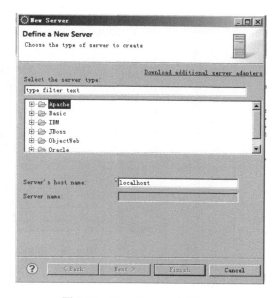
图 2-21　New Server 界面

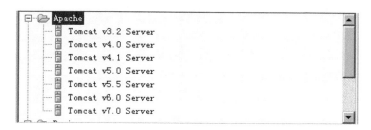
图 2-22　Apache 包含的服务器

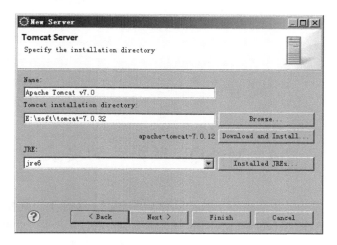
图 2-23　Tomcat 安装路径配置

（5）单击 Finish 按钮，进入项目部署，可以选择您想要部署到该 Tomcat 的项目，就会在右边的列表框中显示出来，如图 2-24 所示。

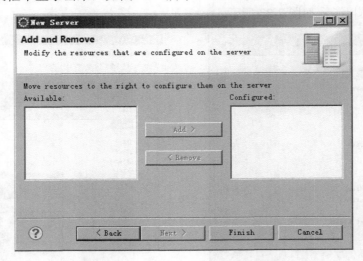

图 2-24　添加项目到该 Tomcat 服务器

（6）单击 Finish 按钮，至此就完成了 Tomcat 的集成。在 Server 框中会多出一个 Tomcat 服务器，如图 2-25 所示。

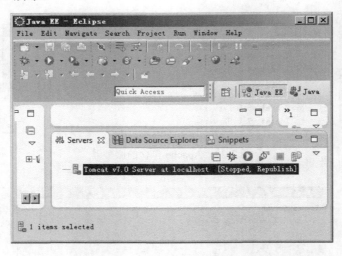

图 2-25　Tomcat 服务器集成完成界面

2.4　MySQL 数据库的安装

在 Java Web 开发中，我们少不了数据的存储和处理，这时我们就要用到数据库。常用的数据库有 Oracle、SQL Server 和 MySQL 等，由于 MySQL 功能强大，并且是开源免费的，备受开发者和中小型企业的青睐，所以我们就以 MySQL 作为主要数据库来介绍 Java Web

开发中的数据处理部分。

2.4.1　MySQL 数据库的下载

进入 MySQL 官方网站 Http://www.mysql.com/downloads/mysql/，选择最新版本，目前最新版本是 5.5，我这里选择 5.5.28 作为我的 MySQL 数据库。注意 MySQL 版本也分为安装版和解压版，为了方便这里选择安装版，单击 download 进行下载。

2.4.2　MySQL 数据库的安装

操作步骤如下。

（1）下载完成后，双击安装包，就进入了欢迎安装界面，如图 2-26 所示。

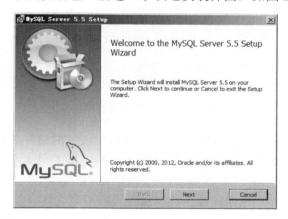

图 2-26　MySQL 欢迎安装界面

（2）单击 Next 按钮，进入安装许可说明界面，直接选择 I accept，单击 Next 按钮，进入如图 2-27 所示界面。

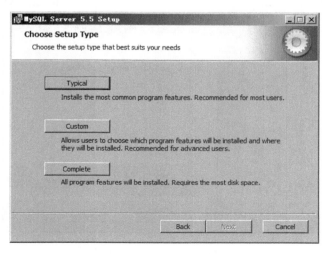

图 2-27　安装类型选择界面

（3）图 2-27 所示为安装类型选择，我们可以选择典型安装、自定义安装和完全安装。我这里选择自定义安装，单击 Next 按钮，进入自定义安装组件和路径界面，如图 2-28 所示。

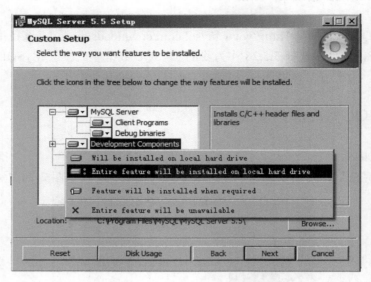

图 2-28　自定义安装组件和路径界面

（4）在图 2-28 中需要设置安装组件，我们选中要安装的组件并单击鼠标右键，从快捷菜单中选择 Entire feature Will be installed on hard drive，即"全部安装在本地硬盘上"。在上面的"MySQL Server（MySQL 服务器）"、"Client Programs（MySQL 客户端程序）"、"Documentation（文档）"也如此操作，以保证安装所有文件。然后选择安装路径，默认为 C:\Program file\MySQL\MySQL Server5.5\；当然您也可以自定义安装路径，定义好后，单击 Next 按钮，进入准备安装界面。在该界面不需要做任何修改，直接单击 Install 按钮，就进入安装进度界面，在这里需要等待几分钟，就会显示安装完成界面，如图 2-29 所示。

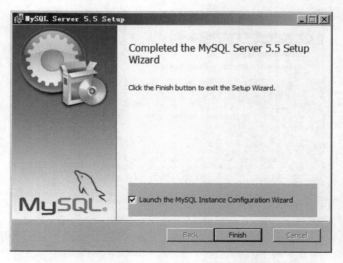

图 2-29　MySQL 安装完成界面

🔔注意：在这里建议安装路径不要与操作系统同一分区，这样可以防止系统备份还原的时候，数据被清空。

2.4.3　MySQL 数据库的配置

上面完成了 MySQL 数据库的安装，接下来我们介绍 MySQL 数据库的配置。MySQL 数据库配置没有可视化的界面，不像平常我们使用的软件，不配置是不能使用的。接下来就详细介绍一下 MySQL 数据库的配置。具体配置步骤如下。

（1）在图 2-30 所示的安装完成界面勾选上 Launch the MySQL Instance Configuration Wizard，单击 Finish 按钮，结束软件的安装并启动 MySQL 配置向导。此时直接进入 MySQL 的配置界面，如图 2-30 所示。

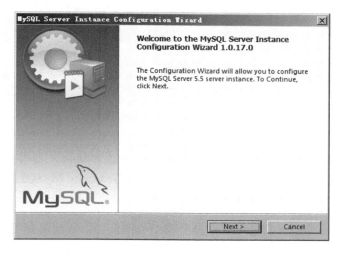

图 2-30　MySQL 数据库配置欢迎界面

（2）单击 Next 按钮，进入配置方式选择界面，如图 2-31 所示。

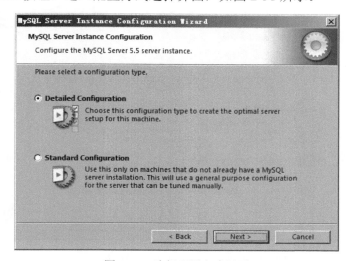

图 2-31　选择配置方式界面

（3）有两种配置方式：Detailed Configuration（手动精确配置）和 Standard Configuration（标准配置）。这里我们选择 Detailed Configuration，以方便熟悉配置过程。然后单击 Next 按钮，进入选择服务器类型界面，如图 2-32 所示。

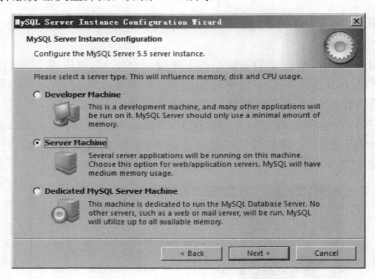

图 2-32　选择服务器类型界面

说明：此界面有三个选项：Developer Machine（开发测试类，占用很少资源）、Server Machine（服务器类型，占用较多资源）和 Dedicated MySQL Server Machine（专门的数据库服务器，占用所有可用资源）。

（4）选择服务器类型，大家可以根据自己的类型选择，一般选择 Server Machine。选择后单击 Next 按钮，进入选择 MySQL 数据库的大致用途界面，如图 2-33 所示。

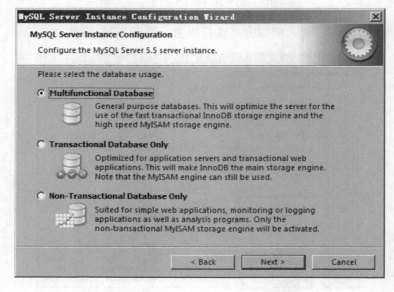

图 2-33　选择 MySQL 数据库的大致用途界面

（5）选择 MySQL 数据库的大致用途，我这里选择 Multifunctional Database，单击 Next 按钮进入 InnoDB Tablespace 配置界面，如图 2-34 所示。

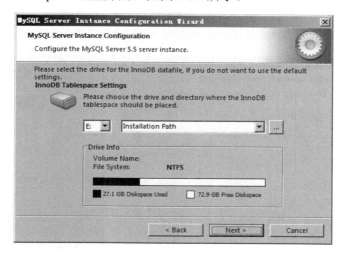

图 2-34　InnoDB Tablespace 配置界面

说明：MySql 数据库的大致用途选项包括：Multifunctional Database（通用多功能型，比较好）、Transactional Database Only（服务器类型，专注于事务处理，一般）和 Non-Transactional Database Only（非事务处理型，较简单，主要做一些监控、记数用），这个可以根据开发者自己的用途来选择。建议一般选择 Multifunctional Database（通用多功能型）。

（6）对 InnoDB Tablespace 进行配置，就是为 InnoDB 数据库文件选择一个存储空间。如果开发者修改了该存储空间，要记住这个位置，重装 MySQL 的时候要选择一样的地方，否则可能会造成数据库损坏。当然，对数据库做个备份就没问题了，这里就不再详细介绍了。我这里没有修改，使用默认位置，直接单击 Next 按钮，进入图 2-35 所示界面。

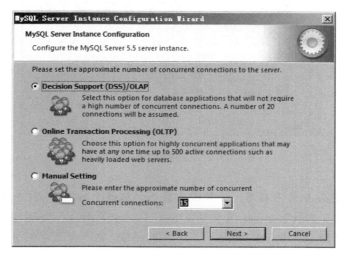

图 2-35　网站一般 MySQL 访问量界面

（7）在图 2-35 中选择您的网站的一般 MySQL 访问量，以及同时连接的数目。其中有三个选项：Decision Support(DSS)/OLAP（20 个左右）、Online Transaction Processing(OLTP)（500 个左右）和 Manual Setting（手动设置，自己输入一个数）。我这里选择 Decision Support(DSS)/OLAP)并单击 Next 按钮，进入图 2-36 所示界面。

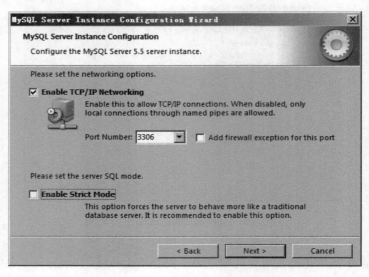

图 2-36　网络模式选择界面

（8）在图 2-36 中，选择启用 TCP/IP 连接并设定端口，单击 Next 按钮进入图 2-37 所示界面。

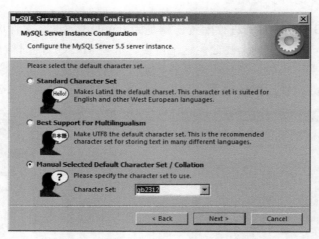

图 2-37　选择编码方式界面

🔔说明：TCP/IP 连接如果不启用，就只能在自己的机器上访问 MySQL 数据库了，我这里选择启用，Port Number 设置为 3306。在这个页面上，您还可以选择"启用标准模式"（Enable Strict Mode），这样 MySQL 就不会允许细小的语法错误。如果您还是个新手，我建议您取消标准模式以减少麻烦。但熟悉 MySQL 以后，尽量使用标准模式，因为它可以降低有害数据进入数据库的可能性。

（9）在图 2-37 中，选择编码方式非常重要。这里是对 MySQL 数据库默认语言编码方式进行设置，我这里选择第三种，进行人工选择 gb2312。单击 Next 按钮，进入图 2-38 所示界面。

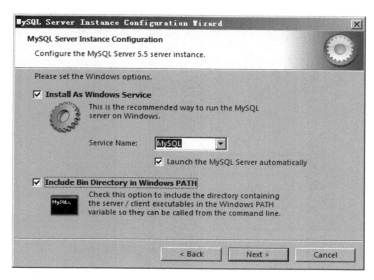

图 2-38　MySQL 安装为 Windows 服务界面

说明：编码方式选项中，第一个是西文编码，第二个是多字节的通用 utf8 编码。都不是我们通用的编码，这里选择第三个，然后在 Character Set 框中选择或填入 gbk，当然也可以用 gb2312，区别就是 gbk 的字库容量大，包括了 gb2312 的所有汉字，并且加上了繁体字和其他乱七八糟的字——使用 MySQL 的时候，在执行数据操作命令之前运行一次 SET NAMES GBK;（运行一次就行了，GBK 可以替换为其他值，视这里的设置而定），就可以正常地使用汉字（或其他文字）了，否则不能正常显示汉字。

（10）在图 2-38 中，该界面是设置是否将 MySQL 安装为 Windows 服务。还可以指定 Service Name（服务标识名称），以及是否将 MySQL 的 bin 目录加入到 Windows PATH。我这里全选，单击 Next 按钮进入图 2-39 所示界面。

说明：在图 2-38 中设置是否将 MySQL 的 bin 目录加入到 Windows PATH，加入后，就可以直接使用 bin 下的文件，而不用指出目录名。比如连接，mysql.exe -uusername -ppassword;就可以了，不用指出 mysql.exe 的完整地址，很方便，所以建议加入。

（11）在图 2-39 中，询问是否要修改默认 root 用户（超级管理）的密码（默认为空），如果要修改，就在此填入新密码（如果是重装，并且之前已经设置了密码，在这里更改密码可能会出错，请留空，并将 Modify Security Settings 前面的勾去掉，安装配置完成后另行修改密码）。在 Confirm（再输一遍）框内再填一次，防止输错。Enable root access from remote machines 表示是否允许 root 用户在其他的机器上登录，如果要安全，就不要勾选，如果要方便，就勾选它。最后 Create An Anonymous Account（新建一个匿名用户，匿名用户可以连接数据库，不能操作数据，包括查询），一般不用勾选。设置完毕，单击 Next

按钮，进入配置确认界面，如图 2-40 所示。

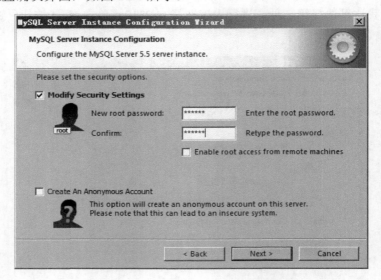

图 2-39　设置数据库默认用户名和密码界面

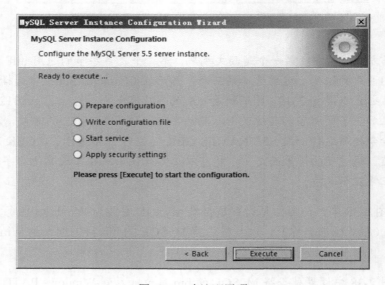

图 2-40　确认配置项

（12）确认设置无误，如果有错误，单击 Back 按钮返回检查。没有错误则单击 Execute 按钮使设置生效。至此，如果没有别的差错的话，就大功告成了。MySQL 数据库就配置完毕了。

说明：设置完毕后单击 Finish 按钮结束 MySQL 的安装与配置。在这个阶段我们有可能会碰到一个比较常见的错误，就是不能 Start service，一般出现在以前安装过 MySQL 的服务器上，如果以前没有安装过，一般不会出现这个错误。解决办法：先保证以前安装的 MySQL 服务器彻底卸载掉了；不行的话，检查是否按上面的步骤所说，之前的密码是否有修改，并照上面的方法操作；如果依然不行，将

MySQL 安装目录下的 data 文件夹备份，然后删除，在安装完成后，将安装生成的 data 文件夹删除，备份的 data 文件夹移回来，再重启 MySQL 服务就可以了，这种情况下，可能需要将数据库检查一下，然后修复一次，防止数据出错。

2.4.4　MySQL 数据可连接测试

在上面已经安装和配置好了 MySQL，但是还不知道 MySQL 是否可以用，是否可以被连接到。下面就来介绍一下 MySQL 的连接测试。

由于 MySQL 与其他的应用软件有所不同，并没有可视化编辑界面，只能在命令行中执行 SQL 命令查看数据库，所以对于我们新手来说管理 MySQL 还是一件难事。所以这里为大家介绍两款 MySQL 图形界面管理软件：Navicat for MySQL 和 phpMyAdmin。在以后的讲解中主要使用这两款软件管理 MySQL 数据库。

（1）这里以 Navicat for MySQL 为例介绍 MySQL 的连接测试。下载该软件并双击安装，进入安装界面，如图 2-41 所示。

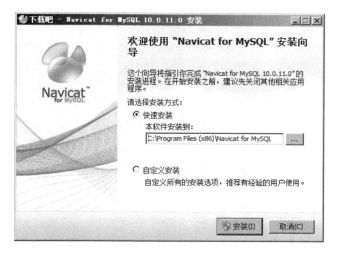

图 2-41　Navicat for MySQL 欢迎安装界面

（2）选择安装路径后，直接选择快速安装，就会检查到我们之前安装过的 MySQL 软件。直接单击下一步就开始安装，安装成功后就会在我们的应用列表中出现该软件了。直接打开，显示如图 2-42 所示。

图 2-42　MySQL 管理软件界面

（3）在图 2-42 中我们看到了一个 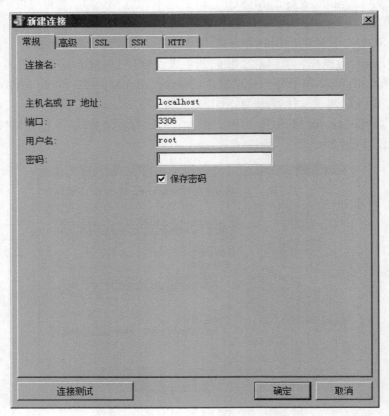（此处应为 localhost_3306 标志）标志，这个就是本地 MySQL 服务器，连接端口默认为 3306。其实一开始没有这个图标的，只有连接数据库成功之后才会显示出来，由于我之前已经连接成功了，所以一开始就会有该标识。

除此之外界面上还有"连接"、"用户"、"表"、"视图"、"函数"和"事件"等图标，为了减少空间占用量，我把图 2-42 缩小了，其实还有一些标识没有显示出来。这个就请读者安装好该软件之后自己查看了。然后我们在图 2-42 所示界面中单击"连接"按钮，就会进入连接测试界面，如图 2-43 所示。

图 2-43　MySQL 数据库连接测试界面

（4）在该界面中选择"常规"选项卡，然后输入创建数据库时默认的用户名和密码，单击"连接测试"按钮，如果数据库可以连接到，则显示连接成功，如图 2-44 所示。然后单击"确定"按钮，就会在界面上出现图 2-42 所示的本地 MySQL 服务标志。

图 2-44　数据库连接成功界面

2.5　本　章　小　结

　　所谓"工欲善其事，必先利其器"，从本章开始就进入了 Java Web 开发的准备工作。准备工作首要之一就是搭建 JavaWeb 开发环境。本章详细地介绍了 JDK、Tomcat、Eclipse（MyEclipse）和 MySQL 的下载、安装和配置使用。为了能让读者顺利完成 JavaWeb 开发环境的配置，本章务求做到图文并茂，并将本人在配置开发环境中遇到的问题给出相应的提示，以免读者犯类似的错误。

　　下面回顾一下本章重点要掌握的知识点：

- ❏　熟练掌握 JDK 的下载、安装和环境变量的配置。
- ❏　熟练掌握 Tomcat 的下载、安装和环境变量的配置。
- ❏　熟练掌握 Eclipse 的下载、安装和使用。
- ❏　能够将 JDK 和 Tomcat 集成到 Eclipse 中。
- ❏　熟练掌握 MySQL 的下载、安装和配置。
- ❏　能够运用 MySQL 图像界面管理软件管理 MySQL。

　　以上这些都是 Java Web 开发的开发利器，是必须掌握的要点，只有掌握了这些才能做下面的开发工作。它们就好比士兵的武器，上了战场没有武器那就等着被 K.O，所以这些读者一定要多加练习，自己动手把它搞定。相信只要是照着书中的说明一步一步地做，应该不难拿下这些"利器"。

　　另外由于本章多采用的是最新版本的软件进行安装，可能碰到系统或者版本的不兼容情况，这个读者应该注意。如果您是新手，最好所有软件都用书中推荐的软件，照着操作步骤一步一步地来，否则可能会出现很多意想不到的问题。当然遇到问题也不要怕，现在网络资源很丰富，可以去找"百度"、Google 帮忙解决。呵呵，Java Web 开发入门就是这么简单！

第 2 篇　基础篇

▶▶▎第 3 章　练功不站桩，等于瞎晃荡——Java Web 开发必备

▶▶▎第 4 章　练其道——基础知识循序渐进练习掌握

▶▶▎第 5 章　知其妙，悟其禅，得其法——参悟 Java Web 开发模式

第 3 章　练功不站桩，等于瞎晃荡——Java Web 开发必备

大家都知道，一个好的武术家一般都是从桩功开始练的，站桩是练武的入门功夫，也就是基本功。没有基本功，纵然你拳法再漂亮，那也是花架子，战不了几个回合就会败下台来。正所谓：练功不站桩，等于瞎晃荡，就是这个道理。而对于 Java Web 开发这个道理同样适用，Java Web 也需要从基本功开始练起，没有基本功，做 Java Web 开发根本是空谈。

3.1　桩功之一：HTML 网页设计

如果说桩功是练武的基本功夫，那么 HTML 对于 Java Web 开发那就是桩功中的桩功。因为在 Java Web 开发中，哪一个界面都离不开 HTML。HTML 描述了要显示的页面的内容和结果，没有 HTML，Java Web 开发也就没有了显示的功能，也就不能显示给用户了。把 HTML 说得如此厉害，那么什么是 HTML？HTML 有什么特点？如何运用 HTML 做 Java Web 开发？接下来我们就开始来揭开 HTML 的神秘面纱吧！

3.1.1　什么是 HTML

HTML 是 HyperText Markup Language 的英文缩写，一般常翻译为超文本标记语言，是用于描述网页形式的一种语言。

HTML 是标准通用标记语言下的一个应用，也是一种规范，一种标准，它通过标记符号来标记要显示的网页中的各个部分。网页文件其实本身就是一种文本文件，它通过在文本文件中添加标记符，可以告诉浏览器如何显示其中的内容（比如：文字如何处理，画面如何安排，图片如何显示等）。浏览器按顺序阅读网页文件，然后根据标记符解释并显示其标记的内容。对书写出错的标记一般浏览器不会指出标记的错误，并且不停止其解释执行的过程，编制者只能通过显示效果来分析出错原因和出错部位。

🔔注意：对于不同的浏览器，对同一标记符可能会有不完全相同的解释，因而可能会有不同的显示效果。所以有时可能出现显示效果与期望效果有些偏差，可能是由于浏览器的兼容性造成的。

HTML 之所以称为超文本标记语言，主要是因为文本中包含了所谓的"超级链接"点。超级链接就是一种 URL 指针，它定义了指向不同的网页或资源，通过（单击）它，可使浏

览器方便地获取新的资源或者跳转到新的网页，这也是 HTML 获得广泛应用的最重要的原因之一。网页的本质就是 HTML，通过结合使用其他的 Web 技术（如：脚本语言、CGI、组件等），就可以创造出功能强大的网页。因而，HTML 是 Web 编程的基础，也就是说万维网是建立在超文本基础之上的。

3.1.2　HTML 语言特点

HTML 文档制作不是很复杂，但功能强大，支持不同数据格式的文件镶入，这也是 HTML 盛行的原因之一。概括来讲其主要特点如下。

- ❑ 简易性，HTML 版本升级采用超集方式，从而更加灵活方便。
- ❑ 可扩展性，HTML 语言的广泛应用带来了加强功能，增加标识符等要求，HTML 采取子类元素的方式，为系统扩展带来保证。
- ❑ 平台无关性。虽然 PC 机大行其道，但使用 MAC 等其他机器的大有人在，HTML 可以使用在广泛的平台上。

3.1.3　HTML 文档的编写方法

用 HTML 编写的超文本文档（以后就称为 HTML 文档或者网页）是非常简单的。HTML 文档的编写方法主要有下面三种。

- ❑ 手工直接编写：比如记事本等，存成.htm 或者 .html 格式，这个比较适合初学者。
- ❑ 使用可视化 HTML 编辑器编写：比如 Frontpage、Dreamweaver 等，通过这些工具可以制作出非常漂亮的 HTML 网页来，并且这些工具集成了很多快捷方式。这个我们在以后的章节中会细致地讲解。
- ❑ 由 Web 服务器（或称 HTTP 服务器）产生：这是一种实时动态地生成方法。

当 HTML 文档编写完成后，需要将 HTML 文档保存，对于 HTML 文档命名，特别提出需要注意以下几点。

- ❑ 后缀名是*.htm 或*.html。
- ❑ 无空格。
- ❑ 无特殊符号（例如&符号），只可以有下划线"_"，只可以为英文、数字。
- ❑ 区分大小写。
- ❑ 首页文件名默认为：index.htm 或 index.html。

3.1.4　HTML 文档结构

对于每个 HTML 文档，都有如下的结构。

```
<HTML>                <!--HTML 的开始标志-->
<HEAD>                <!--HTML 的头部信息开始标志-->
<title></title>      <!--标题标记符-->
<meta>                <!--在 HTML 文档中模拟 HTTP 协议的响应头报文-->
</HEAD>               <!--HTML 的头部信息结束标志-->
<BODY>                <!--HTML 的正文开始标志-->
```

```
HTML 文件的正文          <!--HTML 的正文内容-->
</BODY>                 <!--HTML 的正文结束标志-->
</HTML>                 <!--HTML 的文档结束标志-->
```

提示：在上文中出现的<!--文本内容-->是专门用来对 HTML 文档内容做注释用的，中间的文本内容就是注释内容，这种注释标志可以对单行进行注释，也可以对多行进行注释！

标记符<HTML>，说明该文件是用 HTML 来制作的，它是文件的开头标志；而</HTML>表示该 HTML 文件的结尾。<HTML></HTML>是成对出现的，它们是 HTML 文件的始标记和尾标记。

<HEAD></HEAD>，这两个标记符分别表示头部信息的开始和结尾。头部中包含的标记是页面的标题、序言和说明等内容，它本身不作为内容来显示，但影响网页显示的效果。头部中最常用的标记符是标题标记符<title>和<meta>，其中标题标记符用于定义网页的标题，它的内容显在网页窗口的标题栏中，网页标题可以被浏览器用作书签和收藏清单；而<meta>标记符是用来在 HTML 文档中模拟 HTTP 协议的响应头报文。

<BODY></BODY>，网页的正文，网页中显示的实际内容均包含在这两个正文标记符之间，分别标识正文的开始和结束。

3.1.5　HTML 元素属性

HTML 元素可以有自己的相关属性，每一个属性还可以由网页编制者赋予一定的值。元素属性出现在元素的<>内，并且和元素名之间有一个空格分隔；属性值用""括起来。例如下面的代码。

```html
<html>
    <head>
      <title>my first html page</title>    <!--网页的标题-->
    </head>
    <body>
      <p align="center">This is my first htmlpage!</p>
                                      <!--另起一段，在网页中居中显示-->
    </body>
</html>
```

可以在自己的电脑上新建一个文本文档，将上述代码输入，另存为 first.html，然后用浏览器将 HTLM 文档打开，可以看到如图 3-1 所示效果。

图 3-1　第一个 HTML 图

从图 3-1 中可以看到文字居中在浏览器中显示，这就是 的作用，表示意思是另起一段，并且居中显示。

1. <meta>标签中元素属性的使用

在 HTML 文档结构中提到了<meta>标签，可以看到<meta> 标签用于网页的<head>与</head>中，<meta>的属性有两种：name 和 http-equiv。

1）name 属性

name 属性主要用于描述网页，对应于 content，以便于搜索引擎机器人查找、分类（目前几乎所有的搜索引擎都使用网上机器人自动查找 meta 值来给网页分类）。这其中最重要的是 description 和 keywords，所以在开发网站时建议给每页加一个 meta 值。下面介绍一下比较常用的 name 属性。

```
<meta name="Generater" content="Java WEB ">
                       <!--用于说明生成工具、开发工具等-->
<meta name="KeyWords" content=" JAVA WEB">
                       <!--说明您的网页的关键词给搜索引擎等-->
<meta name="Description" content="JAVA WEB">
                       <!--告诉搜索引擎您的站点的主要内容-->
<meta name="Author" content="longlyboyhe"> <!--告诉搜索引擎您的站点的制作者-->
<meta name="Robots" content= "all|none|index|noindex|follow|nofollow">
```

对最后一行的属性说明如下。

❑ 设定为 all：文件将被检索，且页面上的链接可以被查询。

❑ 设定为 none：文件将不被检索，且页面上的链接不可以被查询。

❑ 设定为 index：文件将被检索。

❑ 设定为 follow：页面上的链接可以被查询。

❑ 设定为 noindex：文件将不被检索，但页面上的链接可以被查询。

❑ 设定为 nofollow：文件将不被检索，页面上的链接可以被查询。

2）http-equiv 属性

http-equiv 主要用于回应给浏览器一些有用的信息，以帮助正确和精确地显示网页内容。下面介绍一下常用的 http-equiv 类型。

（1）Content-Type 和 Content-Language（显示字符集的设定）。

说明：设定页面使用的字符集，用以说明主页制作所使用的文字以及语言，浏览器会根据此来调用相应的字符集显示 page 内容，如下所示。

```
<!--设置页面文档类型为文本/网页类型，编码方式为gb2312-->
<meta http-equiv="Content-Type" Content="text/html; Charset=gb2312">
 <!--设置语言代码为中文-->
<meta http-equiv="Content-Language" Content="zh-CN">
```

该 meta 标签定义了 HTML 页面所使用的字符集为 GB2132，就是国标汉字码。如果将其中的 charset=GB2312 替换成 BIG5，则该页面所用的字符集就是繁体中文 Big5 码；如果将其中的 charset=GB2312 替换成 UTF-8，则该页面所用的字符集就是"万国码"（可以在同一个网页中支持多个国家的编码方式）。

知识拓展：

我们经常会遇到这种情况，当我们浏览一些国外的站点时，浏览器会提示我们"该页面不能正常显示，如果想正常显示该页面，请下载 xx 语支持"。其实这个功能就是通过读取 HTML 页面 meta 标签的 Content-Type 属性而得知需要使用哪种字符集显示该页面的。如果系统里没有装相应的字符集，则 IE 就会提示下载该字符集。其他的语言也对应不同的 charset，像日文的字符集对应于 iso-2022-jp，韩文的字符集对应于 ks_c_5601。

常见 Charset 选项有：ISO-8859-1（英文）、BIG5、UTF-8、gb2312 等字符集；Content-Language 的 Content 还可以是 EN、FR 等语言代码。不过对于 Charset 的设置，建议以后采用 UTF-8，这样既可以做到支持中文，也便于与国际接轨。

（2）Refresh（刷新）。

说明：让网页多长时间（秒）刷新自己，或在多长时间后让网页自动链接到其他网页。例如：

```
<meta http-equiv="Refresh" Content="30">
<meta http-equiv="Refresh" Content="5; Url=http://www.javaweb.com">
```

这里的 30 是指让网页 30 秒刷新一下自己；5 是指停留 5 秒钟后自动刷新到 URL 网址。

（3）Expires（期限）。

说明：指定网页在缓存中的过期时间，一旦网页过期，必须到服务器上重新调阅。例如：

```
<meta http-equiv="Expires" Content="0">
<meta http-equiv="Expires" Content="Wed, 26 Feb 1997 08:21:57 GMT">
```

注意：必须使用 GMT 的时间格式，或直接设为 0（数字表示多少时间后过期）。

（4）Pragma（cach 模式）。

说明：禁止浏览器从本地机器的缓存中调阅页面内容。

```
<meta http-equiv="Pragma" Content="No-cach">
```

注意：网页不保存在缓存中，每次访问都刷新页面。这样设定，访问者将无法脱机浏览，以保证浏览网站的时长。当您希望访问者每次都刷新广告的图标或者页面，或每次都刷新您的计数器，就要禁止浏览器本地缓存了。

（5）Set-Cookie（cookie 设定）。

说明：浏览器访问某个页面时会将它存在缓存中，下次再次访问时就可从缓存中读取，以提高速度。当您希望访问者每次都刷新计数器，就要禁用缓存了。当保存的 cookie 达到设置的过期时限时，cookie 将被删除。例如：

```
<meta http-equiv="Set-Cookie" Content="cookievalue=xxx; expires=
Wednesday, 21-Oct-98 16:14:21 GMT; path=/**">
                              <!--设置 Cookie，网页过期时限，缓存路径-->
```

（6）Window-target（显示窗口的设定）。

说明：强制页面在当前窗口以独立页面显示。

```
<meta http-equiv="Widow-target" Content="_top">
```

Content 选项：可以为_blank、_top、_self、_parent，说明页面在当前窗口显示的位置。

🔔注意：这个属性是用来防止别人在框架里调用您的页面。

（7）ontent-Script-Type（脚本相关）。

🔔注意：指明页面中脚本的类型。

```
<meta http-equiv="Content-Script-Type" Content="text/javascript"> <!--页
面中的脚本为 JavaScript-->
```

对于上面的脚本类型和 JavaScript，我们会在以后的章节中详细讲解，这里只要知道属性的相关作用就可以了。

（8）Page-Enter、Page-Exit 是页面被载入和调出时的一些特效。

```
<meta http-equiv="Page-Enter" Content="blendTrans(Duration=0.5)">
                      <!--持续 0.5 秒页面渐入-->
<meta http-equiv="Page-Exit" Content="blendTrans(Duration=0.5)">
                      <!--持续 0.5 秒页面渐出-->
```

blendTrans 是动态滤镜的一种，产生渐隐效果。另一种动态滤镜 RevealTrans 也可以用于页面进入与退出效果，如下：

```
<meta http-equiv="Page-Enter" Content="revealTrans(duration=0.5, transition=1)">
<meta http-equiv="Page-Exit" Content="revealTrans(duration=0.5, transition=0)">
```

Duration，表示滤镜特效的持续时间（单位：秒）。Transition，表示滤镜类型。使用哪种特效，由它的取值决定，取值范围为 0～23。当我们单击网页上的链接时，浏览器页面就会转到链接指向的新的页面，我们可在页面转换时加上过渡效果。

打开这个页面的原代码，在<head>与</head>插入代码：

```
<meta http-equiv="Page-Exit" content="revealTrans(Duration=3, Transition=5)">
```

这样这个过渡效果就完成了，很简单吧。现在我们来测试一下效果如何，打开这个页面，然后单击页面上的链接，页面在转到下一个页面的过程中，我们看到页面是从上到下慢慢地转换到第二个页面的。

我们现在再试一个效果，将那段代码换成：

```
<meta http-equiv="Page-Exit" content="revealTrans(Duration=1, Transition=14)">
```

我们看到页面是从中间向左右两端展开过渡的，而且速度上快了一点。原因在于 Duration 和 Transition 的值不同。Duration 的值为网页动态过渡的时间，单位为秒。Transition 是过渡方式，它的值为 0～23，分别对应 24 种过渡方式，如表 3-1 所示。

表 3-1　Transition 的取值和对应效果表

取　值	特　　效	取　值	特　　效
0	矩形缩小	4	下到上刷新
1	矩形扩大	5	上到下刷新
2	圆形缩小	6	左到右刷新
3	圆形扩大	7	右到左刷新

续表

取　值	特　　效	取　值	特　　效
8	竖百叶窗	16	上下到中间
9	横百叶窗	17	右下到左上
10	错位横百叶窗	18	右上到左下
11	错位竖百叶窗	19	左上到右下
12	点扩散	20	左下到右上
13	左右到中间刷新	21	水平线状展开
14	中间到左右刷新	22	垂直线状展开
15	中间到上下	23	随机产生一种过渡方式

当 Transition 为 23 时，会随机产生 0～22 中的一个过渡效果。例如：

```
<meta http-equiv="Page-Exit" content="revealTrans(Duration=2, Transition=23)">
```

2．<body>标签中元素属性的使用

<body>元素表明是 HTML 文档的主体部分。在<body>与</body>之间，通常都会有很多其他元素，这些元素和元素属性构成 HTML 文档的主体部分。下面介绍一下<body>元素中常见元素属性。

（1）bgcolor。bgcolor 属性标志 HTML 文档的背景颜色。如：bgcolor="#CCFFCC"。HTML 对颜色的控制也有自己的语法。HTML 使用十六进制的 RGB 颜色值对颜色进行控制。十六进制的数码有：0，1，2，3，4，5，6，7，8，9，a，b，c，d，e，f。对于颜色值可以查看 RGB 颜色对照表。

（2）background。background 属性标志 HTML 文档的背景图片。如：background="images/bg.gif"。可以使用的图片格式为 GIF 和 JPG。

（3）bgproperties=fixed。bgproperties=fixed 使背景图片成水印效果，即图片不随着滚动条的滚动而滚动。

（4）text。text 属性标志 HTML 文档的正文文字颜色。如：text="#FF6666"。Text 元素定义的颜色将应用于整篇文档。

（5）超级链接颜色。link、vlink 和 alink 分别控制普通超级链接、访问过的超级链接以及当前活动超级链接颜色。

（6）leftmargin 和 topmargin。设置网页主体内容距离网页顶端和左端的距离，如：leftmargin="20" topmargin="30"。

由于本书主要讲 Java Web 开发入门，所以本节的目的主要是教大家怎么用和怎么读取 HTML 文档的，在本章后面的所有章节中都会不断地穿插 HTML 知识，只要在以后的学习中注意对 HTML 知识点的积累就可以了，没有必要一下记住所有的元素属性和使用方法。

如果那样，从本人学习的经验来讲，也是不可取的，我认为只有在用到的时候不断查询并积累才是一种好的学习方法。下面就列出一些常用的元素及其作用，至于如何在 HTML 文档中运用，在后面的章节中遇到了，会有所讲解，就不一一介绍了。

3．HTML界面元素

❑　<html></html>创建一个 HTML 文档。

- ❑ <head></head>设置文档标题和其他在网页中不显示的信息。
- ❑ <title></title>设置文档的标题。
- ❑ <h1></h1>最大的标题。
- ❑ <pre></pre>预先格式化文本。
- ❑ <u></u>下划线。
- ❑ <b></b>黑体字。
- ❑ <i></i>斜体字。
- ❑ <tt></tt>打字机风格的字体。
- ❑ <cite></cite>引用，通常是斜体。
- ❑ <em></em>强调文本（通常是斜体加黑体）。
- ❑ <strong></strong>加重文本（通常是斜体加黑体）。
- ❑ <font size="" color=""></font>设置字体大小从 1～7，颜色使用名字或 RGB 的十六进制值。
- ❑ <BASEFONT></BASEFONT>基准字体标记。
- ❑ <big></big>字体加大。
- ❑ <SMALL></SMALL>字体缩小。
- ❑ <STRIKE></STRIKE>加删除线。

4．HTML文字元素

- ❑ <CODE></CODE>程序代码。
- ❑ <KBD></KBD>键盘字。
- ❑ <SAMP></SAMP>范例。
- ❑ <VAR></VAR>变量。
- ❑ <BLOCKQUOTE></BLOCKQUOTE>向右缩排。
- ❑ <DFN></DFN>述语定义。
- ❑ <ADDRESS></ADDRESS>地址标记。
- ❑ <SUP></SUP>上标字。
- ❑ <SUB></SUB>下标字。
- ❑ <xmp>...</xmp>固定宽度字体（在文件中空白、换行、定位功能有效）。
- ❑ <plaintext>...</plaintext>固定宽度字体（不执行标记符号）。
- ❑ <listing>...</listing>固定宽度小字体。
- ❑ <font color=00ff00>...</font>字体颜色。
- ❑ <font size=1>...</font>最小字体。
- ❑ <font style ='font-size:100 px'>...</font>无限增大。

5．HTML段落元素

- ❑ <p></p>创建一个段落。
- ❑ <p align="">将段落按左、中、右对齐。
- ❑
定义新行。
- ❑ <blockquote></blockquote>从两边缩进文本。

- ❑ <dl></dl>定义列表。
- ❑ <dt>放在每个定义术语词前。
- ❑ <dd>放在每个定义之前。
- ❑ <ol></ol>创建一个标有数字的列表。
- ❑ <ul></ul>创建一个标有圆点的列表。
- ❑ <li>放在每个列表项之前，若在<ol></ol>之间则每个列表项加上一个数字，　若在 <ul></ul>之间则每个列表项加上一个圆点。
- ❑ 用来排版大块 HTML 段落，也用于格式化表。
- ❑ <MENU>选项清单。
- ❑ <DIR>目录清单。
- ❑ <nobr></nobr>强行不换行。
- ❑ <hr size='9' width='80%' color='ff0000'>水平线（设定宽度）。
- ❑ 水平居中。

6. HTML链接元素

- ❑ <a href="URL"></a>创建超文本链接。
- ❑ <a href="mailtoEMAIL"> </a>创建自动发送电子邮件的链接。
- ❑ <a name="name"></a>创建位于文档内部的书签。
- ❑ <a href="#name"></a>创建指向位于文档内部书签的链接。
- ❑ <BASE>文档中不能被该站点辨识的其他所有链接源的 URL。
- ❑ < LINK>定义一个链接和源之间的相互关系。

3.2　桩功之二：DIV+CSS 网页布局

上节主要介绍了 HTML 语言和它的特点，以及如何认识和简单地运用 HTML 语言制作网页。我们了解到，HTML 语言是一种超文本标记语言，它具有简单性、可扩展性以及与平台无关性等优点，主要用来显示网页的内容和结果。那么如何将网页的内容和结果更加美观、有条理、有层次地显示出来，给用户带来更好的体验呢？接下来的这一节中我们将介绍 CSS，它就可以实现这种效果。

3.2.1　什么是 CSS

CSS 是英语 Cascading Style Sheets 的缩写，中文译为层叠样式表，是用于控制网页样式并允许将样式信息与网页内容分离的一种标记性语言。CSS 随着时间也在不断升级，目前最新版本为 CSS 3。相对于传统 HTML 的表现而言，CSS 能够对网页中的对象的位置排版进行像素级的精确控制，支持几乎所有的字体字号样式，拥有对网页对象盒模型的能力，并能够进行初步交互设计，是目前基于文本展示最优秀的表现设计语言。

3.2.2　Web 标准的构成和布局

一个标准的 Web 构成就是：表现、结构和行为这三个要素，如图 3-2 所示。

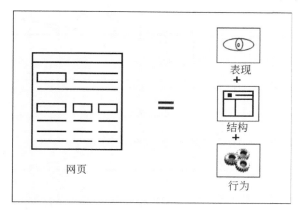

图 3-2　Web 标准构成

表现：用于对已经被结构化的信息进行显示上的修饰，包括版式、颜色、大小等。主要技术就是 CSS 样式表，目前用的最多的是版本 2.0，最新版本是 3.0。

结构：用来对网页中的信息进行整理与分类，常用的技术有：HTML、XHTML 和 XML。

行为：是指对整个文档内部的一个模型进行定义及交互行为的编写。主要技术有：DOM（文档对象模型）、JavaScript 脚本语言和 Ajax 等。

Web 标准的核心目的就是将表现、结构和内容分离开来，这样做的好处是：

❑　高效率的开发与简单维护。

❑　信息跨平台的可用性。

❑　降低服务器成本；加快网页解析速度。

❑　更良好的用户体验。

CSS 的出现，正好解决了这个问题，从 CSS 2.0 开始真正意义上实现了这个标准，将表现和内容才算是真正意义上的分开了。

3.2.3　传统布局与 CSS 布局

这里说的传统布局就是 Table 布局，它利用了 HTML 的 Table 元素所具有的零边框特性，因此可以知道 Table 布局的核心是：设计一个能满足版式要求的表格结构，将内容装入每个单元格中，间距及空格使用透明 gif 图片实现，最终的结构是一个复杂的表格（有时候会出现多次嵌套）。显然，这样不利于设计和修改。

图 3-3 是一个传统 Table 布局的示意图。

从图 3-3 可以看出，结构非常复杂，出现了多个表格的嵌套，并且出现了大量文件在网页上，如此势必导致浏览器对网页代码的解析非常慢。图 3-4 是一个 DIV+CSS 布局示意图。

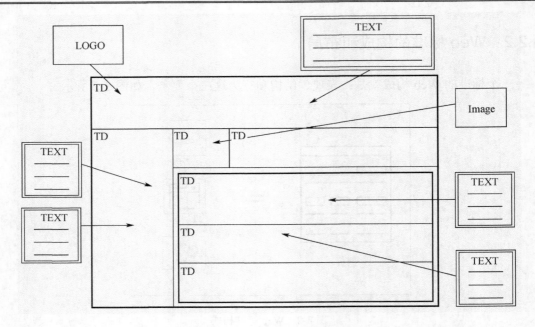

图 3-3　传统 Table 布局示意图

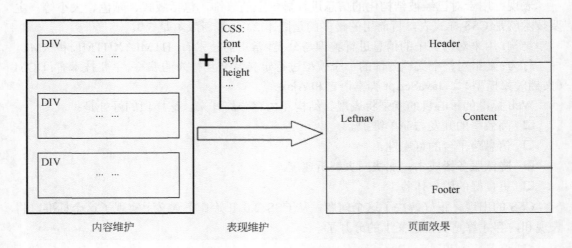

图 3-4　DIV+CSS 布局示意图

从图 3-4 中可以看到，CSS 单独地设置字体、格式、比重等网页元素的属性，而 DIV 单独对网页的结构布局做控制，这样就真正做到了表现与内容的完全分离，使代码的可读性提高了。并且这些样式还可以重复用到不同的页面，复用性增强了。

3.2.4　CSS 布局实例

对 Java Web 标准和 CSS 的布局特点了解后，下面我们来看一个 CSS 布局实例。首先在电脑上创建一个文本文档，然后打开，将下面的代码输入到文本文档。

```
<!DOCTYPE html PUBLIC "-//W3C//DTD XHTML 1.0 Transitional//EN" "http:
```

```
//www.w3.org/TR/xhtml1/DTD/xhtml1-transitional.dtd">
<html xmlns="http://www.w3.org/1999/xhtml">
<head>
<meta http-equiv="Content-Type" content="text/html; charset=gb2312" />
<title>CSS 实例测试</title>
<link href="css/style1.css" rel="stylesheet" type="text/css"  />
                                                <!--引入 CSS 布局-->
</head>
<body>
<div id="container">                            <!--定义一个容器-->
<div id="header">头部</div>                      <!--定义头部-->
<div id="content">主体</div>                     <!--定义中间部分-->
<div id="footer">尾部</div>                      <!--定义尾部-->
</div>
</body>
</html>
```

　　将上述代码输入文本文档后，选择"文件"菜单下的"另存为"命令，命名为 css.html，会得到提示是否修改文件扩展名称，单击"是"，就保存成 html 文档了。接下来就是引入 CSS 样式了。

　　操作步骤和上面的一样，同样新建一个文本文档，输入如下代码。

```
* {
  //对整个布局的整体查询
    font-family: Arial,  Helvetica,  sans-serif,  "宋体";
    font-size: 12px;
    margin: 0px;
    text-align:center;
}
#container {
  //查询网页的 ID 为 container，并设置元素值
    width: 810px;
    margin:auto;
    background:#CCCCCC;
}
#header {
  //查询网页的 ID 为 header，并设置元素值
    height: 100px;
    width: 800px;
    padding:5px;
    background-color: #6699FF;
}
#content {
//查询网页的 ID 为 content，并设置元素值
    height: 400px;
    width: 800px;
    padding:5px;
    background-color#FF9900;
}
#footer {
//查询网页的 ID 为 foot，并设置元素值
    width: 800px;
    height: 50px;
    padding:5px;
  background-color: #6699FF;
}
```

　　然后单击"另存为"命令，保存为 style1.css，并在刚才的 html 文档同一个目录下面新建一个文件夹，命名为 css，用来专门存放 css 文件，然后将 style1.css 放到里面。

　　可能您看不懂代码，没有关系，我们可以先看一下效果，然后再解释代码到底是什么含义。接下来用浏览器打开 css.html，效果如图 3-5 所示。

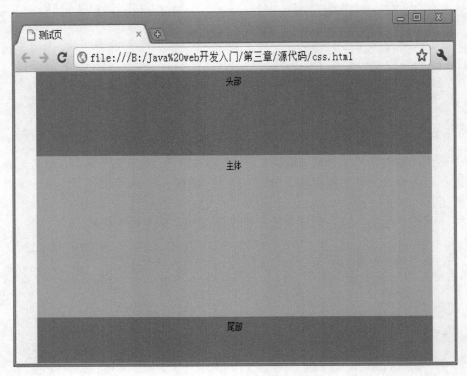

图 3-5　CSS 实例效果

3.2.5　CSS 语法基础

　　通过上面的 CSS 实例代码，我只是想告诉大家 CSS 可以单独地作为文件直接被引用到网页中，对于代码中一些标签和属性可能大家还不知道是什么含义，为什么要这样写，这个不要着急，接下来将介绍 CSS 的语法基础，学过之后您再回过头来读上面的代码，就会明白到底要表达的是什么含义了。

　　CSS 语法结构：选择符 { 属性 1：值 1；属性 2：值 2……} ，例如下面这段代码。

```
body {
//设置网页主要内容的字体和对齐方式
 font-size:12px;
 text-align:center;
}
```

　　这段代码中，font-size:12px 表示网页中 body 内的字体大小为 12px，text-align:center 表示文字居中显示。

　　参数说明：属性和属性值之间用冒号（:）隔开，定义多个属性时，属性之间用分号（;）

隔开。

1．CSS中常见的3种选择器

需要说明的是，在 CSS 中主要通过查询选择器来找到网页中需要设置样式的位置，常见的选择器有 3 种，分别为：标签选择器、类别选择器和 ID 选择器。下面分别介绍一下各自的特点和用法。

（1）标签选择器。指以网页中已有的标签名作为名称的选择器，几乎所有的 HTML 标签均可用作该类选择器。如：body{ }、p{ }、h1{ } 等等，都可以作为标签选择器。具体结构如图 3-6 所示。

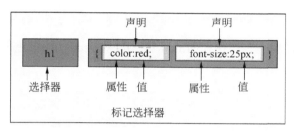

图 3-6　标签选择器

（2）类别选择器。属于用户自定义名称的选择器，可以在 HTML 标签中用 class=" "为相应标签指派样式。可理解为一类。

特点是：可以重复使用，在网页中只要定义的标签中的 class 类别相同，就可套用相同的属性和样式。具体结构如图 3-7 所示。

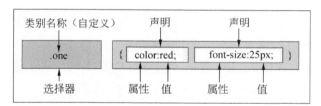

图 3-7　类别选择器

（3）ID 选择器。属于用户自定义名称的选择器，基于 DOM 文档对象模型原理出现的选择器，可以在 XHTML 标签中用 id=""为相应标签指派样式，可理解为一个标识。具体结构如图 3-8 所示。

特点是：在网页中，每个 ID 名称只能使用一次。

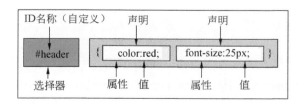

图 3-8　ID 选择器

2．CSS中的3种声明

我们从上面看到，选择器后面是声明，声明又包含属性和属性值。其中声明又分为：集体声明、嵌套声明和混合声明 3 种。

（1）集体声明：属于并列关系，对并列的所有的标签、ID 和类别都使用相同的属性和属性值。这时可以把相同属性和值的选择符组合起来书写，用逗号将选择符分开，这样可以减少样式重复定义。如下：

```
<style type="text/css" >
body, td, th, #header, .one{color:blue;font-size:12px;}
</style>
```

说明：这个样式表示所有列在前面的标签、ID 和类的字体颜色都是 blue，字体大小都是 12px。

（2）嵌套声明：属于从属关系，如下所示。

```
<style type="text/css" >
P h1{color:blue;font-size:14px;}
</style>
```

说明：属于段落元素标题 h1 中的字体颜色为 blue，字体大小为 4px。

（3）混合声明：属于并列及从属关系，如下所示。

```
<style type="text/css" >
P H1, #header ul{color:blue;font-size:12px;}
</style>
```

说明：属于段落元素中标题 h1 中的字体和属于 id 为 header 的 ul 的字体颜色都为 blue，大小都为 12px。

通过上述介绍之后，再回过头来看上一小节的 CSS 实例代码，是不是可以看懂到底是什么意思了。没错，在 style1.css 中定义了一个全局选择器。

```
* {
  //定义字体类型
    font-family: Arial,  Helvetica,  sans-serif,  "宋体";
  //定义字体大小
    font-size: 12px;
  //定义页边距
    margin: 0px;
  //定义文字居中显示
    text-align:center;
}
```

在这个选择器中定义了字体类型（font-family）、字体大小（font-size:）、页边距（margin）和文字显示方式（text-align），往下看是 4 个 ID 选择器。

```
#container {
  //定义容器宽度、页边距和背景颜色
```

```
    width: 810px;
    margin:auto;
    background:#CCCCCC;
}
#header {
 //定义 header 容器的高、宽、边距和背景
    height: 100px;
    width: 800px;
    padding:5px;
    background-color: #6699FF;
}
#content {
 //定义内容容器 content 的高度、宽度、边距和背景颜色
    height: 400px;
    width: 800px;
    padding:5px;
    background-color#FF9900;
}
#footer {
 //定义底部容器的高度、宽度、边距和背景
    width: 800px;
    height: 50px;
    padding:5px;
 background-color: #6699FF;
}
```

这 4 个 ID 选择器中，在 id="container"的选择器中定义了它的宽、页边距和背景颜色，在 id 为 header、content 和 footer 的选择器中分别都定义了每个容器的高、宽、与边界的距离和背景颜色。

我们还可以看到在 HTML 文档中 CSS 文件是用下面这句话加载上的：

```
<link href="css/style1.css" rel="stylesheet" type="text/css"  />
```

此链接为外部样式表，您也许会问外部样式表是什么，如何在网页中运用 CSS 知识，不用着急，在接下来的小节中，将重点介绍如何应用 CSS 到网页中。

3.2.6　如何应用 CSS 到网页中

同样先来看如下代码。

```
<!DOCTYPE html PUBLIC "-//W3C//DTD XHTML 1.0 Transitional//EN"
"http://www.w3.org/TR/xhtml1/DTD/xhtml1-transitional.dtd">
                            <!--说明：该段指定文档类型为 Transitional-->
<html xmlns="http://www.w3.org/1999/xhtml">
                            <!--说明：该句确定名字空间，在 xml 中用到-->
<head>
<meta http-equiv="Content-Type" content="text/html; charset=gb2312" />
                            <!--说明：该句声明编码语言为简体中文-->
<title>测试页</title>
<link href="css/style1.css" rel="stylesheet" type="text/css" />
                            <!--此为链接（外部）样式表-->
<style type="text/css">
<!--CSS 定义显示字体大小
body, td, th {font-size: 12px;}
p{font-size: 24px;color:#FFFF00;}
```

```
-->
</style>
</head>
<body>
<div id="container">
<div id="header"> <p>头部</p> </div>
<div id="content">
<p style="color:#FF0000;font-size:36px">主体</p>
                                        <!--此为行内样式表 -->

</div>
<div id="footer"> <p>尾部</p> </div>
</div>
</body>
</html>
```

可以看到 CSS 编码可以多种方式灵活地应用到我们所设计的 XHTML 页面之中，选择方式可根据我们对设计的不同表现手段来制定，一般按 CSS 代码位置可分为以下 4 种。

（1）行内样式表：如果只有一个 HTML 标签需要设定样式，则可在该标签内加上属性。

```
<p style="color:#FF0000;font-size:36px">主题</p>  <!-- 此为行内样式表 -->
```

说明：只对段内"主题"一词设置颜色为#FF0000 和大小为 36px。

（2）内部样式表：在网页内部设置样式格式。

```
<style type="text/css">
<!--
body, td, th {font-size: 12px;}
p{font-size: 24px;color:#FFFF00;}
-->
</style>
```

说明：它的作用是全局定义 body 标签，td 标记和 th 标记内的字体全为 12px；段内 p 标签内的字体为 24px，颜色为#FFFF00。

注意：有些低版本的浏览器不能识别 style 标记，这意味着低版本的浏览器会忽略 style 标记里的内容，并把 style 标记里的内容以文本直接显示到页面上。为了避免这样的情况发生，我们用加 HTML 注释的方式（<!-- 注释 -->）隐藏内容而不让它显示。

（3）外部样式表。

```
<!-- 此为链接（外部）样式表 -->
<link href="css/style1.css" rel="stylesheet" type="text/css" media="all"/>
```

说明：浏览器从 style1.css 文件中以文档格式读出定义的样式表。rel="stylesheet"是指在页面中使用这个外部的样式表。type="text/css"是指文件的类型是样式表文本。href="mystyle.css"是文件所在的位置。media 是选择媒体类型，这些媒体包括：屏幕、纸张、语音合成设备以及盲文阅读设备等。

注意：一个外部样式表文件可以应用于多个页面。当改变这个样式表文件时，所有页面的样式都随之而改变。在制作大量相同样式页面的网站时，非常有用，不仅减少了重复的工作量，而且有利于以后的修改、编辑，浏览时也减少了重复下载代码，所以建议在网页中使用这个样式引入。

（4）导入式样式表。

在<style></style>之间加入 @import url(css/style2.css)，这种方式称为导入式样式表。

```
<style type="text/css" media="all">@import url( css/style.css );</style>
```

注意：其中的"@import"命令用于输入样式表。而"@import"命令对 netscape 4.0 版本浏览器是无效的。也就是说，当您希望某些效果在 netscape 4.0 浏览器中隐藏，在 4.0 以上版本或其他浏览器中又显示的时候，可以采用"@import"命令调用样式表。

3.2.7　CSS 开发与调试环境

以上章节中我们主要用文本文档对代码进行编写，目的主要是想让大家自己动手把代码输入一遍，以加深初学者对 HTML 和 CSS 的认识。现在开始介绍一些常用的网页制作工具。

1．网页设计与制作的主要工具

其实对于网页的设计和制作，有很多软件可以使用，这些软件可以帮我们更好、更方便地制作和调试网页，下面就介绍 4 种主要的工具。

（1）FrontPage。其优点可以概括如下。

❑ 文件视图最优化。

❑ 自动缩略图。

❑ 广告横幅管理者。

❑ 层叠样式表单支持。

（2）Dreamweaver 8.0。其优点可以概括如下。

❑ 不生成冗余代码。

❑ 方便的工作模式。

❑ 强大的动态页面支持。

❑ 可准确对层进行定位。

❑ 操作简便。

❑ 与 Flash 和 Fireworks 的紧密结合。

（3）Flash MX Professional 8.0。其优点可以概括如下。

❑ 时间轴特效。

❑ 行为。

❑ 创作环境中的辅助支持。

❑ 更新的模板。

❑ 集成的帮助系统。

❑ 拼写检查器。

❑　文档选项卡。

❑　开始页。

（4）Fireworks MX 8.0。其优点可以概括如下。

❑　是一款用来设计网页图形的应用程序。

❑　是一个创建、编辑和优化网页图形的多功能应用程序。

2．Dreamweaver 8.0的安装和使用

在本书中我们主要以 Dreamweaver 8.0 作为网页设计工具，Dreamweaver 是一款专业的网页制作软件，相信对于它大家都不会太陌生。可以说，它是第一套针对专业网页设计师特别开发的视觉化网页开发工具，利用它可以轻而易举地制作出跨越平台限制和跨越浏览器限制的充满动感的网页。下面将重点介绍 Dreamweaver 8.0 是如何使用，以及如何利用 Dreamweaver 8.0 对网页 CSS 进行编写和调试。

1）Dreamweaver 8.0 的安装

首先下载 Dreamweaver 8.0，下载后双击安装包，就会弹出界面如图 3-9 所示。

图 3-9　Dreamweaver 安装欢迎界面

接下来就非常简单了，直接单击"下一步"按钮，进入许可证协议界面，选择"我接受该许可证协议中的条款"，然后单击"下一步"按钮，就进入安装路径的选择界面，默认直接安装到 C 盘，如图 3-10 所示。

当然您也可以根据自己的需要更改安装路径，更改后选择要创建的快捷方式，然后单击"下一步"按钮。此时看到很多候选的文件类型，选择您需要 Dreamweaver 编辑的文件类型，建议大家全部选择，这样就可以用 Dreamweaver 编辑各种文件了，选择好文件类型后单击"下一步"按钮，这时弹出窗口提示"已经做好安装程序的准备"，接下来直接单击"安装"按钮就可以了。安装需要几分钟，稍等几分钟不出错的话，就会看到安装完成界面，如图 3-11 所示。

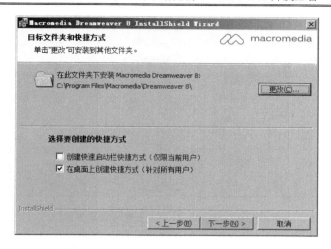

图 3-10 Dreamweaver 设置安装路径界面

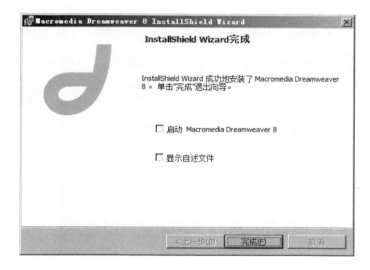

图 3-11 Dreamweaver 安装完成界面

2）Dreamweaver 8.0 的使用

其实上面这些步骤都非常简单，只要您会下载软件，会单击鼠标，直接按照提示单击"下一步"安装就可以了。这里需要提醒大家注意的是，在首次启动 Dreamweaver 8 时会出现一个"工作区设置"对话框，在对话框左侧是 Dreamweaver 8 的设计视图，右侧是 Dreamweaver 8 的代码视图。Dreamweaver 8 设计视图布局提供了一个将全部元素置于一个窗口中的集成布局。我们可以选择面向设计者的设计视图布局，也可以选择代码视图布局。这里我们先选择"设计器"，如图 3-12 所示。

单击"确定"按钮后，在 Dreamweaver 8 中首先将显示一个起始页，可以勾选这个窗口下面的"不再显示此对话框"来隐藏它。如图 3-13 所示。

图 3-13 中可以看到其中包括"打开最近项目"、"创建新项目"和"从范例创建"3个方便实用的功能选择区，建议大家保留此界面。

我们选择"文件"→"新建"命令，就进入"新建文档"界面，如图 3-14 所示。

图 3-12　Dreamweaver 工作区设置界面

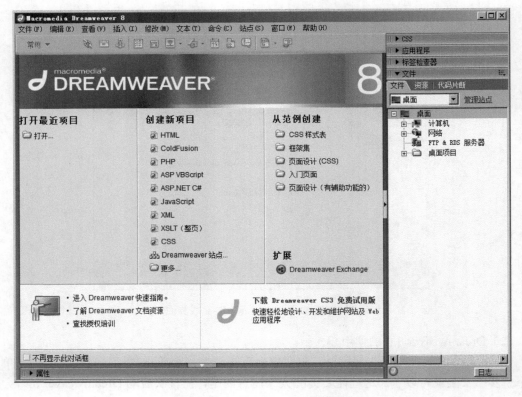

图 3-13　Dreamweaver 8 起始页

　　此时选择"基本页"→"HTML"选项，将"文档类型"设置为 XHTML 1.0 Transitional，然后单击"创建"按钮，就会创建一个 HTML 页面，并且 DTD 类型为 XHTML 1.0 Transitional。

　　这里需要说明一下，一个标准的 XHTML 文档，必须以 doctype 标签作为开始，doctype 用于定义文档类型。对于 XHTML 而言，可以选择以下 3 种不同的 XHTML 文档类型。

　　❑　Strict 类型：严格类型，文档中不允许使用任何表现样式的标识和属性。

　　❑　Frameset 类型：框架页类型，网页使用框架结构时，声明此类型。

　　❑　Transitional 类型：过渡类型，浏览器对 XHTML 的解析较为宽松。

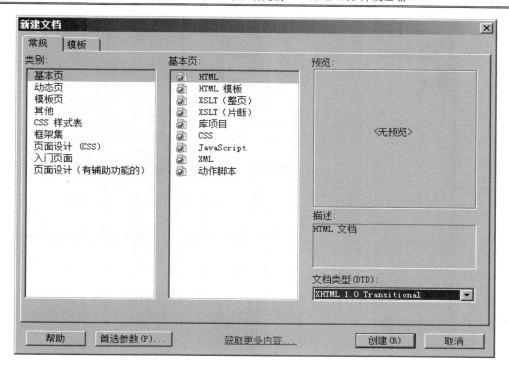

图 3-14　新建文档界面

小经验：对于这 3 种类型，由于过渡类型对 XHTML 的解析比较宽松，对于其他两种都要求比较严格，所以建议刚开始时将网页的 DTD 设置为 Transitional 类型比较好。

当创建 HTML 文档之后，就可以对 HTML 文档进行设计了，在其中可以按照前面所讲的方法插入 CSS 样式和布局文件，自己动手加入标签和属性就可以了。当然也可以通过 Dreamweaver 图形化界面设置页面属性，如图 3-15 所示。

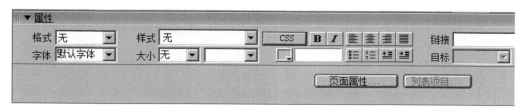

图 3-15　HTML 页面属性设置

在这里可以设置页面格式、加入 CSS 样式、字体类型、字体大小、字体颜色、链接文件和项目列表等。单击"页面属性"按钮就可以对页面属性的外观、链接、标题、编码和跟踪图像等类别进行设置，如图 3-16 所示。

通过上面的设置就可以制作出一个简单的 HTML 文档了。单击"应用"按钮之后就可以看到实现的具体效果了，如果是想要的效果，就可以单击"确定"按钮，得到自己想要的 HTML 文档，否则还可以继续对页面属性进行设置，直到调试出满意的页面效果。当然我们可以在主界面中选择代码，此时就可以看到实现该网页 HTML 的代码是什么样的了。一般我们使用拆分模式，那样既可以看到代码也可以随时看到界面效果。

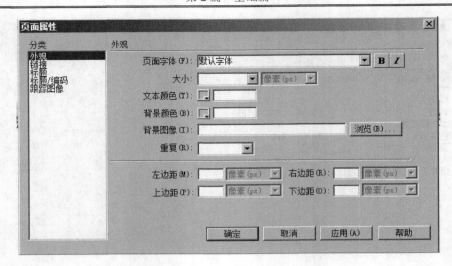

图 3-16　页面属性的具体分类设置

3.2.8　CSS 样式表

我们知道要想做出精美的网页一定要用到 CSS。CSS 样式表是一系列格式规则，它们控制网页内容的外观。CSS 样式使您可以控制许多仅使用 HTML 无法控制的属性。

在 Dreamweaver 中创建 CSS 时，可以选择"定义在该文档"和"新建样式表文件"这两种方式之一创建 CSS 样式表。"定义在该文档"只作用在当前文档；"新建样式表文件"创建出一个独立的外部 CSS 样式表文件，多个文档可以链接到外部 CSS 样式表文件。

1. 外部CSS样式表

在创建 CSS 时，可以根据个人喜好，选择一种引入 CSS 的方式。如果希望用相同的样式控制多个文档的格式，使用"外部 CSS 样式表"是最简单的方法。

（1）在当前界面中选择"文本"→"CSS 样式表"→"新建"，打开对话框如图 3-17 所示。

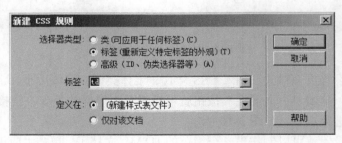

图 3-17　新建 CSS 规则

选中"标签"，填写标签名称，在"定义在"中选择"新建样式表文件"，单击"确定"按钮。

（2）页面跳转到"保存样式表文件为"对话框，这里没有建站点，所以选择文件来自

"文件系统"，保存在"B:\Java web 开发入门\第三章\CSS"目录下，文件名称定义为 out_css，其他为默认值，单击"保存"按钮，如图 3-18 所示。

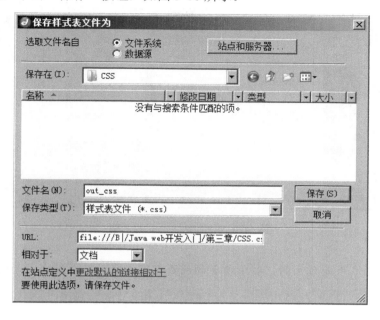

图 3-18　保存 CSS 文档

（3）对刚创建的标签定义规则，包括"类型"、"背景"、"区块"、"方框"、"边框"、"列表"、"定位"和"扩展"等分类。如图 3-19 所示定义了类型的字体类型、大小、颜色、大小写、样式和修饰等。

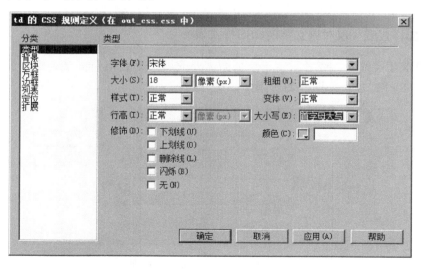

图 3-19　对标签的 CSS 规则定义

（4）单击"确定"按钮，这样就新生成了一个"外部 CSS 样式表"，名称为 out_css.css。如图 3-20 所示。

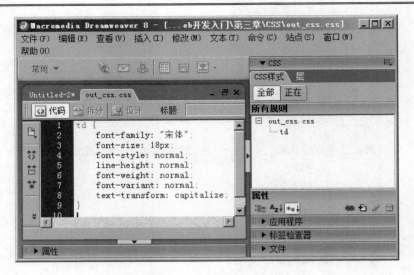

图 3-20　外部 CSS 样式表示例

说明：这个样式表是独立的，对于所有的网页都可以应用，引用方式是使用如下代码。

```
<link href="file:///B|/Java web 开发入门/第三章/CSS/out_css.css" rel=
"stylesheet" type="text/css">
```

知识积累：

使用外部 CSS 的优点是，只要修改外部的 CSS 样式表文件，所有链接到该样式表文件的文档格式都会自动发生改变。外部引入的简明步骤如下：

打开一个网页文档→打开 CSS 样式面板→单击"附加样式表"按钮→单击"浏览"按钮→选择需要的外部 CSS 样式表文件→单击"确定"按钮。

2．内部样式表（仅对该文档的CSS样式表）

如果喜欢步骤简单，或者只有一个页面需要应用某个 CSS 样式表，那就使用"仅对该文档"的 CSS 样式表，如图 3-21 所示。

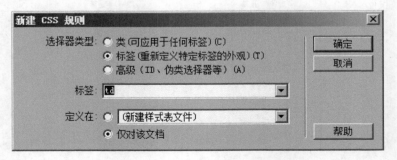

图 3-21　内部样式表新建规则

选择"仅对该文档"，单击"确定"按钮后，接下来和上面的步骤一样对标签定义规则，不同的是定义好 CSS 后，CSS 就直接出现在文档中间了。这种 CSS 样式的优点是创建好了就直接应用到当前文档了。

通过前面的介绍，CSS 的重要性就不多说了，当然如果要说清楚 CSS 就算写成一本大书也不够。本节的目的，是想通过本节的介绍，掌握使用 CSS 最基本和最重要的应用。至于 CSS 的其他知识，我们在接下来的章节中会不断讲到，只要大家用心积累，跟着我讲的走，其实 Java Web 入门就是这么简单。

3.3　桩功之三：JavaScript 功能

在上面的章节中我们主要讲到了 HTML 和 CSS 的有关知识，通过大家认真地学习，相信大家已经对 HTML 和 CSS 有些熟悉了吧！通过 HTML 和 CSS 已经可以制作出非常漂亮的界面了，但是这些界面缺少生命力，只是静态的，无法与用户做到很好的交流。

下面我们将学习如何将网页实现各种很好的动态效果，给用户更好的视觉享受和沟通效果，那就不得不讲 JavaScript 了。如果把 HTML 比作是武术的桩功，那 HTML 只能说是静静地站着的那种常规的桩功，而 JavaScript 却在常规桩功的基础上添加了难点，增加了重量，就像我们常见的头顶香炉、脚踩梅花等桩功。

所以 JavaScript 既是基础，也是难点，功能灵活，变幻莫测。说得这么神乎其神的，是不是真的很想知道 JavaScript 到底是什么，那我们就赶快开始本节的学习吧！

3.3.1　什么是 JavaScript

JavaScript 是由 Netscape 公司开发并随 Navigator 导航者一起发布的，介于 Java 与 HTML 之间的一种基于对象（Object）和事件驱动（Event Driven）并具有安全性能的脚本语言。

这样的解释是不是感觉就像没说似的，别说对于一个新手而言，就算是研究一两年的专业技术人员，对于什么是基于对象，什么是事件驱动，这些概念我想也未必可以解释和理解得那么清楚。所以这些对于我们新手而言刚开始没有必要了解，我们只有知道"JavaScript 是一种能让您的网页更加生动活泼的程序设计语言，也是目前网页设计中最容易学又最方便的语言"就可以了。至于那些概念我们以后就会慢慢解释的。

您可以利用 JavaScript 轻易地做出亲切的欢迎讯息、漂亮的数字钟、有广告效果的跑马灯及简易的选举，还可以显示浏览器停留的时间等等效果，让这些特殊效果提高网页的可观性和交互性。下面简单介绍一下 JavaScript 的语言特点。

1．JavaScript 语言特点

JavaScript 的出现，使得信息和用户之间不仅只是一种显示和浏览的关系，而是实现了一种实时的、动态的、可交式的表达能力。从而基于 CGI 静态的 HTML 页面将被可提供动态实时信息，并对客户操作进行反应的 Web 页面所取代。JavaScript 脚本正是满足这种需求而产生的语言。它深受广泛用户的喜爱和欢迎。它是众多脚本语言中较为优秀的一种，通过嵌入在标准的 HTML 语言中实现功能，它的出现弥补了 HTML 语言的缺陷，是 Java 与 HTML 折衷的选择。概括起来，JavaScript 语言的基本特点有 6 个。

（1）脚本编写语言。JavaScript 是一种脚本语言，它采用小程序段的方式实现编程。像其他脚本语言一样，JavaScript 同样也是一种解释性语言，它提供了一个简单的开发过程。

它的基本结构形式与 C、C++、VB 和 Delphi 十分类似。但它不像这些语言一样，需

要先编译，而是在程序运行过程中被逐行地解释。它与 HTML 标识结合在一起，从而方便用户的使用操作。

（2）基于对象的语言。JavaScript 是一种基于对象的语言，同时也可以看作是面向对象的。这意味着它能运用自己已经创建的对象。因此，许多功能可以来自于脚本环境中对象的方法与脚本的相互作用。

🔔注意：对于对象的概念如果不熟的话，可以复习一下我们第 1 章讲的 Java 基础知识，也可以自己在网上或者书店买本 Java 基础书籍学习一下。由于本书是 Java Web 开发，默认您已经对 Java 基础知识有所了解了，所以对 Java 基础讲的并不多。

（3）简单性。JavaScript 的简单性主要体现在：首先它是基于 Java 基本语句和控制流之上的，设计简单紧凑，只要您懂得 Java 语法就非常容易上手。其次它的变量类型是采用弱类型，并未使用严格的数据类型，所以设置变量就不用区分是什么类型了。

（4）安全性。JavaScript 的安全性主要体现在：首先不允许访问本地的硬盘，并不能将数据存入到服务器上。其次不允许对网络文档进行修改和删除，只能通过浏览器实现信息浏览或动态交互。这样就能有效地防止数据的丢失。

（5）动态性。JavaScript 的动态性主要体现在：它可以直接对用户或客户输入做出响应，无须经过 Web 服务程序。它对用户的反映响应，是采用事件驱动的方式进行的。

知识扩展：

什么是事件驱动？在主页（Home Page）中执行了某种操作所产生的动作，就称为"事件（Event）"。比如按下鼠标、移动窗口、选择菜单等都可以视为事件。当事件发生后，可能会引起相应的事件响应。

（6）跨平台性。JavaScript 是依赖于浏览器本身的，与操作环境无关，只要能运行浏览器的计算机，并支持 JavaScript 的浏览器就可正确执行。从而实现了"一次编写，到处运行"的理念。

2．JavaScript执行原理

（1）客户端请求某个网页。即我们在上网时在地址栏中输入某个网址，浏览器接收到网址之后，向远程 Web 服务器提出请求。

（2）Web 服务器响应请求。Web 服务器找到请求的页面，并将整个页面包含 JavaScript 的脚本代码作为响应内容，发送回客户端机器。

（3）客户端浏览器解释并执行带脚本的代码。客户端浏览器打开回应的网页文件内容，从上往下逐行读取并显示其中的 html 或者脚本代码，脚本是从服务器端下载到客户端，然后在客户端进行的，即不占用服务器端的资源。因此通过客户端脚本，客户端分担了服务器的任务，大大地减轻了服务器的压力，从而间接地提升了服务器的性能。

实际上 JavaScript 最杰出之处在于可以用很小的程序做大量的事。无须有高性能的电脑，软件仅需一个字处理软件及一个浏览器，无须 Web 服务器通道，通过自己的电脑即可完成所有的事情。

综上所述，JavaScript 是一种新的描述语言，它可以被嵌入到 HTML 的文件之中。JavaScript 语言可以做到回应使用者的需求事件（如：form 的输入），而不用任何的网路来回传输资料，所以当一位使用者输入一项资料时，它不用经过传给服务器端（server）处理，再传回来的过程，而直接可以被客户端（client）的应用程序所处理。

3.3.2　JavaScript 与 Java 的区别

在第 1 章中我们介绍了 Java 语言的特点，在上文又介绍了 JavaScript 脚本语言的特点，乍一看还真是很相似，那么我们可能会想它们有什么联系和区别的。其实 Java 和 JavaScript 语言虽然有很多联系，但是到底并不是一种语言，其目的和原理都不一样，Java 是一种比 JavaScript 更复杂许多的程序设计语言，而 JavaScript 则是相当容易了解的脚本语言。JavaScript 创作者可以不那么注重程序技巧，所以许多 Java 的特性在 JavaScript 中并不支持。主要异同如下。

（1）创造公司和开发目的。Java 是 SUN 公司推出的新一代面向对象的程序设计语言，特别适合于 Internet 应用程序开发；而 JavaScript 是 Netscape 公司的产品，其目的是为了扩展 Netscape Navigator 功能，而开发的一种可以嵌入 Web 页面中的基于对象和事件驱动的解释性语言。

（2）基于对象和面向对象。Java 是一种真正的面向对象的语言，即使是开发简单的程序，也必须设计对象。JavaScript 是种脚本语言，它可以用来制作与网络无关的，与用户交互作用的复杂软件。它是一种基于对象（Object Based）和事件驱动（Event Driver）的编程语言。因而它本身提供了非常丰富的内部对象供设计人员使用。

（3）解释和编译。两种语言在浏览器中所执行的方式不一样。Java 的源代码在传递到客户端执行之前，必须经过编译，因而客户端上必须具有相应平台上的仿真器或解释器，它可以通过编译器或解释器实现独立于某个特定的平台编译代码的束缚。JavaScript 是一种解释性端程语言，其源代码在发往客户端执行之前不需经过编译，而是将文本格式的字符代码发送给客户端由浏览器解释执行。

（4）强变量和弱变量。两种语言所采取的变量是不一样的。Java 采用强类型变量检查，即所有变量在编译之前必须作声明，如下所示。

```
int x;           //定义一个整型变量
String y;        //定义一个字符串变量
char a;          //定义一个字符变量
float 1.5f       //定义一个浮点型变量
x=10;            //将整型变量 x 初始化为 10
y="abc";         //对字符串变量 y 进行初始化操作
```

其中 x=10 说明是一个普通整型数，y="abc"说明 y 是一个字符串类型。a 是一个字符类型，1.5f 是一个浮点类型数据。

JavaScript 中变量声明，采用弱类型。即变量在使用前不需作声明，而是解释器在运行时检查其数据类型，如下所示。

```
Var x;           //定义一个变量 x
Var y;           //定义一个变量 y
x=10;            //初始化 x 为 10
y="abc";         //初始化 y 为"abc"
```

前者说明 x 为数值型变量，而后者说明 y 为字符型变量。

（5）代码格式不一样。Java 是一种与 HTML 无关的格式，必须通过像 HTML 中引用外媒体那样进行装载，其代码以字节代码的形式保存在独立的文档中。JavaScript 的代码是一种文本字符格式，可以直接嵌入 HTML 文档中，并且可动态装载。编写 HTML 文档就像编辑文本文件一样方便。

（6）嵌入方式不一样。在 HTML 文档中，两种编程语言的标识不同，JavaScript 使用 <Script>　</Script>来标识，如下所示。

```
<html>
<head>
<Script Language ="JavaScript">
//编写 Javascript 功能效果
</Script>
</head>
<body>
网页主题部分
</body>
</html>
```

而 Java 使用<applet>　</applet>来标识。这里就不再举例说明了，读者可以回头查看 Java 基础。

（7）静态联编和动态联编。Java 采用静态联编，即 Java 的对象引用必须在编译时进行，以使编译器能够实现强类型检查。JavaScript 采用动态联编，即 JavaScript 的对象引用在运行时进行检查，如不经编译则无法实现对象引用的检查。

3.3.3　第一个 JavaScript 程序

我们在浏览网页时经常收到提示窗口，这个功能用 JavaScript 就可以实现。那么这个功能用 JavaScript 是怎么实现的呢？代码非常简单，如下所示。

```
<html>
<head>
<Script Language ="JavaScript">
//JavaScript 实现的功能
alert("这是第一个 JavaScript 程序!");
alert("Java web 开发入门就是这么简单!");
alert("今后我将带领大家学习 Java web 知识! ");
</Script>
</head>
</html>
```

保存成 html 网页，用浏览器打开，效果如图 3-22 所示。

单击"确定"按钮，就会显示下一个窗口给出提示警告。效果是不是很酷呀，这么几行简单的 JavaScript 就可以实现我们想要的提示警告窗口。

通过上面的 JavaScript 例子，我们会发现 JavaScript 在网页中使用如下代码表示。

```
<Script Language ="JavaScript">...</Script>
```

在标识<Script Language ="JavaScript">...</Script>之间就可加入 JavaScript 脚本。alert() 是 JavaScript 的窗口对象方法，其功能是弹出一个具有"确定"按钮的对话框并显示 alert 后面括号中的字符串。通过<!--……//-->标识，若不认识 JavaScript 代码的浏览器，则所有在其中的标识均被忽略；若使用认识，则执行其结果。

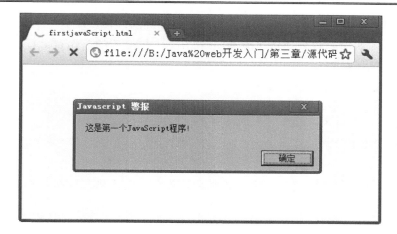

图 3-22　第一个 JavaScript 程序效果

注意：使用注释是一个好的编程习惯，它既可以使其他人读懂你的语言，又可以防止由于浏览器不兼容引起的问题。

3.3.4　JavaScript 程序控制结构

JavaScript 脚本语言包括：控制语句、函数、对象、方法和属性等。从上面的实例可以看到，在代码中只使用了一个 alert()函数就实现提示警告的窗口功能。其实 JavaScript 还有很多功能函数，下面我们就详细地介绍一下 JavaScript 的程序的组织构造。

在第 1 章的 Java 基础部分我们简单介绍了一下什么叫控制语句以及一些简单的控制语句的使用语法。其实在任何一种语言中，包括 C、C++、Java 等都需要程序控制语句，有了这些控制语句才可以把各种对象、函数、方法和属性连接在一块，所以程序控制语句对于编程是必须的，它能使得整个程序逻辑清楚，使之可以顺利地按照一定的规则和方式执行并完成某项具体的功能。而对于 JavaScript 同样有程序控制语句，它的使用语法和 Java差不多，JavaScript 使用这些控制语句组成了不同的程序结构，实现了各种功能效果。下面就对常见的 JavaScript 程序控制语句和结构进行介绍。

1．判断语句的使用

（1）if 条件语句，基本格式如下。

```
 if(表述式)
{
语句段 1;语句 2;......
}
else {
语句段 3;语句 4;......
}
```

❑　功能：若表达式为 true，则执行语句段 1 和语句 2；否则执行语句段 3 和语句 4。
❑　说明：if-else 语句是 JavaScript 中最基本的控制语句，通过它可以改变语句的执行顺序。表达式中必须使用关系语句来实现判断，它是作为一个布尔值来估算的。它将零和非零的数分别转化成 false 和 true。若 if 后的语句有多行，则必须使用花括号将其括起来。

（2）if 嵌套语句，基本格式如下。

```
if(表达式)语句 1;
else(表达式)语句 2;
else if(表达式)语句 3;……
else 语句 4;
```

在这种情况下，每一级的布尔表达式都会被计算，若为真，则执行相应的语句；否则执行 else 后的语句。

（3）switch…case 语句，基本格式如下。

```
switch(变量名称)
{
    case 条件值 1：执行语句 1;break
    case 条件值 2：执行语句 2;break
    …
    default：执行语句 n
}
```

❑　break 语句作用：帮助跳出该判断语句，不再执行后面的语句。

❑　default 语句作用：表示默认执行语句，则当所有 case 值都不满足时则执行该语句。

功能：其执行过程是，当变量与 case 条件值相等时，则执行其后所有的语句，并且当碰上下一个 case 时也不再判断相等与否。

2．循环语句的使用

（1）for 循环语句，基本格式如下。

```
for(初始化;条件;增量)
{
语句 1;语句 2;语句 3;......
}
```

❑　功能：实现条件循环，当条件成立时，执行语句集，否则跳出循环体。

❑　说明：初始化参数告诉循环的开始位置，必须赋予变量的初值。

❑　条件：是用于判断循环停止时的条件。若条件满足，则执行循环体，否则跳出。

❑　增量：主要定义循环控制变量在每次循环时按什么方式变化。3 个主要语句之间，必须使用分号分隔。

（2）while 循环语句，基本格式 1 如下。

```
while(是否循环的条件)
    {
语句 1;语句 2;语句 3;......
    }
```

基本格式 2 如下。

```
do    {
```

```
    条件为真时循环的代码
    } while(是否循环的条件)
```

该语句与 for 语句一样，当条件为真时，重复循环，否则退出循环。

🔔提示：for 语句与 while 语句都是循环语句，使用 for 语句在处理有关数字时更易看懂，
也较紧凑；而 while 循环对复杂的语句效果更特别。

3. break和continue语句

与 C++和 Java 语言相同，使用 break 语句可使得循环从 for 或 while 语句中跳出，continue
语句使得跳过循环内剩余的语句而进入下一次循环。

3.3.5　JavaScript 函数

函数就是一个功能集合，它为程序设计人员提供了一个丰常方便的能力。通常在进行
一个复杂的程序设计时，总是根据所要完成的功能，将程序划分成多个相对独立的模块，
每个模块编写成一个函数。从而，使各部分充分独立，任务单一，程序清晰，易懂、易读、
易维护，这也是我们软件设计中所追求的"高内聚，低耦合"。JavaScript 函数可以封装那
些在程序中可能要多次用到的模块，做到代码复用。并可作为事件驱动的结果而调用的程
序，从而实现一个函数把它与事件驱动相关联。这也是与其他语言不一样的地方。

1. JavaScript函数定义

函数由关键字 Function 定义，包含函数名、参数表、函数体和返回值。
函数名：定义自己函数的名字。
参数表：是传递给函数使用或操作的值，其值可以是常量、变量或其他表达式。

```
Function 函数名 (参数,变元)
{
函数体;
Return 表达式;
}
```

🔔说明：当调用函数时，所用变量或字面量均可作为变元传递。通过指定函数名（实参）
来调用一个函数。必须使用 Return 将值返回。函数名对大小写是敏感的。

2. 函数中的形式参数

在函数的定义中，我们看到函数名后有参数表，这些参数变量可以是一个或者是几个。
那么怎样才能确定参数变量的个数呢？在 JavaScript 中可通过 arguments .Length 来检查参
数的个数。例如下面代码。

```
Function function_Name(exp1, exp2, exp3, exp4)      //定义一个 4 个参数的函数
Number =function _Name . arguments .length;        //得到函数参数的个数
if (Number>1)                        //如果个数大于 1，输出第二个参数
document.write(exp2);
```

```
if (Number>2)                          //如果个数大于 2，输出第三个参数
document.write(exp3);
if(Number>3)                           //如果个数大于 3，输出第四个参数
document.write(exp4);
```

3．常见的JavaScript函数

JavaScript 函数一共可分为 5 类：常规函数、数组函数、日期函数、数学函数和字符串函数。

（1）常规函数。JavaScript 常规函数包括以下 9 个。

❑ alert 函数：显示一个警告对话框，包括一个"确定"按钮。

❑ confirm 函数：显示一个确认对话框，包括"确定"和"取消"按钮。

❑ escape 函数：将字符转换成 Unicode 码。

❑ eval 函数：计算表达式的结果。

❑ isNaN 函数：测试是（true）否（false）不是一个数字。

❑ parseFloat 函数：将字符串转换成浮点数字形式。

❑ parseInt 函数：将符串转换成整数数字形式（可指定几进制）。

❑ unescape 函数：解码由 escape 函数编码的字符。

❑ prompt 函数：显示一个输入对话框，提示等待用户输入。例如下面这段代码。

```
<script language="javascript">
    <!--
    alert("输入错误");
    prompt("请输入您的姓名", "姓名");
    confirm("确定否！");
    //-->
</script>
```

（2）数组函数。JavaScript 数组函数包括以下 4 个函数。

❑ join 函数：转换并连接数组中的所有元素为一个字符串，如下所示。

```
function JoinDemo()
 {
     var a, b;
     a = new Array(0,1,2,3,4);
     b = a.join("-");    //分隔符
     return(b);          //返回的 b=="0-1-2-3-4"
 }
```

❑ length 函数：返回数组的长度，如下所示。

```
function LengthDemo()
{
 var a, l;
 a = new Array(0,1,2,3,4);
 l = a.length;
 return(l);             //l==5
}
```

❑ reverse 函数：将数组元素顺序颠倒，如下所示。

```
function ReverseDemo()
{
```

```
    var a, l;
    a = new Array(0,1,2,3,4);
    l = a.reverse();
    return(l);
}
```

❑ sort 函数：将数组元素重新排序，如下所示。

```
function SortDemo()
    {
      var a, l;
      a = new Array("X" ,"y" ,"d", "Z", "v","m","r");
      l = a.sort();
      return(l);
}
```

（3）日期函数。JavaScript 日期函数包括以下 20 个函数。

❑ getDate 函数：返回日期的"日"部分，值为 1～31，如下所示。

```
function DateDemo()
    {
      var d, s = "Today's date is: ";
      d = new Date();
      s += (d.getMonth() + 1) + "/";
      s += d.getDate() + "/";
      s += d.getYear();
      return(s);
    }
```

❑ getDay 函数：返回星期几，值为 0～6，其中 0 表示星期日，1 表示星期一，…，6 表示星期六。例如：

```
function DateDemo()
    {
      var d, day, x, s = "Today is: ";
      var x = new Array("Sunday", "Monday", "Tuesday");
      var x = x.concat("Wednesday","Thursday", "Friday");
      var x = x.concat("Saturday");
      d = new Date();
      day = d.getDay();
      return(s += x[day]);
    }
```

❑ getHouse 函数：返回日期的"小时"部分，值为 0～23。例如：

```
function TimeDemo()
    {
      var d, s = "The current local time is: ";
      var c = ":";
      d = new Date();
      s += d.getHours() + c;
      s += d.getMinutes() + c;
      s += d.getSeconds() + c;
      s += d.getMilliseconds();
      return(s);
    }
```

❑ getMinutes 函数：返回日期的"分钟"部分，值为 0～59。见上例。

❑ getMonth 函数：返回日期的"月"部分，值为 0～11。其中 0 表示 1 月，2 表示 3

月，…，11 表示 12 月。见前面的例子。

❑ getSeconds 函数：返回日期的"秒"部分，值为 0～59。见前面的例子。

❑ getTime 函数：返回系统时间。例如：

```
function GetTimeTest()
    {
    var d, s, t;
    var MinMilli = 1000 * 60;
    var HrMilli = MinMilli * 60;
    var DyMilli = HrMilli * 24;
    d = new Date();
    t = d.getTime();
    s = "It's been "
    s += Math.round(t / DyMilli) + " days since 1/1/70";
    return(s);
    }
```

❑ getTimezoneOffset 函数：返回此地区的时差（当地时间与 GMT 格林威治标准时间的地区时差），单位为分钟。例如：

```
function TZDemo()
    {
    var d, tz, s = "The current local time is ";
    d = new Date();
    tz = d.getTimezoneOffset();
    if (tz < 0)
    s += tz / 60 + " hours before GMT";
    else if (tz == 0)
    s += "GMT";
    else
    s += tz / 60 + " hours after GMT";
    return(s);
    }
```

❑ getYear 函数：返回日期的"年"部分。返回值以 1900 年为基数，例如 1999 年为 99。见前面的例子。

❑ parse 函数：返回从 1970 年 1 月 1 日零时整算起的毫秒数（当地时间）。例如：

```
function GetTimeTest(testdate)
    {
    var d, s, t;
    var MinMilli = 1000 * 60;
    var HrMilli = MinMilli * 60;
    var DyMilli = HrMilli * 24;
    d = new Date();
    t = Date.parse(testdate);
    s = "There are "
    s += Math.round(Math.abs(t / DyMilli)) + " days "
    s += "between " + testdate + " and 1/1/70";
    return(s);
    }
```

❑ setDate 函数：设定日期的"日"部分，值为 0～31。

❑ setHours 函数：设定日期的"小时"部分，值为 0～23。

❑ setMinutes 函数：设定日期的"分钟"部分，值为 0～59。

❑ setMonth 函数：设定日期的"月"部分，值为 0～11。其中 0 表示 1 月，…，11 表示 12 月。

❑ setSeconds 函数：设定日期的"秒"部分，值为 0～59。

❑ setTime 函数：设定时间。时间数值为 1970 年 1 月 1 日零时整算起的毫秒数。

❑ setYear 函数：设定日期的"年"部分。

❑ toGMTString 函数：转换日期成为字符串，为 GMT 格林威治标准时间。

❑ setLocaleString 函数：转换日期成为字符串，为当地时间。

❑ UTC 函数：返回从 1970 年 1 月 1 日零时整算起的毫秒数，以 GMT 格林威治标准时间计算。

（4）数学函数。JavaScript 数学函数其实就是 Math 对象，它包括属性和函数（或称方法）两部分。其中，属性主要有下列内容。

Math.e:e（自然对数）、Math.LN2（2 的自然对数）、Math.LN10（10 的自然对数）、Math.LOG2E（e 的对数，底数为 2）、Math.LOG10E（e 的对数，底数为 10）、Math.PI（π）、Math.SQRT1_2（1/2 的平方根值）、Math.SQRT2（2 的平方根值）。函数有以下 18 个。

❑ abs 函数：即 Math.abs（以下同），返回一个数字的绝对值。

❑ acos 函数：返回一个数字的反余弦值，结果为 0～π 弧度（radians）。

❑ asin 函数：返回一个数字的反正弦值，结果为–π/2～π/2 弧度。

❑ atan 函数：返回一个数字的反正切值，结果为–π/2～π/2 弧度。

❑ atan2 函数：返回一个坐标的极坐标角度值。

❑ ceil 函数：返回一个数字的最小整数值（大于或等于）。

❑ cos 函数：返回一个数字的余弦值，结果为–1～1。

❑ exp 函数：返回 e（自然对数）的乘方值。

❑ floor 函数：返回一个数字的最大整数值（小于或等于）。

❑ log 函数：自然对数函数，返回一个数字的自然对数（e）值。

❑ max 函数：返回两个数的最大值。

❑ min 函数：返回两个数的最小值。

❑ pow 函数：返回一个数字的乘方值。

❑ random 函数：返回一个 0～1 的随机数值。

❑ round 函数：返回一个数字的四舍五入值，类型是整数。

❑ sin 函数：返回一个数字的正弦值，结果为–1～1。

❑ sqrt 函数：返回一个数字的平方根值。

❑ tan 函数：返回一个数字的正切值。

（5）字符串函数。JavaScript 字符串函数完成对字符串的字体大小、颜色、长度设置和查找等操作，共包括以下 20 个函数。

❑ anchor 函数：产生一个链接点（anchor）以作超级链接用。anchor 函数设定链接点的名称，另一个函数 link 设定 URL 地址。

❑ big 函数：将字体加大一号。

❑ blink 函数：使字符串闪烁。

❑ bold 函数：使字体加粗。

- ❑ charAt 函数：返回字符串中指定的某个字符。
- ❑ fixed 函数：将字体设定为固定宽度。
- ❑ fontcolor 函数：设定字体颜色。
- ❑ fontsize 函数：设定字体大小。
- ❑ indexOf 函数：返回字符串中第一个查找到的下标 index，从左边开始查找。
- ❑ italics 函数：使字体成为斜体字。
- ❑ lastIndexOf 函数：返回字符串中第一个查找到的下标 index，从右边开始查找。
- ❑ length 函数：返回字符串的长度（不用带括号）。
- ❑ link 函数：产生一个超级链接，相当于设定的 URL 地址。
- ❑ small 函数：将字体减小一号。
- ❑ strike 函数：在文本的中间加一条横线。
- ❑ sub 函数：显示字符串为下标字（subscript）。
- ❑ substring 函数：返回字符串中指定的几个字符。
- ❑ sup 函数：显示字符串为上标字（superscript）。
- ❑ toLowerCase 函数：将字符串转换为小写。
- ❑ toUpperCase 函数：将字符串转换为大写。

由于章节篇幅有限，在这里就没有对每一个函数详细举例说明了，不过上面列出的函数只要读者知道它们的作用就行了，在后面的章节里我们还会涉及到，到时候再对遇到的函数做深度的讲解。

3.3.6　JavaScript 事件驱动与事件处理

在前面已经介绍过了，JavaScript 是基于对象（object-based）的语言，这与 Java 面向对象的语言不同。Java 是面向对象的语言，而基于对象的基本特征，就是采用事件驱动（event-driven）。它是在图形界面的环境下，使得一切输入变得简单化。通常鼠标、热键或者触摸的动作我们就称之为事件（Event），而由鼠标、热键或者触摸引发的一连串程序的动作，称之为事件驱动（Event Driver）。而对事件进行处理的程序或函数，我们称之为事件处理程序（Event Handler）。

1．事件驱动

JavaScript 事件驱动中的事件是通过鼠标、热键或者触摸的动作引发的。它主要有以下几个事件：

（1）单击事件 onClick。当用户单击鼠标按钮时，产生 onClick 事件。同时 onClick 指定的事件处理程序或代码将被调用执行。单击事件通常在下列基本对象中产生。

- ❑ button（按钮对象）。
- ❑ checkbox（复选框）或（检查列表框）。
- ❑ radio　（单选钮）。
- ❑ reset buttons（重置按钮）。
- ❑ submit buttons（提交按钮）。

例如：可通过下列按钮激活 change()文件。

```
<Form>
<Input type="button" Value="  " >
</Form>
```

在 onClick 等号后，可以使用自己编写的函数作为事件处理程序，也可以使用 JavaScript 中内部的函数。还可以直接使用 JavaScript 的代码等，如下所示。

```
<Input type="button" value=" " onclick=alert("这是一个例子");
```

（2）onChange 改变事件。当利用 text 或 texturea 元素输入字符值改变时引发该事件，同时当在 select 表格项中一个选项状态改变后也会引发该事件，如下所示。

```
<Form>
<Input type="text" name="Test" value="Test" >
</Form>
```

（3）选中事件 onSelect。当 Text 或 Textarea 对象中的文字被加亮后，引发该事件。

（4）获得焦点事件 onFocus。当用户单击 Text 或 textarea 以及 select 对象时，产生该事件。此时该对象成为前台对象。

（5）失去焦点 onBlur。当 text 对象或 textarea 对象以及 select 对象不再拥有焦点而退到后台时，引发该文件，它与 onFocas 事件是一个对应的关系。

（6）载入文件 onLoad。当文档载入时，产生该事件。onLoad 的一个作用就是在首次载入一个文档时检测 cookie 的值，并用一个变量为其赋值，使它可以被源代码使用。

（7）卸载文件 onUnload。当 Web 页面退出时引发 onUnload 事件，并可更新 Cookie 的状态。

2．事件处理程序

在 JavaScript 中对象事件的处理通常由函数（Function）担任。其基本格式与函数全部一样，可将前面所介绍的所有函数作为事件处理程序，格式如下。

```
Function 事件处理名(参数表)
{
事件处理语句1;
事件处理语句2;
......
}
```

3.3.7　如何将 JavaScript 加入网页

在第一个 JavaScript 程序那一小节，我们已经见到 JavaScript 引入网页的一种方式，这种方式我们称为内部引入方式，这种方式只对当前界面有效，在其他界面不可以调用。还有一种引入网页的方式我们称之为外部导入，这种方式将 JavaScript 作成单独文档放在特定目录下的 js 文件夹下。好处是一次编写，就可以使用其中的方法或者函数等。

1．内部嵌入

这种方式，使 JavaScript 的脚本包括在 HTML 中，成为 HTML 文档的一部分。与 HTML

标识相结合，构成了一个功能强大的 Internet 网上编程语言。可以直接将 JavaScript 脚本加入文档，如下所示。

```
<Script Language ="JavaScript">
JavaScript 语言代码;
</Script>
```

通过标识<Script>...</Script>指明 JavaScript 脚本源代码将放入其间。通过属性 Language="JavaScript"说明标识中是使用的何种语言，这里是 JavaScript 语言，表示在 JavaScript 中使用的语言。下面是将 JavaScript 脚本加入网页（Web 文档）例子中的 js_in.html 代码。

```
<HTML>
<Head>
<Script Language ="JavaScript"> <!--调用 JavaScript 输出文字-->
document. write("内部调用 JavaScript 加入网页");
document. close();           <!--关闭输入文字-->
</Script>
</Head>
</HTML>
```

用浏览器打开效果如图 3-23 所示。

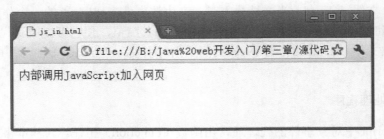

图 3-23　内部调用 JavaScript 效果

🔊说明：Document. write()是文档对象的输出函数，其功能是将括号中的字符或变量值输出到窗口；document. close()是将输出关闭。可将<Script>...</Script>标识放入<Head>…</Head>或<Body> ...</Body>之间。将 JavaScript 标识放在<Head>...</Head>头部之间，使之在主页和其余部分代码之前装载，从而可使代码的功能更强大；将 JavaScript 标识放置在<Body>... </Body>主体之间可以实现某些部分动态地创建文档。

2．外部引入

这种方式首先创建一个*.js 文件，把要实现的 JavaScript 语句保存到该文件，并存储在特定的 js 文件夹中（当有多个.js 文件时使用该文件夹管理所有的.js 文件，如果只有一个.js 文件的话，可以把该文件和调用该文件的网页放在同一目录下即可），这样使用相同效果或者相同功能的页面就可以使用同一个.js 文件，不仅便于代码的复用，减少了与网页的耦合，还使代码显得简单，可读性增强。

例如：在网页 js_out.html 中调用 js_out.js 文件，并显示提示。

js_out.html 网页内容如下。

```
<html>
< body>
<!--调用 test.js 文件-->
<script language="JavaScript" src="js_out.js">
< /script>
< /body>
< /html>
```

js_out.js 的文件内容如下。

```
alert("测试外部调用 JavaScript 语句！")
```

效果如图 3-24 所示。

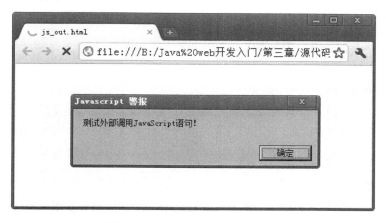

图 3-24　外部调用 JavaScript 效果

3.3.8　JavaScript 对象的使用

　　所谓对象就是真实世界中的实体，对象与实体是一一对应的，也就是说现实世界中每一个实体都是一个对象，它是一种具体的概念。JavaScript 语言是基于对象的（Object-Based），而不是面向对象的（object-oriented）。之所以说它是一门基于对象的语言，主要是因为它没有提供抽象、继承、重载等有关面向对象语言的许多功能。而是把其他语言所创建的复杂对象统一起来，从而形成一个非常强大的对象系统。下面我们就来介绍一下 JavaScript 的对象系统。

1. JavaScript中的对象

　　JavaScript 中的对象是由属性（properties）和方法（methods）两个基本的元素构成的。前者是对象在实施其所需要行为的过程中，实现信息的装载单位，从而与变量相关联；后者是指对象能够按照设计者的意图而被执行，从而与特定的函数相联。

　　（1）JavaScript 对象的定义。其基本格式如下。

```
Function Object（属性表）      //定义一个函数
This.prop1=prop1             //初始化属性
```

```
This.prop2=prop2
...
This.meth=FunctionName1;      //初始化方法
This.meth=FunctionName2;
...
```

在一个对象的定义中，可以为该对象指明其属性和方法。通过属性和方法构成了一个对象。下面是一个关于 factory 对象的定义的例子。

```
Function factory(name, city, creatDate URL)
This.name=name
This.city=city
This.creatDate=New Date(creatDate)
This.URL=URL
```

其基本含义如下。

- Name：指定一个"单位"名称。
- City："单位"所在城市。
- CreatDate：记载 factory 对象的更新日期。
- URL：该对象指向一个网址。

（2）创建对象实例，一旦对象定义完成后，就可以为该对象创建一个实例了。基本格式如下。

```
newObject=new Object();
```

其中 newobject 是新的对象，Object 是已经定义好的对象。例如下面的代码。

```
newCity=new city("北京市","朝阳区","January 05,2012 12:00:00","http://
www.beijing.com")
newUniversity=new university("北京大学","北京市","January 05 2012 12:00:00",
"htlp://www.beijing.CN")
```

2．常用对象的属性和方法

JavaScript 为我们提供了一些非常有用的常用内部对象和方法，用户不需要用脚本来实现这些功能。这正是基于对象编程的真正目的。

在 JavaScript 提供了 string（字符串）、math（数值计算）和 Date（日期）3 种对象以及其他一些相关的方法，从而为编程人员快速开发强大的脚本程序提供了非常有利的条件。

1）串对象

（1）串（string）对象的特点。内部静态性，访问 properties 和 methods 时，可使用（.）运算符实现。

基本使用格式：objectName.prop/methods。

💭说明：objectName 是对象名称，prop/methods 表示属性或者方法。这些在后面的方法和属性的引用中会具体讲解。

（2）串对象的属性。该对象只有一个属性，即 length。它表明了字符串中的字符个数，包括所有符号。例如下面定义一个串对象，返回字符串的长度，代码如下：

```
mytest="This is a JavaScript"    //定义一个串对象，并初始化
mystringlength=mytest.length     //返回字符串的长度
```

最后 mystringlength 返回 mytest 字串的长度为 20。

（3）串对象的方法。string 对象的方法共有 19 个。主要用于有关字符串在 Web 页面中的显示、设置字体大小和颜色、字符的搜索以及字符的大小写转换，其主要的 4 个方法如下。

① 锚点 anchor()，该方法用于创建 HTML 锚点。所谓锚点，可以理解为网页内的"超级链接"，可以让读者在网页内跳转方便阅读。通过下列格式访问。

```
string.anchor(anchorName)
```

② 有关字符显示的控制方法。Big 为显示 big 字体，Italics()斜体字显示，bold()粗体字显示，blink()字符闪烁显示，small()字符用小体字显示，fixed()固定高亮字显示，fontsize(size)控制字体大小，fontcolor(color) 控制字体颜色。

③ 字符串大小写转换。toLowerCase()表示小写转换，toUpperCase()表示大写转换。下列把一个给定的字符串分别转换成大写和小写格式。

```
string=stringValue.toUpperCase       //将字符转换成大写字母
string=stringValue.toLowerCase       //将字符转换成小写字母
```

④ 字符搜索。例如：

```
indexOf[characto, fromIndex]          //从指定位置搜索 characto 第一次在出现的位置
```

上面的代码是从指定 froIndex 位置开始搜索字符 characto 第一次出现的位置，返回整数。下列代码返回字符串的一部分字符串：

```
substring(start,end)//截取从 start 开始到 end 结束的字符串，star 和 end 为 int 类型
```

从 start 开始到 end 的字符全部返回。

2）算术函数的 math 对象

（1）math 对象的功能：除加、减、乘、除 4 个标准算术运算外，math 对象还包含一些复杂的数学方法，用于完成算术运算无法实现的复杂计算，例如 cos()方法用于计算弧度参数的余弦值。静动性：静态对象。

（2）math 对象属性。math 中提供了 6 个属性，它们是数学中经常用到的常数 E、以 10 为底的自然对数 ln10、以 2 为底的自然对数 ln2、3.14159 的 PI、1/2 的平方根 SQRT1(1/2)，2 的平方根为 SQRT2。

（3）math 对象主要方法如下。

❏ 绝对值：abs()。

❏ 正弦、余弦值：sin()、cos()。

❏ 反正弦、反余弦：asin()、acos()。

❏ 正切、反正切：tan()、atan()。

❏ 四舍五入：round()。

❏ 平方根：sqrt()。

❏ 基于几方次的值：Pow(base，exponent)。

3）日期及时间对象

（1）日期及时间对象的功能：提供一个有关日期和时间的对象。静动性：动态对象，

即必须使用 New 运算符创建一个实例，如下所示。

```
MyDate=New Date()
```

（2）日期及时间对象的属性：Date 对象没有提供直接访问的属性，只具有获取和设置日期和时间的方法。日期起始值：1770 年 1 月 1 日 00:00:00。

（3）获取日期和时间的方法如下。

❑ getYear()：返回年数。

❑ getMonth()：返回当月号数。

❑ getDate()：返回当日号数。

❑ getDay()：返回星期几。

❑ getHours()：返回小时数。

❑ getMintes()：返回分钟数。

❑ getSeconds()：返回秒数。

❑ getTime()：返回毫秒数。

（4）设置日期和时间。

❑ setYear()：设置年。

❑ setDate()：设置当日号数。

❑ setMonth()：设置当月份数。

❑ setHours()：设置小时数。

❑ setMintes()：设置分钟数。

❑ setSeconds()：设置秒数。

❑ setTime ()：设置毫秒数。

3．JavaScript对象的操作语句

JavaScript 不是一个纯面向对象的语言，它设有提供面向对象语言的许多功能，因此 JavaScript 设计者把它称为"基于对象"而不是面向对象的语言。在 JavaScript 中提供了几个用于操作对象的语句、关键字及运算符。

（1）For...in 语句。格式如下。

```
For(对象属性名 in 已知对象名)
```

🔔说明：该语句的功能是用于对已知对象的所有属性进行操作的控制循环。它是将一个已知对象的所有属性反复置给一个变量，而不是使用计数器来实现的。对于循环控制语句在前面已经讲过，可以复习查看。

使用该语句的优点就是无须知道对象中属性的个数即可进行操作。比使用之前我们介绍的 for 循环语句更加方便。用之前介绍的 for 循环语句显示数组中的内容，代码如下。

```
Function showData(object)
for (var X=0; X<30;X++)
document.write(object);
```

该函数是通过数组下标顺序值，来访问每个对象的属性。使用这种方式首先必须知道

数组的下标值，否则若超出范围，就会发生错误。而使 For...in 语句，则根本不需要知道对象属性的个数，如下所示。

```
Function showData(object)
for(var prop in object)
document.write(object[prop]);
```

使用该函数时，在循环体中，For 自动将对象中的属性取出来，直到最后为此。

（2）with 语句。在该语句体内，任何对变量的引用都被认为是这个对象的属性，以节省一些代码。格式如下。

```
with object
{
语句1;语句2;...
}
```

💬说明：所有在 with 语句后的花括号中的语句，都是在后面 object 对象的作用域的。

（3）this 关键字。this 是对当前的引用，在 JavaScript 中由于对象的引用是多层次、多方位的，往往一个对象的引用又需要对另一个对象的引用，而另一个对象有可能又要引用另一个对象，这样有可能造成混乱，最后自己可能都不知道现在引用的是哪一个对象，为此 JavaScript 提供了一个用于将对象指定为当前对象的语句 this。

（4）New 运算符。虽然在 JavaScript 中对象的功能已经是非常强大的了。但更强大的是设计人员可以按照需求来创建自己的对象，以满足某一特定的要求。使用 New 运算符可以创建一个新的对象，其创建对象的基本格式如下。

```
newObject=new Object(Parameters table);
```

💬说明：其中 newObject 是创建的新对象：Object 是已经存在的对象；Parameters table 是参数表；new 是 JavaScript 中的命令语句。

下面创建一个日期新对象，代码如下。

```
newData=new Data()
birthday=new Data (December 30.2012)
```

之后就可使 newData、birthday 作为一个新的日期对象了。

4．引用对象的途径

一个对象要真正地被使用，可采用以下几种方式获得。

（1）引用 JavaScript 内部对象。

（2）由浏览器环境提供。

（3）创建新对象。

这就是说，一个对象在被引用之前，这个对象必须存在，否则引用将毫无意义，并会出现错误信息。从上面我们可以看出 JavaScript 引用对象可通过 3 种方式获取。要么创建新的对象，要么利用现存的对象。

5．对象属性的引用

概括起来说，对象属性的引用有以下几种方式，

（1）使用点（.）运算符。这种方式在前面的对象属性和方法中已经提及。基本格式如下所示。

```
university.Name="北京"
university.city="北京大学"
university.Date="2012"
```

其中 university 是一个已经存在的对象，Name、City 和 Date 是它的 3 个属性，并通过操作对其赋值。

（2）通过对象的下标实现引用。基本格式如下所示。

```
university[0]="北京"
university[1]="北京大学"
university[2]="2012"
```

（3）通过数组形式访问属性，可以使用循环控制语句获取其值。代码如下。

```
function showunievsity(object)
for (var j=0;j<2; j++)
document.write(object[j])
```

若采用 For...in 语句，则可以不知其属性的个数就可以实现，代码如下。

```
Function showmy(object)
for (var prop in this)
docament.write(this[prop]);
```

（4）通过字符串的形式实现。基本格式如下所示。

```
university["Name"]="云南"
university["City"]="昆明市"
university["Date"]="1999"
```

6．对象方法的引用

在 JavaScript 中对象方法的引用是非常简单的。我们在前面介绍对象的方法时也提及到了，基本格式如下。

```
ObjectName.methods()
```

💬说明：ObjectName 是对象名称，methods()是方法名。

实际上 methods()=FunctionName 方法实质上是一个函数。 如引用 university 对象中的 show()方法，则可使用 document.write (university.show())或 document.write(university)。

小试牛刀：引用 math 内部对象中 cos()的方法。

分析：由于 cos()方法在 math 内部对象中，所有使用 with(math)，这样就可以直接引用内部的 cos 方法了。

```
document.write(cos(35));
document.write(cos(80));
```

若不使用 with 则引用时相对要复杂些，如下所示。

```
document.write(math.cos(35))
document.write(math.sin(80))
```

由于篇幅有限，如果要将 JavaScript 讲得面面俱到、非常细致的话，恐怕我这本书只讲它都讲不完，因为 JavaScript 的知识还有很多，不过我们旨在入门，所以只要读者了解我上面讲的这些常用的基础知识就可以对 JavaScript 的常规方法和属性进行使用了。由于 JavaScript 是网页中的重要部分，所以我们在后面的每个章节中都会用到 JavaScript，只要大家用心跟着我讲的去学、去一点一点地积累，您就可以自己动手独立做 Java Web 开发了，Java Web 开发入门就是这么简单。

3.4　桩功之四：JSP 动态界面的设计

在前面我们已经把 HTML、CSS 和 JavaScript 的基础知识做了比较细致的讲解，通过前面的学习，相信大家已经可以做出非常漂亮、功能不错的 HTML 静态界面了，但是 HTML 界面毕竟是静态界面，由 Web 服务器向客户端发送。

如果用户要知道服务器的时间，还使用 HTML 静态页面，那么开发人员就要在服务器端不停地修改 HTML 页面中的时间，这是不是很麻烦呢？但是这个让 JSP 来做就非常简单，因为 JSP 是由 JSP 容器执行该页面的 Java 代码部分，然后实时生成 HTML 页面，所以通过调用 Java 函数实现时间的获取，就可以很轻易地实现该功能。既然那么厉害，就让我们来了解一下什么是 JSP。

3.4.1　什么是 JSP

JSP 是 Java Server Page 的缩写，是基于 Java 语言的一种 Web 应用开发技术，通俗一点说，它是一种实现普通静态 HTML 和动态 HTML 混合编码的技术。利用这一技术可以搭建一个安全、跨平台的，动态网站。

JSP 是在 Servlet 的基础之上产生的（Servlet 后面会讲到），用来显示页面。我们在刚开始学习 JSP 的时候，就可以把 JSP 理解成它实现了把 Java 语句写到 HTML 里面去。当然随着我们学习的深入，尤其在学习了 MVC 模式之后，就不是这样了，JSP 充当的是 View（视图层）的角色，也就是说 JSP 只是用来做显示的，而不应该包含业务逻辑。业务逻辑是放在 JavaBean 中的，也就是 Service 对象。

3.4.2　JSP 运行原理

JSP 是服务器端技术，在服务器端，JSP 引擎解释 JSP 代码，然后将结果以 HTML 或 XML 页面形式发送到客户端，在客户端的用户是看不到 JSP 代码的。具体原理解释如下：第一次请求 JSP 页面，JSP 页面将先转换成为一个 Java 文件（Servlet），编译后该 Java 文件生成对应的 class 文件，将其加载在内存，然后执行 class 文件完成响应；再次请求就直接加载 class 文件完成响应,每次请求都会启动一个线程来负责。当第一次加载 JSP 页面时,因为要将 JSP 文件转换为 Servlet 类,所以响应速度较慢;当再次请求时,JSP 容器就会直接执行第一次请求时产生的 Servlet,而不会再重新转换 JSP 文件,所以其执行速度较快。JSP 运行原理如图 3-25 所示。

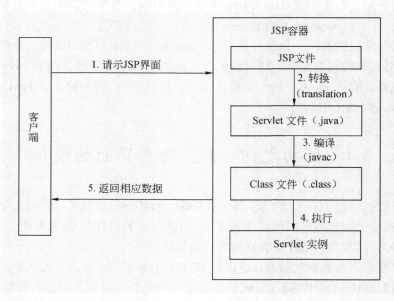

图 3-25　JSP 运行原理

3.4.3　JSP 语法

1．JSP的主要特点

- ❑ 把内容的生成和显示分离。
- ❑ 生成可重用的组件。
- ❑ 应用标记简化页面的开发。
- ❑ 具有 Java 的特点。

2．JSP页面组成

JSP 代码放在特定的标签中,然后嵌入到 HTML 代码中。开始标签、结束标签和元素内容三部分统称为 JSP 元素(Elements),这是 JSP 页面组成的主要部分。

JSP 元素可分成如下三种不同的类型。

- ❑ 脚本元素(Scripting):规范 JSP 网页所使用的 Java 代码,包括:HTML 注释、隐藏注释、声明、表达式和脚本段。
- ❑ 指令元素(Directive):是针对 JSP 引擎的,并不会直接产生任何看得见的输出。包括:include 指令、page 指令和 taglib 指令。
- ❑ 动作元素(Action):利用 XML 语法格式的标记来控制 Servlet 引擎的行为。

JSP 页面组成如图 3-26 所示。

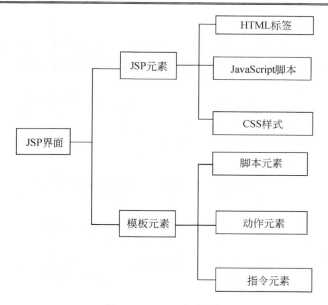

图 3-26 JSP 页面组成

3．JSP注释

注释增加了程序的可读性与可维护性，应该养成写注释的好习惯。JSP 文件的注释有两种：HTML 注释和隐藏注释。

HTML 注释：发送到客户端，但不在浏览器上显示，在客户端可通过查看源文件看到，基本语法如下。

```
<!--注释[<%=表达式%>]-->
```

隐藏注释：写在 JSP 程序代码中，不发送到客户端，基本语法如下。

```
<%--注释--%>
```

4．JSP变量和方法的声明

在 JSP 程序中需要对用到的变量和方法进行声明，声明的基本语法如下。

```
<%!声明;[声明;]%>
```

例如下面这段代码。

```
<%! int i=6;%>
<%! int a,b,c;double d=6.0;%>
<%! Date d=new Date(); %>
```

需要注意的事项如下。

❑ 声明必须以";"结尾。
❑ 可以一次声明多个变量和方法，必须以","分开，以";"号结尾。
❑ 声明的范围通常是 JSP 页面，但如果页面中使用 include 指令包含其他页面，范围应扩展到被包含的页面。
❑ 可以直接使用在<%@ page%>指令中包含进来已经声明了的变量和方法，不需要重新进行声明。

❑ 一个声明仅在一个页面中有效。如果想每个页面都用到一些声明，最好把它们写成一个单独的文件，然后用<%@include%>或<jsp:include>动作包含进来。

5．JSP的表达式

JSP 的表达式是由变量、常量组成的算式，它将 JSP 生成的数值嵌入 HTML 页面，用来直接输出 Java 代码的值。

表达式的基本语法规则如下。

```
<%=表达式%>
```

需要注意的事项如下。

❑ 不能用一个分号"；"来作为表达式的结束符。

❑ "<%="是一个完整的标记，中间不能有空格。

❑ 表达式元素包含任何在 Java 语言规范中有效的表达式。

❑ 表达式可以成为其他 JSP 元素的属性值。一个表达式可以由一个或多个表达式组成，按从左到右的顺序求值。

3.4.4　JSP 指令

JSP 指令是一些特殊的 JSP 语句，它是为 JSP 引擎而设计的，它们并不直接产生任何可见输出，只是告诉引擎如何处理其余的 JSP 页面，这些指令被括在"<%@　%>"标记中，常见指令有以下三种。

❑ page 指令。

❑ include 指令。

❑ taglib 指令：用来定义一个标记库以及标记的前缀。

1．page指令

page 指令称为页面指令，几乎在所有 JSP 页面顶部都会看到 page 指令。

（1）page 指令的语法规则如下。

```
<%@ page language="脚本语言"
        extends="继承的父类名称"
        import="导入的 java 包或类的名称"
        session="true/false"
        buffer="none/8kB/自定义缓冲区大小"
        autoflush="true/false"
        isThreadSafe=" true/false"
        info="页面信息"
        errorPage="发生错误时所转向的页面相对地址"
        isErrorPage="true/false"
        contentType="MIME 类型和字符集"
%>
```

（2）page 指令的常用属性如下。

❑ import：用来导入将要用到的一个或多个包/类。基本语法规则如下。

```
<%@ page import="java.util.Date"%>
<%@ page import="java.util.*"%>
```

❑ errorPage：这个属性值为一个 URL 路径指向的 JSP 网页，在指向的 JSP 网页中处理初始 JSP 网页上产生的错误；通常在指向的 JSP 网页上都会设置 isErrorPage=true。

❑ isErrorPage：这个属性的默认值为 false；isErrorPage 用来指定目前的 JSP 网页是否是另一个 JSP 网页的错误处理页，通常与 errorPage 属性配合使用。

❑ contentType：用来指定 JSP 网页输出到客户端时所用的 MIME 类型和字符集。默认 MIME 类型是 text/html，默认的字符集是 ISO-8859-1。如果想输出简体中文，字符集需要被设置为 gb2312。

需要注意的事项如下。

❑ 在一个页面中可以使用多个<%@ page%>指令，分别描述不同的属性。

❑ 每个属性只能用一次，但是 import 指令可以多次使用。

❑ <%@ page%>指令区分大小写。

（3）page 指令的用法。为了更好地掌握 page 指令的用法，下面我们举例说明，本例包括两个 JSP 页面文件：pageDir.jsp 和 errorPageDir.jsp。

pageDir.jsp 为主页面，在本页面中，通过 page 指令指定当页面发生错误时转向的错误处理页面。errorPageDir.jsp 为错误处理页面，在该页面显示相关信息提示用户访问出错。

pageDirec.jsp 代码如下。

```
<%@ page contentType="text/html; charset=gb2312 errorPage="errorPageDirec
.jsp"%>
    <html><head><title>page 指令示例</title></head>
        <body>
            <%
                int a = 10;
                int b = a / 0;
                out.println(b);
            %>
        </body>
</html>
```

errorPageDirec.jsp 代码如下。

```
<%@ page contentType="text/html; charset=gb2312" isErrorPage="true"%>
    <html><head><title>错误处理页面</title></head>
        <body>
            您访问的页面发生了错误！！
        </body>
    </html>
```

💬说明：errorPageDirec.jsp 文件的 page 指令 isErrorPage="true" 指定该文件为错误处理文件，只能通过其他页面发生错误而转向它来运行。

运行结果如图 3-27 所示。

2．include指令

有时候我们需要在 JSP 网页中插入其他的文件，插入文件

图 3-27　page 指令用法举例

有两种方式：include 指令和 jsp:include 动作。

include 指令称为文件加载指令，可以将其他的文件插入 JSP 网页，被插入的文件可以是 JSP 文件、HTML 文件或者其他文本文件，但是必须保证插入后形成的新文件符合 JSP 页面的语法规则。

include 指令形式如下。

```
<%@ include file="相对地址"%>
```

💬说明：file 是 include 指令的属性，在 include 指令中只有一个属性：file。

下面用实例说明 include 指令的使用，该实例包含两个文件：systemTime.html 文件和 includeDirec.jsp 文件。systemTime.html 输出系统的日期和时间；includeDirec.jsp 中通过 include 指令将 systemTime.html 文件包含进来。

systemTime.html 代码如下。

```
<%=(new Date()).toLocaleString()%>
```

includeDirec.jsp 代码如下。

```
<%@ page contentType="text/html; charset=gb2312" import="java.util.*"%>
<html>
    <head>
        <title>include 指令实例</title>
    </head>
    <body>
        <center>
            现在的日期和时间是：
            <hr>
            <%@ include file="systemTime.html"%>
        </center>
    </body>
</html>
```

3．taglib指令

taglib 指令用来定义一个标记库以及标记的前缀，其语法规则如下。

```
<%@ taglib uri="URIToLibrary" prefix="标记前缀"%>
```

3.4.5　JSP 动作

JSP 动作元素用来控制 JSP 引擎的行为，可以动态插入文件、重用 JavaBean 组件（后面会讲）和导向另一个页面等。常见的 JSP 动作元素有如下几种。

- ❑ jsp:include 动作：在页面得到请求时包含一个文件。
- ❑ jsp:forward 动作：引导请求者进入新的页面。
- ❑ jsp:plugin 动作：连接客户端的 Applet 或 Bean 插件。
- ❑ jsp:useBean 动作：应用 JavaBean 组件。
- ❑ jsp:setProperty 动作：设置 JavaBean 的属性。
- ❑ jsp:getProperty 动作：获取 JavaBean 的属性并输出。

🔔**注意**：JSP 动作元素的形式都是以 XML 为标准的，而 XML 中大小写是敏感的。因此 jsp:useBean 不等于 jsp:usebean，前者是标准的动作元素，而后者什么都不是，在实际使用时一定要注意。

1. jsp:include动作

jsp:include 动作在即将生成的页面上动态地插入文件，它在页面运行时才将文件插入，对被插入的文件进行处理，也就是说它是在页面产生时插入文件。

（1）其语法规则如下。

```
<jsp:include page="文件相对路径" flush="true"/>或
<jsp:include page="文件相对路径" flush="true">
    <jsp:param name="参数名1" value="参数值1"/>
    <jsp:param name="参数名2" value="参数值2"/>
  …
</jsp:include>
```

（2）include 指令和 jsp:include 动作的区别。前面介绍了 include 指令，我们知道 include 指令是静态的，是在 JSP 文件被转换成 Servlet 的时候引入文件，它把被插入文件插到当前位置后再进行编译。

jsp:include 动作是动态的，插入文件的时间是在页面被请求的时候。JSP 引擎不把插入文件和原 JSP 文件合并成一个新的 JSP 文件，而是在运行时把被插入文件包含进来。

🔔**注意**：如果包含页面时需要传递参数，则只能使用 jsp:include 动作。

（3）jsp:include 动作实例。为了详细说明，来看看下面的示例。该实例包含 5 个文件，在 newBook.jsp 文件代码中插入了 4 个文件：newbook1.html、newbook2.html、newbook3.html 和 newbook4.html。这 4 个文件分别表示 4 本新书的信息。

newBook.jsp 文件代码如下。

```
<%@ page contentType="text/html; charset=GB2312"%>
<html>
<head><title>jsp:include 动作示例</title></head>
    <body>
        <p align="center">新书展示</p><hr>
        <!--新建表格，居中，表格线宽为1，两行两列-->
        <table border="1" align="center">
            <tr>
                <td>
                    <! --包含 newbook1.html 页面-->
                    <jsp:include page="newbook1.html" flush="true" />
                </td>
                <td>
                    <! --包含 newbook2.html 页面-->
                    <jsp:include page="newbook2.html" flush="true" />
                </td>
            </tr>
            <tr>
                <td>
                    <! --包含 newbook3.html 页面-->
                    <jsp:include page="newbook3.html" flush="true" />
                </td>
```

```
                        <td>
                            <! -- 包含 newbook4.html 页面  -->
                            <jsp:include page="newbook4.html" flush="true" />
                        </td>
                    </tr>
                </table>
</body>
</html>
```

2. jsp:forward动作

用于停止当前页面的执行，转向另一个 HTML 或 JSP 页面。在执行中 JSP 引擎不再处理当前页面剩下的内容，缓冲区被清空。在客户端看到的是原页面的地址，而实际显示的是另一个页面的内容。

（1）jsp:forward 动作的语法规则如下。

```
<jsp:forward page="文件名"/>
```

或者中间加入参数，格式如下。

```
<jsp:forward page="文件名">
     <jsp:param name="参数名 1" value="参数值 1"/>
     <jsp:param name="参数名 2" value="参数值 2"/>
    …
</jsp:forward>
```

（2）jsp:forward 示例说明。下面我们用常见的登录模块作为示例来具体说明该动作的使用。

当用户进入登录界面 login.jsp，输入用户名和密码，提交表单后，由文件 loginReceive.jsp 接收用户的输入，如果输入正确则转到文件 loginCorrect.html ，如果输入错误则转到 loginError.html。文件 login.jsp 的主要代码如下。

```
......
 <!--定义 form 表单，接受输入的姓名和密码-->
<form name="form1" method="post"
        action="loginReceive.jsp">
        姓名
         <! --接受输入用户名，类型为文本类型，大小为 12-->
        <input name="userName" type="text" size="12">
    <br>
        密码
         <!--接受输入密码，类型为密码，大小为 12 -->
        <input name="passWord" type="password" size="12">
    <br>
        <!--单击提交，跳转到 action 指向的 loginReceive.jsp -->
        <input type="submit" name="Submit" value="提交">
        <!--单击重置，触发 Submit2，类型为 reset，使已经输入的内容清空-->
        <input type="reset" name="Submit2" value="重置">
</form>
......
```

文件 loginReceive.jsp 主要代码如下。

```
......
<body>
```

```
    <!--获取用户名和密码-->
    <%
    String Name=request.getParameter("userName");
    String Pwd=request.getParameter("passWord");
    <!--如果用户名是 java 并且密码是 123456，跳转到 loginCorrect.html
    否则，跳转到 loginError.html
    -->
    if(Name.equals("java")&& Pwd.equals("123456"))
    {
%>
    <jsp:forward page="loginCorrect.html" />
    <%}
    else
%>
    <jsp:forward page="loginError.html" />
</body>......
```

说明：loginCorrect.html 文件显示登录成功信息，loginError.html 文件显示登录失败的信息。

3. jsp:plugin动作

jsp:plugin 动作的功能是将服务器端的 Java 小应用程序（Applet）或 JavaBean 组件下载到浏览器端去执行，相当于在客户端浏览器插入 Java 插件。

（1）jsp:plugin 动作的语法规则如下。

```
<jsp:plugin
            type="bean | applet"
            code="保存类的文件名"
            codebase="类路径"
            [name="对象名"]
            [archiv="相关文件路径"]
            [align="bottom | top | middle | left | right"]//对齐方式
            [height="displayPixels"]      //高度
            [width="displayPixels"]       //宽度
            [hspace="leftRightPixels"]    //水平间距
            [vspace="topBottomPixels"]    //垂直间距
            [jreversion="Java 环境版本"]
            [nspluginurl="供 NC 使用的 plugin 加载位置"]
            [iepluginurl="供 IE 使用的 plugin 加载位置"]>
    <jsp:params>
            <jsp:param name="参数 1"  value="参数值 1"/>
            <jsp:param name="参数 2"  value="参数值 2"/>
            ...
    </jsp:params>
    [<jsp:fallback>错误信息</jsp:fallback>]
</jsp:plugin>
```

（2）jsp:plugin 动作常用属性如下。

❑ type="bean | applet"：指定将被执行的插件对象的类型是 Bean 还是 Applet。

❑ code="保存类的文件名"：指定 Java 插件将要执行的字节码（Java Class）文件的名字，其后缀必须是.class。这个文件必须保存在由 codebase 属性指定的目录里。

❑ codebase="类路径": 说明将要被下载的 Java Class 文件的目录。

❑ name="对象名": bean 或 applet 实例的名字。

❑ [<jsp:fallback>错误信息</jsp:fallback>]: 一段文字,当 Java 插件不能启动时,这段文字向用户显示。如果插件能够启动而 Applet 或 Bean 不能执行,那么浏览器弹出一个错误信息。

(3) jsp:plugin 动作应用示例。在文件 plugin.jsp 中使用 jsp:plugin 动作下载名为 RollingMessage.java 的 Java 小程序。

文件 plugin.jsp 主要代码如下。

```
<body>
    <center>
        用&ltjsp:plugin&gt 加载 Applet
        <hr>    <br>
        <!--用 plugin 加载 applet -->
        <jsp:plugin type="applet"
            code="RollingMessage.class" height="60"
            width="550">
    </jsp:plugin>
    </center>
</body>
```

RollingMessage.java 程序需要先编译,形成字节码文件 RollingMessage.class,此 Applet 的功能是输出一行滚动显示的文字"欢迎学习"Java Web 入门很简单"!"

4. jsp:useBean动作

jsp:useBean 动作用来装载一个将要在 JSP 页面中使用的 JavaBean。它创建一个 JavaBean 实例并指定其名字和作用范围。

实际工程中常用 JavaBean 做组件开发,而在 JSP 中只需要声明并使用这个组件,这样可以较大限度地实现静态内容和动态内容的分离,这也是 JSP 的优点之一。

(1) jsp:useBean 语法规则。在 JSP 中实例化一个 bean 的最简单的方法如下。

```
<jsp:useBean id="bean 的名称" scope="有效范围" class="包名.类名" />
```

🔔说明:其中 scope="有效范围","有效范围"属性的取值有 4 种: page、request、session 和 application,默认值是 page。

取不同值含义如下。

❑ page: 该 JavaBean 只有在当前页面及当前页面所包含的静态页面有效。

❑ request: 该 JavaBean 的有效范围是当前的客户请求。

❑ session: 该 JavaBean 的有效范围是当前客户的会话期间。

❑ application: 该 JavaBean 对所有具有相同 ServletContext 的页面都有效,即从创建开始,所有客户端共享这个 JavaBean,直至服务器关闭时才取消这个 bean。

还可以通过下面的形式实例化一个 JavaBean。

```
<jsp:useBean id="bean 的名称" scope="有效范围" class="包名.类名">
    实体
< /jsp:useBean >
```

🔔**注意：** 这种实例化形式下，只有当第一次实例化 bean 时才执行实体部分，如果是利用现有的 bean 实例则不执行实体部分。jsp:useBean 并非总是意味着创建一个新的 bean 实例。

（2）jsp:useBean 工作过程。JSP 引擎根据 useBean 中 id 属性指定的名字，在一个同步块中，查找内置对象 pageContext 中是否包含该 id 指定的名字和 scope 指定的作用域的对象。如果该对象存在，JSP 引擎就把这样一个对象分配给用户。如果不存在则创建新的 bean 实例。

5．jsp:setProperty动作

用来设置已经实例化的 bean 对象的属性。

（1）jsp:setProperty 动作的两种语法规则如下。

第一种是直接将属性值设置为字符串或表达式，形式如下。

```
<jsp:setProperty name="bean 的名称" property="bean 的属性名称" value= "属性值"/>
```

第二种方法用 request 的参数值来设置 JavaBean 的属性值，request 参数的名字和 JavaBean 属性的名字可以不同，其语法规则如下。

```
<jsp:setProperty name="bean 的名称"
                 property="bean 的属性名称"
                 param= "request 参数的名字"/>
```

（2）jsp:setProperty 动作的两种用法。

首先，可以在 jsp:useBean 元素的外面使用 jsp:setProperty。

```
<jsp:useBean id="myName" ... />
   ...
<jsp:setProperty name="myName"  property="someProperty" ... />
```

此时，不管 jsp:useBean 是找到了一个现有的 bean，还是新创建了一个 bean 实例，jsp:setProperty 都会执行。

第二种用法是把 jsp:setProperty 放入 jsp:useBean 元素的内部，如下所示。

```
<jsp:useBean id="myName" ... >
   ...
   <jsp:setProperty name="myName"
              property="someProperty" ... />
</jsp:useBean>
```

此时，jsp:setProperty 只有在新建 bean 实例时才会执行，如果是使用现有实例则不执行 jsp:setProperty。

（3）jsp:getProperty 动作。用来获取 beans 的属性值，将其转换成字符串，然后输出。其语法规则如下。

```
<jsp:getProperty name="bean 的名称"
                 property="bean 的属性名称"/>
```

🔔注意：jsp:setProperty 动作和 jsp:getProperty 动作必须与 jsp:useBean 动作一起使用，不能单独使用。

3.5　桩功之五：Servlet 的认识和使用

在介绍 JSP 中提到 Servlet 是 JSP 的基础，那么这一节我们就来看看什么是 Servlet 以及 Servlet 在 Java Web 开发中是如何配置和使用的。

3.5.1　什么是 Servlet

Servlet 是一种服务器端的 Java 应用程序，具有独立于平台和协议的特性，可以生成动态的 Web 页面。它担当客户请求（Web 浏览器或其他 HTTP 客户程序）与服务器响应（HTTP 服务器上的数据库或应用程序）的中间层。Servlet 是位于 Web 服务器内部的服务器端的 Java 应用程序，与传统的从命令行启动的 Java 应用程序不同，Servlet 由 Web 服务器进行加载，该 Web 服务器必须包含支持 Servlet 的 Java 虚拟机。

Servlet=Server+Applet，意思是指 Servlet 为服务器端的小程序。这个词是在 Java applet 的环境中创造的，Java applet 是一种当作单独文件跟网页一起发送的小程序，它通常用于在服务器端运行，结果得到为用户进行运算或者根据用户交互作用定位图形等服务。

服务器上需要一些程序，常常是根据用户输入访问数据库的程序。这些通常是使用公共网关接口（CGI，Common Gateway Interface）应用程序完成的。然而，在服务器上运行 Java，这种程序可使用 Java 编程语言实现。在通信量大的服务器上，Java Servlet 的优点在于它们的执行速度更快于 CGI 程序。各个用户请求被激活成单个程序中的一个线程，而无需创建单独的进程，这意味着服务器端处理请求的系统开销将明显降低。

3.5.2　Servlet 的特点

与传统的 CGI 和许多其他类似 CGI 的技术相比，Java Servlet 具有更高的效率，更容易使用，功能更强大，具有更好的可移植性，更节省投资。在未来的技术发展过程中，Servlet 有可能彻底取代 CGI。

在传统的 CGI 中，每个请求都要启动一个新的进程，如果 CGI 程序本身的执行时间较短，启动进程所需要的开销很可能反而超过实际执行时间。而在 Servlet 中，每个请求由一个轻量级的 Java 线程处理（而不是重量级的操作系统进程）。

在传统 CGI 中，如果有 N 个并发的对同一 CGI 程序的请求，则该 CGI 程序的代码在内存中重复装载了 N 次；而对于 Servlet，处理请求的是 N 个线程，只需要一份 Servlet 类代码。在性能优化方面，Servlet 也比 CGI 有着更多的选择。

（1）方便。Servlet 提供了大量的实用工具例程，例如自动地解析和解码 HTML 表单数据、读取和设置 HTTP 头、处理 Cookie、跟踪会话状态等。

（2）功能强大。在 Servlet 中，许多使用传统 CGI 程序很难完成的任务都可以轻松地完成。例如，Servlet 能够直接和 Web 服务器交互，而普通的 CGI 程序则不能。Servlet 还能够在各个程序之间共享数据，使得数据库连接池之类的功能很容易实现。

（3）可移植性好。Servlet 用 Java 编写，Servlet API 具有完善的标准。因此，很多的 Servlet 无需任何实质上的改动即可移植到 Apache 和 Microsoft IIS 上。几乎所有的主流服务器都直接或通过插件支持 Servlet。

（4）节省投资。不仅有许多廉价甚至免费的 Web 服务器可供个人或小规模网站使用，而且对于现有的服务器，如果它不支持 Servlet 的话，要加上这部分功能也往往是免费的（或只需要极少的投资）。

3.5.3　Servlet 的生命周期

Servlet 生命周期分为三个阶段，如下所示。

1．Servlet初始化阶段

在下列时刻 Servlet 容器装载 Servlet。

（1）Servlet 容器启动时自动装载某些 Servlet，实现它只需要在 web.XML 文件中的 <Servlet></Servlet> 之间添加如下代码。

```
<loadon-startup>1</loadon-startup>
```

（2）在 Servlet 容器启动后，客户首次向 Servlet 发送请求。

（3）Servlet 类文件被更新后，重新装载 Servlet。

Servlet 被装载后，Servlet 容器创建一个 Servlet 实例并且调用 Servlet 的 init()方法进行初始化。在 Servlet 的整个生命周期内，init()方法只被调用一次。

2．Servlet响应请求阶段

对于用户到达 Servlet 的请求，Servlet 容器会创建特定于这个请求的 ServletRequest 对象和 ServletResponse 对象，然后调用 Servlet 的 service 方法。service 方法从 ServletRequest 对象获得客户请求信息，处理该请求，并通过 ServletResponse 对象向客户返回响应信息。

对于 Tomcat 来说，它会将传递过来的参数放在一个 Hashtable 中，该 Hashtable 的定义如下。

```
private  Hashtable<String String[]>  paramHashStringArray = new  Hashtable
<String String[]>();
```

提示：这是一个 String→String[]的键值映射。HashMap 线程是不安全的，Hashtable 线程安全。

3．Servlet终止阶段

当 Web 应用被终止，或 Servlet 容器终止运行，或 Servlet 容器重新装载 Servlet 新实例时，Servlet 容器会先调用 Servlet 的 destroy()方法，在 destroy()方法中可以释放掉 Servlet 所占用的资源。

　　总的来说就是 Servlet 被服务器实例化后，容器运行其 init 方法，请求到达时运行其
service 方法，service 方法自动派遣运行与请求对应的 doXXX 方法（doGet、doPost 等），
当服务器决定将实例销毁的时候调用其 destroy 方法。

　　与 CGI 的区别在于 Servlet 处于服务器进程中，它通过多线程方式运行其 service 方法，
一个实例可以服务于多个请求，并且其实例一般不会销毁。而 CGI 对每个请求都产生新的
进程，服务完成后就销毁，所以效率上低于 Servlet。

3.5.4　Servlet 的配置

　　总的说来 Servlet 的配置包括 Servlet 的名字、Servlet 的类（如果是 JSP，就指定 JSP
文件）、初始化参数、启动装入的优先级、Servlet 的映射以及运行的安全设置。

　　一个完整的 Servlet 配置如下。

```
<servlet>
  <description>Study Servlet Config</description>
                                    <!--Servlet 有关部署描述信息-->
  <display-name>HelloWorld Config</display-name>
                                    <!--XML 编辑器显示的名字名称-->
  <servlet-name>HelloWorld</servlet-name>   <!--引入 Servlet 类名称-->
  <servlet-class>com.cn.javaweb.servlet.ch3.HelloWorldServlet</servle
  t-class>                          <!--引入 Servlet 类-->
  <!--初始化参数-->
  <init-param>
    <!--初始化参数连接驱动名称-->
    <param-name>jdbcDriver</param-name>
    <!--初始化参数值（驱动名称）-->
    <param-value>com.mysql.jdbc.Driver</param-value>
  </init-param>
  <init-param>
     <!--初始化参数 url-->
     <param-name>url</param-name>
     <!--初始化参数 url 名称-->
     <param-value>127.1.1.1</param-value>
  </init-param>
     <!-- 启动装入的优先级 -->
  <load-on-startup>30</load-on-startup>
</servlet>
 <!-- seervlet-mapping 元素将 URL 模式映射到某个 Servlet -->
<servlet-mapping>
     <!--定义 Servlet 名称,该名称在整个应用中是唯一的-->
  <servlet-name>HelloWorld</servlet-name>
     <!--配置访问路径,输入*/hello 访问-->
  <url-pattern>/hello</url-pattern>
</servlet-mapping>

<servlet-mapping>
  <!--配置 Servlet 名称-->
  <servlet-name>HelloWorld</servlet-name>
  <!--配置访问路径,输入 count/*访问-->
  <url-pattern>/count/*</url-pattern>
</servlet-mapping>
  <!--session-timeout 元素用来指定默认的会话超时时间间隔,以分钟为单位。该元素值必须为
```

```
整数。如果 session-timeout 元素的值为零或负数，则表示会话将永远不会超时-->
<session-config>
<session-timeout>30</session-timeout>
</session-config>
```

1. 配置Servlet的名字、类和其他杂项

在配置 Servlet 时，首先必须指定 Servlet 的名字和 Servlet 的类（如果是 JSP，必须指定 JSP 文件的位置）。另外，可以选择性地给 Servlet 增加一定的描述，并且指定它在部署时显示的名字，部署时显示的 icon。实例代码如下：

```
<description>Study Servlet Config</description>   <!--Servlet 描述-->
<display-name>HelloWorld Config</display-name>    <!--显示的名字名称-->
<servlet-name>HelloWorld</servlet-name>           <!--引入 Servlet 类名称-->
<servlet-class> com.cn.javaweb.servlet.ch3.HelloWorldServlet
</servlet-class>                                  <!--引入 Servlet 类-->
```

2. 初始化参数

初始化参数配置后，在 Serlvet 中可以取得。

```
<!--初始化参数-->
<init-param>
    <!--初始化参数连接驱动名称-->
    <param-name>jdbcDriver</param-name>
    <!--初始化参数值（驱动名称）-->
    <param-value>com.mysql.jdbc.Driver</param-value>
 </init-param>
<init-param>
    <!--初始化参数 url-->
    <param-name>url</param-name>
    <!--初始化参数 url 名称-->
    <param-value>127.1.1.1</param-value>
</init-param>
```

3. 启动装入的优先级

启动装入的优先级通过<load-on-startup></load-on-startup>来配置。

```
<load-on-startup>1</load-on-startup>
```

当启动 Web 容器时，用 load-on-startup 元素自动将 Servlet 加入内存。加载 Servlet 就意味着实例化这个 Servlet，并调用它的 init 方法。可以使用这个元素来避免第一个 Servlet 请求的响应因为 Servlet 载入内存所导致的任何延迟。

如果 load-on- startup 元素存在，而且也指定了 jsp-file 元素，则 JSP 文件会被重新编译成 Servlet，同时产生的 Servlet 也被载入内存。

load-on-startup 元素的内容可以为空或者是一个整数。这个值表示由 Web 容器载入内存的顺序。举个例子，如果有两个 Servlet 元素都含有 load-on-startup 子元素，则 load-on-startup 子元素值较小的 Servlet 将先被加载。如果 load-on- startup 子元素值为空或负值，则由 Web 容器决定什么时候加载 Servlet。如果两个 Servlet 的 load-on-startup 子元素值相同，则由 Web 容器决定先加载哪一个 Servlet。

4．Servlet的映射

可以给一个 Servlet 做多个映射，这样我们可以通过不同的方式来访问这个 Servlet。

```
 <servlet-mapping>
<servlet-name>HelloWorld</servlet-name>    <!--配置 Servlet 名称-->
<url-pattern>/hello</url-pattern>   <!--配置访问路径，输入*/hello 访问-->
</servlet-mapping

<servlet-mapping>
<servlet-name>HelloWorld</servlet-name>     <!--配置 Servlet 名称-->
<url-pattern>/count/*</url-pattern> <!--配置访问路径，输入 count/*访问-->
</servlet-mapping>
```

根据以上配置可以用下列 URL 来访问该 Servlet。在浏览器中输入下面两种 URL 都可以访问到该 Servlet。具体 URL 如下所示。

http://localhost/HibernateStudy/hello

或者

http://localhost/HibernateStudy/count/***

3.5.5　Servlet 使用

举例：HelloWorldServlet.java 代码如下。

```java
package com.cn.javaweb.servlet.ch3;
 。。。
public class HelloWorldServlet extends HttpServlet {

    private String  driver;
    private String url;
    private String  password;
    private String user;
    @Override
    protected void doGet(HttpServletRequest req, HttpServletResponse re
sp)
        throws ServletException, IOException {

    PrintWriter out = resp.getWriter();

    out.println("<html>");
    out.println("<head>");
    out.println("<title>HelloWorld</title>");
    out.println("</head>");

    out.println("<body bgcolor=/"lightblue/">");
    out.println("<hr>");
    out.println("DRVER is " + jdbcDriver);
    out.println("URL   is " + url);
    out.println("</body>");
    out.println("</html>");
    }

    @Override
    protected void doPost(HttpServletRequest req, HttpServletResponse r
```

```
esp)
        throws ServletException, IOException {
    doPost(req, resp);
}

@Override
public void init() throws ServletException {
    super.init();
    driver = getInitParameter("driver");
    url = getInitParameter("url");
    user = getInitParameter("user");
    password = getInitParameter("password");
}
}
```

在浏览器中输入如下所示的 URL，然后按回车键或者单击前进按钮，结果画面上的信息就会在屏幕上显示出来。

http://localhost/HibernateStudy/hello

具体输出如下所示。

```
DRVER is com.mysql.jdbc.Driver  URL is 127.1.1.1
```

通过上面的实例我们看到，原来 Servlet 实现起来就是这么简单。不过可能我们对其中的一些代码还不知道到底什么意思，没有关系，通过下面的讲解，您就会很清楚了！

Servlet 定义了很多类接口，Servlet 的类接口可以从以下几个方面进行分类。

❑ Servlet 实现相关：定义了用于实现 Servlet 相关的类和方法。

❑ Servlet 配置相关：主要包括 ServletConfig 接口。

❑ Servlet 异常相关：Servlet API 有两个异常——ServletException 和 Unavailable-Exception。

❑ 请求和响应相关：用于接收客户端的请求，并且做出对应的响应。

❑ 会话跟踪：用于跟踪和客户端的会话。

❑ Servlet 上下文：通过这个接口可以在多个 Web 应用程序中共享数据。

❑ Servlet 协作：主要是 RequestDispatcher 接口，用于进行视图派发。

❑ 过滤：Cookie 和 HttpUtils 类。

1. Servlet实现相关

（1）Servlet。Servlet 的声明如下。

```
public interface Servlet
```

说明：这个接口是所有 Servlet 必须直接或间接实现的接口。它定义了以下方法。

❑ init（ServletConfig config）：用于初始化 Servlet。

❑ destroy()：销毁 Servlet。

❑ getServletInfo：获得 Servlet 的信息。

❑ getServletConfig：获得 Servlet 配置相关信息。

❑ Service(ServletRequest req, ServletResponse res)：运行应用程序逻辑的入口点，它接收两个参数，ServletRequest 表示客户端请求信息，ServletResponse 表示对客户端

的响应。

（2）GenericServlet。GenericServlet 声明如下。

```
public abstract class GenericServlet implements Servlet,
ServletConfig,java.io.Serializable
```

说明：GenericServlet 提供了对 Servlet 接口的基本实现。它是一个抽象类，它的 service() 方法是一个抽象方法，GenericServlet 的派生类必须直接或间接实现这个方法。

（3）HttpServlet。HttpServlet 的声明如下。

```
public abstract class HttpServlet extends GenericServlet implements
java.io.Serializable
```

说明：HttpServlet 类是针对使用 Http 协议的 Web 服务器的 Servlet 类。HttpServlet 类通过执行 Servlet 接口，能够提供 Http 协议的功能。

HttpServlet 的子类必须实现以下方法中的一个。

❑ doGet：支持 Http Get 请求。

❑ doPost：支持 Http Post 请求。

❑ doPut：支持 Http Put 请求。

❑ doDelete：支持 Http Delete 请求。

❑ init 和 destroy：管理 Servlet 占用的资源。

❑ getServletInfo：获得 Servlet 自身的信息。

2. Servlet配置相关

javax.servlet.ServletConfig 接口代表了 Servlet 的配置，Servlet 的配置包括 Servlet 的名字、Servlet 的初始化参数和 Servlet 上下文。

下面代码示例表示了一个 Servlet 的配置。

```
<servlet>
  <servlet-name>HelloWorld</servlet-name>
  <servlet-class> com.cn.javaweb.servlet.ch3.HelloWorldServlet </servlet-
  class>
  <init-param>
    <param-name>encoding</param-name>        <!--配置编码方式 -->
    <param-value>UTF-8</param-value>         <!--配置编码方式为 UTF-8 -->
  </init-param>
</servlet>

<servlet-mapping>
<servlet-name>HelloWorld</servlet-name>       <!--配置 Servlet 名称-->
<url-pattern>/hello</url-pattern>      <!--配置访问路径，输入*/hello 访问-->
</servlet-mapping>
```

说明：ServletConfig 定义了 Servlet 的配置相关参数。

🔖声明：public interface ServletConfig。

主要方法如下。

❑ getInitParameter(String name)：返回特定名字的初始化参数。如上配置中 getInitParameter("encoding")，那么将返回"UTF-8"字符串。

❑ getInitParameterNames()：返回所有的初始化参数的名字。

❑ getServletContext()：返回 Servlet 的上下文对象的引用。

3．Servlet异常相关

（1）ServletException 异常。

🔔 **声明**：public class ServletException extends Exception。

说明：它包含几个构造方法和一个获得异常原因的方法，获得异常原因的方法为：getRootCause()。

（2）UnavailableException 异常。

🔔 **声明**：public class UnavailableException。

说明：当 Servlet 或者 Filter 暂时或永久不可用时，抛出该异常。

4．请求和响应相关

对于请求和响应相关的接口主要有以下几种。

❑ ServletRequest：代表了 Servlet 的请求，它是一个高层接口，HttpServletRequest 是它的子接口。

❑ ServletResponse：代表了 Servlet 的响应，它是一个高层接口，HttpServletResponse 是它的子接口。

❑ ServletInputStream：Servlet 的输入流。

❑ ServletOutputStream：Servlet 的输出流。

❑ ServletRequestWrapper：是 ServletRequest 的实现。

❑ ServletResponseWrapper：是 ServletResponse 的实现。

❑ HttpServletRequest：代表了 Http 的请求，继承了 ServletRequest 接口。

❑ HttpServletResponse：代表了 Http 的响应，继承了 ServletResponse 接口。

❑ HttpServletRequestWrapper：是 HttpServletRequest 的实现。

❑ HttpServletResponseWrapper：是 HttpServletResponse 的实现。

由于 HttpServletRequest 和 HttpServletResponse 接口是我们经常用到的，所以下面重点介绍 HttpServletRequest 和 HttpServletResponse 接口。

（1）HttpServletRequest。这个接口中最常用的方法就是获得请求中的参数，这个参数是客户端表单中的数据。此接口可以获取客户端传送的参数名称，也可以获取客户端正在使用的通信协议，可以获取远端主机名和其 IP 地址等。其中的一些重要方法如下。

❑ getCookies()：获得客户端发送的 Cookie。

❑ getSession()：返回和客户端关联的 Session，如果没有给客户端分配 Session，则返回 null。

- getSession(boolean create)：和上一方法类似，不同的是，如果没有给客户端分配，则创建一个新的 Session 并返回。
- getParameter(String name)：获得请求中名为 name 的参数的值，如果没有该参数，则返回 null。
- getParameterValues(String name)：获得请求中名为 name 的参数的值，这个值往往是 checkbox 或者 select 控件提交的，获得的值是一个 String 数组。

（2）HttpServletResponse。HttpServletResponse 的声明如下。

```
public interface HttpServlet Response extends ServletResponse
```

说明：它代表了对客户端请求的响应。在响应过程中一些常用方法如下。

- addCookie(Cookie cookie)：在响应中增加一个 Cookie。
- encodeURL(String url)：使用 url 和一个 SessionId 重写这个 URl。
- sendRedirect(String location)：把响应发送到另一个页面或者 Servlet 进行处理。
- setContentType(String type)：设置响应的 MIME 类型。
- setCharacterEncoding(String charset)：设置响应的字符编码类型。

5．会话跟踪

和会话跟踪有关的类和接口有：HttpSession。HttpSession 的声明如下。

```
public interface HttpSession
```

说明：这个接口被 Servlet 引擎用来实现 Http 客户端和 Http 会话之间的关联。这种关联可能在多处连接和请求中持续一段给定的时间。Session 用来在无状态的 Http 协议下越过多个请求页面来维持状态和识别用户。一个 Session 可以通过 Cookie 或重写 URl 来维持。

会话接口中的常用方法如下。

- getCreationTime()：返回创建 Session 的时间。
- getId()：返回分配给这个 Session 的标识符。一个 Http Session 的标识符是一个由服务器来建立和维持的唯一的字符串。
- getLastAccessedTime()：返回客户端最后一次发出与这个 Session 有关的请求的时间，如果这个 Session 是新建立的就返回-1。
- getMaxInactiveInterval()：返回一个秒数，这个秒数表示客户端在不发出请求时，Session 被 Servlet 引擎维持的最长时间。在这个时间之后，Session 可能被 Servlet 引擎终止。如果这个 Session 不会被终止，则返回-1。
- getValue(String name)：返回一个以给定名字绑定到 Session 上的对象。如果不存在这样的绑定，则返回空值。
- getValueNames()：以一个数组返回绑定到 Session 上的所有数据的名称。
- invalidate()：这个方法会终止这个 Session。所有绑定在 Session 上的数据都会被清除。
- isNew()：返回一个布尔值以判断这个 Session 是不是新的。如果一个 Session 已经被服务器建立但还没有收到相应的客户端的请求，这个 Session 将被认为是新的。

这意味着，这个客户端还没有加入会话或没有被会话公认。在它发出下一个请求时还不能返回适当的 Session 认证信息。当 Session 无效后，再调用这个方法会抛出一个 IllegalStateException 异常。

❑ putValue(String name, Object value)：以给定的名字绑定给定的对象到 Session 中。已存在的同名的绑定会被重置，这时会调用 HttpSessionBindingListerer 接口的 valueBound 方法。

❑ removeValue(String name)：取消绑定。如果未找到给定名字的绑定则什么也不做。这时会调用 HttpSessionBindingListerer 接口的 valueBound 方法。

❑ setMaxInactiveInterval(int interval)：设置一个秒数，表示客户端在不发出请求时，Session 被 Servlet 引擎维持的最长时间。

6. Servlet上下文

servlet 上下文相关的接口有 ServletContext。ServletContext 声明如下。

```
public interface ServletContext
```

💭注意：在服务器上使用 Session 对象来维持单个客户相关的状态，而当为多个用户的 Web 应用维持一个状态时，则应使用 Servlet 环境（Context）。

ServletContext 对象表示一组 Servlet 共享的资源，在 Servlet API 的 1.0 和 2.0 中，ServletContext 对象仅仅提供了访问有关 Servlet 环境信息的方法。例如提供了访问服务器名称、MIME 类型映射等方法和可以将信息写入服务器日志文件的 log()方法。

ServletContext 对象访问有关 Servlet 环境信息常用方法如下。

❑ getAttribute(String name)：获得 ServletContext 中名称为 name 的属性。

❑ getAttribute(String uripath)：返回给定的 uripath 的应用的 Servlet 上下文。

❑ removeAttribute(String name)：删除 ServletContext 中名称为 name 的属性。

❑ setAttribute(String name,Object obj)：在 ServletContext 中设置一个属性，名称为 name，值为 obj。

7. Servlet协作

Servlet 协作主要是 RequestDispatcher 接口，它可以把一个请求转发到另一个 Servlet。RequestDispatcher 的声明如下。

```
public interface RequestDispatcher
```

RequestDispatcher 接口包含两个方法，具体如下。

❑ forward(ServletRequest req, ServletResponse res)：把请求转发到服务器上的另一个资源（Servlet、Jsp 和 Html）。

❑ include(ServletRequest req, ServletResponse res)：把服务器上的另一个资源（Servlet、Jsp 和 Html）包含到响应中。

8. 过滤

在 Web 应用中实施过滤是我们常使用的技术，通过过滤，可以对请求进行统一编码，对请求进行认证等。每个 Filter 可能只担任很少的任务，多个 Filter 可以互相协作，通过这种协作，可以完成一个复杂的功能。

（1）Filter。Filter 的声明如下。

```
public interface Filter
```

说明：它是 Filter 必须实现的接口，它包含以下方法。
- ❑ init(FilterConfig fc)：这个方法初始化 Filter。
- ❑ doFilter(ServletRequest req, ServletResponse res, FilterChain chain)：Filter 的业务方法就在这里实现。
- ❑ destroy()：释放 Filter 占用的资源。

（2）FilterChain。FilterChain 的声明如下。

```
public interface FilterChain
```

说明：它是代码的过滤链，通过这个接口把过滤的任务在不同的 Filter 之间转移。

它包含了一个方法：doFileter(ServletRequest req, ServletResponse res)，通过这个方法来调用下一个 Filter，如果没有下一个 Filter，那么将调用目标的资源。

（3）FilterConfig。FilterConfig 的声明如下。

```
public interface FilterConfig
```

代表了 Filter 的配置，和 Servlet 一样，Filter 也有一些配置信息，比如 Filter 的名字和初始化参数等。它包含了以下方法。
- ❑ getFilterName()：返回 Filter 的名字。
- ❑ getInitParameter(String name)：获得名字为 name 的初始化参数。
- ❑ getServletContext()：返回这个 Filter 所在的 Servlet 上下文对象。
- ❑ getInitParameterNames()：获得 Filter 配置中的所有初始化参数的名字。

3.6　桩功之六：JavaBean 的认知和使用

本节将带您认识 JavaBean，详细介绍 JavaBean 的特点、属性和方法。并通过具体实例向读者展示 JavaBean 的命名规则，让读者知晓什么是 JavaBean 以及如何使用 JavaBean 实现实体类。通过本节的学习，我们就可以掌握 JavaBean 的一些内部规则，了解使用 JavaBean 管理数据库问题。下面我们就来看一看什么是 JavaBean。

3.6.1　什么是 JavaBean

JavaBean 行业内通常称为 Java 豆，带点美哩口味，飘零着咖啡的味道。JavaBean 是基于 Java 的组件模型，由属性、方法和事件 3 部分组成。在该模型中，JavaBean 可以被修改或与其他组件结合以生成新组件或完整的程序。它又是一种 Java 类，通过封装成为具有某种功能或者处理某个业务的对象。因此，可以通过嵌在 JSP 页面内的 Java 代码访问 Bean 及其属性。

为写成 JavaBean，类必须是具体的和公共的，并且具有无参数的构造器。JavaBean 通过提供符合一致性设计模式的公共方法将内部域暴露成员属性。在业内众所周知，属性名称符合这种模式，其他 Java 类可以通过自身机制发现和操作这些 JavaBean 属性。在计算机编程中代表 Java 构件（EJB 的构件），通常有 Session bean、Entity bean 和 MessageDrivenBean 三大类。

❑ Session bean：会话构件，是短暂的对象，运行在服务器上，并执行一些应用逻辑处理，它由客户端应用程序建立，其数据需要自己来管理。分为无状态和有状态两种。

❑ Entity bean：实体构件，是持久对象，可以被其他对象调用。在建立时指定一个唯一的标识，并允许客户程序根据实体 bean 标识来定位 beans 实例。多个实体可以并发访问实体 bean，事物间的协调由容器来完成。

❑ MessageDriven Bean：消息构件，是专门用来处理 JMS（Java Message System）消息的规范（EIB 2.0）。JMS 是一种与厂商无关的 API，用来访问消息收发系统，并提供了与厂商无关的访问方法，以此来访问消息收发服务。JMS 客户机可以用来发送消息而不必等待回应。

3.6.2 JavaBean 的特点

按照 Sun 公司的定义，JavaBean 是一个可重复使用的软件组件。实际上 JavaBean 是一种 Java 类，通过封装属性和方法成为具有某种功能或者处理某个业务的对象，简称 bean。由于 JavaBean 是基于 Java 语言的，因此 JavaBean 不依赖平台，具有以下特点。

❑ 可以实现代码的重复利用。

❑ 易编写、易维护、易使用。

❑ 可以在任何安装了 Java 运行环境的平台上使用，而不需要重新编译。

编写 JavaBean 就是编写一个 Java 的类，所以您只要会写类就能编写一个 bean，这个类创建的一个对象称作一个 bean。为了能让使用这个 bean 的应用程序构建工具（比如 JSP 引擎）知道这个 bean 的属性和方法，需要在类的方法命名上遵守以下规则。

❑ 如果类的成员变量的名字是 person，那么为了更改或获取成员变量的值，即更改或获取属性，在类中可以使用两个方法：getPerson()，用来获取属性 person；setPerson()，用来修改属性 person。

❑ 对于 boolean 类型的成员变量，即布尔逻辑类型的属性，允许使用 is 代替上面的 get 和 set。

❑ 类中方法的访问属性都必须是 public 的。

❑ 类中如果有构造方法，那么这个构造方法也是 public 的并且是无参数的。

3.6.3　JavaBean 的属性

JavaBean 的属性与一般 Java 程序中所指的属性，或者说与所有面向对象的程序设计语言中对象的属性是一个概念，在程序中的具体体现就是类中的变量。属性分为四类：即单值（Simple）、索引（Index）、关联（Bound）和约束（Constrained）属性。本小节将对这些属性进行详细说明。

1．单值属性

单值（Simple）属性是最普通的属性类型，该类属性只有一个单一的数据值，该数据值的数据类型可以是 Java 中的任意数据类型，包括类和接口等类型。

定义了属性，还需定义对应的访问方法，一般每个单值属性都伴随一对 get/set 方法。属性名与该属性相关的 get/set 方法名对应。例如如果有一个名为 dog 的属性，则会有 setDog 和 getDog 方法。

另外，布尔（Boolean）属性是一种特殊的单值属性，它只有两个允许值：true 和 false，如果有一个名为 dog 的布尔属性，则可以通过 isDog 方法访问。

2．索引属性

索引属性是指 JavaBean 中数组类型的成员变量。使用与该属性对应的 set/get 方法可取得数组的值。索引属性通过对应的访问方法设置或取得该属性中某个元素的值，也可以一次设置或取得整个属性的值。如果需要定义一批同类型的属性，使用单值属性就会显得非常烦琐，为解决此问题，JavaBean 中提供了索引（Indexed）属性。

3．关联属性

关联（Bound）属性是指当该种属性的值发生变化时，要通知其他的对象。每次属性值改变时，这种属性就触发一个 PropertyChange 事件。事件中封装了属性名、属性的原值和属性变化后的新值。这种事件传递到其他的 Beans，至于接收事件的 Beans 应做什么动作，由其自己定义。

4．约束属性

JavaBean 的属性如果改变时，相关的外部类对象首先要检查这个属性改变的合理性再决定是否接受这种改变，这样的 JavaBean 属性叫约束（Constrained）属性。当约束属性的改变被拒绝时，改变约束属性的方法产生一个约束属性改变异常（PropertyVetoException），通过这个异常处理，JavaBean 约束属性还原回原来的值，并为这个还原操作发送一个新的属性修改通知。

约束属性的改变可能会被拒绝，因此它的 set 方法（例如 setDog()）与一般其他 JavaBean 属性的 setDog 也有所不同。约束属性的方法如下：

```
public void setDog(dogType newDog) throws PropertyVetoException
```

3.6.4　JavaBean 的方法

在 JavaBean 中的函数和过程统称为方法，通过方法来改变和获取上面介绍的各种属性值。方法可以分为构造方法、访问方法和普通方法等。本小节将学习创建和使用这些方法。

1．构造方法

JavaBean 的构造方法就是对 JavaBean 的属性及其方法进行初始化，即对所定义的属性及方法设一个初始值，构造方法名要和 JavaBean 的类名相同。下面的代码定义的就是一个 JavaBean 及其构造方法。

```
public class TimeShow{
  //定义属性
  private int hour;
  private int minute;
  //构造方法，对属性进行初始化操作，其名字应该与 bean 的名字相同
  public TimeShow(){
  //初始化日期对象
Date now = new Date();
 //获取小时
hour = now.getHours();
//获取分钟
minute = now.getMinutes();
}
}
```

2．访问方法

访问方法就是对组件中定义的属性的访问，包括读和写两种访问方式。在定义了 Bean 的属性，并通过构造方法将其初始化后，要让其他程序访问 Bean 的这些属性，就必须为其创建访问方法。

读就是一种用于取出 Bean 属性的值的取值函数，即 getter；而写则是一种用于设置 Bean 属性的赋值函数，即 setter。以下列出的就是 Bean 属性访问方法的具体语法格式。

```
public void setPropertyName(PropertyType value);//给属性赋值，即写方法
public PropertyType getPropertyName();              //读取属性值，即读方法
```

3．普通方法

除了对属性的访问方法外，还可以在 Bean 创建一般方法来实现对函数的调用，只要将 Bean 中的一般方法定义成公有的方法，就可以供其他程序调用。例如下面代码是一个实现求阶乘函数的一般方法。

代码 Multiple.java。

```
package jsp.examples.mybean;
public class Multiple{
    public int Multi(int j){
        //定义整形变量，并初始化为1
```

```
        int x = 1;
    //循环函数，输出 1*2*3*…j 的结果
    for (int i = 1; i <= j; ++i)
    { x = x * i; }
    return x;
    }
}
```

3.6.5　JavaBean 的使用

由于 JavaBean 是为了重复使用的程序段落，具有"Write once, run anywhere, reuse everywhere"，即"一次性编写，任何地方执行，所有地方可重用"的特点，所以可以为 JSP 平台提供一个简单的、紧凑的和优秀的问题解决方案，能大幅度提高系统的功能上限、加快执行速度，而且不需要牺牲系统的性能。同时，采用 JavaBean 技术可以使系统更易于维护，因此极大地提高了 JSP 的应用范围。本小节将详细学习如何在 JSP 中应用 Bean 组件。

前面章节介绍 JSP 时介绍了通过 JSP 标记中的<jsp:useBean>动作来调用 JavaBean，现在我们学习完了 JavaBean 的编写，再来复习一下这个标记。

```
<jsp:useBean id="beanId" scope="page|request|session|application" class=
"package.class" />
```

（1）首先我们通过标记中的 id 属性标记 Bean，以使 JSP 页面的其余部分可以正确地识别该 Bean。

（2）其次，使用 scope 属性来确定该 Bean 的使用范围。scope 属性所决定的使用范围，可以参考我们在上小节中所作的介绍。

（3）最后，class 属性通知 JSP 页面从何处查找 Bean，即找到 Bean 的.class 文件。在此我们必须同时指定 JavaBean 的包（package）名和类（class）名，即 class="package.class"，否则 JSP 引擎将无法找到相应的 Bean。

3.7　桩功之七：XML 配置

本节主要介绍 XML 的配置，将详细介绍什么是 XML，及 XML 文档的结构、内容编辑与解析等内容。

近年来，随着 Web 的应用越来越广泛和深入，人们渐渐觉得 HTML 不够用了，HTML 过于简单的语法严重地阻碍了用它来表现复杂的形式。尽管 HTML 推出了一个又一个新版本，已经有了脚本、表格、帧等表达功能，但始终满足不了不断增长的需求。另一方面，这几年来计算机技术的发展也十分迅速，已经可以实现比当初发明 HTML 时复杂得多的 Web 浏览器，所以开发一种新的 Web 页面语言是必要的，也是可能的。

有人建议直接使用 SGML 作为 Web 语言，这固然能解决 HTML 遇到的困难。但是 SGML 太庞大了，用户学、用不方便尚且不说，要全面实现 SGML 的浏览器就非常困难，于是自然会想到仅使用 SGML 的子集，使新的语言既方便使用又实现容易。正是在这种形

势下，Web 标准化组织 W3C 建议使用一种精简的 SGML 版本——XML 应运而生了。

3.7.1　XML 语言概述

XML 是一个精简的 SGML，它将 SGML 的丰富功能与 HTML 的易用性结合到 Web 的应用中。XML 保留了 SGML 的可扩展功能，这使 XML 从根本上有别于 HTML。XML 要比 HTML 强大得多，它不再是固定的标记，而允许定义数量不限的标记来描述文档中的资料，允许嵌套的信息结构。HTML 只是 Web 显示数据的通用方法，而 XML 提供了一个直接处理 Web 数据的通用方法。HTML 着重描述 Web 页面的显示格式，而 XML 着重描述 Web 页面的内容。

总之，XML 使用一个简单而灵活的标准格式，为基于 Web 的应用提供了一个描述数据和交换数据的有效手段。HTML 描述了显示全球数据的通用方法，而 XML 提供了直接处理全球数据的通用方法。XML 是一种元语言，可以定义其他的语言，并且它的标记是用户定义的，从理论上讲，其类型的数量可以是无限的。XML 的前景被人们看好，有人预言在 21 世纪 XML 将成为世人皆知的"世界语"。

3.7.2　XML 文档结构

XML 文档结构包含下面三个部分。
- ❑ 声明部分，声明该文档是一个 XML 文档。
- ❑ 定义部分，定义 XML 数据的类型以及所使用的 DTD（可选）。
- ❑ 内容部分，用 XML 标签和注释标注过的文档内容。

1. XML声明

XML 文档以 XML 声明开头，声明本文档是一个 XML 文档。一般书写格式如下。

```
<? xml version encoding standalone?>
```

定义符<?和?>表示这是一条给 XML 解析器的处理指令。虽然声明这条语句是可有可无的，但考虑到以后的兼容，建议读者还是写上为好。随着语言的进一步发展，以后的浏览器如果知道文档所用的 XML 版本的话，将是有好处的。

🔔注意：XML 声明语句必须全部用小写。

在上面的声明中 version 表示 XML 的标准版本号，encoding 表示的是文档所用的编码，standalone 用来指定在 XML 文档被解析之前，是否使用外部或内部 DTD，它的值只能是 yes 或 no。如果为 no，表示使用外部 DTD；如果为 yes 表示使用内部 DTD；如果不使用 DTD，则不使用这个属性。

看下面的实际例子。

```
<?xml version="1.0" encoding="UTF-8" standalone="yes">
```

表示 XML 版本为 1.0，文档所用编码方式为 UTF-8，使用内部 DTD。在 XML 声明之后，紧接着是类型定义部分，定义 XML 文档中数据的类型。

2. 文档定义类型（DTD）

（1）DTD 的作用。DTD 是用来定义 XML 文档内容的结构的，以便按统一的格式存储信息。DTD 规定了 XML 文档中可以出现哪些元素，这些元素是必须的还是可选的，这些元素有什么属性以及它们之间的相互位置关系等等。XML 允许用户为自己的应用程序定义专用的 DTD，这样用户就可以完成检查文档结构和内容的过程了。这一检查过程称为有效化，严格依从一个 DTD 的 XML 文档被称作有效文档。

（2）创建 DTD。创建 DTD 的过程与在数据库里创建数据表是类似的。在 DTD 中，用户定义用来表示数据的元素，然后规定数据的结构，并规定这个元素是可选的还是必须的，这就好比创建数据表的列；把数据存入 XML 文档，就好比添加数据表的记录。

XML 文档使用的元素可以在内部 DTD 中定义，也可以在外部 DTD 中定义。

内部 DTD，DTD 可以作为文档的一部分直接放到文档里面，这样的 DTD 只能用于包含它的这个文档，别的文档就不能使用了。创建内部 DTD 的语法如下。

```
<!DOCTYPE rootelement
[element and attribute declarations]
>
```

<!DOCTYPE 标识文档类型定义的开始，属性 rootelement 指明根元素名字。

外部 DTD，外部 DTD 是一个单独的文件，存放 XML 文档中可以使用的全部元素及属性的定义。您可以在多个文档中同时使用同一个 DTD，以便保持多个文档之间数据结构的一致性。在 XML 文档中引用外部 DTD 的语法如下。

```
<!DOCTYPE rootelement [PUBLIC|SYSTEM] "name-of-file">
```

其中，DOCTYPE 标识这是文档类型定义部分；rootelement 代表根元素；PUBLIC 表示这个 DTD 是存放在公用服务器上的；SYSTEM 表示这个 DTD 是存放在本地计算机系统上的；Name-of-file 是被引用的 DTD 文件的名称。

表 3-1 是 DTD 中使用的部分专用字符及其含义。

表 3-1　DTD中使用的部分专用字符及其含义

DTD 字符	含　义	举　例	描　述
,	指定顺序中的"与"	Firstname，Lastname	Firstname 与 Lastname
|	"或"	Firstname | Lastname	Firstname 或 Lastname
?	可选项，只能出现一次	Lastname?	可以不出现 Lastname，但如果使用，则只能出现一次
()	用于组成元素	(Firstname | Lastname)，Address	一个 Firstname 或 Lastname 元素必须出现在 Address 元素之前
*	该元素可以不出现也可以出现多次	(Firstname | Lastname)*	可以以任何顺序出现任意个数 Firstname 或 Lastname 元素
+	该元素至少出现一次也可出现多次	(Firstname +)	可以出现多个 Firstname 元素

（3）在 DTD 中定义元素。元素是 XML 文件的基本组成部分，每个元素都是用标签标识的一小段数据。标签包括了元素的名字和属性。XML 允许用于创建自己的元素集。因此，

元素名应该取得容易记忆，并且最好有一定的含义，让人一看到它，便对里面的数据有个大概的了解。XML 是大小写敏感的，所以要么全用大写，要么就一律用小写。定义元素的语法如下。

```
<!ELEMENT elementname content>
```

在 DTD 中，通过创建一个元素内容模型（element content model）来精确地规定一个元素中是否含有其他元素，可以出现多少次以及按什么顺序出现。如果元素中只包含别的元素，而不包含字符数据，我们就说它只含有元素内容。

（4）XML 中命名元素的规则如下。

❑ 元素名至少要含有一个字母（a~z 或 A~Z 中的一个）。

❑ 元素名可以用下划线（_）或冒号（:）开头。

❑ 第一个字符后面可以是一个或多个字母、数字、连字符、下划线或句号，但不能是空格和定位符（tab），至于标点符号只能使用连字符（-）和句点号（.）。

（5）元素类型。元素有空元素、自由元素和容器元素三种，如表 3-2 所示。

表 3-2　空元素、自由元素和容器元素

元 素 类 型	语　　法
空元素（Empty）	<!ELEMENT empty.element EMPTY>
自由元素（Unrestricted）	<!ELEMENT any.element ANY>
容器元素（Container）	<!ELEMENT TITLE(#PCDATA)>

PCDATA 表示 parsable character data，即可解析的字符数据。为了避免将这一关键字与普通的元素名混淆起来，在此关键字前加前缀字符#。

分析下面的标签结构。

```
<student>
<firstname> Java</firstname>
<lastname> Web</lastname>
<rollno> 49 </rollno>
<score> 70 </score>
</student>
```

要使上面的文档生效，必须创建一个 DTD，里面包含 student、firstname、lastname、rollno 和 score 等 5 个元素的定义。另外，还要规定这 5 个元素是必需的或可选的，以及规定顺序或任意排序，还有它们出现的次数。用户为这些规定编写元素定义，每个元素的定义可能不同。

譬如，如果 firstname 和 lastname 都是必需的元素，并且 firstname 要在 lastname 后面，那么 DTD 可以按如下这样编写。

```
<!ELEMENT student  (firstname, lastname)><!--元素内容-->
<!ELEMENT firstname (#PCDATA)><!--元素内容-->
<!ELEMENT lastname  (#CDATA)><!--元素内容-->
```

🔔注意：数据类型#CDATA 表示元素包含字符型数据，解析器不解析这些数据，其中的标签是不作为标记的。数据类型#PCDATA 表示元素包含的数据将由解析器解析，其中的标签是被作为标记处理。

3.7.3 XML 文档内容编辑

XML 文档必须包含根元素。根元素是所有其他元素的父元素。XML 文档中的元素形成了一棵文档树。这棵树从根部开始，并扩展到树的最底端。

所有元素均可拥有子元素。

```
<root>
<child>
<subchild>.....</subchild>
</child>
</root>
```

父、子以及同胞等术语用于描述元素之间的关系。父元素拥有子元素。相同等级上的子元素我们称同胞（兄弟或姐妹）。关系如图 3-28 所示。

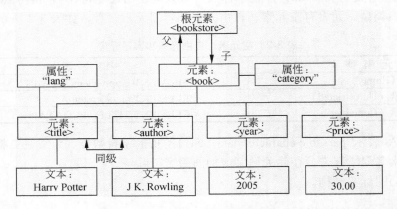

图 3-28 XML 元素关系

通过图 3-28 我们可以看出该关系图表示一本书，具体 XML 代码如下所示。

```
<bookstore> <!--根元素开始-->
<book category="COOKING"> <!--book 属性为类型-->
<title lang="en">Everyday Italian</title>  <!--book 名称-->
 <author>Giada De Laurentiis</author>  <!--图书作者-->
<year>2005</year>   <!--出版日期-->
<price>30.00</price>  <!--图书定价-->
</book>         <!--book 属性为类型结束-->
<book category="CHILDREN">
<title lang="en">Harry Potter</title>
<author>J K. Rowling</author>
<year>2005</year>
<price>29.99</price>
</book>
<book category="WEB">
<title lang="en">Learning XML</title>
<author>Erik T. Ray</author>
<year>2003</year>
<price>39.95</price>
</book>
</bookstore> <!--根元素结束-->
```

例子中的根元素是 <bookstore>。文档中的所有<book> 元素都被包含在 <bookstore> 中。<book> 元素有 4 个子元素：<title>、< author>、<year>和<price>。

3.7.4　XML 文档解析

在项目开发中需要用到 XML 技术，在针对 XML 文档的应用编程接口中，最主要的有 W3C 制定的 DOM（Document Object Method，文档对象模型）和由 David Megginson 领导 的 SAX（SimpleAPI for XML，用于 XML 的简单 API）。这里对 XML 的 SAX 和 DOM 两 种解析方式做下简单描述。

SAX 和 DOM 在实现过程中，分别侧重于不同的方面以满足不同的应用需求。DOM 为开发基于 XML 的应用系统提供了便利。它通过一种随机访问机制，使得应用程序利用 该接口可以在任何时候访问 XML 文档中的任何一部分数据,也可以对 XML 文档中的数据 进行插入、删除、修改和移动等操作。

在 DOM 中，文档的逻辑结构类似一棵树。文档、文档中的根、元素、元素内容、属 性、属性值等都是以对象模型的形式表示的。DOM 的优点在于它在内存中保存文档的整 个模型。这使得能以任何顺序访问 XML 元素。然而，对于大型文档来说，这样做可能不 方便，因为它可能会用尽内存，或者当系统达到了它的极限时，机器的性能将会慢下来。

1. 使用DOM解析XML文档

我们现在来看看 DOM 是如何解析 XML 的吧！同样的，我将从一个简单得不能再简 单的例子来说明 DOM 是如何解析 XML 文档的，先让我们看看 XML 是什么内容吧。

（1）先建立一个 configure.xml，存放在 src 下的 xml 包下。

```
<?xml version="1.0" encoding="gbk"?>
<books>
<book email="****@126.com">
<name>java</name>
<price>30</price>
</book>
</books>
```

建立解析程序 DomParse.java，存放在 src 下的 com.domparse.xml 包下。

```
package com.domparse.xml;

。。。
import org.xml.sax.SAXException;
public class DomParse {
public DomParse() {

//得到 DOM 解析器的工厂实例
//javax.xml.parsers.DocumentBuilderFactory 类的实例就是我们要的解析器工厂
DocumentBuilderFactory domfac = DocumentBuilderFactory.newInstance();
try {
//通过 javax.xml.parsers.DocumentBuilderFactory 实例的静态方法
newDocumentBuilder()得到 DOM 解析器
DocumentBuilder dombuilder = domfac.newDocumentBuilder();

//把要解析的 XML 文档转化为输入流，以便 DOM 解析器解析它
```

```
InputStream is = new FileInputStream("src/xml/configure.xml");

//解析 XML 文档的输入流，得到一个 Document
//由 XML 文档的输入流得到一个 org.w3c.dom.Document 对象，以后的处理都是对 Document
  对象进行的
Document doc = dombuilder.parse(is);

//得到 XML 文档的根节点
//在 DOM 中只有根节点是一个 org.w3c.dom.Element 对象
Element root = doc.getDocumentElement();

//得到节点的子节点
//这是用一个 org.w3c.dom.NodeList 接口来存放它所有子节点的，还有一种轮循子节点的方法
NodeList books = root.getChildNodes();
if (books != null) {
for (int i = 0; i < books.getLength(); i++) {
Node book = books.item(i);
if (book.getNodeType() == Node.ELEMENT_NODE) {

//取得节点的属性值
//注意，节点的属性也是它的子节点。它的节点类型也是 Node.ELEMENT_NODE
String email = book.getAttributes().getNamedItem("email").getNodeValue(
);
System.out.println(email);

//轮循子节点
for (Node node = book.getFirstChild(); node != null; nodenode = node.ge
tNextSibling())
{
if (node.getNodeType() == Node.ELEMENT_NODE) {
if (node.getNodeName().equals("name")) {
String name = node.getNodeValue();
String name1 = node.getFirstChild()
.getNodeValue();
System.out.println(name);
System.out.println(name1);
}
if (node.getNodeName().equals("price")) {
String price = node.getFirstChild()
.getNodeValue();
System.out.println(price);
}
}
}
}
}
}
} catch (ParserConfigurationException e) {
e.printStackTrace();
} catch (FileNotFoundException e) {
e.printStackTrace();
} catch (SAXException e) {
e.printStackTrace();
} catch (IOException e) {
e.printStackTrace();
}
}

public static void main(String[] args) {
DomParse domp=new DomParse();
```

```
}
}
```

2. 用SAX解析XML

SAX 提供了一种对 XML 文档进行顺序访问的模式，这是一种快速读写 XML 数据的方式。SAX 接口是事件驱动的，当使用 SAX 分析器对 XML 文档进行分析时，就会触发一系列事件，并激活相应的事件处理函数，从而完成对 XML 文档的访问。

SAX 处理 XML 的方式与 DOM 不同。SAX 解析器不是将 DOM 树解析和表现为输出，它是基于事件的，所以在 XML 被解析时，事件被发送给引擎。SAX 可以在文档的开始接收事件，也可以接收文档中的元素。使用这些事件可以构建一种结构。

因为 SAX 没有把 XML 文档完全地加载到内存中，所以需要的系统资源较少，是一个分析大型 XML 文档的高效 API。缺点是编写 SAX 比编写 DOM 复杂，这因为首先必须实现通知接口并维护状态，其次 SAX 不允许对文档进行随机访问，也没有提供像 DOM 那样的修改功能。

以下是一个用 SAX 解析 XML 实例，输出 XML 中的所有属性和标签值。

```java
package com.saxparse.xml;
。。。
public class PraseXML extends DefaultHandler
{
 private Vector<String> tagName;
private Vector<String> tagValue;
private int step;
//开始解析 XML 文件
 public void startDocument() throws SAXException
 {
tagName = new Vector<String>();
tagValue = new Vector<String>();
step = 0;
}
//结束解析 XML 文件
public void endDocument() throws SAXException
{
for (int i = 0; i < tagName.size(); i++)
{
if (!tagName.get(i).equals("") || tagName.get(i) != null) {
System.out.println("节点名称: " + tagName.get(i));
System.out.println("节点值: " + tagValue.get(i));
}
}
}
/**
* 在解释到一个开始元素时会调用此方法，但是当元素有重复时可以自己写算法来区分
* 这些重复的元素 qName 是什么? <name:page ll=""></name:page>这样写就会抛出
  SAXException 错误
* 通常情况下 qName 等于 localName
*/
public void startElement(String uri,  String localName,  String qName,
        Attributes attributes)  throws SAXException
    {
        //节点名称
        tagName.add(qName);
```

```
    //循环输出属性
    for (int i = 0; i < attributes.getLength(); i++)
    {
        //获取属性名称
        System.out.println("属性名称: " + attributes.getQName(i));
        //获取属性值
        System.out.println("属性值: "
            + attributes.getValue(attributes.getQName(i)));
    }

}

/**
 * 在遇到结束标签时调用此方法
 */
public void endElement(String uri, String localName, String qName)
    throws SAXException
{

    step = step + 1;
}

/**
 * 读取标签里的值, ch 用来存放某行的 xml 的字符数据, 包括标签, 初始大小是 2048,
 * 每解释到新的字符会把它添加到 char[] 里。    * 注意, 这个 char 字符会自己管理
   存储的字符,
 * 并不是每一行就会刷新一次 char,
 * start, length 是由 xml 的元素数据确定的,
 * 暂时找不到规律, 以后看源代码
 *
 * 这里一个正标签、反标签都会被执行一次 characters, 所以在反标签时不用获得其
 * 中的值
 */
public void characters(char ch[], int start, int length)
    throws SAXException
{
    //只要当前的标签组的长度一致, 值就不赋, 则反标签不被计划在内
    if (tagName.size() - 1 == tagValue.size())
    {
        tagValue.add(new String(ch, start, length));
    }
}

public static void main(String[] args)
{
    String filename = "MyXml.xml";
    SAXParserFactory spf = SAXParserFactory.newInstance();
    try
    {
        SAXParser saxParser = spf.newSAXParser();
        saxParser.parse(new File(filename), new PraseXML());
    }
    catch (Exception e)
    {
        e.printStackTrace();
    }
}
```

```
    public Vector getTagName()
    {
      return tagName;
    }

    public void setTagName(Vector tagName)
    {
      this.tagName = tagName;
    }

    public Vector getTagValue()
    {
      return tagValue;
    }

    public void setTagValue(Vector tagValue)
    {
      this.tagValue = tagValue;
    }
}
```

输出结果如下。

```
属性名称: personid
属性值: e01
属性名称: enable
属性值: true
属性名称: personid
属性值: e02
属性名称: enable
属性值: false
属性名称: personid
属性值: e03
属性名称: enable
属性值: true
节点名称: people
节点值:
节点名称: person
节点值:
节点名称: name
节点值: 张三
节点名称: tel
节点值: 5128
节点名称: email
节点值: txq512@sina.com
节点名称: person
节点值:
节点名称: name
节点值: meixin
节点名称: tel
节点值: 5252525
节点名称: email
节点值: wnight88@sina.com
节点名称: person
节点值:
```

```
节点名称：name
节点值：yu
节点名称：tel
节点值：5389654
节点名称：email
节点值：yu@188.net
```

3．MyXml.xml文件内容

比较而言，DOM 和 SAX 各有自己的应用场合。DOM 适用于处理下面的问题：解析比较小的 XML 文件；需要对文档进行修改；需要随机对文档进行访问。SAX 适于处理下面的问题：对大型文档进行处理；只需要文档的部分内容；只需要从文档中得到特定信息。

```xml
<?xml version="1.0" encoding="UTF-8"?>
<!--在 people 节点中储存 3 个人物信息-->
<people>
<person personid="e01" enable="true">    <!--人物 id -->
    <name>张三</name>                      <!--人物姓名 -->
    <tel>5128</tel>                        <!--人物电话-->
    <email>txq512@sina.com</email>         <!--人物邮箱，下面相同，不再解释-->
</person>

<person personid="e02" enable="false">
    <name>meixin</name>
    <tel>5252525</tel>
    <email>wnight88@sina.com</email>
</person>

<person personid="e03" enable="true">
    <name>yu</name>
    <tel>5389654</tel>
    <email>yu@188.net</email>
</person>
</people>
```

3.8　本章小结

本书是意在将太极拳的精妙理论与 Java Web 开发的实际需求相结合，来达到用通俗易懂的武学理论来阐述 Java Web 开发知识的目的。本书是按照循序渐进的方式来介绍 Java Web 开发的，在准备篇章里，相信您已经了解了 Java Web 开发的内涵、前景以及如何学好 Java Web 开发，掌握了在动手 Java Web 开发之前的开发环境的搭建工作。让您从对从 Java Web 开发一知半解，到熟练地搭建 Java Web 开发的运行环境，并对 JDK、Tomcat 和 Eclipse 等 Java Web 开发的常用工具有了深刻的认识。

本章中，我们进入了本书的基础篇章，对 Java Web 开发的一些基础知识进行讲解。主要是对最基本的界面元素的介绍和使用，如 HTML、CSS、JavaScript、XML、JSP、Servlet 和 Javabean 等概念的介绍和使用。这些知识是 Java Web 开发需要的"桩功"，只有练好这些桩功，才有可能学好 Java Web 开发，所以这些对于一个 Java Web 开发者是必须掌握的知识。

HTML 是组织展示内容的标记语言，JavaScript 是客户端的脚本语言，CSS 是美化页面的样式表，这三种技术结合在一起构成了 Web 开发最基础的知识，所有的 Web 应用开发都是在这个基础之上进行的。

在本章的讲解中，对这三种技术的主要使用方法进行了比较细致的介绍，使读者可以迅速对 Web 开发的基础知识有一个宏观的清楚的认识，从而可以快速进入后面章节的学习，如果读者对这方面基础知识有更深一步了解的需要，就有必要参考相关的专题书籍。

本章在介绍完静态的网页知识之后，对 JSP、Servlet、JavaBean 和 XML 等的基本语法和使用等知识进行了系统的介绍，而且对于其中大部分的知识点都给出了具体示例，这些示例在具体的开发过程中都有很重要的参考价值，读者可以在这些示例程序的基础上进行尝试，试着修改其中的功能，只有这样才能对其运行原理有更深入的了解和体会，这就是学习程序语言的最基本、最有效的方法。

由于篇幅有限，还有很多知识点没有讲到，这些知识点将在后面的章节中介绍，所以请各位读者做好知识的不断复习和积累。

第 4 章　练其道——基础知识循序渐进练习掌握

前面通过基础篇章的学习，我们已经了解 Java Web 开发所需要的主要基础知识了。但是，要想对这些知识真正地掌握，做到举一反三、控制自如还需要不断地对所学的知识进行练习。所谓"练其道，知其妙"，功夫道理如此，我们做开发亦如此。只有对所学知识不断地勤加练习，才能真正领悟其中的内涵和精华。本章主要针对基础篇章介绍的主要知识点进行练习，从而使读者将所学知识牢固掌握，然后通过具体实例掌握动态网页的开发。

4.1　练其道：练习已经学过的知识点

本节主要通过一个静态网页的编写设计，一步一步地教您如何完成一个完整的静态网页。通过本节学习你就可以熟练地做自己喜欢的 HTML 网页了。

4.1.1　示例 4-1：编写一个 HTML 静态网页

目的：熟练掌握 HTML 元素和属性，能够独立编写 HTML 网页，并在其中插入图片和文字。

题目：在 Eclipse 中新建一个 Web 项目，在项目中编写一个静态的 HTML 网页，在其插入背景图片和文字。然后发布到本地服务器，并在浏览器显示该网页，观察其效果。

解析：由于在第 2 章中我们已经介绍了如何搭建 Web 开发环境，这里 Eclipse 的开发环境我们就不再详细介绍了，默认已经搭建好了 Web 开发环境。

（1）打开 Eclipse，在 Eclipse 中新建 Web 项目 ch4_1，结果如图 4-1 所示。

（2）在 ch4_1 的项目中，选中"WebRoot 文件夹"并右键选择"新建"，在选择菜单中选择 HTML，并将文件命名为 ch4_1_Html，后缀名默认就是.html 了。这样就完成了 HTML 文件的新建，如图 4-1 所示。

（3）在"WebRoot 文件夹"下，新建 images 文件夹，该文件夹我们用来存放要插入的图片。由于题目没有说明要插入什么图片，所以我在这里插入一张背景图片和一张页面中要显示的图片作为示例，如图 4-1 所示。

（4）接下来就是编写 HTML 文档了。这里我们在页

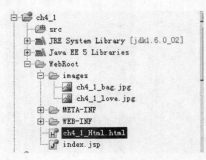

图 4-1　ch4_1 项目结构

面中显示一段小诗，并在其中插入一个背景图片和一个页面中显示的图片。网页 ch4_1_Html.html 代码如下。

```html
<!DOCTYPE HTML PUBLIC "-//W3C//DTD HTML 4.01 Transitional//EN">
<html>
  <head>
    <title>ch4_1_Html.html</title>
     <meta http-equiv="keywords" content="keyword1,keyword2,keyword3">
    <meta http-equiv="description" content="静态网页练习实例">
    <meta http-equiv="content-type" content="text/html; charset=UTF-8">
    <!--<link rel="stylesheet" type="text/css" href="./styles.css">-->
  </head>
<body background="images/ch4_1_bag.jpg">
  <center>
   <h2>静态网页练习实例</h2>
  </center>
  <p class=p1>
        我的爱情
  <img class="p2" src="images/ch4_1_love.jpg"><br>
        爱情是一匹野马
        奔跑在生命的荒原<br>
        梦是流浪的云彩
        追逐河流和山川<br>
        我爱你 纵使忧伤
        还是喜欢<br>
        我爱你 数尽轮回
        不会改变<br>
        就像爱冬天的雪
        以及春花的灿烂<br>
        我的爱,
        像出生和死亡一样自然 <br>
  </p>
 </body>
</html>
```

（5）将项目默认启动界面设为 ch4_1_Html.html，这在前面的配置中已经讲过，只需要修改一下 Web.xml 中的代码就可以了，如下所示。

```xml
<?xml version="1.0" encoding="UTF-8"?>
<web-app version="2.5"
    xmlns="http://java.sun.com/xml/ns/javaee"
    xmlns:xsi="http://www.w3.org/2001/XMLSchema-instance"
    xsi:schemaLocation="http://java.sun.com/xml/ns/javaee
    http://java.sun.com/xml/ns/javaee/web-app_2_5.xsd">
  <welcome-file-list>
    <!--设置启动界面-->
    <welcome-file>ch4_1_Html.html</welcome-file>
  </welcome-file-list>
</web-app>
```

（6）将项目发布到 Tomcat 本地服务器上，在浏览器输入 http://localhost:8080/ch4_1/ch4_1_Html.html，显示效果如图 4-2 所示。

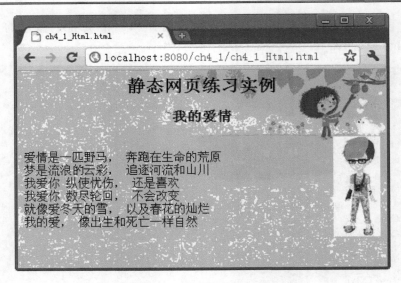

图 4-2　静态网页显示效果

4.1.2　示例 4-2：将 CSS 样式表应用到网页

目的：熟练练习和掌握 CSS 的相关知识，能够在网页中通过 CSS 调整布局和文字。

题目：在示例 4-1 的基础上，添加 CSS 样式表，将标题 h2 的样式设置为：字体为黑体，字号 18 像素，边框下边属性为 2 像素，样式为点划线，颜色为绿色。类 pt 的样式为：4 个边距都为 10 个像素；4 个边框宽度为 2 像素，样式为凹型线，颜色为红色；填充距离 4 边为 20 像素。类 b 的样式为：左边框为 25 像素；边框 4 边宽度为 2 像素，样式为点划线，颜色为绿色。

解析：设置边框属性、字体大小，其方式是我们在网页设计中经常碰到的，一些常见的属性我们可以查看 CSS 样式手册。

（1）设计 h2 的样式，代码如下。

```
h2{
    font-family:黑体; font-size:18px;
    border-bottom:2px dotted green;padding-top:20px
    }
```

说明：设置 h2 字体为黑体，大小为 18px，下边框宽度为 2px 的绿色点划线，离上面布局 20px。

（2）设计 pt 的样式，代码如下。

```
.pt{
margin:10px;
border:2px groove red;
padding:20px;
    }
```

说明：设置 pt 的边距为 10px，边框宽度为 2px 红色槽状，距顶部 20px。

（3）设计 b 的样式，代码如下。

```
.b{
marging-left:25px;
border:2px dotted green;
    }
```

说明：设置 b 边框距左 25px，边框宽度为 2px 绿色点划线。

（4）将样式表加入到 ch4_1_Html.html 网页，可以在内部引入，也可以在外部创建 CSS 文件，外部导入。由于这里只有一个网页，我们采取内部引入方式，只要将下面代码放入 ch4_1_Html.html 网页的头部就可以了，代码如下。

```
<style type="text/css">
    <!--
     h2{
    <!--设置 h2 字体为黑体，大小为 18px，下边框宽度为 2px 的绿色点划线，离上面布局 20px
    -->
    font-family:黑体; font-size:18px;
    border-bottom:2px dotted green;padding-top:20px
    }
    .pt{
    <!--设置 pt 的边距为 10px，边框宽度为 2px 红色槽状，距顶部 20px -->
    margin:10px;border:2px groove red;padding:20px;
    }
    .b{
    <!--设置 b 边框距左 25px，边框宽度为 2px 绿色点划线-->
    marging-left:25px;border:2px dotted green;
    }
    -->
</style>
```

（5）将项目发布的本地服务器上，重新在浏览器中加载网页，效果如图 4-3 所示。

图 4-3　加入 CSS 样式表效果

知识积累：

（1）边框风格属性（border-style）。这个属性用来设定上下左右边框的风格，它的值如下。

- □ none（没有边框，无论边框宽度设为多大）。
- □ dotted（点线式边框）。
- □ dashed（破折线式边框）。
- □ solid（直线式边框）。
- □ double（双线式边框）。
- □ groove（槽线式边框）。
- □ ridge（脊线式边框）。
- □ inset（内嵌效果的边框）。
- □ outset（突起效果的边框）。

（2）边框宽度属性（border-width）。这个属性用来设定上下左右边框的宽度，它的值如下。

- □ medium（是默认值）。
- □ thin（比 medium 细）。
- □ thick（比 medium 粗）。

用长度单位定值，可以用绝对长度单位（cm、mm、in、pt 和 pc）或者用相对长度单位（em、ex 和 px）。

（3）边框颜色属性（border-color）。这个属性用来设定上下左右边框的颜色，例句如下。

```
. {border-color:gray;border-style:solid;}
```

边框（border）属性是边框属性的一个快捷的综合写法，它包含 border-width、border-style 和 border-color，例句如下。

```
. {border:5px solid gray;}
```

4.1.3　示例 4-3：JavaScript 窗口输入输出

目的：通过练习掌握 JavaScript 的输入输出，能够在网页中使用简单的 JavaScript 实现与用户交互。

题目：当我们进入某个门户网站时，经常需要进行登录和注册操作，要求用户输入用户名和密码。练习使用 JavaScript 实现用户名和密码的验证，如果输入正确就提示“登录成功”，如果输入错误提示“重新输入”。并且在输入时输入框边框颜色做改变效果。

解析：需要设计两个输入框用来输入用户名和密码。然后设计两个按钮，做登录和取消，当输入用户名和密码正确时，提示登录成功，否则登录失败；单击“取消”按钮，已经输入的用户名和密码清空。

（1）设计 HTML 网页，具体 ch4_2.html 代码如下所示。

```html
<!DOCTYPE HTML PUBLIC "-//W3C//DTD HTML 4.01 Transitional//EN">
<html>
  <head>
    <title>ch4_2.html</title>
    <meta http-equiv="keywords" content="keyword1,keyword2,keyword3">
    <meta http-equiv="description" content="this is my page">
    <meta http-equiv="content-type" content="text/html; charset=UTF-8">
```

```html
    <!--嵌入 CSS 样式-->
    <link rel="stylesheet" type="text/css" href="./ch4_2_style.css">
  </head>
<body onmousemove="mov()">      <!--网页主题 附带事件 onmouseemove 调用 mov()
函数-->
<!--居中显示-->
<center>
<div id="loginDiv">
<!--div 中定义一个表格，表格 id 为 ta-->
 <table id="ta">
 <!--设置行高为 50-->
   <tr style="height:50">
      <!--设置列 id 为 t，跨两行，居中，附带鼠标动作函数-->
      <td id="t" colspan="2" align="center" onmousedown="changeTrue()"
           onmouseup="changeFalse()" onmouseover="titleChange()"
           onmouseout="titleStatic()">欢迎光临
      </td>
   </tr>
   <tr>
      <!--输入用户名-->
      <td align="right">用户名：</td>
      <td align="left"><input type="text" value="" id="userID" /></td>
   </tr>
   <tr>
      <!--输入密码-->
      <td align="right">密    码：</td>
      <td align="left"><input type="text" id="userPass" value="" /></td>
   </tr>
    <tr>
     <!--设置"登录"按钮，字体大小为 larger，单击触发 loginOK()函数-->
      <td align="right"><input type="button" id="login" value="登录"
                                onclick="loginOk()"style=
                                "font-size:larger" />
      </td>
      <!--设置"取消"按钮，字体大小为 larger，单击触发 loginCancel()函数-->
      <td align="center"><input type="button" id="cancel" value="取消"
                                onclick="loginCancel()" style=
                                "font-size:larger;"/>
      </td>
   </tr>
 </table>
 </div>
 </center>
</body>
```

（2）设计 CSS 样式表，并应用到 ch4_2.html 网页。样式表 ch4_2_style.css 代码如下。

```css
.cTitle                              //登录层标题栏（当鼠标移入时使用该样式）
  {
  background-color:White;            //背景颜色转换
  border:5px outset;                 //边框大小改为 5 像素，突出
  font-size:xx-large;                //字体改为加粗
  }
  .sTitle                            //登录层标题栏（当鼠标移出时恢复原样）
  {
```

```
background-color:rgb(100,200,100);    //背景转换
border-style:none;                    //改为无边框
border-width:0;                       //边框大小为 0 像素
font-size:larger;                     //字体改为加粗
}
#loginDiv{
padding:30px;                         //设置边距
background:blue;                       //设置背景颜色为蓝色
height:200px;                          //设置高为 200px
width:250px;                           //设置宽度为 250px
}
#ta{
padding:20px;                          //表格边距为 20px
width:100%;                            //表格宽度占比
height:100%;                           //表格高度占比
border:2px solid green;                //设置边框宽为 2px，直线式，绿色
}
#t{
 font-size:larger;                     //设置字体大小为 larger
}
```

（3）加入设计 JavaScript 功能验证函数，实现用户名的验证和登录功能。具体代码如下。

```
<script language="javascript" type="text/javascript">
                              //引入脚本语言，此为嵌入网页的
function loginOk()            //自定义函数登录按钮的 click 事件调用
{
var userName=document.getElementById("userID").value.toString();
                              //获取 userID 文本框的值
var userPassword=document.getElementById("userPass").value.
toString();                   //获取 userPass 文本框的值
if(userName=="")              //如果文本框为空
{
alert("请输入用户名！");       //提示
return;                       //函数返回，下面语句不再执行
}
if(userPassword=="")          //如果密码为空
{
alert("请输入密码！");         //提示
return;                       //函数返回，下面语句不再执行
}
if(userName!="admin")         //如果用户名不正确，这里默认设置为 admin
{
alert("用户名错误！");         //提示
return;                       //函数返回，下面语句不再执行
}
if(userPassword=="123456");   //如果密码正确，这里默认设置为 123456
{
alert("登录成功!");            //提示
return;                       //函数返回，下面语句不再执行
}
 alert("密码错误！");          //如果密码不正确
 }
 function loginCancel()        //自定义函数，退出按钮的 click 事件处理函数
```

```
{
    document.getElementById("userID").value="";  //获取 userID 文本框的值
    document.getElementById("userPass").value="";//获取 userPass 文本框
                                                          的值
}
function titleChange()                          //自定义函数, 当鼠标移入登录层的标题栏时
{
 document.getElementById("t").className="cTitle"; //更改登录层标题栏的
                                                          样式, 突出醒目
 }
 function titleStatic()                         //自定义函数, 当鼠标移出登录层标题栏时
 {
 document.getElementById("t").className="sTitle"; //更改登录层标题栏的
                                                          样式, 恢复原样
 }
 </script>
```

（4）将 ch4_2.html 发布到本地服务器，运行效果如图 4-4 所示。

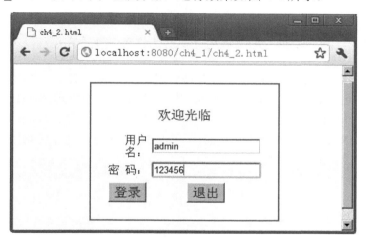

图 4-4　登录界面效果

（5）输入用户名和密码，单击"登录"按钮，效果如图 4-5 和图 4-6 所示。

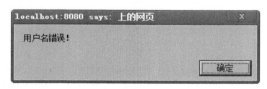

图 4-5　登录失败提示

图 4-6　登录成功提示

4.2　练其道：动态网页开发

上一节中我们主要练习了静态网页的设计，使用了 CSS 和 JavaScript 在 HTML 网页中实现特定的功能。本节我们将练习动态网页的开发，主要练习使用 CSS、JavaScript、JavaBean 和 Servlet 在 JSP 中实现特定功能。

4.2.1　示例 4-4：在 JSP 中应用 CSS

目的：熟练掌握在 JSP 页面中应用 CSS 样式控制网页布局和文字段落效果。

题目：在 JSP 页面中，添加 CSS 样式表，将标题 h2 的样式设置为：字体为黑体，字号 18 像素，边框上边属性为 2 像素，样式为点线，颜色为绿色。类 pt 的样式为：4 个边距都为 10 个像素；4 个边框宽度为 2 像素，样式为凹型线，颜色为红色；填充距离 4 边为 20 像素。类 b 样式为：左边框为 25 像素；边框 4 边宽度为 2 像素，样式为点线，颜色为绿色。

解析：在 4.1 节中我们已经练习了在 HTML 中使用 CSS，其实在 JSP 中应用 CSS 和在 HTML 中使用一模一样，所以我们只要把 4.1 节中的 HTML 页面改成 JSP 页面，就可以了。

（1）新建一个 JSP 页面，将 4.1 节中 html 代码中的 body 部分复制到新建的 JSP 页面中，然后将 4.1 节中 html 中的 style 代码放到 JSP 的 head 中，具体代码如下。

```
<--ch4_3.jsp 代码-->
<%@ page language="java" import="java.util.*" pageEncoding="utf-8"%>
<%
String path = request.getContextPath();
String basePath = request.getScheme()+"://"+request.getServerName()+
":"+request.getServerPort()+path+"/";
%>
<!DOCTYPE HTML PUBLIC "-//W3C//DTD HTML 4.01 Transitional//EN">
<html>
  <head>
    <base href="<%=basePath%>">
    <title>My JSP 'index.jsp' starting page</title>
    <meta http-equiv="pragma" content="no-cache">
    <meta http-equiv="cache-control" content="no-cache">
    <meta http-equiv="expires" content="0">
    <meta http-equiv="keywords" content="keyword1,keyword2,keyword3">
    <meta http-equiv="description" content="This is my page">
    <!--
    <link rel="stylesheet" type="text/css" href="styles.css">
    -->
    <style type="text/css">
    <!--
    h2{
    font-family:黑体; font-size:18px;
    border-bottom:2px dotted green;padding-top:20px
    }
    .pt{
    margin:10px;border:2px groove red;padding:20px;
    }
```

```
  .b{
  marging-left:25px;border:2px dotted green;
  }
  -->
  </style>
</head>
<body background="images/ch4_1_b.jpg">
  <center>
    <h2>动态网页练习实例</h2>
    <h3>我的爱情<br></h3>
  </center>
  <p class=pt>
  <img class=b align="right" src="images/ch4_1_love.jpg"><br>
          爱情是一匹野马,
          奔跑在生命的荒原<br>
          梦是流浪的云彩,
          追逐河流和山川<br>
          我爱你 纵使忧伤,
          还是喜欢<br>
          我爱你 数尽轮回,
          不会改变<br>
          就像爱冬天的雪,
          以及春花的灿烂<br>
          我的爱, 像出生和死亡一样自然 <br>
  </p>
  </body>
</html>
```

（2）将代码发布到本地服务器上，在浏览器输入 http://localhost:8080/ch4_1/ch4_3.jsp，显示效果如图 4-7 所示。

图 4-7　CSS 在 JSP 中运用效果

4.2.2　示例 4-5：在 JSP 中应用 JavaScript

目的：练习在 JSP 中应用 JavaScript，完成输入输出功能。

题目：在 JSP 中使用 JavaScript 实现用户名和密码的验证，如果输入正确就提示"登录成功"，如果输入错误提示"重新输入"。并且在输入时输入框边框颜色做改变效果。

解析：其实在 JSP 中应用 JavaScript 和在 HTML 中应用没有多大的区别，所以这里我们就不过多地解释了，只要你会 4.1.3 小节中的应用，按着葫芦画瓢就可以了。

新建一个 JSP 文件，把 4.1.3 小节中的对应的 CSS 代码和 JavaScript 代码复制到相应的位置，body 中的代码直接复制到 JSP 中的 body 中，保存并发布，步骤和 4.1.3 小节相同。这样就可以在 JSP 中使用 JavaScript 功能了。由于和 HTML 代码的效果大体相同，我在这就不给出具体代码了，可以在本书的光盘中查找使用，代码为 ch4_4.jsp。

4.2.3　示例 4-6：在 JSP 中使用 JavaBean

目的：熟练使用和掌握 JavaBean 的使用，掌握 JavaBean 的编写规则。

题目：编写一个 JavaBean 类，在 JSP 中使用 JavaBean 计算圆的周长与面积。

解析：首先编写一个 JavaBean，注意 JavaBean 的形式和要素。如果类的成员变量的名字是 XXX，那么为了更改或获取成员变量的值，即更改或获取属性，在类中可以使用以下这两个方法。

❑ getXXX()：用来获取属性 XXX。

❑ setXXX()：用来修改属性 XXX。

说明：XXX 为成员变量的名称。

对于 boolean 类型的成员变量，即布尔逻辑类型的属性，允许使用 is 代替上面的 get 和 set；JavaBean 类中方法的访问属性都必须是 public 的；类中如果有构造方法，那么这个构造方法也是 public 的并且没有参数。

其次设计两个 JSP 页面用来输入圆的半径和输出圆的周长和面积。具体操作步骤如下。

（1）新建一个 CircleBean 类来计算圆的周长和半径。代码如下。

```
package com.ch4;
public class CircleBean {                    // CircleBean.java 代码
    private int radius=1;                     //定义私有变量 radius 表示圆的半径
    public CircleBean(){
      //无参的构造函数
      }
    public int getRadius()
  {
        return radius;                        //返回变量 radius
    }
    public void setRadius(int rRadius) {
        radius=rRadius;                       //给变量 radius 赋值
    }
    public double circleLength(){
        return Math.PI*radius*2.0;            //计算圆的周长
```

```
    }
    public double circleArea(){
        return Math.PI*radius*radius;   //计算圆的面积
    }
}
```

（2）新建一个 r_input.jsp 文件，用来输入半径，并将半径提交到 area_out.jsp。具体代码如下。

```
<%@ page language="java" import="java.util.*" pageEncoding="utf-8"%>
<%
String path = request.getContextPath();
String basePath = request.getScheme()+"://"+request.
getServerName()+":"+request.getServerPort()+path+"/";
%>
<!DOCTYPE HTML PUBLIC "-//W3C//DTD HTML 4.01 Transitional//EN">
<html>
  <head>
    <base href="<%=basePath%>">
    <title>My JSP 'r_input.jsp' 计算圆面积</title>
    <meta http-equiv="pragma" content="no-cache">
    <meta http-equiv="cache-control" content="no-cache">
    <meta http-equiv="expires" content="0">
    <meta http-equiv="keywords" content="keyword1,keyword2,keyword3">
    <meta http-equiv="description" content="This is my page">
    <!--
    <link rel="stylesheet" type="text/css" href="styles.css">
    -->
  </head>
  <body>
  <center>
    <form id="form1" name="form1" method="post"
action="area_output.jsp">
<!-- 提交半径,跳转到 area_out.jsp-->
            请输入圆的半径:
            <input name="radius" type="text" id="radius" /><br>
            <input type="submit" name="submit" value="开始计算" />
    </form>
    </center>
  </body>
</html>
```

（3）新建一个输出半径、周长和面积的 area_output.jsp，利用 JavaBean 把得到的 r 赋值给半径，从而得到周长和面积，具体代码如下。

```
<%@ page language="java" import="java.util.*" pageEncoding="utf-8"%>
<%
String path = request.getContextPath();
String basePath = request.getScheme()+"://"+request.getServerName()+":"
+request.getServerPort()+path+"/";
%>
<!DOCTYPE HTML PUBLIC "-//W3C//DTD HTML 4.01 Transitional//EN">
<html>
  <head>
    <base href="<%=basePath%>">
    <title>My JSP 'area_output.jsp' starting page</title>
    <meta http-equiv="pragma" content="no-cache">
    <meta http-equiv="cache-control" content="no-cache">
```

```
  <meta http-equiv="expires" content="0">
  <meta http-equiv="keywords" content="keyword1,keyword2,keyword3">
  <meta http-equiv="description" content="This is my page">
  <!--
  <link rel="stylesheet" type="text/css" href="styles.css">
  -->
 </head>
<body>
<jsp:useBean id="circleBean" scope="session" class="com.ch4.CircleBean"/>
<center>
<%
  int radius=Integer.parseInt(request.getParameter("radius"));
                                             //得到输入的半径
  circleBean.setRadius(radius);              //将半径交给 Javabean 赋值
  out.println("圆的半径是: "+circleBean.getRadius());    //输出半径
  out.println("圆的周长是: "+circleBean.circleLength());  //输出周长
  out.println("圆的面积是: "+circleBean.circleArea());    //输出面积
%>
</center>
</body>
</html>
```

（4）将新建的项目 ch4_2 发布到 Tomcat，在浏览器中输入 http://localhost:8080/ch4_2/r_input.jsp，得到如图 4-8 所示效果。

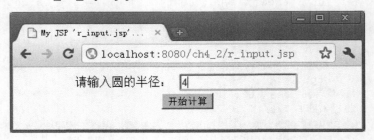

图 4-8　输入圆半径

（5）在图 4-8 中输入半径，单击"开始计算"按钮，就把半径提交给 JavaBean 了，经计算后将周长和面积显示在屏幕。如图 4-9 所示。

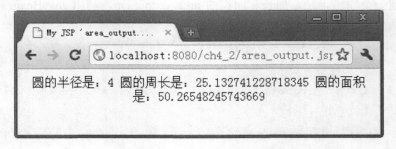

图 4-9　显示圆半径、周长和面积

这样就利用 JavaBean 实现了计算圆周长和面积。本示例主要是让大家练习并熟悉 JavaBean 的编写和使用规则。

4.2.4　示例 4-7：使用 JavaBean 连接数据库

目的：熟练和掌握使用 JavaBean 连接数据库，对数据库实现增、删、改、查等操作。

题目：编写一个用户登录页面，通过对数据库中的数据查找，如果用户存在就跳转到登录成功界面，并显示用户信息。如果失败或者用户不存在就跳转到登录失败界面，提示该用户不存在。

解析：由于要查询数据库，首先要建立一个 MySQL 数据库，在数据库中插入人员信息；然后建立一个专门连接数据库的类，DB.java 类；建立连接之后使用 JavaBean 操作数据库中的数据，实现对数据的增、删、改、查等操作。

（1）在 MySQL 中新建数据库 ch4_3_user，并在数据库中创建 user 表，在表中插入一个用户数据。具体 SQL 语句如下。

```
--
-- 表的结构
--
CREATE TABLE 'user' (
 'id' int(11) NOT NULL auto_increment,
 'username' varchar(40) default NULL,
 'password' varchar(16) default NULL,
 'phone' varchar(40) default NULL,
 'addr' varchar(255) default NULL,
 'rdate' datetime default NULL,
 PRIMARY KEY ('id')
) ENGINE=InnoDB  DEFAULT CHARSET=latin1 AUTO_INCREMENT=2 ;
--
-- 插入表中的数据
--
INSERT INTO 'user' ('id', 'username', 'password', 'phone', 'addr', 'rdate')
VALUES
(1, 'admin', '123', '13132468215', 'beijing', '2012-11-21 23:35:51');
```

（2）新建项目 ch4_3，在项目中新建一个 DB.java 类，用于连接数据库。具体代码如下。

```
package com.util;
import java.sql.Connection;
import java.sql.DriverManager;
import java.sql.PreparedStatement;
import java.sql.ResultSet;
import java.sql.SQLException;
import java.sql.Statement;
public class DB {
    public static Connection getConn() {
        Connection conn = null;
        try {
            Class.forName("com.mysql.jdbc.Driver");        //加载数据库连接驱动
            conn =DriverManager
.getConnection("jdbc:mysql://localhost/ch4_3_user?user=root&password=");
                                                           //连接数据库
        } catch (ClassNotFoundException e) {
            e.printStackTrace();                           //类没有找到异常捕获
        } catch (SQLException e) {
            e.printStackTrace();                           //SQL 异常捕获
```

```
        }
        return conn;                                    //返回连接
    }
    public static Statement getStatement(Connection conn) {
        Statement stmt = null;
        try {
            if(conn != null) {
                stmt = conn.createStatement();          //得到连接状态
            }
        } catch (SQLException e) {
            e.printStackTrace();
        }
        return stmt;                                    //返回连接状态
    }

    public static ResultSet getResultSet(Statement stmt, String sql) {
        ResultSet rs = null;
        try {
            if(stmt != null) {
                rs = stmt.executeQuery(sql);            //这些 SQL 语句, 返回字符串
            }
        } catch (SQLException e) {
            e.printStackTrace();
        }
        return rs;
    }

    public static void close(Connection conn) {        //关闭连接函数
        try {
            if(conn != null) {
                conn.close();
                conn = null;
            }
        } catch (SQLException e) {
            e.printStackTrace();
        }
    }

    public static void close(Statement stmt) {         //关闭连接状态
        try {
            if(stmt != null) {
                stmt.close();
                stmt = null;
            }
        } catch (SQLException e) {
            e.printStackTrace();
        }
    }

    public static void close(ResultSet rs) {           //关闭连接
        try {
            if(rs != null) {
                rs.close();
                rs = null;
            }
        } catch (SQLException e) {
```

```
            e.printStackTrace();
        }
    }
}
```

（3）利用 JavaBean 连接数据库，查询用户是否存在，User.java 具体代码如下所示。

```
package com.bean;
import java.sql.Connection;
import java.sql.ResultSet;
import java.sql.SQLException;
import java.sql.Statement;
import java.util.Date;
import com.util.DB;
public class User {
    private int id;
    private String username;                     //用户名
    private String password;                     //密码
    private String phone;                        //手机
    private String addr;                         //地址
    private Date rdate;                          //创建时间
    public String getAddr() {                    //得到地址
        return addr;
    }
    public void setAddr(String addr) {           //设置地址
        this.addr = addr;
    }
    public int getId() {                         //得到 id
        return id;
    }
    public void setId(int id) {                  //设置 Id
        this.id = id;
    }
    public String getPassword() {                //得到密码
        return password;
    }

    public void setPassword(String password) {   //设置密码
        this.password = password;
    }

    public String getPhone() {                   //得到手机
        return phone;
    }

    public void setPhone(String phone) {         //设置手机状态
        this.phone = phone;
    }

    public Date getRdate() {                      // 得到日期
        return rdate;
    }

    public void setRdate(Date rdate) {           //设置日期
        this.rdate = rdate;
    }

    public String getUsername() {                //设置用户名
        return username;
```

```
    }
    public void setUsername(String username) {        //获取用户名
        this.username = username;
    }
                                                    //检查用户名和密码是否存在
    public static User check(String username, String password)
     throws Exception {
    User u = null;
    Connection conn = DB.getConn();                   //连接数据库
    String sql = "select * from user where username = '" + username + "'";
                                                    //查询用户名和密码
    Statement stmt = DB.getStatement(conn);       //获取连接状态
    ResultSet rs = DB.getResultSet(stmt, sql);//获取查询结果
    try {
    if(!rs.next()) {
        throw new Exception("用户不存在:" + username);
      } else {
        if(!password.equals(rs.getString("password"))) {
            throw new Exception("密码不正确哦!");
        }
        u = new User();
        u.setId(rs.getInt("id"));                     //获取 id 并保存到 JavaBean 中
        u.setUsername(rs.getString("username"));   //获取 username 并保存到
                                                    JavaBean 中
        u.setPassword(rs.getString("password"));   //获取 password 并保存到
                                                    JavaBean 中
        u.setPhone(rs.getString("phone")) ;        //获取 phone 并保存到
                                                    JavaBean 中
        u.setAddr(rs.getString("addr"));    //获取 addr 并保存到 JavaBean 中
        u.setRdate(rs.getTimestamp("rdate"));      //获取 rdate 并保存到
                                                    JavaBean 中

    }

    } catch (SQLException e) {
      e.printStackTrace();
} finally {
  //关闭数据库连接
    DB.close(rs);
    DB.close(stmt);
    DB.close(conn);
  }
  return u;
  }

}
```

（4）编写用户登录界面，提示用户输入用户名和密码，用户输入用户名和密码后调用 JavaBean 中的方法和属性查询数据库是否存在该用户，如果存在就跳转到登录成功界面。具体代码 UserLogin.jsp 如下所示。

```
<%@page language="java" contentType="text/html; charset=utf-8"
        import="com.bean.User" pageEncoding="utf-8"%>
<%
String action = request.getParameter("action");  //获取 action
if(action != null && action.equals("login")) {
    //如果 action 不为空或者 action 为 login，得到用户名和密码
```

```
    String username = request.getParameter("username");
    String password = request.getParameter("password");
    User u = null;
    try {
        //检查用户名和密码是否存在
        u = User.check(username, password);
    } catch (Exception e) {
        out.println(e.getMessage());
        return;
    }
    //将用户名和密码保存到 session 中
    session.setAttribute("user", u);
    //重定向，跳转到 Confirm.jsp
    response.sendRedirect("Confirm.jsp");
}
%>
<!DOCTYPE html PUBLIC "-//W3C//DTD HTML 4.01 Transitional//EN"
"http://www.w3.org/TR/html4/loose.dtd">
<html>
<head>
<meta http-equiv="Content-Type" content="text/html; charset=GB18030">
<title>Insert title here</title>
</head>
<body>
<form action="UserLogin.jsp" method="post">
    <input type="hidden" name="action" value="login"/>
<table border="1" align="center">
    <tr>
        //输入用户名
        <td>username:</td>
        <td><input type="text" size="10" name="username"/></td>
    </tr>
    <tr>
        //输入密码
        <td>password:</td>
        <td><input type="password" size="10" name="password"/></td>
    </tr>
    <tr>
        <td></td>
        //登录触发 action
        <td><input type="submit" value="login"/>
        //重置按钮，类型为 reset
        <input type="reset" value="reset"/></td>
    </tr>
</table>
</form>
</body>
</html>
```

（5）设计确认登录成功界面，登录成功后返回查询得到的用户手机号码和注册地址，具体代码 confirm.jsp 如下所示。

```
<%@ page language="java" contentType="text/html; charset=GB18030"
import="java.util.*"
    pageEncoding="GB18030"%>
    <%@ page import="com.bean.User" %>
    <%
    User u = (User)session.getAttribute("user");   //获取用户 session
    if(u == null) {
```

```
    //如果 session 为空，重定向返回 UserLogin.jsp 页面
    response.sendRedirect("UserLogin.jsp");
    return;
    }
    %>
<!DOCTYPE    html    PUBLIC    "-//W3C//DTD    HTML    4.01    Transitional//EN"
"http://www.w3.org/TR/html4/loose.dtd">
    <html>
    <head>
    <meta http-equiv="Content-Type" content="text/html; charset=GB18030">
    <title>最后确认</title>
    </head>
<body>
<!-- 设置表格，居中，边框宽度为 1 -->
<table align="center" border="1">
    <tr>
        <!--设置跨 5 列 -->
        <td colspan=5>
            <!--设置表单，单击确认，触发 post 方法，跳转到 action="Order.jsp"  -->
            <form action="Order.jsp" method="post">
            <!--获取用户名并显示-->
            欢迎你: <%=u.getUsername() %> <br>
            <!--获取电话并显示-->
            phone: <%=u.getPhone() %> <br>
            <!--获取地址并显示-->
            Addr :<%=u.getAddr() %><br>
            //设置"确认"按钮，提交表单
            <input type="submit" value="确认">
            </form>
        </td>
    </tr>
</table>
</body>
</html>
```

具体效果如图 4-10 和图 4-11 所示。

图 4-10　登录界面效果

4.2.5　示例 4-8：Servlet+JavaBean+DataBase（数据库）在 Java Web 开发中的使用

目的：熟练使用和掌握 Servlet+JavaBean+JSP 模式开发 Java Web。

4-11　登录成功界面效果

题目：编写一个用户登录页面，通过 JavaBean 操作数据库中的数据查找，如果用户存在就交给 Servlet 处理控制，由 Servlet 指定跳转到登录成功界面，并显示用户信息；如果失败或者用户不存在就跳转到登录失败界面，提示该用户不存在。

解析：通过 4.2.4 小节中的示例 4-7，我们可以看出，在表单中得到数据交给 JavaBean 处理之后再返回 JSP 页面处理，在 JSP 页面中写了大量的 Java 代码，如下面的代码就直接写在 JSP 页面中，给本来只做页面的 JSP 带来很大的负担，又要处理页面显示，又要处理业务逻辑的跳转工作。显得很复杂，很臃肿。所以这里我们使用 Servlet 控制，将原来的业务逻辑交给 Servlet 处理，将 JSP 中引用的 Java 代码去掉，去掉的 Java 代码如下。

```
<%
<!--获取 action -->
String action = request.getParameter("action");
if(action != null && action.equals("login")) {
    <!--如果 action 不为空并且是 login，获取用户名和密码-->
    String username = request.getParameter("username");
    String password = request.getParameter("password");
    User u = null;
    try {
        //检验用户名和密码
        u = User.check(username, password);
    } catch (Exception e) {
        out.println(e.getMessage());
        return;
    }
    //保存 session
    session.setAttribute("user", u);
    //重定向跳转到 Confirm.jsp
    response.sendRedirect("Confirm.jsp");
}
%>
```

只让 JSP 做页面的显示。至于为什么这么做我们暂不讨论，在下一节我们会详细说明。先看一下具体实现。

（1）新建项目 ch4_4，在项目中导入 MySQL 的连接包，为了节省时间，本项目的数据库和示例 4-7 使用同一个数据库，所以就不再新建数据库了。

（2）在项目中添加用户登录界面 UserLogin.jsp，具体代码如下。

```
<%@ page language="java" contentType="text/html; charset=utf-8 "
        import="com.bean.User" pageEncoding=" utf-8"%>
<!DOCTYPE html PUBLIC "-//W3C//DTD HTML 4.01 Transitional//EN"
"http://www.w3.org/TR/html4/loose.dtd">
```

```html
<html>
<head>
<meta http-equiv="Content-Type" content="text/html; charset= utf-8">
<title>Insert title here</title>
</head>
<body>
<!--设置表单，获取 action 的文件路径，方法为 post-->
<form action="<%=request.getContextPath ()%>/CheckServlet" method="post">
<!--设置表格，边框宽度为 1，居中-->
<table border="1" align="center">
    <tr>
        <!--设置输入框，类型为 text，输入用户名-->
        <td>username:</td>
        <td><input type="text" size="10" name="username"/></td>
    </tr>
    <tr>
        <!--设置输入框，类型为 password，输入密码-->
        <td>password:</td>
        <td><input type="password" size="10" name="password"/></td>
    </tr>
    <tr>
        <td></td>
        <!--登录和重置按钮-->
        <td><input type="submit" value="login"/><input type="reset"
        value="reset"/></td>
    </tr>
</table>
</form>
</body>
</html>
```

（3）新建 checkServlet.java 类，当在登录界面提交表单后就交给 checkServlet 处理，checkServlet 做出判断并给出相应的提示，具体代码如下。

```java
package com.servlet;
//这里引用其他类的代码省略，具体可参照光盘
//定义 Servlet 类
public class CheckServlet extends HttpServlet {

    /**
     * @param request servlet request
     * @param response servlet response
     */
    protected void processRequest(HttpServletRequest request, HttpServlet
    Response response)
    throws ServletException, IOException{
        //设置文本显示方式和编码类型
        response.setContentType("text/html;charset=UTF-8");
        PrintWriter out = response.getWriter();
        //获取用户名和密码
        String username = request.getParameter("username");
        String password = request.getParameter("password");
        out.println("<br><hr><center><font color=red size=12><B>");
        try{
        User user=new User();
        //检测用户名和密码
        if(user.check(username,password))
        {
            //输出用户名和密码
```

```
        out.println(username);
        out.println(password);
      }
      else
        out.println("登录失败");
      }catch(Exception e){
      }
      out.println("</B></font></center>");
      out.close();
  }
  /**
   * @param request servlet request
   * @param response servlet response
   */
  protected void doGet(HttpServletRequest request, HttpServletResponse
response)
  throws ServletException, IOException {
      //调用 get 方法
      processRequest(request, response);
  }
  /**
   * @param request servlet request
   * @param response servlet response
   */
  protected void doPost(HttpServletRequest request, HttpServletResponse
response)
  throws ServletException, IOException {
      //调用 post 方法
      processRequest(request, response);
  }
  /**
  获取 Servlet 描述信息
   */
  public String getServletInfo(){
      return "Short description";
  }
}
```

（4）在 checkServlet.java 类中，调用 user.check(username,password)函数来判断用户名和密码是否为空，这个需要操作数据库，所以我们交给 JavaBean 去完成。新建 User.java 类，用于处理数据库操作，具体代码如下。

```
package com.bean;
//这里引用类省略了
//定义用户信息类
public class User {
  //用户 id
    private int id;
    //用户名称
    private String username;
    //用户密码
    private String password;
    //用户手机号码
    private String phone;
    //用户地址
    private String addr;
    //定义日期
    private Date rdate;
```

```java
//获取地址
    public String getAddr() {
        return addr;
    }
    //设置地址
    public void setAddr(String addr) {
        this.addr = addr;
    }
    //获取 id
    public int getId() {
        return id;
    }
    //设置 id
    public void setId(int id) {
        this.id = id;
    }
    //获取密码
    public String getPassword() {
        return password;
    }
    //设置密码
    public void setPassword(String password) {
        this.password = password;
    }
    //获取电话号码
    public String getPhone() {
        return phone;
    }
    //设置电话号码
    public void setPhone(String phone) {
        this.phone = phone;
    }
    //获取日期
    public Date getRdate() {
        return rdate;
    }
    //设置日期
    public void setRdate(Date rdate) {
        this.rdate = rdate;
    }
    //获取用户名
    public String getUsername() {
        return username;
    }
    //设置用户名
    public void setUsername(String username) {
        this.username = username;
    }
    //检查用户名和密码是否存在
    public static boolean check(String username, String password)
     throws Exception {
    User u = null;
     //获取数据库连接
    Connection conn = DB.getConn();
     //定义 sql 查询语句
    String sql = "select * from user where username = '" + username + "'"+"and
    password='"+password+"'";
     //获取连接状态
    Statement stmt = DB.getStatement(conn);
```

```
  //根据 sql 语句获取查询结果
  ResultSet rs = DB.getResultSet(stmt, sql);
  try {
  if(!rs.next()) {
      throw new Exception("用户不存在:" + username);
    } else {
      if(!password.equals(rs.getString("password"))) {
          throw new Exception("密码不正确哦!");
      }
      //将获取的用户信息保存到 JavaBean 容器中
      u = new User();
      u.setId(rs.getInt("id"));
      u.setUsername(rs.getString("username"));
      u.setPassword(rs.getString("password"));
      u.setPhone(rs.getString("phone"));
      u.setAddr(rs.getString("addr"));
      u.setRdate(rs.getTimestamp("rdate"));
    }
  } catch (SQLException e) {
    e.printStackTrace();
  } finally {
  //关闭数据库连接
    DB.close(rs);
    DB.close(stmt);
    DB.close(conn);
  }
  return true;
  }
}
```

（5）从 user.java 中我们看到还需要连接数据库，新建 DB.java 类，用于连接数据库，代码如下。

```
package com.util;
//省略引用类
//数据库连接类
public class DB {
//获取连接
    public static Connection getConn() {
        Connection conn = null;
        try {
            Class.forName("com.mysql.jdbc.Driver");
            conn = DriverManager.getConnection("jdbc:mysql://localhost
            /ch4_3_user?user=root&password=");
        } catch (ClassNotFoundException e) {
            e.printStackTrace();
        } catch (SQLException e) {
            e.printStackTrace();
        }
        return conn;
    }
    //获取连接状态
    public static Statement getStatement(Connection conn) {
        Statement stmt = null;
        try {
            if(conn != null) {
                stmt = conn.createStatement();
            }
        } catch (SQLException e) {
```

```
            e.printStackTrace();
        }
        return stmt;
    }
    //根据 sql 语句获取查询结果
    public static ResultSet getResultSet(Statement stmt, String sql) {
        ResultSet rs = null;
        try {
            if(stmt != null) {
                rs = stmt.executeQuery(sql);
            }
        } catch (SQLException e) {
            e.printStackTrace();
        }
        return rs;
    }
    //关闭数据库连接
    public static void close(Connection conn) {
        try {
            if(conn != null) {
                conn.close();
                conn = null;
            }
        } catch (SQLException e) {
            e.printStackTrace();
        }
    }
    //关闭连接状态
    public static void close(Statement stmt) {
        try {
            if(stmt != null) {
                stmt.close();
                stmt = null;
            }
        } catch (SQLException e) {
            e.printStackTrace();
        }
    }
    //关闭查询
    public static void close(ResultSet rs) {
        try {
            if(rs != null) {
                rs.close();
                rs = null;
            }
        } catch (SQLException e) {
            e.printStackTrace();
        }
    }
}
```

（6）到这里代码就基本完成了，接下来我们配置 web.xml，在其中注册我们用到的
Servlet，并设置加载超时时间和起始页面，具体代码如下。

```
<?xml version="1.0" encoding="UTF-8"?>
<web-app        version="2.4"        xmlns="http://java.sun.com/xml/ns/j2ee"
xmlns:xsi="http://www.w3.org/2001/XMLSchema-instance"
xsi:schemaLocation="http://java.sun.com/xml/ns/j2ee
http://java.sun.com/xml/ns/j2ee/web-app_2_4.xsd">
    <!--定义 Servlet 的 name 和 Servlet 类所在路径-->
```

```
    <servlet>
        <servlet-name>CheckServlet</servlet-name>
        <servlet-class>com.servlet.CheckServlet</servlet-class>
    </servlet>
<!--定义 Servlet 的 name 和 Servlet 访问路径-->
    <servlet-mapping>
        <servlet-name>CheckServlet</servlet-name>
        <url-pattern>/CheckServlet</url-pattern>
    </servlet-mapping>
<!--配置 session-->
    <session-config>
        <session-timeout>
            30
        </session-timeout>
    </session-config>
    <!--设置起始页面-->
    <welcome-file-list>
    <welcome-file>
            UserLogin.jsp
        </welcome-file>
    </welcome-file-list>
</web-app>
```

这样就完成了整个项目，具体结果如图 4-12 所示。

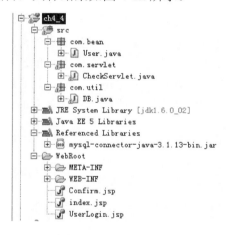

图 4-12　ch4_4 项目结构

（7）运行项目，发布到本地服务器中，显示效果如图 4-13 和图 4-14 所示。

图 4-13　登录界面效果

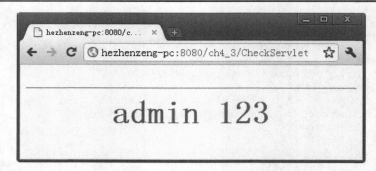

图 4-14　Servlet 显示效果

4.3　本　章　小　结

所谓"拳无百日功，终身一场空"，只有将掌握的道理勤加练习才能真正地领悟其中的内涵和精华。练功如此，我们做学问也是如此，"练其道，知其意，明其理"，不断地将掌握的知识反复练习，才能真真正正地把所学的知识充分掌握。就是为了让读者能够真正掌握前面章节中所讲的知识点，才精心安排了本章内容。

通过本章的学习，主要使读者知道对于一个具体的功能需求如何去分析和处理，如何将功能点分解成我们所学的知识点，然后一点一点地去实现这些功能。这个可能需要读者自己去慢慢领悟，因为我的分析思路也不一定是最佳的，只有经过不断地练习，反复地去领悟、去琢磨才能寻找到最佳的解决方案。所以读者在这方面要多用点心。

本章重点知识总结如下。

❑　熟练使用和掌握 HTML 静态网页的设计技术。

❑　熟练使用和掌握 CSS 在 HTML 中的运用。

❑　熟练使用和掌握 JavaScript 窗口输入输出效果。

❑　熟练使用和掌握 JavaScript、CSS 在动态网页中的使用。

❑　熟练使用 JavaBean 处理数据关系、操作数据库等有关知识。

❑　熟练使用和掌握 Servlet 在 Java Web 开发中的作用。

第 5 章　知其妙，悟其禅，得其法——参悟 Java Web 开发模式

Java Web 开发模式可以分为两种：第一种是以 JSP 为中心的设计模式，我们这里称为 Model 1，以 Model 1 的处理方式还可以分为两种，一种是完全使用 JSP 来开发，另外一种则是使用 JSP＋JavaBean 的设计；第二种是把 JSP 与 Servlet 联合使用来实现动态内容服务的方法，我们称为 Model2，它吸取了两种技术各自的突出优点，用 JSP 生成表达层的内容，让 Servlets 完成深层次的处理任务。下面就详细地解读一下其中的奥妙。

5.1　知其妙：知道 Java Web 开发组件的联系和原理

本节主要说明 Model1 和 Model2 的内部联系，掌握其中的原理和使用方法。然后通过两种模式的比较，领悟其中的道理，知道哪种模式更适合我们在实际中的开发需要。

5.1.1　Model 1：JSP+JavaBean 的使用方法

JSP 由于其强大的生命力在 Java Web 开发中有很广泛的应用，实际上在 Java Web 开发中，JSP 程序只占用了很少的一部分，大部分是由 JavaBean 完成的，通过 JavaBean 可以封装业务逻辑、数据库处理等等，有了 JavaBean 才使得程序更为健壮，易于扩展。由于完全使用 JSP 开发的处理方式早已经被我们开发者摈弃，所以在这里就不再介绍了，这里我要重点讲解的是 JSP+JavaBean 的使用方法。

JavaBean 可以说就是一个 Java 类，只不过它有 getXXX()和 setXXX()方法（注意其中的 XXX 为成员变量），和.NET 中的 get/set 差不多，还有它必须是具有一个无参构造函数的 public 类。在 JSP 开发中，它可以用来处理一些逻辑，如运算。而 JSP 页面通过 <jsp:useBean>这么一个标签来引用指定的 JavaBean 类，同时将处理的结果和一些信息显示在 JSP 页面上，可以说基本上实现了后台和前台的分离。

在第 4 章中我们已经介绍了如何在 JSP 中使用 JavaBean，但是并没有对其具体使用方法作详细的介绍，只是给出了具体的实例。下面我们就对 JSP+JavaBean 的使用方法做一下具体介绍。

先写一个 Bean（也就是特殊一点的 Java 类）并编译。然后在 JSP 页面中需要的地方使用到这个 JavaBean 类，所以这个 JavaBean 也可以称为 Java 里的组件。

在 JSP 中使用 JavaBean 的方式有两种，一种是使用<%@page import="">%>导入指令，具体代码如下。

```
/*
使用<%@page import=" ">%>导入指令，在 JSP 中调用 JavaBean
*/
<%@page contentType="text/html;charset=gb2312"%>
<%@page import="com.ch5.JavaBean.*"%>
<%
    //实例化对象
    UserBean user = new UserBean() ;
    user.setName("直接使用 java 语句调用") ;
    user.setPassword("******") ;
%>
<!--获取用户名并显示-->
<h1>姓名：<%=user.getName()%></h1>
<!--获取密码并显示-->
<h1>密码：<%=user.getPassword()%></h1>
```

第二种是使用 JSP 的标签指令，这种方式注意必须在 JavaBean 中有一个无参构造方法，具体使用方法如以下代码所示。

```
/*
使用 JSP 的标签指令，注意必须在 JavaBean 中有一个无参构造方法
*/
<%@page contentType="text/html;charset=gb2312"%>
<jsp:useBean id="user" scope="page" class=" com.ch5.JavaBean.UserBean"/>
<%
    user.setName("利用标签方式调用") ;
    user.setPassword("******") ;
%>
<!--获取用户名并显示-->
<h1>姓名：<%=user.getName()%></h1>
<!--获取密码并显示-->
<h1>密码：<%=user.getPassword()%></h1>
```

也许作为初学者可能会产生疑问，为什么要使用 JavaBean，直接使用 JSP 多简单？其实这个问题一开始我也是这样想的，把所有的操作都交给 JSP 来完成，后来发现这样做无法实现后台和前台的分离，给开发和维护都带来困难。所以就摈弃了完全 JSP 的开发方式。

其实使用 JavaBean 必须结合用户参数提交才能发现使用 JavaBean 的好处，现在观察下面的代码。

```
<%@page contentType="text/html;charset=gb2312"%>
<jsp:useBean id="user" scope="page" class=" com.ch5.JavaBean.UserBean "/>
<jsp:setProperty name="user" property="*"/>
<%--
    //如果有 20 个数据需要设置，则使用 JavaBean 的设置属性方式，可以自动完成
    //代替以下代码
    user.setName(request.getParameter("name")) ;
    user.setPassword(request.getParameter("password")) ;
--%>
<!--获取用户名并显示-->
<h1>姓名：<%=user.getName()%></h1>
<!--获取密码并显示-->
<h1>密码：<%=user.getPassword()%></h1>
```

通过上面的代码我们可以看出，如果有 20（甚至更多）个数据需要设置，则使用 JavaBean 的设置属性方式，就可以自动完成。你把注册信息都 set 到 bean 里了，那就在 JSP 页面用 JSP 标签去调用 JavaBean，通过 get 属性方法，就将注册的信息显示到页面上了。

```
<jsp:useBean id="user" scope="page" class=" com.ch5.JavaBean.UserBean"/>
```

在这一句代码里说明如下。

- ❑ class 属性表示要使用哪个类（即 Bean），这里是 UserBean。
- ❑ id 属性表示所生成的实例名称，这里是 user。
- ❑ scope 属性表示该实例的生存期，这里是 page，即在同一页面中有效，如果是 session 表示在同一个会话期中有效。

5.1.2　Model 2：JSP+JavaBean+Servlet 的使用方法

JSP 开发模式 Model 2 是借 MVC 架构模式，采用 Servlet+JSP+JavaBean 的技术实现 Java Web 的开发。其中，Servlet 充当控制器的角色，负责接收客户端 Web 浏览器发送来的所有请求，并依据处理的不同结果，转发到对应的 JSP 页面（Viewer）实现在浏览器客户端的显示，也就是处理请求和控制业务流程；JSP 充当视图的角色，负责输出响应结果；JavaBean 充当模型的角色，负责具体的业务逻辑和业务数据。

由于引入了 MVC 设计模式，Model 2 实现上基于组件的开发，在整个软件开发过程中实现了具体清晰的逻辑划分，能够有效地区分不同的角色，这就更适合于大规模系统的开发和管理。

其实通常在 Servlet 中只包含了控制逻辑和一些简单的处理逻辑，更加复杂的业务处理逻辑则借助特定的 JavaBean 来实现，例如：利用 JavaBean 实现与数据库的连接，对数据库中的数据信息进行操作、修改和维护等。

在第 4 章中示例 4-8 我们已经对 JSP+JavaBean+Servlet 的使用作了说明，下面就总结说明一下使用 Model 2 开发模式的开发步骤，具体步骤如下。

（1）定义一系列的 Bean 来表示数据。

（2）使用一个 Servlet 来处理请求。

（3）在 Servlet 中填充 Bean。

（4）在 Servlet 中，将 Bean 存储到请求、会话或者 Servlet 上下文中。

（5）将请求转到 JSP 页面。

（6）在 JSP 页面中，从 Bean 中提取数据。

5.2　悟其禅：通过比较，领悟其中的真正原理

通过 5.1 节我们知道了 Java Web 开发两种模式的使用方法，本节我们将要通过两种方式的使用来总结一下 Java Web 这两种开发模式的特点，然后对两种方式的特点对比分析，通过比较掌握其中的原理。

5.2.1　两种方式的特点

1．Model 1的特点

Model 1 我们上面说了，有两种方式，一种是纯 JSP 系统，使用 JSP 完成所有的操作；另一种是 JSP+JavaBean 形式，将业务逻辑和一些其他的操作交给 JavaBean 完成。下面我们就来具体地说明一下这两种方式的特点。

（1）Model 1：主要使用 JSP 开发系统。当用户发出一个请求到服务器端，就由 JSP 接收处理，接着执行结果响应到客户端。具体原理如图 5-1 所示。

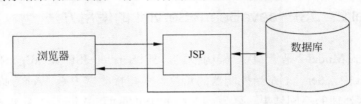

图 5-1　纯 JSP 方式原理图

纯 JSP 方式这种做法的优点如下。
❑ 开发时间缩短，只需写 JSP，而不需要写 Servlet 及 JavaBean。
❑ 小幅度修改非常容易。
纯 JSP 方式这种做法的缺点如下。
❑ 程序可读性降低。
❑ 程序重复利用性降低。
（2）Model 1：使用 JSP+JavaBean 开发系统。

这种方式是把部分可以重复利用的组件抽象出来写成 JavaBean，当用户发送一个需求的时候，需要通过 JSP 调用 JavaBean 负责相关的数据存取、逻辑运算等等处理，原理见图 5-2，最后将结果传送到 JSP 显示结果。

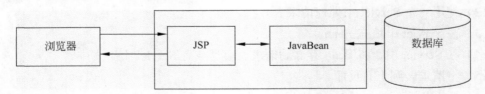

图 5-2　JSP+JavaBean 开发系统原理图

JSP+JavaBean 开发系统方式的优点如下。
❑ 程序可读性高：将复杂的程序代码写在 JavaBean 中，减少了网页标签混合的情况，未来维护的时候能够较为轻松。
❑ 可重复利用性高：由于通过 JavaBean 来封装重要的商业逻辑，不同的 JSP 可以调用许多共享性的组件，较少开发重复程序代码的工作，增加开发效能。
JSP+JavaBean 开发系统方式的缺点为：缺乏流程控制。

这是 Model 1 最大的缺点，缺少了 MVC 中的 Controller 去控制相关的流程，每一个 JSP 都要验证需求的参数正确度、确认用户的身份权限、异常发生的处理，甚至还包括显示端的网页编码原则等问题。

2．Mode 2 的特点

Model 2 体系结构，是一种把 JSP 与 Servlets 联合使用来实现动态内容服务的方法，具体结构逻辑如图 5-3 所示。

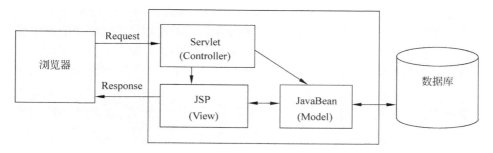

图 5-3　Model 2 模式结构原理图

Model 2 体系结构吸取了两种技术各自的突出优点，用 JSP 生成表示层的内容，让 Servlet 完成深层次的处理任务。在项目中 Servlets 充当控制者的角色，负责管理对请求的处理，创建 JSP 页需要使用 JavaBean 和对象，同时根据用户的动作决定把哪个 JSP 页传给请求者。

特别要注意：在 JSP 页内没有处理逻辑，它仅负责检索原先由 Servlet 创建的对象或 JavaBean，从 Servlet 中提取动态内容插入静态模板。在本人看来，这是一种有代表性的方法，它清晰地分离了表达和内容，明确了角色的定义以及开发者与网页设计者的分工。事实上，项目越复杂，使用 Model 2 体系结构的好处就越大。

Model 2 优点如下。

❑ 开发流程更为明确：使用 Model 2 的设计模式可以完全切开显示端与商业逻辑端的开发。

❑ 核心的程序管控：由 Controller 控制整个流程，可以减少 JSP 需要撰写许多条件判断逻辑及流程控制等程序代码。

❑ 维护容易：不论是后端商业逻辑对象或前端的网页呈现，都通过控制中心来掌控，如果有商业逻辑变更，可以轻易修改 Model 端的程序，而不用去修改相关的 JSP 文件。

Model 2 缺点如下。

❑ 学习时间长：各个公司都有自身的 MVC 架构，需要化时间去熟悉它们的流程与概念。

❑ 开发时间较长：因为需要设计 MVC 各对象彼此的数据交换格式与方法，会需要更多的时间在系统设计上。

5.2.2　两种方式的比较

通过上面的介绍我们已经知道了 Java Web 开发两种模式的特点，下面我们就对这两种方式综合地对比一下，通过比较分析使我们能够更加深刻地认识 Java Web 开发模式的特点，能够使我们在开发过程中更好地选择使用哪种开发模式更加适合我们的实际项目。

JSP+JavaBean 开发模式属于两层结构的开发，这种模式相对纯 JSP 来说使程序的可读性提高了，它将复杂的程序代码写在 JavaBean 中，减少了网页标签混合的情况，这样使开发者（或者使用者）在未来维护的时候能够较为轻松。另外 JSP+JavaBean 模式的可重复利用性高，由于通过 JavaBean 来封装重要的商业逻辑，不同的 JSP 可以调用许多共享性的组件，较少开发重复程序代码的工作，增加开发效能。

但是 JSP+JavaBean 并不是完美的，这种方式缺乏流程控制，这是 Model 1 最大的缺点，缺少了 MVC 中的控制器（Controller）去控制相关的流程，每一个 JSP 都要验证需求的参数的正确度、确认用户的身份权限、异常发生的处理，甚至还包括显示端的网页编码原则等问题。下面就 JSP 的登录实例说明一下。

```
/*用 JSP 作为控制端的登录程序 login.jsp
ValidateLogin.jsp: 作为一个 Controller。
如果 conntroll 判定注册有效，将转发给 memu.jsp，否则转发给 error.jsp。
Menu.jsp 选择按钮
Error.jsp  错误处理
*/
<%
   if ((userid.equals("0")) && (password.equals("123456"))) {
%>
<jsp:forward page="memu.jsp">
<jsp:param name="id" value=<%=userid %>"/>
</jsp:forward>
<%
  else {
%>    <jsp:forward page="error.jsp" / >      <% }   %>
```

从上面登录实例可以看出 JSP 除了要负责页面显示外，还要负责处理请求和控制业务流程，即根据不同的请求信息调用不同的程序代码，没有做到完全地显示和控制分离。当要处理非常复杂的业务流程时，JSP 页面中内嵌的 Java 代码就会很多，给开发和维护带来极大的困难。所以一般都不会采用 Model 1 开发模式。

其实在使用 JSP+JavaBean 这种 Model 1 开发模式时，已经使用到了 Servlet 组件。这一点必须要清楚，那就是用户通过浏览器来发送 JSP 网页的请求，此请求到达服务器后在服务器端查找对应的网页，如果是首次请求（第二次就不用解释执行了），对于 JSP 页面来说要生成 Servlet，然后通过 Servlet 引擎来执行 Servlet，然后把调用 JavaBean 的结果嵌入到页面中返回给用户的浏览器。所以在使用 JSP+JavaBean 模式时已经有了 Servlet 的影子。

再来看 JSP+JavaBean+Servlet 模式，这种模式已经属于三层结构了，三层结构的实质是多了一个控制器（Controller）Servlet，控制器 Servlet 用来分发客户端浏览器的请求。如果把控制器 Servlet 的作用理解为对客户端的请求进行预处理，那么可能对于新手来说对理解 Servlet 将有很大的帮助。通过 web.xml 配置文件可以找到用户请求和特定的 Servlet 的对应关系，每个 Servlet 都有一个特定的 Servlet 对象与之对应，所以说处理用户请求的就是一个继承自 HttpServlet 的 Servlet 对象。

下面我们一块解读一下 Model 2 的 web.xml 的 Servlet 配置，先来看如下代码。

```xml
<!-- JSPC servlet mappings start -->
<!-- servlet user1 名称和类的路径 -->
   <servlet>
      <servlet-name>user1</servlet-name>
      <servlet-class>user.FirstAction</servlet-class>
   </servlet>
<!-- servle t user2 名称和类的路径 -->
   <servlet>
      <servlet-name>user2</servlet-name>
      <servlet-class>user.DetailAction</servlet-class>
   </servlet>
<!-- JSPC servlet mappings end -->
  <servlet-mapping>
      <!-- servlet user1 名称和访问的路径 -->
      <servlet-name>user1</servlet-name>
      <url-pattern>/usermain</url-pattern>
  </servlet-mapping>
  <!-- servlet  user2 名称和访问的路径 -->
  <servlet-mapping>
      <servlet-name>user2</servlet-name>
      <url-pattern>/userDetail</url-pattern>
  </servlet-mapping>
```

如上面代码所示，是摘自 web.xml 的一段配置 Servlet 代码，第一部分主要用来配置 Servlet 与具体的 Servlet 对象关联，第二部分主要用来配置请求由哪个 Servlet 处理，Servlet 名字的关联，处理请求就与具体 Servlet 处理对象关联起来，比如说，客户端浏览器发来 /usermain 的请求，它由 user1 servlet 进行处理，通过 user1 就能找到相对应的 Servlet 对象 user.FirstAction，即/usermain→user1→user.FirstAction，这也就是配置文件的意义所在。到现在懂得了用户/usermain 请求会被 user.FirstAction 类的对象进行处理，所以说，要看懂程序就要看懂 FirstAction 的作用是什么就行了。例如下面是 FirstAction 的一个实现。

```java
public final class FirstAction extends HttpServlet {
 protected void service(HttpServletRequest req, HttpServletResponse resp)
  throws ServletException, IOException {
 //初始化数据库连接
 DB db = new DB();
 //获取 session
 HttpSession session = req.getSession();
 try {
  //设置 session
  session.setAttribute(Constants.USER_LIST_KEY, User
    .SearchUser(db));
 } catch (Exception e) {
  e.printStackTrace();
 }
 //关闭数据库连接
 db.close();
 String target = "/ch5/usermain.jsp";
 //重定向为 usermain.jsp
 resp.sendRedirect(target);
 }
}
```

通过上面 FirstAction 的实现可以看到，当服务器收到客户端请求执行 User.SearchUser(db)的操作，然后把返回值通过 session.setAttribute 放到 session 里，通过

resp.sendRedirect(target) 间接转移到 usermain.jsp 中，这样在 usermain.jsp 里通过 session.getAttribute 函数就可以得到存储在 session 里的对应值。

从上面的详细解读就容易看出 JSP+JavaBean 两层结构和 JSP+JavaBean+Servlet 三层结构的不同了，两层结构必须把预处理放在 JSP 中进行，比如说 User.SearchUser(db)就要在 JSP 中进行。而三层结构先把预处理在 Servlet 里进行了，然后相当于把这个处理结果通过 Session 返回给 JSP，让 JSP 更关注于界面的显示。这样真正地做到了显示端与商业逻辑断的完全分离，由控制器（Controller）控制整个流程，减少了 JSP 需要撰写许多条件判断、逻辑处理以及流程控制等程序代码。

JSP+JavaBean+Servlet 这种三层结构不论是后端商业逻辑对象或前端的网页呈现，都通过控制中心来掌控，如果有商业逻辑变更，可以轻易修改业务逻辑层的程序，而不用去修改相关的 JSP 文件，给程序扩展和维护带来了极大的方便。但是因为需要设计各对象彼此的数据交换格式与方法，理清各对象之间的逻辑关系，这样相对 Model 1 而言会在系统设计上需要更多的时间。

5.3　得其法：MVC 模式

在前面我们已经提到了 MVC 是一种非常好的开发模式，但是对于什么是 MVC、为什么要使用 MVC、MVC 的工作原理是什么等等并没有清楚地介绍。下面我们就这些读者比较迷惑的知识点做一下详细的讲解，让读者最终"得其法"，掌握 MVC 真正的内涵和使用方法。

5.3.1　什么是 MVC

MVC 就是 Model（模型）-View（视图）-Controler（控制器）的简写，是 XeroxPARC 在 80 年代为编程语言 Smalltalk-80 发明的一种软件设计模式，至今已被广泛使用。最近几年被推荐为 Sun 公司 J2EE 平台的设计模式，并且受到越来越多的使用 ColdFusion 和 PHP 的开发者的欢迎。MVC 模式是一个有用的工具箱，它有很多好处，但也有一些缺点。

通俗简单地说 MVC 模式的设计就是为了减小各个模块之间的耦合度。Model 主要是为了处理业务逻辑，它只知道办实事；View 是把业务逻辑处理的结果显示出来，它只起到显示的作用，而不管为什么要这样显示，只做表面功夫；Controller 是实现在 Model 和 View 之间的通信，起到连接作用，起到 Model 和 View 互相传送信息的作用。下面我们就来详细解读一下 MVC 模式。

MVC 是一个设计模式，它强制性地使应用程序的输入、处理和输出分开。使用 MVC 应用程序被分成三个核心部件：模型、视图和控制器。它们各自处理自己的任务。

1．视图

视图是用户看到并与之交互的界面。对老式的 Web 应用程序来说，视图就是由 HTML 元素组成的界面，在新式的 Web 应用程序中，HTML 依旧在视图中扮演着重要的角色，但一些新的技术已层出不穷，它们包括 Macromedia Flash 和像 XHTML、XML/XSL、WML

等一些标识语言和 WebServices。

如何处理应用程序的界面变得越来越有挑战性。MVC 一个大的好处是它能为你的应用程序处理很多不同的视图。在视图中其实没有真正的处理发生，不管这些数据是联机存储的还是本地化的列表，作为视图来讲，它只是作为一种输入、输出数据，并允许用户操纵的方式。

2．模型

模型表示企业数据和业务规则。在 MVC 的三个部件中，模型拥有最多的处理任务。例如它可能用像 EJBs 和 ColdFusion Components 这样的构件对象来处理数据库。被模型返回的数据是中立的，就是说模型与数据格式无关，这样一个模型能为多个视图提供数据。由于应用于模型的代码只需写一次就可以被多个视图重用，所以减少了代码的重复性。

3．控制器

控制器接受用户的输入并调用模型和视图去完成用户的需求。所以当单击 Web 页面中的超链接和发送 HTML 表单时，控制器本身不输出任何东西和做任何处理。它只是接收请求并决定调用哪个模型构件去处理请求，然后确定用哪个视图来显示模型处理返回的数据。

因此 MVC 的处理过程就是，首先控制器接收用户的请求，并决定应该调用哪个模型来进行处理，然后模型用业务逻辑来处理用户的请求并返回数据，最后控制器用相应的视图格式化模型返回的数据，并通过表示层呈现给用户。

对于我们提到的 JSP+JavaBean+Servlet 模式，其实已经是一种 MVC 模式了。其中 JSP 作为视图层，JavaBean 作为 Model 层，Servlet 作为控制器，这样 Servlet 接收用户的请求，并决定调用哪个 JavaBean 模型来进行处理，然后 JavaBean 模型用业务逻辑来处理用户的请求并返回数据，最后 Servlet 控制器用相应的视图格式化模型返回的数据，并通过 JSP 页面呈现给用户。JSP（视图）+Servlet（控制器）+JavaBean（模型）也就是常说的 MVC 2。

5.3.2　为什么要引入 MVC 模式

大部分 Web 应用程序都是用像 ASP、PHP 这样的过程化语言来创建的。它们将像数据库查询语句这样的数据层代码和像 HTML 这样的表示层代码混在一起。经验比较丰富的开发者会将数据从表示层分离开来，但这通常不是很容易做到的，它需要精心地计划和不断地尝试，通过 Model 1 和 Model 2 的比较我们已经深知这样做的苦恼。MVC 从根本上强制性地将它们分开。尽管构造 MVC 应用程序需要一些额外的工作，但是它给我们带来的好处是毋庸置疑的。

下面就总结一下 MVC 带来的好处。

（1）多个视图共享同一模型。MVC 最重要的一点应该是实现了多个视图能够共享一个模型。现在需要用越来越多的方式来访问我们的应用程序。对此，其中一个解决之道就是使用 MVC，这样无论我们的用户想要 Flash 界面或是移动 WAP 界面，用一个模型就能处理它们。由于我们已经将数据和业务规则从表示层分开，所以我们可以最大化地重用已有的代码了。

（2）同样的构件能被不同界面使用。由于模型返回的数据没有进行格式化，所以同样的构件能被不同界面使用。我们开发时很多数据可以用 JSP 来表示，但是它们也有可能要用 HTML 5 或者 PHP 来表示。模型也有状态管理和数据持久性处理的功能，同一个模型可以被不同的应用程序所重用。

因为模型是自包含的，并且与控制器和视图相分离，所以很容易改变你的应用程序的数据层和业务规则。如果你想把数据库从 MySQL 移植到 Oracle，或者改变基于 RDBMS 数据源到 LDAP，只需改变模型即可。一旦你正确地实现了模型，不管你的数据来自数据库或是 LDAP 服务器，视图将会正确地显示它们。由于运用 MVC 的应用程序的三个部件是相互对立的，改变其中一个不会影响其他两个，所以依据这种设计思想你能构造良好的松耦合的构件。

（3）控制器来联接不同的模型和视图去完成用户的需求。对于 MVC 来说，控制器也提供了一个好处，那就是可以使用控制器来联接不同的模型和视图去完成用户的需求，这样控制器可以为构造应用程序提供强有力的手段。给定一些可重用的模型和视图，控制器可以根据用户的需求选择模型进行处理，然后选择视图将处理结果显示给用户。

当然任何东西都有它的弊端，MVC 虽然有很多优点，但是 MVC 同样存在一些缺点。MVC 的缺点如下。

（1）MVC 不容易掌握理解。MVC 由于它没有明确的定义，所以完全理解 MVC 并不是很容易。使用 MVC 需要精心地计划，由于它的内部原理比较复杂，所以需要花费一些时间去思考。

（2）MVC 增加了我们的应用程序设计时间。在我们使用 MVC 模式时，我们不得不花费相当可观的时间去考虑如何将 MVC 运用到我们的应用程序，同时由于模型和视图要严格地分离，这样也给我们调试应用程序带来了一定的困难。每个构件在使用之前都需要经过彻底的测试。一旦我们的构件经过了测试，我们就可以毫无顾忌地重用它们了。

（3）MVC 还给我们的文件管理增加了负担。由于我们将一个应用程序分成了三个部件，所以使用 MVC 同时也意味着你将要管理比以前更多的文件，这一点是显而易见的。这样好像我们的工作量增加了，但是请记住这比起它所能带给我们的好处是不值一提的。

注意：MVC 并不适合小型甚至中等规模的应用程序，花费大量时间将 MVC 应用到规模并不是很大的应用程序通常会得不偿失。

MVC 设计模式是一个很好的开发软件的途径，它所提倡的一些原则，像内容和显示互相分离可能比较好理解。但是如果你要隔离模型、视图和控制器的构件，就需要重新思考你的应用程序，尤其是应用程序的构架方面。

如果你肯接受 MVC，并且有能力应付它所带来的额外的工作和复杂性，MVC 将会使你的软件在健壮性、代码重用和结构方面上一个新的台阶。尽管在最初构建 MVC 框架时会花费一定的工作量，但从长远角度看，它会大大提高后期软件开发的效率。这也是随着 J2EE 技术的成熟，MVC 逐渐成为一种常用而且重要的设计模式的原因。

5.3.3　MVC 模式的运行原理

MVC 模式是一种程序开发设计模式，它实现了显示模块与功能模块的分离，提高了程序的可维护性、可移植性、可扩展性与可重用性，降低了程序的开发难度。它主要分模型、视图和控制器三层。

　　MVC 模式运行原理如图 5-4 所示。

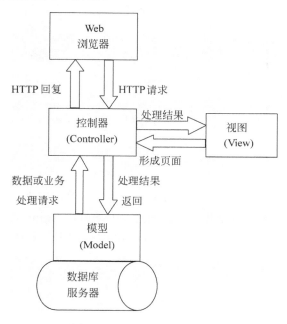

图 5-4　MVC 处理过程原理

　　从图 5-4 中可以看出，用户在浏览器提交的 HTTP 请求给控制器，控制器调用相应的模型来处理用户请求，模型进行相应的业务逻辑处理，并返回数据。最后控制器调用相应的视图来显示模型返回的数据。下面我们用 MVC 设计模式来实现简单的用户登录过程。

　　（1）控制器 Servlet 的实现。系统中只有一个 Servlet 即 ControlServlet，所有页面发起的 "*.do" 的请求，都被 web.xml 配置给 ControlServlet 进行处理，在 ControlServlet 中根据 "*" 的字符串（即解析用户请求的路径），调用 ActionFactory 生成的制定 Action 对象，再将处理后的 URL 转发给用户，具体代码如下所示。

```
package com.ch05.servlet;
//这里省略了应用类
//Servlet 控制类
/**
 * Servlet implementation class ControlServlet
 */
public class ControlServlet extends HttpServlet {
  private static final long serialVersionUID = 1L;

  protected void service(HttpServletRequest request, HttpServletResponse
  response) throws ServletException, IOException {
        //得到当前 Servlet 的请求路径
        String pathName =request.getServletPath();
        // request.getContextPath();得到项目名字
        System.out.println("pathName:"+pathName);
        //得到请求的 Action 名字
        int index = pathName.indexOf(".");
        String ActionName = pathName.substring(1, index);
        System.out.println(ActionName);
```

```
        //获取运行时参数
        String ActionClassName = this.getInitParameter(ActionName);
        //得到 Action 对象
        Action action = ActionFactory.getActionFactory().getAction(Acti
        onClassName);
        //执行 Action 的 execute 得到要返回的 URL 路径
        String url = action.execute(request, response);
        if(url==null){
            request.getRequestDispatcher("error.jsp").forward(request,
            response);
        }else{
            request.getRequestDispatcher(url).forward(request,response);
        }
    }
}
```

（2）Action 对象工厂类实现。ActionFactory 是一个单实例类（整个系统只需要使用其
一个对象），它只提供一个 Action 对象，通过 getAction（String ActionClassName） 的方
法调用创建一个 Action 对象。这个方法在 Control 中被调用，具体代码如下。

```
package com.ch05.action;
/**
 * 根据 Action 名字，创建 Action 对象
 * @author Administrator
 *
 */
public class ActionFactory {

    //单例模式，不需要创建对象
    private ActionFactory(){
    }
    //单实例访问方法，得到 ActionFactory 对象
    public static ActionFactory getActionFactory(){
        if(af == null){
            af = new ActionFactory();
        }
        return af;
    }
    /**
     * 根据具体的 Action 类名字创建 Action 对象
     * @param ActionClassName ：具体的 Action 类全名
     * @return: Action 类型对象
     */
    public Action getAction(String ActionClassName){
        Action action = null;
        try{
            action = (Action) Class.forName(ActionClassName).newInstance();
        }catch(Exception e){
            e.printStackTrace();
        }
        return action;
    }

    private static ActionFactory af;

}
```

（3）Action 接口类定义。所有的事件处理（即 Action）类都必须实现这个接口。

```
package com.ch05.action;

public interface Action {
    /**
     * 所有的具体 Action 实现这个接口
     * @param request 请求对象
     * @param response 应答对象
     * @return : 结果页面
     */
    public String execute(javax.servlet.http.HttpServletRequest request
,javax.servlet.http.HttpServletResponse response);

}
```

（4）web.xml 中配置请求发送给控制器 Servlet。最后，我们只需要在 wex.xml 中对 MVC 结构的进行配置。视图页面中的请求都是以<动作名字>.do 结尾，当这个请求到达 Web 服务器后，会被服务器转向给控制器处理，控制器再根据解析出的动作名，调用对应的 Action 对象，处理结果，并输出结果页面，所以 web.xml 中必须有如下配置。

```
<servlet>
  <!-- 配置 Servlet 名称和 Servlet 类所在的位置  -->
  <servlet-name>controlServlet</servlet-name>
  <servlet-class>com.ch05.servlet.ControlServlet</servlet-class>
  <!-- 初始化参数名称和参数值 -->
  <init-param>
      <param-name>loginAction</param-name>
      <param-value> com.ch05.action.LoginAction</param-value>
  </init-param>
</servlet>
<servlet-mapping>
<!--servlet 名称和访问路径 -->
  <servlet-name>controlServlet</servlet-name>
  <url-pattern>*.do</url-pattern>
</servlet-mapping>
```

（5）具体的 Action 类实现（即对登录动作进行处理的类）如下。

```
package com.ch05.action;
import javax.servlet.http.HttpServletRequest;
import javax.servlet.http.HttpServletResponse;
  //用户登录的 action
public class LoginAction implements Action {

  public String execute(HttpServletRequest request,
      HttpServletResponse response) {
    //得到用户名和密码
    String userName = request.getParameter("userName");
    String userPwd = request.getParameter("userPwd");
    //判断用户名和密码是否正确
  if (userName.equals("javaweb") && userPwd.equals("javaweb")) {
      request.setAttribute("userName", userName);
      return "main.jsp";
  } else {
      return "login.jsp";
  }
```

```
    }

}
```

（6）如果登录成功，跳转到 main.jsp 页面，否则返回 login,jsp 页面。 main.jsp 页面代码如下。

```
<%@ page language="java" contentType="text/html; charset=utf-8"
    pageEncoding="utf-8"%>
<!DOCTYPE html PUBLIC "-//W3C//DTD HTML 4.01 Transitional//EN" "http://
www.w3.org/TR/html4/loose.dtd">
<html>
<head>
<meta http-equiv="Content-Type" content="text/html; charset=utf-8">
<title>Insert title here</title>
</head>
<body>
<h1 style="color:red"><%=request.getAttribute("userName") %> 登 录 成 功
</h1>
</body>
</html>
```

login.jsp 页面代码如下。

```
<%@ page language="java" contentType="text/html; charset=utf-8"
    pageEncoding="utf-8"%>
<!DOCTYPE html PUBLIC "-//W3C//DTD HTML 4.01 Transitional//EN" "http://
www.w3.org/TR/html4/loose.dtd">
<html>
<head>
<meta http-equiv="Content-Type" content="text/html; charset=utf-8">
<title>用户登录</title>
</head>
<body>
<!-- 定义 form ，注入 action，方法为 post-->
<form action="loginAction.do" method="post">
  <!-- 输入用户名 -->
    用户名：<input type="text" name="userName" id="userName"><br>
    <!-- 密码 -->
  密码：<input type="password" name="userPwd" id="userPwd"><br>
  <!--单击登录，提交表单 -->
  <input type="submit" value="登录"/>
</form>
</body>
</html>
```

5.4　本 章 小 结

本章主要重点介绍了 Java Web 开发模式，即 Model 1 和 Model 2。详细介绍了 Model 1 和 Model 2 的特点，通过介绍我们了解了 Java Web 开发组件的联系和原理。并通过两种方式的比较，知道了这两种开发方式各自的优、缺点，使我们更好地能够在后面的开发中利用这些优、缺点选择 Java Web 的开发方式。最后我们介绍了 MVC 模式，了解了什么是 MVC 模式，以及 MVC 模式的运行原理，并通过一个登录实例介绍了 MVC 模式的具体实现过程。

　　以前我们与服务器进行交互，可能 JSP 页面和 Servlet 中都将 HTML 和 Java 代码掺杂在一起，这会导致系统的维护困难、分工不清；就像在 JSP 网页中加入大量的 Java 代码段，就会造成程序员与美工之间的配合非常困难。MVC 模式的系统会从根本上强制我们将 Web 系统中的数据对象、业务逻辑和用户界面三者分离，使得程序员（Java 开发人员）集中精力于业务逻辑，界面程序员（HTML 和 JSP 开发人员）集中精力于表现形式上。很好地做到了业务逻辑和表现层的分离。

第 3 篇　提高篇

第 6 章　以无法为有法——Java Web 开发框架

中国武术博大精深，而像太极拳作为内家拳法讲究"道法自然，变幻莫测，以无法为有法"。也就是说，看似没有章法，只要有心去揣摩，其实内涵精义要诀，自有章法，这就是"以无法为有法"，是武术的最高境界。我们做软件开发同样是这样的，大家各自开发各自的应用本来没有什么章法可循，但是有些开源论坛和一些企业为了使开发能够更快、更好地进行而做出了很多优秀的开发框架，只要我们按照这些开发框架的规则去实施开发，就会使我们的开发工作很有效地完成。这就很好地做到了"无法为有法"。

我们知道大型企业级 Web 应用系统的开发通常要求有一个良好的软件架构，便于协作开发和扩展升级，而传统的开发模式不能很好地满足这些要求。本章就当前 Web 应用程序开发面临的问题，结合目前比较流行的开源框架 SSH（Spring、Struts、Hibernate），详细介绍 SSH 的概念、特点和使用规则，以帮助开发人员在短期内搭建结构清晰、可复用性好、可扩展性好、维护方便的 Web 应用程序，做到 Java Web 开发中的"以无法为有法"。

6.1　Java Web 开发框架

著名的软件大师 Ralph Johnson 对框架（Framework）进行了如下的定义：框架是整个系统或系统的一部分的可重用设计，由一组抽象的类及其实例间的相互作用方式组成。通过定义我们可以了解到框架就是使本来没有规则和章法的类和实例通过相互作用而变得成熟稳定、可重复使用。下面我们就来具体看看 Java Web 框架之法。

6.1.1　Java Web 框架的介绍

目前，基于 Web 的 MVC 框架非常多，发展也很快，每隔一段时间就有一个新的 MVC 框架发布，例如像 JSF、Tapestry 和 Spring MVC 等。除了这些有名的 MVC 框架外，还有一些边缘团队的 MVC 框架也很有借鉴意义。

对于企业实际使用 MVC 框架而言，框架的稳定性则应该是最值得考虑的问题。一个刚刚起步的框架，可能本身就存在一些隐藏的问题，会将自身的 BUG 引入自己的应用。所以我并不推荐开发者自己实现框架，除非你感觉自己的水平已经达到了足以开发一款优秀框架的程度。

从上面 Ralph Johnson 对框架的定义可以看出，框架一般具有即插即用的可重用性、成熟的稳定性以及良好的团队协作性。J2EE 复杂的多层结构决定了大型的 J2EE 项目需要运用框架和设计模式来控制软件质量。

目前，市场上出现了一些商业的、开源的基于 J2EE 的应用框架，其中主流的框架技术有：基于 MVC 模式的 Struts 框架、基于 IOC 模式的 Spring 框架以及对象/关系映射框架 Hibernate 等。当然 Java Web 还有很多框架，本书的重点是介绍 SSH 框架。

6.1.2　框架共同特点

所有现代的网络开发框架几乎都遵循了模型-视图-控制（MVC）设计模式：业务逻辑和描述被分开，由一个逻辑流控制器来协调来自客户端的请求和服务器上将采取的行动。这条途径成为了网络开发的事实上的标准。每个框架的内在的机制当然是不同的，但是开发者们设计和实现他们的 Web 应用软件的 API 是很类似的。差别还存在于每个框架提供的扩展方面，例如标签库、JavaBean 包装器等。

所有的框架使用不同的技术来协调在 Web 应用程序之内的导航，例如 XML 配置文件、Java 属性文件或定制属性。所有的框架在控制器模块实现的方法方面也存在明显的不同。例如，EJB 可能实例化在每个请求中需要的类或使用 Java 反射动态地调用一个适当的行为（Action）类。另外，不同框架在各自引入的概念上也有所不同。例如，一个框架可能定义用户请求和反应场所，而另外一个框架可能仅仅定义一个完整的流：从一个请求到多个响答和随后的再请求。

各种 Java Web 框架在它们组织数据流的方法方面是很类似的。在请求发出后，在应用程序服务器上产生一些行动；而作为响应，一些可能包含对象集的数据总是被发送到 Web 层。然后从那些对象：可能是有 setter 和 getter 方法的简单类、JavaBeans、值对象或者一些集合对象中提取数据。

现代的 Java 框架还想方设法简化开发者的开发任务，如通过使用简易的 API、数据库连接池、甚至数据库调用包等提供自动化的追踪方式来实现。一些框架或者能够钩进（hooked into）另外的 J2EE 技术中，例如 JMS（Java 消息服务）或 JMX，或把这些技术集成到一起。服务器数据持续性和日志也有可能成为框架的一部分。

6.2　Web 层框架 Struts 概述

上面提到 Java Web 开发框架以及它们的共同特点。本节将介绍 Web 层框架 Struts，主要希望通过本人对 Struts 的介绍，使读者朋友可以更好、更全面地了解 Struts 的特点、组成、标签、配置和使用。下面就分别详细介绍一下。

6.2.1　什么是 Struts

Struts 是 Apache 基金 Jakarta 项目的一个子项目，在 2001 年发布 Struts 1.0，到如今已经有十多年了，已经成为目前最流行的 Java Web 开发框架之一。到本人编写时，当前最新版本是 2012 年 11 月 19 日发布的 Struts 2.3.7。

　　Struts 1 是全世界第一个发布的 MVC 框架，它由 Craig R.McClanahan 在 2001 年发布，该框架一经推出，就得到了世界上 Java Web 开发者的拥护，经过多年时间的锤炼，Struts 1 框架更加成熟、稳定，性能也有了很好的保证。Struts 1 已经成为一个高度成熟的框架，不管是稳定性还是可靠性，都得到了广泛的证明。但由于它太"老"了，一些设计上的缺陷成为它的硬伤。面对大量新的 MVC 框架蓬勃兴起，Struts 1 也开始了血液的更新。

　　目前，Struts 已经分化成两个框架：第一个框架就是传统 Struts 1 和 WebWork 结合后的 Struts 2 框架；第二个框架是 Shale 框架。

1．Struts 2框架

　　虽然 Struts 2 号称是一个全新的框架，但这仅仅是相对 Struts 1 而言。Struts 2 虽然是在 Struts 1 的基础上发展起来的，但实质上是以 WebWork 为核心，Struts 2 为传统 Struts 1 注入了 WebWork 的设计理念，统一了 Struts 1 和 WebWork 两个框架，允许 Struts 1 和 WebWork 开发者同时使用 Struts 2 框架。Struts 2 的 MVC 原理如图 6-1 所示。

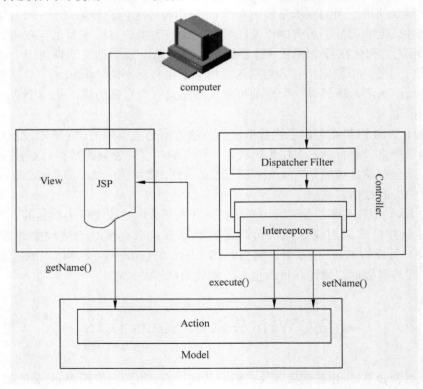

图 6-1　Struts 2 MVC 原理图

　　通过 MVC 原理图，我们可以看出，从某种程度上来讲，Struts 2 没有继承 Struts 1 的血统，而是继承了 WebWork 的血统。或者说，是 WebWork 衍生出了 Struts 2，而不是 Struts 1 衍生了 Struts 2。因为 Struts 2 是 WebWork 的升级，而不是一个全新的框架，因此稳定性、性能等各方面都有很好的保证；而且吸收了 Struts 1 和 WebWork 两者的优势，因此，是一个非常值得信赖、学习和使用的框架。

2．Shale框架

这个框架远远超出了 Struts 1 原有的设计思想，它与原有的 Struts 1 的关联很少，它使用全新的设计思想。Shale 更像一个新的框架，而不是 Struts 的升级。Shale 在很多方面与 Struts 存在不同之处，其中有两点最为突出。

- ❑ Struts 与 JSF 集成，而 Shale 则是建立在 JSF 之上。
- ❑ Struts 实质上是一个巨大的、复杂的请求处理器；而 Shale 则是一组能以任何方式进行组合的服务，简单地说，Shale 是一种 SOA（面向服务）架构。

本书重点介绍 SSH 框架的使用，所以后面的章节主要介绍 Struts 2。我们会发现，Struts 2 非常类似于 WebWork 框架，而不像 Struts 1 框架，因为 Struts 2 是以 WebWork 为核心，而不是以 Struts 1 为核心的。正因为此，许多 WebWork 开发者会发现，从 WebWork 过渡到 Struts 2 是一件非常简单的事情。

当然，对于传统的 Struts 1 开发者，Struts 2 也提供了很好的向后兼容性，Struts 2 可以与 Struts 1 有机整合，从而保证 Struts 1 开发者能平稳过渡到 Struts 2。

6.2.2　Struts 1 组成

Struts 1.x 框架由 5 个部分组成：核心控制器 ActionServlet、封装信息的组件 ActionForm、业务控制器 Action、业务逻辑模型和配置文件 struts-config.xml。

1．核心控制器ActionServlet

org.apache.struts.action .ActionServlet 类是 Struts1.x 框架的内置核心控制器（Struts Controller）组件，它继承了 javax. servlet.http.HttpServlet 类，Struts 的启动一般从加载 ActionServlet 开始，因此它在 MVC 模型中扮演中央控制器的角色。

在 Struts1.x 中，它的主要作用是用来接收用户的请求信息，然后根据系统配置要求将请求传递给相应的 Action 对象。所有用户请求都会被发送到这里，所有的其他处理也必须从这里经过。当 ActionServlet 接收到 HTTP request 的时候，不管是 doGet()或者 doPost()方法，都会调用 process()方法。

在具体实现时，它首先要判断 Action 对象是否存在，如果不存在则先创建该对象；在请求被接收后，控制器会将其传递给一个 Action 实例，这一过程同样会判断实例是否存在，如果不存在则需先创建该实例的 execute()方法。

在具体实现时 ActionServlet 一般常用 init()方法和 Process()方法。下面就具体说明一下这两个方法。

（1）ActionServlet 的 init()方法。ActionServlet 和普通 Servlet 一样只存在一个实例，Servlet 容器在启动时，或者用户首次请求 ActionServlet 时加载 ActionServlet 类。在这两种情况下，Servlet 容器都会在 ActionServlet 容器被加载后立即执行它的 init()方法，这样可以保证 ActionServlet 处理用户请求时已经被初始化。

（2）ActionServlet 的 Process()方法。ActionServlet 接收到 HTTP 请求后，转到相应的 doGet()或 doPost()方法。这两个方法都会调用 Process()方法处理请求，Process()方法具体代码如下：

```
protected void process(HttpServletRequest request,  HttpServletResponse
response)
        throws IOException, ServletException {

    /*根据 request 里的信息从 servletContext 里找到相应的子模块 ModuleConfig，
    和它下面的 MessageResources，并放到 request 里，使其他组件可以方便地供
    request 里取得应用配置信息和消息资源 */
    ModuleUtils.getInstance().selectModule(request, getServlet
    Context());

    /*取出 MoudleConfig 实例 config */
    ModuleConfig config = getModuleConfig(request);

    /*根据 config 里这个子模块的信息，从 servletcontext 里，
     取出这个子模块的 RequestProcessor 实例 */
    RequestProcessor processor = getProcessorForModule(config);

    /*如果 processor 实例为空，就新建一个，同时放到 servletcontext 里 */
    if (processor == null) {
        processor = getRequestProcessor(config);
    }

    /*调用 RequestProcessor 的 process 方法处理*/
    processor.process(request, response);
}
```

一般情况下，我们不需要自己实现或者修改 ActionServlet 类，仅仅使用就可以了。某些情况下，我们可以自己扩展 ActionServlet 类，从 ActionServlet 继承，实现自己的 MyActionServlet 类，覆盖其中的一些方法来达到你的特殊处理的需要。ActionServlet 继承自 javax.servlet.http.HttpServlet，所以在本质上它和一个普通的 Servlet 没有区别，你完全可以把它当作一个 Servlet 来看待，只是在其中完成的功能不同罢了。下面就介绍一下如何扩展 ActionServlet。

从 Struts 1.1 开始，为减轻 ActionServlet 负担，多数功能已经移到 RequestProcessor 中，所以基本不用扩展该类。如果需要创建自己的 ActionServlet，可以创建它的子类重写其一定方法，但要调用 super. init()来执行原方法。例如下面的扩展 ActionServlet 的代码。

```
package sample;
public class ExtendedActionServlet extends ActionServlet {
        public void init() throws ServletException {
                super.init();
                //do some operations
                ......
        }
}
```

扩展完类后，还应该在 web.xml 文件中进行如下配置，将刚才创建的 Servlet 写进 web.xml 中。

```
<!--配置 Servlet 名称和类文件所在位置-->
<servlet>
      <servlet-name>sample</servlet-name>
      <servlet-class>sample.ExtendedActionServlet</servlet-class>
</servlet>
<!--配置 Servlet 名称和访问路径-->
<servlet-mapping>
```

```
      <servlet-name>sample</servlet-name>
      <url-pattern>/action/*<url-pattern>
</servlet-mapping>
```

ActionServlet 是一个标准的 Servlet，在 web.xml 文件中配置该 Servlet 用于拦截所有的 HTTP 请求。因此，应将 Servlet 配置成自启动 Servlet，即为该 Servlet 配置 load-on-startup 属性。

2．封装信息的组件ActionForm

ActionForm 本质上是一种 JavaBean，是专门用来传递表单数据的 DTD（Data Transfer Object，数据传递对象）。它包括用于表单数据验证的 validate()方法和用于数据复位的 reset()方法。

Struts 框架利用 ActionForm 对象来临时存放视图页面中的表单数据。例如，一个登录页面会有一个用户名输入框和一个密码输入框，以及用来提交登录请求的按钮。当用户提交登录请求后，Struts 将用户名和密码两个输入域的数据自动填充到相应的 ActionForm 对象中，然后控制层可以从该 ActionForm 对象中读取用户输入的表单数据，也可以把来自模型层的数据存放到 ActionForm 中，然后返回给视图显示。

ActionForm 有 request 和 session 两种作用域。

❑ 如果 ActionForm 的作用域设定为 request，ActionForm 实例将保存在 request 对象中，像其他保存在 request 对象中的属性一样，仅在当前请求范围内有效。

❑ 如果 ActionForm 的作用域设定为 session，那么 ActionForm 实例将被保存在 session 对象中，同一个 ActionForm 实例在整个 HTTP 会话中有效。

在 Struts 框架中，ActionForm 的作用机理如图 6-2 所示。

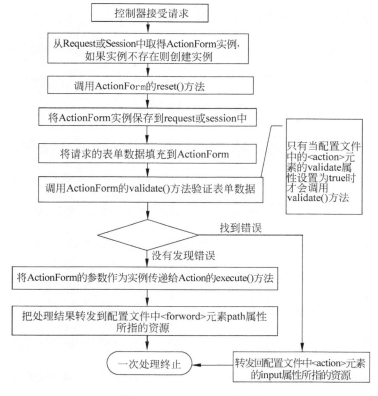

图 6-2　ActionForm 原理图

当验证 ActionForm 时，如果检测到一个或多个验证错误，Struts 框架会把错误转发回配置文件 struts-config.xml 中元素的 input 属性所指定的输入页面。

ActionForm 的使用方法：下面通过（Struts 重构）构建一个简单的基于 MVC 模式的 Java Web 例子，来介绍一下 ActionForm 的正确使用，包括如何创建 ActionForm、配置和访问。

1）创建 ActionForm

可以扩展 Struts 软件包的 ActionForm 类来创建具体的 ActionForm。Struts 软件包中的 ActionForm 类本身就是一个抽象类，在扩展的时候，为每一个要从 HTML 表单中捕获的输入域定义一个属性，使表单输入域与 ActionForm 属性一一对应，以使 ActionForm 能够捕获需要的表单输入。定义了具体的属性，就可以覆盖父类 的 validate()和 reset()方法，来实现具体的 ActionForm 验证规则和初始化方法。

下面是我构建（Struts 重构）一个简单的基于 MVC 模式的 Java Web 的登录实例，代码如下。

```java
package com.ch6.struts.form;
//这里省略了引用类
//登录表单
public class LoginHandlerForm extends ActionForm {
    //用户名
    private String userName;
    //密码
    private String userPwd;
    //验证方法，主要用于验证视图上的数据，例如非空之类
    //如果要进行业务验证，则应该在 Action 中进行
    public ActionErrors validate(ActionMapping mapping,
            HttpServletRequest request) {
        return null;
    }
    //初始化首先调用的方法
    public void reset(ActionMapping mapping, HttpServletRequest request) {
        // TODO Auto-generated method stub
    }
    //获取用户名
    public String getUserName() {
        return userName;
    }
    //设置用户名
    public void setUserName(String userName) {
        this.userName = userName;
    }
    //得到用户密码
    public String getUserPwd() {
        return userPwd;
    }
    //设置用户密码
    public void setUserPwd(String userPwd) {
        this.userPwd = userPwd;
    }
}
```

在以上的 loginActionForm 中，validate()方法和 reset()方法是 ActionForm 中两种可以覆盖的方法。validate()方法中定义具体的 ActionForm 验证规则。

2）配置 ActionForm

每创建一个 ActionForm 类，就需要在 Struts 的配置文件中配置这个类。如上的类配置如下：

```
<!-- 注入 actionform -->
</form-beans >
    <form-bean name="loginHandlerForm"
      type=" com.ch6. struts.form.LoginHandlerForm" />
</form-beans>
```

元素用来指定全体 ActionForm 的配置，一个 Struts 应用所有的 ActionForm 的配置都要位于该元素标记内。元素的子元素用来配置一个具体的 ActionForm 类，每个元素对应的内容为一个 form bean 实例。一旦定义了元素，就可以在 Action 中使用它了。

3）访问 ActionForm

ActionForm 可以被 JSP、Struts 自定义标记、Action 或其他 Web 组件访问。访问 ActionForm 的一般方法如下。

（1）使用 Struts HTML 标记库，Struts HTML 标记库提供了一组和 ActionForm 密码关联的标记，这些标记对应到 HTML 表单域。如标记对应 HTML 的标记，对应 HTML 表单的 text 类型的输入域。这些标记和 ActionForm 交互，以把 ActionForm 中的属性值显示出来。

（2）从 request 或 session 对象中取出 ActionForm 对象。

根据作用域的不同，Struts 框架把 ActionForm 实例保存在 request 或 session 对象中，保存时采用的 key 值为元素的名字，即 name 属性的值。因此，可以像取出任何存放在 request 或 session 对象中的属性一样取出 ActionForm 实例，如下面代码所示。

```
LoginHandlerForm loginHandlerForm = (LoginHandlerForm)request.
getAttribute("loginHandlerForm");
```

（3）在 Action 类的 execute()方法中直接访问 ActionForm。

如果配置了 ActionForm 和 Action 映射，Struts 框架就会把 ActionForm 作为参数传给 Action 类的 execute()方法，在 execute()方法中，可以直接读取或设置 ActionForm 属性。在 Action 中使用 ActionForm 的示例如下。

```
public ActionForward execute(ActionMapping mapping, ActionForm form,
        HttpServletRequest request, HttpServletResponse response) {
LoginHandlerForm loginHandlerForm = (LoginHandlerForm) form;
    //从 Form 中取得表单数据
    String userName = loginHandlerForm.getUserName();
    String userPwd = loginHandlerForm.getUserPwd();
    //(略)
    return mapping.findForward(forward);

}
```

4）表单的数据验证

在上面的 LoginHandlerForm 代码中我们看到 validate()方法体几乎是空的，也就是说 LoginHandlerForm 没有启动对表单数据进行验证的功能。我们也看到 validate()方法返回的是一个 ActionErrors 对象。该对象封装了验证过程中所发现的错误。

表单验证是 ActionForm 的一个主要的功能之一。要实现这个功能，我们需要采取以下 4 个步骤。

（1）重写 validate()方法。

（2）在资源文件 ApplicationResources.properties 中设置可能的验证错误的标识。

（3）要在配置文件 struts-config.xml 中，把元素的 validate 属性设置为 true（默认已经是 true），并添加元素以指明资源文件的存放路径。

（4）在相应输入页面的相应位置加入错误标记，以输出可能的验证错误。

如上代码，如果我们要在 LoginHandlerForm 中实现输入数据验证功能，则相应采取上述 4 步。

（1）重写 validate()方法，如下。

```
//验证方法，主要用于验证视图上的数据，例如非空之类
    //如果要进行业务验证，则应该在 Action 中进行
    public ActionErrors validate(ActionMapping mapping,
        HttpServletRequest request) {

    ActionErrors errors = new ActionErrors();
    if(userName == null || userName.length()<3)
        //此处 userName 为错误 key，在前面页面中要使用该名字以显示
        errors.add("userName", new ActionMessage("error.login.user
        Name", userName));
    if(userPwd == null || userPwd.length()<3)
        errors.add("userPwd", new ActionMessage("error.login.userPwd",
        userPwd));
    return errors;
    }
```

在以上代码中我们使用了 ActionErrors 类和 ActionMessage 类。

❑ ActionErrors 类封装了一组验证错误，它的用法类似 Map 类。

❑ ActionMessage 类封装了单个验证错误，它的构造函数内的参数就指向资源文件内的一个错误文本。

例如语句 ActionMessage("error.login.userName")中的参数 error.login.userName 其实就是资源文件 ApplicationResources.properties 中的一条错误文本的键（key）。通过 ActionErrors 对象的 add()方法，可以把 ActionMessage 对象加入到 ActionErrors 对象中。

（2）设置资源文件，在 struts 的资源文件 ApplicationResources.properties 中设置可能的验证错误的标识，例如下面代码。

```
# Resources for parameter 'struts.ApplicationResources'
# Project MVCStruts
error.login.userName=用户名必须填写且长度不小于 3
error.login.userName=密码必须填写且长度不小于 3
```

在资源文件中我们不能直接写中文，否则会出现乱码，至于我这里中文一是方便看，二是我安装了插件，可以自动过滤！插件的安装可自行查阅"解决 Struts 中 ApplicationResources.properties 文件不支持中文问题"。

（3）修改配置文件 struts-config.xml，将配置文件 struts-config.xml 中元素的 validate 属性设置为 true。此处，还需要元素以指明资源文件的路径。如下。

```
</ action
     attribute="loginHandlerForm"
     input="/login.jsp"
     name="loginHandlerForm"
     path="/loginHandler"
     scope="request"
     validate="true"
     type=" com.ch6.struts.action.LoginHandlerAction" >

         </ forward name="success" path="/main.jsp" />
         </ forward name="fail" path="/register.jsp" />
     </ action>

</ message-resources parameter="struts.ApplicationResources" />
```

资源文件书写类似 Java 文件，有包之分，注意是点号，不要写成反斜杠/。

（4）在页面中加入错误标记。

3. 业务控制类Action

在 Struts1 框架中，ActionServlet 或 Requestprocessor（由 ActionServlet 调用，分担 ActionSerlet 类负担）是负责任务分发的，真正的业务处理工作是由 Action 来完成的。ActionServlet 是通过 struts-config.xml 配置文件来确定所要使用的 Action 的。

Action 类，我们以后应该会很熟悉，因为使用 struts1 框架开发时，我们大部分的工作就是重写 Action 类的 execute 方法（当然，在开发大型 Web 应用时，多半不叫 execute，但其返回值、参数类型和参数个数是一样的），下面对 execute 的返回值和参数做个说明。

❏ 返回值，ActionForward，表示 Action 处理请求结束后，需要转发的 Web 资源。

❏ ActionMapping 参数，这个参数实质上就是我们在 struts-config.xml 中配置的 <action-mapping>，可以通过打印 mapping.getXXX 来验证（XXX 一般为该类的成员变量名称）。

❏ ActionForm，也就是在 struts-config.xml 中注册的 ActionForm，用于封装页面表单数据。

❏ HttpServletRequest，表示当前正在处理的 HTTP 请求，里面包含了要处理的请求信息，我们常用 request.getXXX（XXX 一般为该类的成员变量名称）。

❏ HttpServletResponse，当前生成的返回给客户端的 HTTP 响应。

实质上 Struts 1 提供的 Action 类的 execute 方法里面没有做任何业务处理（因为它还不知道具体的业务是什么），真正的具体的业务处理都是我们通过继承 Action 类，重写 execute 方法来实现的。

当然，为了更多的方便，Struts 1 不仅仅为我们提供了 Action 类，其还内置了其他一些常用的 Action 类，比如 DispathAction、LookupDispatchAction 和 MappingDispatchAction 等。上面提到的 3 个 Action 类是我们使用 Struts 1 开发时常用到的 Action 类，它们有什么区别和联系呢？

与 最 基 本 的 Action 类 相 比，DispatchAction、LookupDispatchAction 和 MappingDispatchAction 这 3 个类中都可以实现多个类似 execute 的方法，这样就避免了为实现一个增删改查写 4 个 Action 类的情况。

❏ DispatchAction 就是在 struts-config 中用 parameter 参数配置一个表单字段名，这个

字段的值就是最终替代 execute 被调用的方法，例如 parameter="method"。而 request.getParameter("method")="save"，其中 save 就是 MethodName。Struts 的请求将根据 parameter 被分发到 save 或者 edit。但是有一点，save()或者 edit()等方法的声明和 execute 必须一模一样。

❑ LookupDispatchAction 继承 DispatchAction，用于对同一个页面上的多个 submit 按钮进行不同的响应。其原理是，首先用 MessageResource 将按钮的文本和 ResKey 相关联，例如 button.save=保存；然后再复写 getKeyMethodMap()，将 ResKey 和 MethodName 对应起来，例如 map.put("button.save"，"save")，其配置方法和 DispatchAction 是一样的。

❑ MappingDispatchAction 是 1.2 版新加的，也继承自 DispatchAction。它实现的功能和上面两个区别较大，是通过 struts-config.xml 将多个 action-mapping 映射到同一个 Action 类的不同方法上。

上面 3 个 Action 类各有各的特色，不过个人倾向于使用 DispatchAction，因为如果使用 LookupDispatchAction 就需要配置资源文件，而使用 MappingDispatchAction 的话，你的 struts-config.xml 的配置会变得很庞大，因为 MappingDispatchAction 中每一个方法就要对应 struts-config.xml 中一个<action-mapping>配置，而 DispatchAction 一个类只对应 <action-mapping>配置。具体配置如下。

```
<!--
Struts 1.x 的 action 配置都很简单，
继承自 Action 的自定义 Action 配置如下，
当要进行输入校验时必设置 validate 为 true，
input 指定验证出错后要返回的页面，这里是 register.jsp
-->
<action
  path="/register"
  type=" com.ch6.struts action.UserAction"
  input="/register.jsp"
  validate="true"
  name="userForm">
  <forward name="success" path="/result.jsp"></forward>
</action>
<!--
继承自 MappingDispatcherAction，多了一个 parameter 属性，
此属性指定本请求调用此 action 中的哪个方法
-->
<action
  path="/updateorder"
  type=" com.ch6.struts.action.OrderAction"
  parameter="updateOrder">
  <forward name="success" path="/result.jsp"></forward>
</action>
<!--
继承自 DispatcherAction 跟继承自 MappingDispatcherAction 配置相同，不过
parameter 的含义不同，它后面指定的值要在请求此 action 的 url 后面加上，
如一个删除订单的请求应该为
http://localhost/shopcart/deleteorder.do?method=deleteOrder
其中 method 后面的值为要调用 action 的方法名
-->
<action
  path="/deleteorder"
```

```
   type=" com.ch6.struts.action.OrderAction"
   parameter="method">
   <forward name="success" path="/result.jsp"></forward>
</action>
<!--
LookupDispatcherAction 与 DispatcherAction 的配置相同，但是含义不同，
它的 parameter 指的是页面提交按钮的 name 值。
并且按键的 value 必须要有资源文件的支持，
且在其 action 中指定这个值与 action 内的方法的对应关系。
很麻烦，由此可见这个 LookupDispatcherAction 实在不常用
-->
<action
   path="/usermanage"
   type=" com.ch6.struts.action.UserLookupAction"
   parameter="callmethod">
   <forward name="success" path="/ok.jsp"></forward>
</action>
```

知识积累：

action

描述：定义了从特定的请求路径到相应的 Action 类的映射。

数量：任意多个。

子元素：exception,forward（二者均为局部量）。

属性如下。

❑ @attribute：制定与当前 Action 相关联的 ActionForm Bean 在 request 和 session 范围内的名称（key）。

❑ @className：与 Action 元素对应的配置类。默认为 org.apache.struts.action.ActionMapping。

❑ @forward：指定转发的 URL 路径。

❑ @include：指定包含的 URL 路径。

❑ @input：指定包含输入表单的 URL 路径，表单验证失败时，请求会被转发到该 URL 中。

❑ @name：指定和当前 Action 关联的 ActionForm Bean 的名字。该名称必须在 form-bean 元素中定义过。

❑ @path：指定访问 Action 的路径，以"/"开头，没有扩展名。

❑ @parameter：为当前的 Action 配置参数，可以在 Action 的 execute()方法中，通过调用 ActionMapping 的 getParameter()方法来获取参数。

❑ @roles：指定允许调用该 Action 的安全角色。多个角色之间用逗号分割。处理请求时，RequestProcessor 会根据该配置项来决定用户是否有调用该 Action 的权限。

❑ @scope：指定 ActionForm Bean 的存在范围，可选值为 request 和 session，默认为 session。

❑ @type：指定 Action 类的完整类名。

❑ @unknown：值为 true 时，表示可以处理用户发出的所有无效的 Action URL，默认为 false。

❑ @validate：指定是否要先调用 ActionForm Bean 的 validate()方法，默认为 true。

🔔注意：如上属性中，forward、include 和 type 三者相斥，即三者在同一 Action 配置中只能存在一个。

forward

描述：定义一个具体的转发。

数量：任意多个。

属性如下。

❑ @className：指定和 forward 元素对应的配置类，默认为 org.apache.struts.action.ActionForward。

❑ @contextRelative：如果为 true，则指明使用当前上下文，路径以"/"开头，默认为 false。

❑ @name：必须配有！指明转发路径的唯一标识符。

❑ @path：必须配有！指明转发或者重定向的 URI。必须以"/"开头，具体配置要与 contextRelative 相应。

4．业务逻辑模型

打个比方，你去银行取钱的一个过程，在这个过程中何为业务逻辑呢，即你点击取款 100，ATM 机要吐 100 块钱，你的卡上要减去 100 块钱，这三步简单地说就是业务逻辑。业务逻辑其实就是一个流程。

业务逻辑模型在体系架构中的位置很关键，它处于数据访问层与表示层中间，起到了数据交换中承上启下的作用。由于 MVC 多层是一种弱耦合结构，层与层之间的依赖是向下的，底层对于上层而言是"无知"的，改变上层的设计对于其调用的底层而言没有任何影响。

如果在分层设计时，遵循了面向接口设计的思想，那么这种向下的依赖也应该是一种弱依赖关系。因而在不改变接口定义的前提下，理想的分层式架构，应该是一个支持可抽取、可替换的"抽屉"式架构。正因为如此，业务逻辑层的设计对于一个支持可扩展的架构尤为关键，因为它扮演了两个不同的角色。对于数据访问层而言，它是调用者；对于表示层而言，它却是被调用者。依赖与被依赖的关系都纠结在业务逻辑层上，如何实现依赖关系的解耦，则是除了实现业务逻辑之外留给设计师的任务。

以前老是不明白为什么要在数据访问层（dao）与业务逻辑层之间设计一个接口类，现在终于明白了，设计数据访问层接口的目的是让业务逻辑层不去调用具体的数据访问层的实现（不依赖于数据访问层具体的实现技术），这样的好处是，业务逻辑不必管数据访问层具体是什么技术来实现的，接口是不变的，数据访问层可以用 JDBC 来实现，也可以用 Hibernate 来实现，而且更换起来不是非常麻烦，这样耦合就降低了。

5．struts-config.xml配置文件

Struts 的核心是 struts-config.xml 配置文件，在这个文件里描述了所有的 Struts 组件。在这里包括配置主要的组件及次要的组件，下面是 struts-config.xml 包含主要元素的内容。

1）struts-config.xml 的主要元素

如下所示。

```
<?xml version="1.0" encoding="ISO-8859-1" ?>
<!DOCTYPE struts-config PUBLIC
```

```
            "-//Apache Software Foundation//DTD Struts Configuration 1.3//EN"
            "http://struts.apache.org/dtds/struts-config_1_3.dtd">
<struts-config>
   <!--配置数据源-->
  <data-sources>
      <data-source>
      </data-source>
  </data-sources>
 <! --注册 form-->
 <form-beans>
     <form-bean / >
 </form-beans>
 <!--定义一个 forward 集合，有多个 forward 子集-->
 <global-forwards>
     <!--具体转发 -->
     <forward / >
 </global-forwards>
<!--action-mappings 定义一个 action 集合 ,
最多只能有一个 , 子元素 action 可以有任意个
-->
<action-mappings>
     <!-- 子 action -->
     <action / >
</action-mappings>

 <!--用于配置 ActionServlet -->
 <controller / >
 <!--配置 Resource Boundle -->
 <message-resources / >
 <!-- 用于配置 plug-in 插件 -->
 <plug-in />
</struts-config>
```

注意：以上各元素的顺序是非常重要的，你的 struts-config.xml 配置文件必须按照这个顺序进行配置，否则在容器启动的时候就会出错。

在上面的业务控制 action 的知识积累中已经详细介绍了 action 和 forword 的使用和作用，下面我们介绍 struts-config.xml 配置文件的其他配置元素的使用和作用。

知识积累：

controller

描述：用于配置 ActionServlet。

数量：最多一个。

属性如下。

❏ @bufferSize：指定上传文件的输入缓冲的大小。默认为 4096。

❏ @className ： 指 定 当 前 控 制 器 的 配 置 类 。 默 认 为 org.apache.struts. config.ControllerConfig。

❏ @contentType：指定相应结果的内容类型和字符编码。

❏ @locale：指定是否把 Locale 对象保存到当前用户的 session 中，默认为 false。

❏ @processorClass ： 指 定 负 责 处 理 请 求 的 Java 类 的 完 整 类 名 ， 默 认 为 org.apache.struts.action.RequestProcessor。

❏ @tempDir：指定文件上传时的临时工作目录。如果没有设置，将使用 Servlet 容器

为 Web 应用分配的临时工作目录。

❑ @nochache: 为 true 时，在相应结果中加入特定的头参数 Pragma、Cache-Control 和 Expires。防止页面被存储在可数浏览器的缓存中，默认为 false。

message-resources

描述：配置 Resource Bundle。

数量：任意多个。

属性如下。

❑ @className: 指定和 message-resources 对应的配置类。默认为 org.apache.struts. config.MessageResourcesConfig。

❑ @factory：指定资源的工厂类，默认为 org.apache. struts.util. Property Message ResourcesFactory。

plug-in

描述：用于配置 Struts 的插件。

数量：任意多个。

子元素：set-property。

属性如下。

❑ @className: 指定 Struts 插件类，此类必须实现 org.apache.struts.action.PlugIn 接口。

set-property

描述：配置插件的属性。

数量：任意多个。

属性如下。

❑ @property: 插件的属性名称。

❑ @value: 该名称所配置的值。

2）struts-config.xml 的子元素

（1）<icon/>子元素，它包含<small-icon/>及<large-icon/>，作用是图形化其父元素。<small-icon/>的内容是一个 16×16 的图像文件，而<large-icon/>的内容是一个 32×32 的图像文件。如下例子。

```
<icon>
<small-icon>
    /images/smalllogo.gif
</small-icon>
<large-icon>
    /images/largelogo.gif
</large-icon>
</icon>
```

（2）<display-name / >子元素，它提供对父元素的短文字（short textual）描述信息，如下。

```
<display-name>
        short textual discription of its parent element
</display-name>
```

（3）<description / >子元素，它提供对父元素的完全（full-length textual）的描述信息，如下。

```
<description>
full-length textual discription of its parent element
</description>
```

（4）<set-property />子元素，它用来设置它的父元素中设定的 JavaBean 的属性值，一般用在指定的 GenericDataSource 属性、扩展的 ActionMappings 以及扩展的 global forwards，配置代码如下。

```
<set-property
          property="name of bean property"
value="value of bean property" />
```

下面以一个 MySQL 的连接属性配置为例，具体实例如下。

```
<!-- 设置连接数据库的属性 -->
<set-property property="driverClass" value="org.gjt.mm.mysql.Driver" />
<set-property property="user" value="admin"/>
<set-property property="maxCount" value="4"/>
<set-property property="minCount" value="2"/>
<set-property property="password" value=""/>
<set-property property="url" value="jdbc:mysql://localhost:3306/struts"/>
```

3）配置 JDBC 数据源

其配置形式如下。

```
<data-sources>
    <data-source>
        <!-- property 填写属性名称，value 对应该名称的具体值，
        在给出的代码中并没给出具体值，需要根据实际操作填写相应的值 -->
        <set-property property="driverClass" value="fully qualified path
of JDBC driver"/>
        <set-property property="url" value="data source URL"/>
        <set-property property="mincount " value="the minimum number of
connections to open"/>
        <set-property property="password" value="the password used to
create connections"/>
        <set-property property="user" value="the username used to create
connections"/>
    </data-source>
</data-sources>
```

<data-source>的属性及其描述信息如表 6-1 所示。

表 6-1　属性描述信息表

属性名称	属性描述信息
Key	绑定在 ServletContext 上的 DataSource 实例的索引键，若不设定则默认为 Action.DATA_SOURCE_KEY，如果在应用程序中有多于一个的 DataSource，则必须设置 Key 的值
DriverClass	所用的 JDBC 驱动类（必须的）如：com.microsoft.jdbc.sqlserver.SQLServerDriver
url	所用的 JDBC 的 URL（必须的）如：jdbc:microsoft:sqlserver://xg088:1433
MaxCount	同时打开的最大连结数，默认值为 2（可选的）
MinCount	同时打开的最小连结数，默认值为 1（可选的）
User	连接到数据库的用户名（必须的）
Password	连接到数据库的密码（必须的）
Description	关于 DataSource 的描述信息（可选的）
ReadOnly	如果设为 true，则表示该连接是只读的，默认为 false（可选的）
LoginTimeout	创建连接的最大允许时间，以秒为单位（可选的）
AutoCommit	如果为 true，则每次 execute 之后会强制回滚。默认为 true（可选的）

下面就是<data-sources>中配置连接 MySQL 数据库的代码。

```
<data-sources>
    <data-source>
        <set-property property=" key" value=" value="DATA_SOURCE" />
        <set-property property="driverClass" value="org.gjt.mm.mysql.
        Driver" />
        <set-property property="url" value="jdbc:mysql://localhost/
        wileyusers" />
        <set-property property="maxCount" value="5"/>
        <set-property property="minCount" value="1"/>
        <set-property property="user" value="sa"/>
        <set-property property="password" value="yourpassword"/>
    </data-source>
</data-sources>
```

4）配置 FormBean

<form-bean / >用来定义将要绑定到 Action 的 FormBean 的实例，语法如下。

```
<form-beans>
    <form-bean name="name used to uniquely identify a FormBean"
               type=" fully qualified class name of FormBean"/>
</form-beans>
```

具体使用<form-beans>的实例如下。

```
<form-beans>
<form-bean name="lookupForm"
           type=" com.ch6.Form.LookupForm" />
</form-beans>
```

5）配置全局转发

全局转发可以定义几个<forward/>子元素，struts 首先会在<action-mappings>元素中找对应的<forward>，若找不到，则到全局转发配置中找，语法如下。

```
<global-forwards>
<forward name="unique target identifier"
         path="context-relative path to targetted resource "/>
</global-forwards>
```

除了 name 及 path 属性之外，还有一个 redirect 属性，如果 redirect 设为 true，则用 HttpServletResponse.sendRedirect()方法，否则用 RequestDispatcher.forward()方法，默认为 false。

注意：如果为 true，则用 HttpServletResponse.sendRedirect()方法，此时存储在原来的 HttpServletRequest 中的值将会丢失。

具体使用<global-forwards>的代码示例如下。

```
<global-forwards>
<forward name="success" path="/welcome.jsp"/>
<forward name="failure" path="/index.jsp"/>
</global-forwards>
```

6）配置<action-mappings>

它可以定义几个<action / >子元素，主要是定义 Action 实例到 ActionServlet 类中，语法如下。

```
<action-mappings>
```

```
<action path="context-relative path mapping action to a request"
type="fully qualified class name of the Action class"
name="the name of the form bean bound to this Action">
<forward name="forwardname1" path="context-relative path"/>
<forward name="forwardname2" path="context-relative path"/>
</action>
</action-mappings>
```

属性及其描述信息如表 6-2 所示。

表 6-2　action属性描述信息

Path	在浏览器的 URL 中输入的字符（必须的）
Type	连接到本映射的 Action 的全称（可选的）
Name	Bean 在中定义的名称（可选的）
Scope	指定 ActionForm Bean 的作用域（session 和 request），默认为 session（可选的）
Input	当 Bean 发生错误时返回的控制。（可选的）
ClassName	指定一个调用这个 Action 类的 ActionMapping 类的全名。默认用 org.apache.struts.action.ActionMapping（可选的）
Forward	指定处理相应请求所对应的 JSP 页面（可选的）
Include	如果没有 forward，它起 forward 的作用（可选的）
Validate	若为 true，则会调用 ActionForm 的 validate()方法，否则不调用，默认为 true（可选的）

具体使用<action-mappings >的示例如下。

```
<action-mappings>
    <action path="/lookupAction"
            type=" com.ch6.struts.action.LookupAction"
            name="LookupForm"
            scope="request"
            validate="true"
            input="/index.jsp">
            <forward name="success" path="/quote.jsp"/>
            <forward name="faliue" path="/index.jsp"/>
    </action>
</action-mappings>
```

7）配置 RequestProcessor

在 struts-config.xml 文件中用<controller/>子元素来定义 RequestProcessor，其语法格式如下。

```
<controller processorClass="fully qualified class name" />
```

元素属性及其描述信息如表 6-3 所示。

表 6-3　元素属性表

processorClass	指定自定义的 RequestProcessor 类的全名
BufferSize	指定用来下载所用的缓存大小。默认是 4096 字节
contentType	定义 response 文本类型，默认是 text/html
Debug	定义当前系统的除错级别，默认是 0
Locale	如果是 true，则在用户的 session 中存放 Locale 对象，默认为 true
maxFileSize	指定下载文件最大的大小。默认是 250M
multipartClass	指定代替 org.apache.struts.upload.DiskMultipartRequestHandler 类的类的全名
Nocache	如果是 true，则会关闭每个 response 的缓存功能。默认是 false
TempDir	指定下载文件所用的临时目录。默认值由容器决定

具体使用<controller>的示例代码如下。

```
<controller
    contentType="text/html;charset=UTF-8"
    debug="3"
    locale="true"
    nocache="true"
    processorClass="org.apache.struts.action.RequestProcessor"/>
```

8）配置 Message Resources

在 struts-config.xml 文件中用<message-resources />元素来定义消息资源，其语法如下。

```
<message-resources  parameter="com.ApplicationResources"/>
```

元素属性及其描述信息如表 6-4 所示。

表 6-4　元素属性表

Parameter	给定资源文件全名
ClassName	定义处理消息资源的类名的全名，默认是 org.apache.struts.config.MessageResourcesConfig
Factory	定义 MessageResourcesFactory 类的全名，默认是 org.apache.struts.util.property. MessageResourcesFacotry
Key	定义绑定在这个资源包中的 ServletContext 的属性主键，默认值是 Action. MESSAGES_KEY
Null	如果为 true，则找不到消息 key 时，则返回 null，默认是 true

具体示例如下。

```
<message-resources parameter="com.ApplicationResources"/>
<message-resources
    parameter="StorefrontMessageResources"
    null="false"/>
<message-resources
    key="IMAGE_RESOURCE_KEY"
    parameter="StorefrontImageResources"
    null="false"/>
```

注意：设定 key 的目的是定义绑定在这个资源包中的 ServletContext 的属性主键，具体使用为：<html:img altKey="navbar.home.image.alt" bundle="IMAGE_RESOURCE_KEY" pageKey="navbar.home.image" width="125" height="15" border="0"/>。

这里说明要到 StorefrontImageResources.properties 资源文件中找主键值 navbar.home.image 所对应的值。这里 StorefrontImageResources.properties 的内容如下。

```
……
navbar.home.image=/images/home.gif
navbar.home.image.alt=Home
……
```

此处 navbar.home.image.alt 说明的和<img alt="Home"……/>一样。

9）配置 Plug-in

配置 Plug-in 如下。

```
<plug-in className="java.Plugin"/>
```

也可使用如下代码配置。

```
<plug-in
className="com.oreilly.struts.storefront.service.memory.StorefrontMemor
yDatabasePlugIn">
  <set-property property="pathname" value="/WEB-INF/database.xml"/>
</plug-in>
```

6.2.3　Struts 2 组成

Struts 2.x 由 3 个部分组成：核心控制器 FilterDispatcher（由 Struts 2 框架提供）、业务控制器和业务逻辑组件（由用户自己实现）。如表 6-5 所示，给出了 Struts 2.x 的组件和作用。

表 6-5　Struts 2.x组件表

组　　件	作　　用
FilterDispatcher	起中央控制器作用的过滤器
Action	处于 Model 层的 Action，调用 JavaBean 实现业务逻辑
struts.xml	核心配置文件，配置有 Action、Result 等
result	和 forward 类似，转发的目的地，支持多种视图技术

6.2.4　Struts 2 的环境搭建

搭建 Struts 2.x 环境时，我们一般需要做以下几个步骤的工作。

❑　下载 Struts 2.x，得到 Struts 2.x 使用到的 jar 文件。

❑　编写 Struts 2.x 的配置文件。

❑　在 web.xml 中加入 Struts 2.x 的 MVC 框架启动配置。

1．下载Struts 2，并得到相关的jar包

Struts 2 的官方网址为 http://struts.apache.org/。但是目前也有相当多 Struts 1.x 系统正运行在网络上。Struts 官方同时提供 Struts 1.x 与 Struts 2.x 的下载。

进入 http://struts.apache.org/downloads.html，下载 Struts 2.x 合适的版本，目前 Struts 2.x 最新版本是 2.3.7，如图 6-3 所示。

Release	Release Date	Vulnerability
Struts 2.3.7	19 November 2012	
Struts 2.3.4.1	13 August 2012	
Struts 2.3.4	12 May 2012	S2-010, S2-011
Struts 2.3.3	16 April 2012	likely: S2-010, S2-011
Struts 2.3.1.2	22 January 2012	likely: S2-010, S2-011

图 6-3　Struts 2.x 最新版本是 2.3.7

下载后得到 Struts 2 的压缩包，解压该包，会看到如表 6-6 的几个目录，它们的作用如表 6-6 所示。

表 6-6　Struts 2 的目录和说明表

SRC 目录	源文件包
LIB 目录	Struts 2.x 技术的相关 jar 包
DOCS 目录	Struts 2.x 帮助文档
APPS 目录	Struts 2.x 技术自带的相关例题

开发 Struts 2.x 应用需要依赖的 jar 文件就在解压目录的 lib 文件夹下。不同的应用需要的 jar 包是不同的。下面就对 Struts 2.x 中需要的主要 jar 进行解释，如表 6-7 所示。

表 6-7　Struts 2.x应用需要依赖的jar文件表

序号	jar 包名称	作用说明
1	struts2-core-2.x.jar	Struts 2 框架的核心类库
2	xwork-core-2.x.jar	xwork 类库，Struts 2 在其上构建
3	ognl-2.7.3.jar	对象图导航语言（Object Graph Navigation Language），Struts 2 框架通过其读写对象的属性
4	freemarker-2.3.15.jar	Struts 2 的 UI 标签的模板引擎 freemarker 编写
5	commons-logging-1.0.4.jar	ASF 出品的日志包，Struts 2 框架使用这个日志来支持 Log4J 和 JDK 1.4+的日志记录
6	commons-fileupload-1.2.1.jar	文件上传组件，2.1.6 版本后必须加入此文件

2．编写Struts 2的配置文件模板

Struts 2 默认的配置文件为 struts.xml，FilterDispatcher 过滤器在初始化时将会在 WEB-INF/classes 下寻找该文件，该文件的配置模板如下。

```
<?xml version="1.0" encoding="UTF-8"?>
<!DOCTYPE struts PUBLIC
    "-//Apache Software Foundation//DTD Struts Configuration 2.0//EN"
    "http://struts.apache.org/dtds/struts-2.0.dtd">
<struts>
</struts>
```

3．Struts 2的启动配置（在web.xml中配置）

在 Struts 1.x 中，Struts 框架是通过 Servlet 启动的。在 Struts 2 中，Struts 框架是通过 Filter 启动的。它在 web.xml 中的配置如下。

```
<filter>
    <filter-name>struts2</filter-name>
<!--<filter-class>
org.apache.struts2.dispatcher.FilterDispatcher
</filter-class>-->
<!-- 从 Struts 2.1.3 以后，注意:
org.apache.struts2.dispatcher.FilterDispatcher
这种配置已过时，所以使用下面的配置 -->
```

```
<filter-class>
org.apache.struts2.dispatcher.ng.filter.StrutsPrepareAndExecuteFilter</
filter-class>
</filter>
<filter-mapping>
    <filter-name>struts2</filter-name>
    <url-pattern>/*</url-pattern>
</filter-mapping>
```

在 FilterDispatcher 的 init()方法中，将会读取类路径下默认的配置文件 struts.xml 完成初始化操作。至此 Struts 2 的环境配置工作完成了。

📖注意：Struts 2 读取到 struts.xml 的内容后，会将内容封装进 javabean 对象并存放在内存中，对于用户每次请求的处理将使用内存中的数据，而不是每次请求都读取 struts.xml 文件。

6.2.5　Struts 2 应用

Struts 2 虽然在大版本号上是第二个版本，但在配置和使用上已经完全颠覆了 Struts 1.x 的方式。当然，Struts 2 仍然是基于 MVC 模式的，也是动作驱动的，可能这是唯一没变的东西。但 Struts 2 实际上是在 Webwork 基础上构建起来的 MVC 框架，我们从 Struts 2 的源代码中可以看到，有很多都是直接使用 xwork（Webwork 的核心技术）的包。所以这个框架不同于之前我们学习的 Struts 1.x 的使用，属于全新的框架。既然从技术上来说 Struts 2 是全新的框架，那么就让我们来学习一下这个新的框架的使用方法。

在前面我们已经介绍了 Struts 1.x 的应用，应该对建立基于 Struts 1.x 的 Web 程序的基本步骤已经非常清楚了。那么就让我们先来回顾一下建立基于 Struts 1.x 的 Web 程序的基本步骤。

（1）安装 Struts。由于 Struts 的入口点是 ActionServlet，所以需要在 web.xml 中配置一下这个 Servlet。

（2）编写 Action 类（一般从 org.apache.struts.action.Action 类继承）。

（3）编写 ActionForm 类（一般从 org.apache.struts.action.ActionForm 类继承），这一步不是必须的，如果要接收客户端提交的数据，需要执行这一步。

（4）在 struts-config.xml 文件中配置 Action 和 ActionForm。

（5）如果要采集用户录入的数据，一般需要编写若干 JSP 页面，并通过这些 JSP 页面中的 form 将数据提交给 Action。

接着我们就按照编写 struts1.x 程序的这 5 步和 Struts 2.x 程序的编写过程一一对应，来比较一下，以彰显 Struts 2 的魅力。

这里我们同样使用一个小的示例来说明，我们编写一个基于 Struts 2 的 Web 程序。这个程序的功能是让用户录入用户名和密码，并提交给一个 Struts Action，并检查用户名和密码是否为指定用户名和密码，如果是，则跳转到 success.jsp 页面，否则跳转到 error.jsp 页面。

1．安装Struts 2

这一步对于 Struts 1.x 和 Struts 2 都是必须的，只是安装的方法不同。Struts 1 的入口点是一个 Servlet，而 Struts 2 的入口点是一个过滤器（Filter）。因此，Struts 2 要按过滤器的方式配置。

下面是在 web.xml 中配置 Struts 2 的代码。

```
<filter>
        <!--过滤器名字 -->
        <filter-name>struts2</filter-name>
        <!-- 过滤器支持的 Struts 2 类 -->
<filter-class>

org.apache.struts2.dispatcher.ng.filter.StrutsPrepareAndExecuteFilter
        </filter-class>
</filter>

<filter-mapping>
        <!--过滤器拦截名字 -->
        <filter-name>struts2</filter-name>
        <!--过滤器拦截文件路径名字 -->
        <url-pattern>/*</url-pattern>
</filter-mapping>
```

说明：（1）在 Struts 1 的 web.xml 中对它的加载都是加载一个 Servlet，但是在 Struts 2 中，因为设计者为了实现 AOP（面向方面编程）概念，因此是用 filter 来实现的。所以 web.xml 里加载的都是 Struts 2 的 org.apache.dispatcher.ng.filter.StrutsPrepareAndExecuteFilter 类。<filter-name> 是定义的过滤器名字，而 <class> 就是 Struts 2 里的那个 org.apache.struts2.dispatcher.ng.filter.StrutsPrepareAndExecuteFilter 类。
（2）定义好过滤器，还需要在 web.xml 里指明该过滤器是如何拦截 URL 的。<url-pattern></url- pattern>中的 "/*" 是个通配符，它表明该过滤器是拦截所有的 HTTP 请求。基本上是不会改成其他形式，因为在开发中所有的 HTTP 请求都可能是一个页面上进行业务逻辑处理的请求。就目前而言，开发人员只需要写成 "/*" 就可以了。

2．编写Action类

这一步 Struts 1.x 也必须进行。只是 Struts 1.x 中的动作类必须从 Action 类中继承，而 Struts 2.x 的动作类需要从 com.opensymphony.xwork2.ActionSupport 类继承。下面是计算两个整数和的 Action 类，代码如下。

```
import com.opensymphony.xwork2.ActionSupport;
//定义 action 类
public class FirstAction extends ActionSupport {
    //定义用户名和密码
private String username;
    private String password;
    //execute()方法，返回执行结果
```

```
public String execute() throws Exception {
    if (getRight()) // 如果真，跳到 success.jsp 页面
    {
            return "success";
    } else // 如果不正确，跳到 error.jsp 页面
    {
            return "error";
    }
}
//获取用户名
public String getUsername() {
    return username;
}
//设置用户名
public void setUsername (String username) {
    System.out.println(username);
    this.username = username;
}
//获得密码
public int getPassword() {
    return password;
}
//设置密码
public void setPassword(String password) {
    System.out.println(password);
    this.password = password;
}
//判断用户名和密码是否正确
public boolean getRight() {
    if (username=="Java Web"&&password=="123456")
    return true;
else
return false;
    }
}
```

从上面的代码可以看出，动作类的一个特征就是要覆盖 execute 方法，只是 Struts 2 的 execute 方法没有参数了，而 Struts 1.x 的 execute 方法有 4 个参数。而且 execute 方法的返回值也是不同的。Struts 2 只返回一个 String，用于表述执行结果（就是一个标志）。

3．编写ActionForm类

在本示例中当然需要使用 ActionForm 了。在 Struts 1.x 中，必须要单独建立一个 ActionForm 类（或是定义一个动作 Form），而在 Struts 2 中 ActionForm 和 Action 已经合二为一了。从第 2 步的代码可以看出，后面的部分就是应该写在 ActionForm 类中的内容。所以在第 2 步，本例的 ActionForm 类已经编写完成（就是 Action 类的后半部分）。

4．配置Action类

这一步 Struts 1.x 和 Struts 2.x 都是必须的，只是在 Struts 1.x 中的配置文件一般为 strutsconfig.xml（当然也可以是其他的文件名），而且一般放到 WEB-INF 目录中。而在 Struts 2.x 中的配置文件一般为 Struts.xml，放到 WEB-INF 的 classes 目录中。下面是在 Struts.xml 中配置动作类的代码。

```xml
<?xml version="1.0" encoding="UTF-8" ?>
<!DOCTYPE struts PUBLIC
    "-//Apache Software Foundation//DTD Struts Configuration 2.0//EN"
    "http://struts.apache.org/dtds/struts-2.0.dtd">
<!-- 配置 Struts 2 -->
<struts>
    <package name="struts2" namespace="/firstExample"
        extends="struts-default">
        <!-- 注入 action -->
        <action name="right" class="action.FirstAction">
            <result name="succes">/success.jsp</result>
            <result name="error">/error.jsp</result>
        </action>
    </package>
</struts>
```

在<struts>标签中可以有多个<package>，第一个<package>可以指定一个 Servlet 访问路径（不包括动作名），如/firstExample。extends 属性继承一个默认的配置文件 struts-default，一般都继承于它，大家可以先不去管它。<action>标签中的 name 属性表示动作名，class 表示动作类名。

<result>标签的 name 实际上就是 execute 方法返回的字符串，如果返回的是 success，就跳转到 success.jsp 页面；如果是 error，就跳转到 error.jsp 页面。在<struts>中可以有多个<package>，在<package>中可以有多个<action>。我们可以用如下的 URL 来访问这个动作，在浏览器中输入如下地址，执行 right.action。

URL 地址如下：http://localhost:8080/struts2/firstExample /right.action。

⚠注意：Struts 1.x 的动作一般都以.do 结尾，而 Struts 2 是以.action 结尾。

5. 编写用户录入接口（JSP页面）

1）主界面（right.jsp）

在 Web 根目录建立一个 right.jsp，代码如下。

```jsp
<%@ page language="java" import="java.util.*" pageEncoding="GBK"%>
<%@ taglib prefix="s" uri="/struts-tags"%>
<html>
<head>
<title>输入用户名和密码</title>
</head>
<body>
请输入用户名和密码
<br />
<!--输入用户名和密码，提交表单，执行 action -->
<s:form action="firstExample/right.action">
    <s:textfield name="username" label="操作数 1" />
    <s:textfield name="password" label="操作数 2" />
    <s:submit value="right" />
</s:form>
</body>
</html>
```

在 right.jsp 中使用了 Struts 2 自带的 tag。在 Struts 2 中已经将 Struts 1.x 的好几个标签库都统一了，在 Struts 2 中只有一个标签库/struts-tags。这里面包含了所有的 Struts 2 标签。

在<s:form>中最好都使用 Struts 2 标签，尽量不要用 HTML 或普通文本，大家可以将 right.jsp 的代码改为如下的形式，看看会出现什么效果。

```
... ...
<br/>
<s:form action="firstExample/right.action" >
操作数 1: <s:textfield name="username" /><br/>
操作数 2: <s:textfield name="password" /><br/>
<s:submit value="right" />
</s:form>
... ...
```

说明：在<s:form>中 Struts 2 使用<table>定位。

2）success.jsp 代码如下。

```
<%@ page language="java" import="java.util.*" pageEncoding="GBK"%>
<%@ taglib prefix="s" uri="/struts-tags"%>
<html>
    <head>
        <title>欢迎界面</title>
    </head>
    <body>
        用户名和密码正确，欢迎来到！
    </body>
</html>
```

3）error.jsp 代码如下。

```
<%@ page language="java" import="java.util.*" pageEncoding="GBK"%>
<%@ taglib prefix="s" uri="/struts-tags"%>
<html>
    <head>
        <title>错误处理</title>
    </head>
    <body>
        输入有误，请重新输入
    </body>
</html>
```

这两个 JSP 页面的实现代码基本一样，启动 Tomcat 后，在 IE 中输入如下的 URL 来测试这个例子。URL 地址：http://localhost:8080/struts2/right.jsp。

6.3　业务逻辑实现 Spring

从这一节开始，我们将要详细地介绍 Spring。开始您可能会觉得 Spring 比较复杂，不知道怎么学习、从何学起。在本节中，我们先介绍 Spring 的一些概念，然后简单说一下为什么要用 Spring，最后再介绍在实际的项目开发中如何使用 Spring。当读者对 Spring 框架了解后，就会发现它包含的编程思想能让人耳目一新。下面我们就来介绍一下什么是 Spring。

6.3.1　什么是 Spring

通过网上和对官方文档的解读，我们会了解到，其实 Spring 就是一个开源框架。由于 Spring 的众多优点，目前在 Java Web 开发方面人气非常旺，被认为是最有前途的开源框架之一。Spring 是由 Rod Johnson 创建的，它的诞生是为了简化企业级系统的开发。我们可以从目的、功能和范围三个方面来理解 Spring。

- ❑ 目的：解决企业应用开发的复杂性。
- ❑ 功能：使用基本的 JavaBean 代替 EJB，并提供了更多的企业应用功能。
- ❑ 范围：任何 Java 应用。

所以简单来说，Spring 是一个轻量级的控制反转（IOC）和面向切面（AOP）的容器框架。至于 IOC 和 AOP 是什么，片我们接下来就会讲解。

说到 Spring 就不得不说 EJB，因为 Spring 在某种意义上是 EJB 的替代品，它是一种轻量级的容器。用过 EJB 的人都知道 EJB 很复杂，为了一个简单的功能你不得不编写多个 Java 文件和部署文件，它是一种重量级的容器。在这里也许读者还不了解 EJB，可能对"轻（重）量级"和"容器"等专业术语还比较陌生，那么这里我简单介绍一下。

1. 轻量级与重量级

所谓"重量级"是相对于"轻量级"来讲的，也可以说"轻量级"是相对于"重量级"来讲的。在 Spring 出现之前，企业级开发一般都采用 EJB，因为它提供的事务管理、声明式事务支持、持久化和分布计算等等都"简化"了企业级应用的开发。这里的"简化"打了引号，因为这是相对的。

重量级容器是一种入侵式的，也就是说，你要用 EJB 提供的功能，就必须在你的代码中体现出使用的是 EJB，比如继承一个接口，声明一个成员变量。这样就把你的代码绑定在 EJB 技术上了，而且 EJB 需要 JBOSS 这样的容器支持，所以称之为"重量级"。

相对而言"轻量级"就是非入侵式的，用 Spring 开发的系统中的类不需要依赖 Spring 中的类，不需要容器支持（当然 Spring 本身是一个容器），而且 Spring 的大小和运行开支都很微量。一般来说，如果系统不需要分布计算或者声明式事务支持，那么 Spring 是一个更好的选择。

2. 什么是容器

"容器"，顾名思意就是存放某些东西的器具。在编程领域就是指用来装对象，这些属于面向对象的思想，如果读者现在还都不了解面向对象，建议读者先去学习一下什么是面向对象。这里我们装的这个对象比较特别，它不仅要容纳其他对象，还要维护各个对象之间的关系。如果这样说您还感觉太抽象，那么我们就来看一个简单的例子。

代码片断 6-3-1。

```
package demo;
public class Container {
    public void init() {
        Java Web j = new Java Web();
        HelloWorld h = new HelloWorld(d);
```

```
    }
}
```

从上面的代码片段可以看到这里的 Container 类（容器）在初始化的时候会生成一个 Java Web 对象和一个 HelloWorld 对象，并且维持了它们的关系，当系统要用这些对象的时候，直接找 Container 类容器要就可以了。这也是容器最基本的功能——维护系统中的实例（对象）。讲到这里读者是否已经对容器有所了解了，如果您还是感到模糊的话，不用担心，在后面还会有相关的解释。

6.3.2　Spring 的优点

Spring 这么火必然有它的原因，那么 Spring 可以给我们的工程带来哪些好处？下面我们就在详细讲解 Spring 之前简单地介绍一下 Spring 的特性。

- ❑ Spring 能有效地组织中间层对象，无论你是否选择使用了 EJB。如果你仅仅使用了 Struts 或其他的包含了 J2EE 特有 APIs 的 framework，你会发现 Spring 关注了遗留下来的问题。
- ❑ Spring 能消除在许多工程上对 Singleton 的过多使用。根据我的经验，这是一个主要的问题，它减少了系统的可测试性和面向对象特性。
- ❑ Spring 能消除使用各种各样格式的属性定制文件的需要，在整个应用和工程中，可通过一种一致的方法来进行配置。曾经感到迷惑，一个特定类要查找迷幻般的属性关键字或系统属性，为此不得不读 Javadoc 乃至源编码吗？有了 Spring，你可很简单地看到类的 JavaBean 属性。倒置控制的使用（在下面讨论）帮助完成这种简化。
- ❑ Spring 能通过接口而不是类促进好的编程习惯，减少编程代价到几乎为零。
- ❑ Spring 被设计为让使用它创建的应用尽可能少地依赖于它的 APIs。在 Spring 应用中的大多数业务对象没有依赖于 Spring。
- ❑ 使用 Spring 构建的应用程序易于单元测试。
- ❑ Spring 能使 EJB 的使用成为一个实现选择，而不是应用架构的必然选择。你能选择用 POJOs 或 local EJBs 来实现业务接口，却不会影响调用代码。
- ❑ Spring 能帮助你解决许多问题而无需使用 EJB。Spring 能提供一种 EJB 的替换物，它们适于许多 Web 应用。例如，Spring 能使用 AOP 提供声明性事务而不通过使用 EJB 容器，如果你仅仅需要与单个的数据库打交道，甚至不需要 JTA 实现。

Spring 为数据存取提供了一致的框架，不论是使用 JDBC 或 O/R mapping 产品（如 Hibernate）。Spring 确实能使你通过最简单可行的办法解决问题。这些特性是有很大价值的。 所以总结起来，Spring 有如下优点。

- ❑ 低侵入式设计，代码污染极低。
- ❑ 独立于各种应用服务器，可以真正实现 Write Once，Run Anywhere 的承诺。
- ❑ Spring 的 DI 机制降低了业务对象替换的复杂性。
- ❑ 开发者可自由选用 Spring 框架的部分或全部。

6.3.3　Spring 框架

Spring 是一个开源框架，是为了解决企业应用程序开发复杂性而创建的。框架的主要优势之一就是其分层架构，分层架构允许您选择使用哪一个组件，同时为 J2EE 应用程序开发提供集成的框架。

Spring 框架是一个分层架构，由 7 个定义良好的模块组成。Spring 模块构建在核心容器之上，核心容器定义了创建、配置和管理 bean 的方式，如图 6-4 所示。

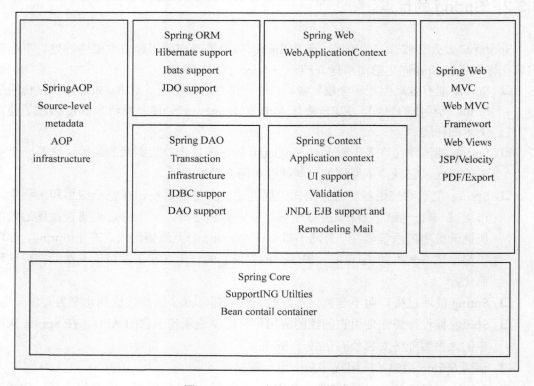

图 6-4　Spring 框架的 7 个模块

组成 Spring 框架的每个模块（或组件）都可以单独存在，或者与其他一个或多个模块联合实现。Spring 共有 7 个模块，每个模块的具体功能如下。

（1）核心容器 Spring Core。核心容器提供 Spring 框架的基本功能。核心容器的主要组件是 BeanFactory，它是工厂模式的实现。BeanFactory 使用控制反转（IOC）模式，将应用程序的配置和依赖性规范与实际的应用程序代码分开。

（2）Spring 上下文 Spring Context。Spring 上下文是一个配置文件，向 Spring 框架提供上下文信息。Spring 上下文包括企业服务，例如 JNDI、EJB、电子邮件、国际化、校验和调度功能。

（3）Spring AOP。通过配置管理特性，Spring AOP 模块直接将面向方面的编程功能集成到了 Spring 框架中。所以，可以很容易地使 Spring 框架管理的任何对象支持 AOP。Spring AOP 模块为基于 Spring 的应用程序中的对象提供了事务管理服务。通过使用

Spring AOP，不用依赖 EJB 组件，就可以将声明性事务管理集成到应用程序中。

（4）Spring DAO。JDBC DAO 抽象层提供了有意义的异常层次结构，可用该结构来管理异常处理和不同数据库供应商抛出的错误消息。异常层次结构简化了错误处理，并且极大地降低了需要编写的异常代码数量（例如打开和关闭连接）。Spring DAO 的面向 JDBC 的异常遵从通用的 DAO 异常层次结构。

（5）Spring ORM。Spring 框架插入了若干个 ORM 框架，从而提供了 ORM 的对象关系工具，其中包括 JDO、Hibernate 和 iBatis SQL Map。所有这些都遵从 Spring 的通用事务和 DAO 异常层次结构。

（6）Spring Web 模块。Web 上下文模块建立在应用程序上下文模块之上，为基于 Web 的应用程序提供了上下文。所以，Spring 框架支持与 Jakarta Struts 的集成。Web 模块还简化了处理多部分请求以及将请求参数绑定到域对象的工作。

（7）Spring MVC 框架。MVC 框架是一个全功能的构建 Web 应用程序的 MVC 实现。通过策略接口，MVC 框架成为高度可配置的，MVC 容纳了大量视图技术，其中包括 JSP、Velocity、Tiles、iText 和 POI。

Spring 框架的功能可以用在任何 J2EE 服务器中，大多数功能也适用于不受管理的环境。Spring 的核心要点是：支持不绑定到特定 J2EE 服务的可重用业务和数据访问对象。毫无疑问，这样的对象可以在不同 J2EE 环境（Web 或 EJB）、独立应用程序和测试环境之间重用。

6.3.4 IOC 机制

在使用 Spring 中，我们必须理解 Spring 的两个核心概念，反向控制（IOC）和面向切面编程（AOP）。还有一个相关的概念是 POJO，我们就来介绍一下这些概念。

1. POJO

在我所看到过的 POJO 全称有两个：Plain Ordinary Java Object 和 Plain Old Java Object，这两个差不多，意思都是普通的 Java 类，所以我们没有必要也不用去管哪一个是正确的或者错误的。我们可以把 POJO 看作是简单的 JavaBean（具有一系列 Getter、Setter 方法的类）。我们不需要严格区分这里面的概念，没有太大意义，对于入门者只要了解一下概念就可以了。

2. IOC

IOC 的全称是 Inversion of Control，中文翻译为反向控制，有的也叫作逆向控制。这里的反向是相对 EJB 来讲的。EJB 使用 JNDI 来查找需要的对象，是主动的；而 Spring 是把依赖的对象注入给相应的类（这里涉及到另外一个概念"依赖注入"，稍后解释），是被动的，所以称之为"反向"。先看下面几段代码，再理解这里的区别就很容易明白了。

代码片段 6-3-2。

```
public void HelloWorld() {
//初始化一个 Speaks 类，并调用其中的 sayHello()方法
 Speaker s = new Speaker();
```

```
    s.sayHello();
}
```

代码片段 6-3-3。

```
public void HelloWorld() {
//调用 EJB 获取 Speaker 类
 Speaker s = (Speaker)context.lookup("ejb/Speaker");
//调用 Speaker 类的 sayHello()方法
 s.sayHello();
}
```

知识扩展：

调用 EJB 可用两种方法，如下。

（1）直接用 jndi 名，lookup("abcd");。

（2）用 reference name，即 lookup("java:comp/env/ejb/Speaker");。

由于 EJB 并不是这里主要介绍的，在这里只简单地说明一下调用方法，至于 EJB 的详细使用读者可以自行查阅相关资料。

代码片段 6-3-4。

```
public class HelloWorld{
  //声明 Speaker 类变量
  public Speaker s;
  //带参数的构造方法并初始化 Speaker
  public HelloWorld(Speaker s) {
    this.s = s;
  }
  //调用 syaHello()方法
  public void greet() {
    s.sayHello();
  }
}
```

通过上面的三段代码，可以对比一下。通过对比我们发现：片段 6-3-2 是不用容器的编码，片段 6-3-3 是 EJB 编码，片段 6-3-4 是 Spring 编码。结合代码片段 6-3-2，您能看出来 Spring 编码的优越之处吗？也许你会觉得 Spring 的编码是最复杂的。不过没关系，我在后面会解释 Spring 编码的好处。

3．依赖注入

上面在解释 IOC 中，我们提到了"依赖注入"的概念，这里我想先解释一下什么是"依赖注入"。

根据我给的例子代码片段 6-3-4 可以看出，HelloWorld 类依赖 Speaker 类。片段 6-3-2 和片段 6-3-3 都是主动地去获取 Speaker，虽然获取的方式不同。但是片段 6-3-4 并没有去获取或者实例化 Speaker 类，而是在 greet()函数中直接使用了 s。你也许很容易就发现了，在构造函数中有一个 s 被注入（可能你平时用的是传入）。在哪里注入的呢？请看下面代码。

代码片段 6-3-5。

```
package demo;
public class Container {
  //初始化
  public void init() {
```

```
   //初始化 s 对象
   Hello s = new Hello();
   //将 s 对象注入 HelloWord()
   HelloWorld g = new HelloWorld(s);
   }
}
```

容器里就放了一个 Speaker 的对象。这就是使用容器的好处，由容器来维护各个类之间的依赖关系（一般通过 Setter 来注入依赖，而不是构造函数，我这里是为了简化示例代码）。HelloWorld 并不需要关心 Speaker 是哪里来的，或是从哪里获得 Speaker，只需要关注自己份内的事情，也就是让 Speaker 说一句问候的话。

6.3.5 AOP

AOP 全称是 Aspect-Oriented Programming，中文翻译是面向方面的编程或者面向切面的编程。这么长时间，你应该熟悉面向过程的编程和面向对象的编程，但是面向切面的编程你也许是第一次听说。其实这些概念听起来很玄，说到底也就是一句话的事情。

现在的系统往往强调减小模块之间的耦合度，AOP 技术就是用来帮助实现这一目标的。举例来说，假如上文的 Hello 系统含有日志模块、安全模块和事务管理模块，那么每一次 greet 的时候，都会有这三个模块参与。以日志模块为例，每次 greet 之后，都要记录下 greet 的内容。而对于 Speaker 或者 Hello 对象来说，它们并不知道自己的行为被记录下来了，它们还是像以前一样地工作，并没有任何区别。只是容器控制了日志行为。如果这里你有点糊涂，没关系，等讲到具体 Spring 配置和实现的时候你就明白了。

其实"切面"是一种抽象，把系统不同部分的公共行为抽取出来形成一个独立的模块，并且在适当的地方（也就是切入点，后文会解释），把这些被抽取出来的功能再插入系统的不同部分。

从某种角度上来讲"切面"是一个非常形象的描述，它好像在系统的功能之上横切一刀，要想让系统的功能继续，就必须先过了这个切面。这些切面监视并拦截系统的行为，在某些（被指定的）行为执行之前或之后执行一些附加的任务（比如记录日志），而系统的功能流程（比如 Hello）并不知道这些切面的存在，更不依赖于这些切面，这样就降低了系统模块之间的耦合度。

6.3.6 搭建 Spring 开发环境

之前我们开始介绍每一个应用时，我们都要先为该应用搭建开发环境。Spring 开发同样如此，那么接下来我们就一块搭建一个 Spring 的开发环境。

1. Spring下载

登录 Spring 官方网站，Spring 的官方网站是：http://www.springframework.org/，下载最新版本的 Spring。在 Struts 2 框架中，官方推荐的是整合 Spring 2.5.6 版本。而按照 Spring 官方 3.0 版本开发的说明，Spring 2.5.6 将会是 Spring 2.5 分支的最后一个版本，整个开发团队将会全力投入到 3.0 版本的开发工作。因此，在这里下载和使用的仍然是以 Spring 2.5.6

版本作为示例。

进入 Spring 官方网站，或直接在浏览器中输入如下地址：http://s3.amazonaws. com/dist.springframework.org/release/SPR/spring-framework-2.5.6.SEC02.zip，就可以进行下载了。

2. 环境配置

Spring 开发环境配置需要如下几步。

（1）Spring 最少依整包。Spring 最少的依赖包有以下这些。

❑ spring 所需要的 jar 包。spring.jar 和 commons-logging.jar。

❑ spring 注解需要：common-annotations.jar。

❑ aop 需要：aspectjrt.jar、aspectjweaver.jar 和 cglib-nodep-2.1_3.jar。

（2）配置文件。将以上的 jar 包，放到项目应用的 lib 目录后，就需要开始添加或修改配置文件。配置文件主要为 applicationContext.xml 和 web.xml 的配置，applicationContext.xml 是 Spring 的常见配置文件，主要配置 Spring 的各种 Bean。初始时，内容一般可配置如下。

```xml
<?xml version="1.0" encoding="UTF-8"?>
<beans xmlns="http://www.springframework.org/schema/beans"
       xmlns:xsi="http://www.w3.org/2001/XMLSchema-instance"
       xmlns:p="http://www.springframework.org/schema/p"
       xmlns:aop="http://www.springframework.org/schema/aop"
       xmlns:context="http://www.springframework.org/schema/context"
       xmlns:jee="http://www.springframework.org/schema/jee"
       xmlns:tx="http://www.springframework.org/schema/tx"
       xsi:schemaLocation="http://www.springframework.org/schema/aop
                           http://www.springframework.org/schema/
                           aop/spring-aop-2.5.xsd
                           http://www.springframework.org/schema/beans
                           http://www.springframework.org/schema/
                           beans/spring-beans-2.5.xsd
                           http://www.springframework.org/schema/context
                           http://www.springframework.org/schema/
                           context/spring-context-2.5.xsd
                           http://www.springframework.org/schema/jee
                           http://www.springframework.org/schema/
                           jee/spring-jee-2.5.xsd
                           http://www.springframework.org/schema/tx
                           http://www.springframework.org/schema/
                           tx/spring-tx-2.5.xsd">
    <!-- 启用自动扫描 -->
    <context:component-scan base-package="com.basis" />
</beans>
```

（3）web.xml 的配置。在配置好 applicationContext.xml 后，就需要修改 web.xml，在其中添加如下内容。

```xml
<context-param>
        <param-name>contextConfigLocation</param-name>
        <param-value>classpath:applicationContext.xml</param-value>
</context-param>

<listener>
        <listener-class>org.springframework.web.context.Context
        LoaderListener</listener-class>
```

```
</listener>
```

知识积累：

applicationContext.xml 的文件位置可以有两种默认实现。

第一种：直接将之放到/WEB-INF 下，并在 web.xml 中声明一个 listener。

第二种：将之放到 classpath 下，但是此时要在 web.xml 中加入<context-param>，用它来指明你的 applicationContext.xml 的位置以供 Web 容器来加载。按照 Struts 2 整合 Spring 的官方给出的档案，写成如下形式。

```
<!-- Context Configuration locations for Spring XML files -->
<context-param>
        <param-name>contextConfigLocation</param-name>
<param-value>/WEB-INF/applicationContext-*.xml,
classpath*:applicationContext-*.xml</param-value>
</context-param>
```

这里配置的作用，主要就是加载上面的 Spring 配置文件。基本的配置文件就是这两个，在实际的开发中，可能将一个配置文件分成几个。此时，再启动项目，应该能在控制台看到加载 Spring 的相关信息。

6.3.7　Spring 的启动

上面已经配置好 Spring 了，接下来就要启动 Spring。Spring 启动需要 ContextLoaderListener，这个在上面的 web.xml 中我们已经看到了。

ContextLoaderListener 的作用就是在启动 Web 容器时，自动装配 ApplicationContext 的配置信息。因为它实现了 ServletContextListener 这个接口，在 web.xml 配置这个监听器，启动容器时，就会默认执行它实现的方法。

在上面配置中提到 ApplicationContext.xml，那么 ApplicationContext.xml 这个配置文件部署在哪了？上面也提到在实际的开发中，可能将一个配置文件分成几个，那么如何配置多个 xml 文件，这些在一般的书上都没详细说明。那么我们一块来看一下它的 API 文档。也许可以找到我们想要的答案。

在 ContextLoaderListener 中关联了 ContextLoader 这个类，所以整个加载配置过程由 ContextLoader 来完成。

从 API 说明中我们会发现，ContextLoader 可以由 ContextLoaderListener 和 ContextLoaderServlet 生成。如果查看 ContextLoaderServlet 的 API，可以看到它也关联了 ContextLoader 这个类，而且它实现了 HttpServlet 这个接口。ContextLoader 创建的是 XmlWebApplicationContext 这样一个类，它实现的接口是：WebApplicationContext→ConfigurableWebApplicationContext→ApplicationContext→BeanFactory，这样一来，Spring 中的所有 bean 都由 BeanFactory 这个类来创建。

在 API 中还提到如何部署 applicationContext 的 xml 文件，如果在 web.xml 中不写任何参数配置信息，默认的路径是/WEB-INF/applicationContext.xml，在 WEB-INF 目录下创建 xml 文件的名称必须是 applicationContext.xml。如果要自定义文件名，可以在 web.xml 里加入 contextConfigLocation 这个 context 参数，如下所示。

```
<context-param>
<param-name>contextConfigLocation</param-name>
<param-value>/WEB-INF/classes/applicationContext-*.xml</param-value>
</context-param>
```

在<param-value> </param-value>里指定相应的 xml 文件名，如果有多个 xml 文件，可以写在一起并以"，"号分隔。上面的 applicationContext-*.xml 采用通配符，比如这个目录下有 applicationContext-ibatis-base.xml，applicationContext-action.xml，applicationContext-ibatis-dao.xml 等文件，都会一同被载入。

6.3.8　Spring 使用

这一小节将用一个具体的小例子 HelloWorld，来说明使用 Spring 开发的一般流程和方法以及 Spring 配置文件的写法。

（1）首先创建一个 Speaker 类，你可以把这个类看作是 POJO。

```
package com.ch6.helloworld;
public class Speaker {
    public void sayHello() {
      System.out.println("HelloWorld!");
    }
}
```

（2）再创建一个 HelloWorld 类。

```
package com.ch6.helloworld;
public class HelloWorld {
    private Speaker speaker;
    public void setSpeaker(Speaker speaker) {
      this.speaker = speaker;
    }
    public void greet() {
      speaker.sayHello();
    }
}
```

（3）创建一个 Spring 的配置文件把这两个类关联起来。

applicationContext.xml 如下。

```
<?xml version="1.0" encoding="UTF-8"?>
<beans "-//SPRING//DTD BEAN//EN"
    "http://www.springframework.org/dtd/spring-beans.dtd">
    <bean id="speaker" class=" com.ch6.helloworld.Speaker" />
    <bean id="helloworld" class=" com.ch6.helloworld.HelloWorld ">
        <property name="speaker">
            <ref bean="speaker" />
        </property>
    </bean>
</beans>
```

要用 Spring Framework 必须把 Spring 的包加入到 Classpath 中，这里我们使用 MyEclipse，这些工作是自动完成的。对于 Spring 的配置文件，本人建议用 Spring 的配置文件编辑器来编辑，因为对于新手来说，纯手工编写很容易出错。

接下来我先分析一下这个 xml 文件的结构，然后再做测试。

从节点<bean>开始，先声明了两个 Bean，第二个 Bean 有一个 speaker 属性（property）要求被注入，注入的内容是另外一个 bean:speaker。这里的命名是符合 JavaBean 规范的，也就是说如果是 speaker 属性，那么 Spring 容器就会调用 setSpeaker()来注入这个属性。

ref 节点，是 reference 的意思，表示引用另外一个 bean。

（4）Spring 使用测试。Spring 的准备工作完毕了，我们只要写一个简单的测试类，就可以了。测试类代码如下。

```
package com.ch6.helloworld;
import org.springframework.context.ApplicationContext;
import
org.springframework.context.support.ClassPathXmlApplicationContext;
public class Test {
    public static void main(String[] args) {
        ApplicationContext context = new ClassPathXmlApplicationContext(
            "applicationContext.xml");
        HelloWorld helloworld = (HelloWorld) context.getBean("helloworld");
        helloworld.greet();
    }
}
```

这段代码很简单，如果你上文都看懂了，那么这里应该没有问题。直接运行这个 main 方法，控制台应该输出"HelloWorld!"。如果你能看到 HelloWorld，说明你配置的 Spring 的环境是没有问题的。

注意：Spring 有两种方式来创建容器（我们不再用上文自己编写的 Container）。

❏ 一种是 ApplicationContext。
❏ 一种是 BeanFactory。

ApplicationContext 更强大一些，而且使用上两者没有太大区别，所以一般说来都用 ApplicationContext。Spring 容器帮助维护在配置文件中声明的 Bean，以及它们之间的依赖关系，我们的 Bean 只需要关注自己的核心业务。

6.3.9 应用 Spring 中的 AOP 和 IOC

AOP 和 IOC 是 Spring 中最重要的两个概念，在前面已经对 Spring 中 AOP 和 IOC 的概念做了介绍，但是并没有讲解在 Spring 中如何使用，下面就来具体介绍一下如何应用 Spring 中的 AOP 和 IOC。

1. 应用Spring中的AOP

Spring 生来支持 AOP，在应用 AOP 之前，我们首先来介绍一下以下几个概念。

（1）切面（Aspect）。切面是系统中抽象出来的某一个功能模块，上文已经有过介绍，这里不再多说。

（2）通知（Advice）。通知是切面的具体实现。也就是说你的切面要完成什么功能，具体怎么做，就是在通知里面完成的。这个名称也许读者看了之后有点不理解，没有关系，下面会用代码具体说明，只要您开了代码也许就会明白了。

（3）切入点（Pointcut）。切入点定义了通知应该应用到系统的哪些地方。Spring 只能控制到方法（有的 AOP 框架可以控制到属性），也就是说你能在方法调用之前或者之后选择切入点，执行额外的操作。

（4）目标对象（Target）。目标对象是被通知的对象。它可以是任何类，包括我们自己编写的或者第三方类。有了 AOP 以后，目标对象就只需要关注我们自己的核心业务，其他的功能，比如日志等，就都将由 AOP 框架支持完成。

（5）代理（Proxy）。简单地讲，代理就是将通知应用到目标对象后产生的对象。Spring 在运行时会给每个目标对象生成一个代理对象，以后所有对目标对象的操作都会通过代理对象来完成。只有这样，通知才可能切入目标对象。对系统的其他部分来说，这个过程是透明的，也就是看起来跟没用代理一样。

因为本书旨在入门，所以只介绍以上几个比较重要的概念。通过这几个概念应该能够理解 Spring 的面向切面编程了。如果读者需要更深入了解 Spring AOP，可以自己搜集 Spring 的相关资料或者图书去学习其他相关知识。

（6）应用 Spring 中 AOP 的具体示例。下面通过一个实际的示例来说明 Spring 的面向切面编程。在应用 Spring 中使用了 HelloWorld 的例子，在这里我想在原来的基础上实现 Speaker 每次说话之前记录一下 Speaker 被调用了。也就是每次输出一个被调用的日志或者信息。所以我们首先创建一个 LogPrint 类，代码片段如下。

```java
package com.ch6.helloworld;
import java.lang.reflect.Method;
import org.springframework.aop.MethodBeforeAdvice;
public class LogPrint  implements  MethodBeforeAdvice {
    public void before(Method arg0, Object[] arg1, Object arg2)
            throws Throwable {
        System.out.println("Speaker called!");
    }
}
```

这里涉及到一个类——MethodBeforeAdvice，这个类是 Spring 类库提供的，类似的还有 AfterReturningAdvice 等等，从字面就能理解它们的含义，大概是在方法执行之前输出日志。我们先不急着理解这个类，稍后通过代码我们会详细解释。我们继续看如何把这个类应用到我们的 Project（项目）中去。代码片段如下。

```xml
<?xml version="1.0" encoding="UTF-8"?>
<beans xmlns="http://www.springframework.org/schema/beans"
       xmlns:xsi="http://www.w3.org/2001/XMLSchema-instance"
       xmlns:p="http://www.springframework.org/schema/p"
       xmlns:aop="http://www.springframework.org/schema/aop"
       xmlns:context="http://www.springframework.org/schema/context"
       xmlns:jee="http://www.springframework.org/schema/jee"
       xmlns:tx="http://www.springframework.org/schema/tx"
       xsi:schemaLocation="http://www.springframework.org/schema/aop
                           http://www.springframework.org/schema
                           /aop/spring-aop-2.5.xsd
                           http://www.springframework.org/schema/beans
                           http://www.springframework.org/schema/beans
                           /spring-beans-2.5.xsd
                           http://www.springframework.org/schema/context
                           http://www.springframework.org/schema/context/
                           spring-context-2.5.xsd
                           http://www.springframework.org/schema/jee
                           http://www.springframework.org/schema/
```

```
                            jee/spring-jee-2.5.xsd
                            http://www.springframework.org/schema/tx
                            http://www.springframework.org/schema
                            /tx/spring-tx-2.5.xsd">

<!-- 启用自动扫描 -->
<context:component-scan base-package=" com.ch6.helloworld " />

<bean id="speaker" class=" com.ch6.helloworld.LogPrint.Speaker" />
<bean id="helloworld" class=" com.ch6.helloworld.LogPrint.HelloWorld
">
   <property name="speaker">
       <ref bean="speakerProxy" />
   </property>
</bean>

<bean id="logPrint" class=" com.ch6.helloworld.LogPrint"/>
<bean id="speakerProxy" class="org.springframework.aop.framework.
ProxyFactoryBean">
   <property name="proxyInterfaces">
       <value> com.ch6.helloworld.LogPrintISpeaker</value>
   </property>
   <property name="interceptorNames">
       <list>
         <value>logPrint</value>
       </list>
   </property>
   <property name="target">
       <ref local="speaker" />
   </property>
</bean>

</beans>
```

可以看到，我们的配置文件中多了两个 Bean，一个是 LogPrint，另外一个是 SpeakerProxy。LogAdvice 很简单，我着重分析一下 SpeakerProxy。这个 Bean 实际上是由 Spring 提供的 ProxyFactoryBean 实现。下面定义了三个依赖注入的属性。

❑ proxyInterfactes：这个属性定义了这个 Proxy 要实现哪些接口，可以是一个，也可以是多个。如果是多个的话，要用 list 标签。Proxy 是在运行时动态创建的，那么这个属性就告诉 Spring 创建这个 Proxy 的时候要实现哪些接口。

❑ interceptorNames：这个属性定义了 Proxy 被切入了哪些通知，这里只有一个 LogPrint。

❑ target：这个属性定义了被代理的对象。在这个例子中 target 是 speaker。

这样的定义实际上是约束了被代理的对象必须实现一个接口，其实可以这样理解，接口的定义可以让系统的其他部分不受影响，以前用 ISpeaker 接口来调用，现在加入了 Proxy 也是一样的。但实际上内容已经不一样了，以前是 Speaker，现在是一个 Proxy。而 target 属性让 Proxy 知道具体的方法实现在哪里。Proxy 可以看作是 target 的一个包装。当然 Spring 并没有强制要求用接口，通过 CGLIB（一个高效的代码生成开源类库）也可以直接根据目标对象生成子类，但这种方式并不推荐。

接下来我们就可以运行上面的代码，测试代码和上面的代码片段是一样的。运行结果如下。

```
Speaker called!
Hello!
```

这样我们可以发现，我们加入 Log 功能并没有改变以前的代码，甚至测试代码都没有改变，这就是 AOP 的魅力所在！我们只需要更改一下配置文件就搞定了。

接下来我解释一下上面使用的 MethodBeforeAdvice。关于这个类我并不会在这里详细介绍，因为这涉及到 Spring 中的另外一个概念"连接点（Jointpoint）"，我这里要详细介绍一下 before 这个方法。从上面的代码片段可以看出这个方法有三个参数。

❑ 第一个参数 arg0，表示目标对象在哪个点被切入了，既然是 MethodBeforeAdvice，那当然是在 Method 之前被切入了。那么 arg0 就表示的是那个 Method。

❑ 第二个参数 arg1，是 Method 的参数，所以类型是 Object[]。

❑ 第三个参数就是目标对象了，在 HelloWorld 示例中 arg2 的类型实际上是 Speaker。

在 HelloWorld 示例中，我们并没有指定目标对象的哪些方法要被切入，而是默认切入所有方法调用（虽然 Speaker 只有一个方法）。通过自定义 Pointcut，可以控制切入点。由于篇幅有限我这里就不再详细地介绍了，因为这并不影响理解 Spring AOP，有兴趣的话去找 Google 大师就可以了。

2．应用Spring中的IOC

Spring 设计的核心是 org.springframework.beans 包，它的设计目标就是与 JavaBean 组件一起使用。这个包通常不是由用户直接使用，而是由服务器将其用作其他多数功能的底层中介。下一个最高级抽象是 BeanFactory 接口，上面已经介绍它是工厂设计模式的实现，允许通过名称创建和检索对象。BeanFactory 也可以管理对象之间的关系。

（1）BeanFactory 支持两个对象模型：单态和原型。

❑ 单态模型提供了具有特定名称的对象的共享实例，可以在查询时对其进行检索。Singleton 是默认的也是最常用的对象模型。对于无状态服务对象很理想。

❑ 原型模型确保每次检索都会创建单独的对象。在每个用户都需要自己的对象时，原型模型最适合。

Bean 工厂的概念是 Spring 作为 IOC 容器的基础。IOC 将处理事情的责任从应用程序代码转移到框架。正如我将在下一个示例中演示的那样，Spring 框架使用 JavaBean 属性和配置数据来指出必须设置的依赖关系。

（2）BeanFactory 接口。因为 org.springframework.beans.factory.BeanFactory 是一个简单接口，所以可以针对各种底层存储方法实现。最常用的 BeanFactory 定义是 XmlBeanFactory，它根据 XML 文件中的定义装入 Bean，如清单 1 所示。

清单 1：XmlBeanFactory 如下。

```
BeanFactory factory = new XMLBeanFactory(new FileInputStream
("mybean.xml"));
```

在 XML 文件中定义的 Bean 是被消极加载的，这意味在需要 Bean 之前，Bean 本身不会被初始化。要从 BeanFactory 检索 Bean，只需调用 getBean() 方法，传入将要检索的 Bean 的名称即可，如清单 2 所示。

清单 2：getBean()如下。

```
MyBean mybean = (MyBean) factory.getBean("mybean");
```

每个 Bean 的定义都可以是 POJO（用类名和 JavaBean 初始化属性定义）或

FactoryBean。FactoryBean 接口为使用 Spring 框架构建的应用程序添加了一个间接的级别。到这里你应该对 IOC 的一些常用概念有所了解，但是你也许还不太明白 Spring 的 IOC 是如何使用的。通过下面的具体示例你就可掌握 Spring IOC 是如何使用了。

（3）IOC 具体示例。

理解控制反转最简单的方式就是看它的实际应用。下面本人使用一个具体示例，演示了如何通过 Spring IOC 容器注入应用程序的依赖关系（而不是将它们构建进来）。首先创建一个 JavaBean 类。

```
package com.ch6.ioc.bean;
public class Name {
    private String firstname;
    private String lastname;
    public String getFirstname() {
      return firstname;
    }
    public void setFirstname(String firstname) {
      this.firstname = firstname;
    }
    public String getLastname() {
      return lastname;
    }
    public void setLastname(String lastname) {
      this.lastname = lastname;
    }
}
```

然后，创建两个接口。

```
package com.ch6.ioc.service;
import com.ch6.ioc.bean.Name;

public interface ByeService {
    public String sayBye(Name name);
}
```

以及

```
package com.ch6.ioc.service;
import com.ch6.ioc.bean.Name;

public interface HelloService {
    public String sayHello(Name name);
}
```

再创建上面两个接口的实现类。

```
package com.ch6.ioc.serviceImpl;
import com.ch6.ioc.bean.Name;
import demo.service.ByeService;

public class ByeServiceImpl implements ByeService {

    public String sayBye(Name name) {
      // TODO Auto-generated method stub
      return "Bye" + name.getFirstname() + " " + name.getLastname();
    }

}
```

以及

```
package com.ch6.ioc.serviceImpl;
import com.ch6.ioc.bean.Name;
import com.ch6.ioc.service.HelloService;

public class HelloServiceImpl implements HelloService {
    public String sayHello(Name name) {
        // TODO Auto-generated method stub
        return "Hello " + name.getFirstname() + " " + name.getLastname();
    }
}
```

创建业务应用类，如下。

```
package com.ch6.ioc.bean;
import java.util.Calendar;
import com.ch6.ioc.bean.Name;
import com.ch6.ioc.service.ByeService;
import com.ch6.ioc.service.HelloService;

public class HelloBean {

    private Name name;
    private ByeService byeService;
    private HelloService helloService;

    public Name getName() {
        return name;
    }

    public void setName(Name name) {
        this.name = name;
    }

    public void setByeService(ByeService byeService) {
        this.byeService = byeService;
    }

    public void setHelloService(HelloService helloService) {
        this.helloService = helloService;
    }

    public String wishMe(Name name) {
        Calendar calendar = Calendar.getInstance();
        if (calendar.get(Calendar.HOUR_OF_DAY) < 12) {
            return helloService.sayHello(name);
        } else {
            return byeService.sayBye(name);
        }
    }
}
```

bean 的配置文件，如下。

```
<bean id="helloBean" class=" com.ch6.ioc.bean.HelloBean">
    <property name="helloService">
        <ref bean="helloService" />
    </property>
    <property name="byeService">
        <ref bean="byeService" />
```

```
    </property>
  </bean>

  <bean id="byeService"
    class=" com.ch6.ioc.serviceImpl.ByeServiceImpl">
  </bean>
  <bean id="helloService"
    class=" com.ch6.ioc.serviceImpl.HelloServiceImpl">
</bean>
```

万事俱备，只欠东风，下面只要做一下测试，编写一个测试类查看一下 IOC 的效果。

```
package com.ch6.ioc.test;
import
org.springframework.context.support.ClassPathXmlApplicationContext;
import com.ch6.ioc.bean.HelloBean;
import com.ch6.ioc.bean.Name;

public class TestClient {
    public static void main(String[] args) {
        System.out.println("TestClient started");
        // Load the hello.xml to classpath
        ClassPathXmlApplicationContext appContext = new
        ClassPathXmlApplicationContext(
            new String[] { "applicationContext.xml" });
        System.out.println("Classpath loaded");
        HelloBean helloBean = (HelloBean) appContext.getBean("helloBean");
        Name name = new Name();
        name.setFirstname("Anker");
        name.setLastname("Jia");
        String str = helloBean.wishMe(name);
        System.out.println(str);
        System.out.println("TestClient end");
    }
}
```

执行测试类的 main 方法，运行结果如下。

```
TestClient started
Classpath loaded
Hello Anker Jia
TestClient end
```

6.3.10　Spring 注解

Spring 到 2.5 版本后，基本上开发人员都不再使用 XML 文件来配置 Bean 了，都是使用注解来声明一个 Bean。因此，本小节就对 Spring 的注解做一下解释。

1. 使用Spring注解来注入属性

使用注解以前先介绍我们是怎样注入属性的，我们使用的类的实现如下。

```
public class UserServiceImpl implements IUserService {

    private UserDao userDao;

    public void setUserDao(UserDao userDao) {
        this.userDao = userDao;
```

```
    }
}
```

配置文件如下。

```
<bean id="userService" class="com.basis.system.core.user.service.
UserServiceImpl">
  <property name="userDao" ref="userDao" />
</bean>
<bean id="userDao" class="com.basis.system.core.user.dao.UserDao">
  <property name="sessionFactory" ref="sessionFactory" />
</bean>
```

2．引入@Autowired注解

类的实现 1：对成员变量进行标注。

```
public class UserServiceImpl implements IUserService {

    @Autowired
private UserDao userDao;
……
}
```

类的实现 2：对方法进行标注。

```
public class UserServiceImpl implements IUserService {

    private UserDao userDao;

    @Autowired
    public void setUserDao(UserDao userDao) {
        this.userDao = userDao;
}
}
```

注意：本方法不推荐使用，建议使用@Resource。

配置文件如下。

```
 <bean id="userService" class="com.basis.system.core.user.service.
UserServiceImpl">
 </bean>
 <bean id="userDao" class="com.basis.system.core.user.dao.UserDao">
     <property name="sessionFactory" ref="sessionFactory" />
 </bean>
```

我们可以看到，这里配置时，可以少配置一个 userService 的 property 了。因为我们已经在代码里通过注解注入了。

@Autowired 可以对成员变量、方法和构造函数进行标注，来完成自动装配的工作。以上两种不同的实现方式中，@Autowired 的标注位置不同，它们都会在 Spring 初始化 userServiceImpl 这个 Bean 时，自动装配 userDao 这个属性，区别如下。

第一种实现中，Spring 会直接将 UserDao 类型的唯一一个 bean 赋值给 userDao 这个成员变量；

第二种实现中，Spring 会调用 setUserDao 方法来将 UserDao 类型的唯一一个 Bean 装

配到 userDao 这个属性。

3. 让@Autowired工作起来

要使@Autowired 能够工作，还需要在配置文件中加入以下代码。

```
<bean
class="org.springframework.beans.factory.annotation.AutowiredAnnotation
BeanPostProcessor" />
```

4. @Qualifier

@Autowired 是根据类型进行自动装配的。

在上面的例子中，如果当 Spring 上下文中存在不止一个 UserDao 类型的 Bean 时，就会抛出 BeanCreationException 异常；如果 Spring 上下文中不存在 UserDao 类型的 Bean，也会抛出 BeanCreationException 异常。我们可以使用@Qualifier 配合@Autowired 来解决这些问题。

（1）可能存在多个 UserDao 实例。Java 代码如下。

```
@Autowired
public void setUserDao(@Qualifier("userDao") UserDao userDao) {
    this.userDao = userDao;
}
```

这样，Spring 会找到 id 为 userDao 的 bean 进行装配。

（2）可能不存在 UserDao 实例。Java 代码如下。

```
@Autowired(required = false)
public void setUserDao(UserDao userDao) {
    this.userDao = userDao;
}
```

5. @Resource

注意：这是 JSR-250 标准注解，推荐使用它来代替 Spring 专有的@Autowired 注解。

Spring 不但支持自己定义的@Autowired 注解，还支持几个由 JSR-250 规范定义的注解，它们分别是@Resource、@PostConstruct 以及@PreDestroy。

@Resource 的作用相当于@Autowired，只不过@Autowired 按 byType 自动注入，而@Resource 默认按 byName 自动注入罢了。@Resource 有两个属性是比较重要的，分别是 name 和 type，Spring 将@Resource 注解的 name 属性解析为 Bean 的名字，而 type 属性则解析为 Bean 的类型。所以如果使用 name 属性，则使用 byName 的自动注入策略，而使用 type 属性时则使用 byType 自动注入策略。如果既不指定 name 也不指定 type 属性，这时将通过反射机制使用 byName 自动注入策略。

@Resource 装配顺序如下。

（1）如果同时指定了 name 和 type，则从 Spring 上下文中找到唯一匹配的 Bean 进行装配，找不到则抛出异常。

（2）如果指定了 name，则从上下文中查找名称（id）匹配的 Bean 进行装配，找不到则抛出异常。

（3）如果指定了 type，则从上下文中找到类型匹配的唯一 Bean 进行装配，找不到或者找到多个，都会抛出异常。

（4）如果既没有指定 name，又没有指定 type，则自动按照 byName 方式进行装配（见2）；如果没有匹配，则回退为一个原始类型（UserDao）进行匹配，如果匹配则自动装配。

6．@PostConstruct（JSR-250）

在方法上加上注解@PostConstruct，这个方法就会在 Bean 初始化之后被 Spring 容器执行（注：Bean 初始化包括实例化 Bean，并装配 Bean 的属性（依赖注入））。

它的一个典型的应用场景是，当你需要往 Bean 里注入一个其父类中定义的属性，而又无法复写父类的属性或属性的 setter 方法时，Java 代码如下。

```
@Repository("logDao")
public class LogDao extends HibernateDaoSupport{

    @Resource
    private SessionFactory sessionFactory;

    /**
     * 类初始化时初始化父类的 session 工厂
     * */
    @PostConstruct
    void injectSessionFactory() {
        super.setSessionFactory(sessionFactory);
    }

    public void addLog(Log log) {
        this.getHibernateTemplate().save(log);
    }
}
```

这里通过@PostConstruct，将 LogDao 的父类里定义的一个 sessionFactory 私有属性，注入了我们自己定义的 sessionFactory（父类的 setSessionFactory 方法为 final，不可复写），之后我们就可以通过调用 super.getSessionFactory()来访问该属性了。

7．@PreDestroy（JSR-250）

在方法上加上注解@PreDestroy，这个方法就会在 Bean 初始化之后被 Spring 容器执行。由于我们当前还没有需要用到它的场景，这里不去演示。其用法同@PostConstruct。

8．使用<context:annotation-config />简化配置

Spring 2.1 添加了一个新的 context 的 Schema 命名空间，该命名空间对注释驱动、属性文件引入、加载期织入等功能提供了便捷的配置。我们知道注释本身是不会做任何事情的，它仅提供元数据信息。要使元数据信息真正起作用，必须让负责处理这些元数据的处理器工作起来。

AutowiredAnnotationBeanPostProcessor 和 CommonAnnotationBeanPostProcessor 就是处理这些注释元数据的处理器。但是直接在 Spring 配置文件中定义这些 Bean 显得比较笨拙。Spring 为我们提供了一种方便地注册这些 BeanPostProcessor 的方式，这就是<context:annotation-config />。

XML 代码如下。

```
<beans xmlns="http://www.springframework.org/schema/beans" xmlns:xsi=
"http://www.w3.org/2001/XMLSchema-instance"
xmlns:context="http://www.springframework.org/schema/context"
    xsi:schemaLocation="http://www.springframework.org/schema/beans
    http://www.springframework.org/schema/beans/spring-beans-2.5.xsd
    http://www.springframework.org/schema/context
    http://www.springframework.org/schema/context/spring-
    context-2.5.xsd">
    <context:annotation-config />
</beans>
```

<context:annotationconfig />将隐式地向 Spring 容器注册以下 4 个 BeanPostProcessor。

❑ AutowiredAnnotationBeanPostProcessor
❑ CommonAnnotationBeanPostProcessor
❑ PersistenceAnnotationBeanPostProcessor
❑ RequiredAnnotationBeanPostProcessor

9. 使用Spring注解完成Bean的定义

以上我们介绍了通过@Autowired 或@Resource 来实现在 Bean 中自动注入的功能，下面我们将介绍如何注解 Bean，从而从 XML 配置文件中完全移除 Bean 定义的配置。

（1）@Component（不推荐使用）、@Repository、@Service 和@Controller，只需要在对应的类上加上一个@Component 注解，就将该类定义为一个 Bean 了。Java 代码如下。

```
@Component
@Scope("prototype")
public class UserAction extends BaseAction implements ModelDriven<User>{
}
```

使用@Component 注解定义的 Bean，默认的名称（id）是小写开头的非限定类名。如这里定义的 Bean 名称就是 userDaoImpl。你也可以指定 Bean 的名称。

```
@Component("userDao")
```

@Component 是所有受 Spring 管理组件的通用形式，Spring 还提供了更加细化的注解形式：@Repository、@Service 和@Controller，它们分别对应持久化层 Bean、业务层 Bean 和展示层 Bean。目前版本（2.5）中，这些注解与@Component 的语义是一样的，完全通用，在 Spring 以后的版本中可能会给它们追加更多的语义。所以，我们推荐使用@Repository、@Service 和@Controller 来替代@Component。

（2）使用<context:component-scan />让 Bean 定义注解工作起来，XML 代码如下。

```
<beans xmlns="http://www.springframework.org/schema/beans" xmlns:xsi="
http://www.w3.org/2001/XMLSchema-instance"
xmlns:context="http://www.springframework.org/schema/context"
    xsi:schemaLocation="http://www.springframework.org/schema/beans
    http://www.springframework.org/schema/beans/spring-beans-2.5.xsd
    http://www.springframework.org/schema/context
    http://www.springframework.org/schema/context/spring-context-2.5
    .xsd">
    <context:component-scan base-package="com.kedacom.ksoa" />
</beans>
```

这里，所有原来需要通过<bean>元素定义 Bean 的配置内容已经被移除，仅需要添加一行<context:component-scan />配置就解决所有问题了——Spring XML 配置文件得到了极致的简化（当然配置元数据还是需要的，只不过以注释形式存在罢了）。<context:component-scan />的 base-package 属性指定了需要扫描的类包，类包及其递归子包中所有的类都会被处理。<context:component-scan />还允许定义过滤器将基包下的某些类纳入或排除。

👄注意：<context:component-scan />配置项不但启用了对类包进行扫描，以实施注释驱动 Bean 定义的功能，同时还启用了注释驱动自动注入的功能（即还隐式地在内部注册了 AutowiredAnnotationBeanPostProcessor 和 CommonAnnotationBeanPostProcessor），因此当使用<context:component-scan />后，就可以将<context:annotation-config />移除了。

（3）使用@Scope 来定义 Bean 的作用范围，在使用 XML 定义 Bean 时，我们可能还需要通过 Bean 的 scope 属性来定义一个 Bean 的作用范围，我们同样可以通过@Scope 注解来完成这项工作。Java 代码如下。

```
@Component
@Scope("prototype")
public class UserAction extends BaseAction implements ModelDriven<User>{
}
```

类似的还有@Scope("session")。

6.4　数据持久化 Hibernate

从本节开始，我们就来熟悉 Hibernate。作为初学者你也许听说过 Hibernate 的大名，但是究竟 Hibernate 到底是什么，有什么作用，也许你还并不太了解。Hibernate 其实并不神秘，现在就让我们一块学习一下 Hibernate。

6.4.1　什么是 Hibernate

Hibernate 是一个主流的持久化框架，它是在 JDBC 基础上进行封装，只需要少量代码就可以完成持久化工作，它是一个优秀的 ORM（对象-关系映射）机制，通过映射文件保存映射信息，在业务层以面向对象的方式编程，开发人员不用考虑数据的保存形式。

这里讲到了两个概念，一个是持久化，另一个是对象-关系映射，即 ORM。下面我们分别介绍一下这两个概念的意义。

1．什么是持久化

在系统运行的时候，数据在系统里有两种状态，一是瞬时状态，另一个是持久状态。

❏ 瞬时状态：是指保存在内存的程序数据，程序退出后，数据就消失了，称为瞬时状态。

❑ 持久状态：是指保存在磁盘上的程序数据，程序退出后依然存在，称为程序数据的持久状态。

❑ 持久化：将程序数据在瞬时状态和持久状态之间转换的机制，说白了，就是将内存中的数据，保存到数据库的表中去。

那么，我们是怎么进行持久化的工作的呢？在有 Hibernate 之前，我们是用 JDBC 技术，来完成数据的持久化的，如图 6-5 所示。

图 6-5　JDBC 技术原理

我们说 Hibernate 是一个专门做数据持久化的框架，那么在使用 Hibernate 之后，我们又是怎么样来实现数据的持久化的呢？这就需要用到 ORM。

2．什么是ORM

让我们再回到前面的话题，明确一下什么是 ORM。

ORM（对象-关系映射）：完成对象数据到关系型数据映射的机制称为对象-关系映射，简称 ORM。这样子说，你一定觉得抽象而且枯燥，下面我们用图片来示意一下，如图 6-6 所示。

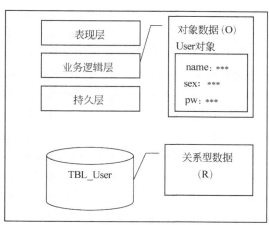

图 6-6　ORM 关系映射

如图 6-6 所示，所谓的 O，就是指对象数据，比如图中的 User 对象，它可以有一些属性。所谓的 R，就是指关系型数据库，如我们常用的 Oracle 或 MySQL 等，而在对象数据和关系型数据库的表之间，我们需要告诉程序是怎么对应的，这就是所谓的映射，即 M

（Mapping）。

6.4.2　JDBC 与 Hibernate 的比较

既然 Hibernate 与 JDBC 的作用相同，都是实现数据持久化的技术，那么它们有哪些相同点和不同点呢？

1．相同点

- ❏ 两者都是 Java 的数据库操作中间件。
- ❏ 两者对于数据库进行直接操作的对象都不是线程安全的，都需要及时关闭。
- ❏ 两者都可以对数据库的更新操作进行显式的事务处理。

2．不同点

使用的 SQL 语言不同，JDBC 使用的是基于关系型数据库的标准 SQL 语言，Hibernate 使用的是 HQL（Hibernate query language）语言。

- ❏ 操作的对象不同，JDBC 操作的是数据，将数据通过 SQL 语句直接传送到数据库中执行，Hibernate 操作的是持久化对象，由 Hibernate 的底层负责将持久化对象的数据更新到数据库中。
- ❏ 数据状态不同：JDBC 操作的数据是"瞬时"的，变量的值无法与数据库中的值保持一致，而 Hibernate 操作的数据是可持久的，即持久化对象的数据属性的值是可以跟数据库中的值保持一致的。

6.4.3　Hibernate 的持久化框架

1．Hibernate应用程序的结构

下面我们通过图 6-7 示意一下 Hibernate 的应用程序的结构。

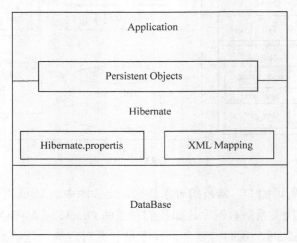

图 6-7　Hibernate 的应用程序结构

从图 6-7 可以看出，Hibernate 程序的结构大致如下。

- Application：应用。
- Persistent Object：持久化对象。
- Hibernate.properties：Hibernate 属性文件/Hibernate 配置文件。
- XML Mapping：Hibernate 映射文件。
- Database：数据库。

即，在一个 Hibernate 的应用程序中，需要持久化的对象数据，是通过 Hibernate 的映射文件或其他的配置文件，来明确一个对象和数据库表的映射关系，再通过 Hibernate 封装的语句，来实现数据的增删改查的。这样的应用程序，是一个层次较为分明的程序。

2．软件分层的优点

在前面的 MVC 分层结构中已经介绍了软件分层设计的好处，软件的分层设计能为应用程序带来如下一些好处。

- 伸缩性。
- 可维护性。
- 可扩展性。
- 可重用性。
- 可管理性。

6.4.4 Hibernate 开发环境

上面已经介绍了 Hibernate 的基本知识，介绍了 Hibernate 的概念、优点和开发框架。接下来我们就来介绍一下如何创建 Hibernate 的开发环境。

Hibernate 的官方网站是：http://www.hibernate.org/，目前最新的版本已经到 4.0 以上了，作者下载的是 3.6.1 版本。3.6.1 版本应该是 3.x 版本的最后一个稳定版本。

1．Hibernate的下载

在官方网站的下载页面：http://www.hibernate.org/downloads，找到下载 Hibernate 的最新版本。我这里使用的是 3.6.1 版本。单击下载的超链接，进入下载页面。下载的包为：hibernate-distribution-3.6.1-Final-dist.zip。

2．Hibernate最少依赖包

将下载的包解压缩，里面有一个 hibernate3.jar，这是 Hibernate 最主要的包。我们使用的主要有 hibernate3.jar 和 lib/required 里的包，其他的包在需要的时候再进行导入即可。

在 required 包里，有如下的 jar 包。

- antlr-2.7.6.jar。
- commons-collections-3.1.jar。
- dom4j-1.6.1.jar。
- javassist-3.12.0.GA.jar。
- jta-1.1.jar。

❑ slf4j-api-1.6.1.jar。

再加上 hibernate3.jar，Hibernate 必须的包一共有 7 个。

3．Hibernate的配置文件

Hibernate 的配置依赖于外部 XML 文件，数据库映射被定义为一组 XML 映射文件，并且在启动时进行加载。创建这些映射有很多方法，可以从已有数据库模式或 Java 类模型中自动创建，也可以手工创建。无论如何，读者最终将获得大量的 Hibernate 映射文件。此外，还可以使用工具，通过 javadoc 样式的注释生成映射文件，尽管这样会给读者的构建过程增加一个步骤。

在最近发布的几个 Hibernate 版本中，出现了一种基于 Java 5 注释的更为巧妙的新方法。借助新的 Hibernate Annotation 库，即可一次性地分配所有的映射文件。一切都会按照您的想法来定义并将注释直接嵌入到您的 Java 类中，并提供一种强大及灵活的方法来声明持久性映射。籍由自动代码完成和语法突出显示功能，最近发布的 Java IDE 也为其提供了有力的支持。

Hibernate Annotation 还支持新的 EJB3 持久性规范。这些规范旨在提供一种标准化的 Java 持久性机制。由于 Hibernate 3 还提供了一些扩展，因此您可以十分轻松地遵从这些标准，并使用 EJB3 编程模型来对 Hibernate 持久层进行编码。

1）创建 Hibernate 配置文件

在项目中引入 Hibernate 的配置文件，Hibernate 有两种格式的配置文件，一种是 XML 格式的，一种是 Java 的 properties 类型的属性文件。这两种格式的配置文件，放在项目的 classpath 下即可，使用其中任意一种就可以了。下面分别描述。

（1）XML 格式配置文件。XML 代码：hibernate.cfg.xml 如下。

```xml
<?xml version='1.0' encoding='UTF-8'?>
<!DOCTYPE hibernate-configuration
        PUBLIC "-//Hibernate/Hibernate Configuration DTD//EN"
        "http://hibernate.sourceforge.net/hibernate-configuration-
        3.0.dtd">
<hibernate-configuration>

  <!--SessionFactory 配置-->
  <session-factory>
    <!--指定数据库使用的 SQL 方言-->
    <property name="hibernate.dialect">org.hibernate.dialect.Oracle
Dialect</property>
    <!--指定连接数据库用的驱动-->
    <property name="connection.driver_class">oracle.jdbc.driver.Oracle
Driver</property>
    <!--指定连接数据库的路径-->
    <property name="connection.url">jdbc:oracle:thin:@localhost:1521:
xe</property>
    <!--指定连接数据库的用户名-->
    <property name="connection.username">myusername</property>
    <!--指定连接数据库的密码-->
    <property name="connection.password">mypassword</property>
    <!--当 show_sql 属性为 true 时，表示当程序运行时在控制台输出 SQL 语句，默认为
    false-->
    <property name="show_sql">true</property>
```

```
    <!--是否自动创建数据库表 create update none-->
    <property name="hbm2ddl.auto">update</property>
    <!--指定是否按照标准格式在控制台上输出 SQL 语句-->
    <property name="format_sql">true</property>
    <!--指定是否在 SQL 语句中输出便于调试的注释信息-->
    <property name="use_sql_comments">true</property>
    <!--指定持久化类映射文件-->
    <mapping resource="demo/hibernate/model/User.hbm.xml" />
    <!--指定需要持久化的类-->
    <mapping class="com.basis.system.core.log.model.Log" />
  </session-factory>

</hibernate-configuration>
```

稍解释一下，如果你的持久化是用 XML 配置文件实现的，那么就需要配置：

```
<mapping resource="demo/hibernate/model/User.hbm.xml" />
```

如果你的持久化是用注释语法实现的，那么就可能需要配置：

```
<mapping class="com.basis.system.core.log.model.Log" />
```

（2）Java 属性文件格式的配置文件。

```
Java 代码: hibernate.properties
#指定连接数据库使用的 SQL 方言#
hibernate.dialect=org.hibernate.dialect.OracleDialect
#指定连接数据库的驱动程序#
hibernate.connection.driver_class=oracle.jdbc.driver.OracleDriver
#指定连接数据库的 URL#
hibernate.connection.url=jdbc:oracle:thin:@localhost:1521:xe
#指定连接数据库的用户名#
hibernate.connection.username=myusername
#指定连接数据库的密码#
hibernate.connection.password=mypassword
#指定在执行程序时，是否在控制台上输出 SQL 语句#
hibernate.show_sql=true
#指定是否按照标准格式在控制台上输出 SQL 语句#
hibernate.format_sql=true
#指定是否在 SQL 语句中输出便于调试的注释信息#
hibernate.use_sql_comments=true
```

2）创建持久化类及映射文件

（1）持久化类。所谓持久化类，是指和数据库表对应的 JavaBean 类。Java 代码：UserDto.java 如下。

```
package demo.hibernate.model;

public class UserDto {
   private String userId;
   private String userName;
   private String userCode;
   private String password;

   public String getUserId() {
      return userId;
   }

   public void setUserId(String userId) {
```

```
        this.userId = userId;
    }

    public String getUserName() {
        return userName;
    }

    public void setUserName(String userName) {
        this.userName = userName;
    }

    public String getUserCode() {
        return userCode;
    }

    public void setUserCode(String userCode) {
        this.userCode = userCode;
    }

    public String getPassword() {
        return password;
    }

    public void setPassword(String password) {
        this.password = password;
    }
}
```

（2）映射配置文件。映射配置文件一般要和你的持久化类文件放在同一个目录下。XML
代码：User.hbm.xml 如下。

```xml
<?xml version="1.0"?>
<!DOCTYPE hibernate-mapping PUBLIC "-//Hibernate/Hibernate Mapping
DTD//EN"
"http://hibernate.sourceforge.net/hibernate-mapping-3.0.dtd">
<hibernate-mapping>
    <class name="demo.hibernate.model.UserDto" table="BT_SYSTEM_USER">
    <id name="userId" column="user_id" type="string">
        <generator class="uuid.hex" />
    </id>
    <property name="userName" column="user_name" type="string"
    not-null="true" />
    <property name="userCode" column="user_code" type="string" />
    <property name="password" column="password_" type="string" />
    </class>
</hibernate-mapping>
```

3）构建 SessionFactory

Hibernate 的 SessionFactory 接口提供 Session 类的实例，而 Session 类则用于完成对数
据库的操作。由于 SessionFactory 实例是线程安全的（而 Session 实例不是线程安全的），
所以每个操作都可以共用同一个 SessionFactory 来获取 Session。

前面说过，Hibernate 的配置文件分为两种格式，一种是 XML 格式的配置文件，另一
种是 Java 属性文件格式的配置文件，因此，构建 SessionFactory 也有两种方法，下面分别
介绍。

❑ 从 XML 文件读取配置信息构建 SessionFactory

从 XML 文件读取配置信息构建 SessionFactory 的具体步骤如下。

（1）创建一个 Configuration 对象，并通过该对象的 configure()方法加载 Hibernate 配置文件，代码如下。

```
Configuration config = new Configuration().configure();
```

configure()方法用于告诉 Hibernate 加载 hibernate.cfg.xml 文件。Configuration 在实例化时默认加载 classpath 中的 hibernate.cfg.xml，当然也可以加载名称不是 hibernate.cfg.xml 的配置文件，例如 myhibernate.cfg.xml，可以通过以下代码实现。

```
Configuration config = new Configuration().configure("myhibernate.
cfg.xml");
```

（2）完成配置文件和映射文件的加载后，将得到一个包括所有 Hibernate 运行期参数的 Configuration 实例，通过 Configuration 实例的 buildSessionFactory()方法可以构建一个唯一的 SessionFactory，代码如下。

```
SessionFactory sessionFactory = config.buildSessionFactory();
```

构建 SessionFactory 要放在静态代码块中，因为它只在该类被加载时执行一次。
❑　从 Java 属性配置文件读取配置信息
从 Java 属性文件读取配置信息构建 SessionFactory 的具体步骤如下。
（1）创建一个 Configuration 对象，此时 Hibernate 会默认加载 classpath 中的配置文件 hibernate.properties，代码如下。

```
Configuration config = new Configuration();
```

（2）由于在配置文件中缺少相应的配置映射文件的信息，所以此处需要通过硬编码的方式加载，这可以通过 Configuration 对象的 addClass()方法实现，具体代码如下。

```
config.addClass(UserDto.class);
```

addClass()方法用于加载需持久化的实体类。如果有多个需要加载的持久化类，则在这里逐一添加进来。
（3）完成配置文件和映射文件的加载后，将得到一个包括所有 Hibernate 运行期参数的 Configuration 实例，通过 Configuration 实例的 buildSessionFactory()方法可以构建一个唯一的 SessionFactory，代码如下。

```
SessionFactory sessionFactory = config.buildSessionFactory();
```

构建 SessionFactory 同样也要放在静态代码块中，因为它只需在该类被加载时执行一次。一个典型的构建 SessionFactory 的代码如下。Java 代码：DemoDao.java 如下。

```
import org.hibernate.SessionFactory;
import org.hibernate.cfg.Configuration;
import com.basis.system.core.user.model.UserDto;

public class DemoDao {
    static SessionFactory sessionFactory;
    // 初始化 Hibernate，创建 SessionFactory 实例，只在该类被加载到内存时执行一次
    static {
        try {
            Configuration config = new Configuration();
            config.addClass(UserDto.class);
```

```
        sessionFactory = config.buildSessionFactory();
    } catch (Exception e) {
        System.out.println(e.getMessage());
    }
  }
}
```

（4）Session 的创建与关闭。Session 是一个轻量级对象，通常将每个 Session 实例和一个数据库事务绑定，也就是每执行一个数据库事务，都应该先创建一个新的 Session 实例，在使用 Session 后，还需要关闭 Session。

还要把这里的 Session 和 JSP 页面上的 session 对象区分开来。这里的 Session 是指一次操作数据库的会话，它和一个操作数据库的事务绑定，以进行一些增删改查的操作；而 JSP 页面上的 session 是 JSP 的内置对象，它是用户访问一个 Web 容器时的保存状态的会话对象。

一定要记住这里的 SessionFactory 接口和 Session，它们是 Hibernate 的关键，虽然我们在后面会将 SessionFactory 配置到 Spring 的配置文件中，但它的确是 Hibernate 的东西。

❑ Session 的创建

创建 SessionFactory 后，就可以通过 SessionFactory 创建 Session 实例，代码如下。

```
Session session = sessionFactory.openSession();
```

创建 Session 后，就可以通过创建的 Session 进行持久化操作了。

❑ Session 的关闭

在创建 Session 实例后，不论是否执行事务，最后都需要关闭 Session 实例，释放 Session 实例占用的资源。关闭 Session 实例的代码如下。

```
session.close();
```

6.4.5　Hibernate 应用示例

前面我们介绍了 Hibernate 的持久化类和配置，接下来我们在上面的持久化类和配置文件的基础上，增加业务逻辑处理类，来实际体验一下 Hibernate 进行持久化的操作。

我们同样使用一个简单示例进行讲解，说明 Hibernate 的使用。至于 Hibernate 的具体知识，我们会在后面进行专门的讲解。

1. 创建业务逻辑类

Hibernate 的业务逻辑类，一般类名定义为 dao，我们来看这样一个例子。

Java 代码：DemoUserDao.java 如下。

```java
package demo.hibernate.dao;
import java.util.List;
import org.hibernate.Query;
import org.hibernate.Session;
import org.hibernate.SessionFactory;
import org.hibernate.Transaction;
import org.hibernate.cfg.Configuration;

public class DemoUserDao {
    private static SessionFactory sessionFactory = null;
```

```
    private Session session = null;
    Transaction tx = null;
    static {
        try {
            Configuration config = new Configuration().configure();
            sessionFactory = config.buildSessionFactory();
        } catch (Exception e) {
            System.out.println(e.getMessage());
        }
    }

    public List selectUsers() {
        session = sessionFactory.openSession();
        tx = session.beginTransaction();
        String hql = "from UserDto";
        List list = null;
        try {
            Query query = session.createQuery(hql);
            list = query.list();
        } catch (Exception e) {
            System.out.println(e.getMessage());
        }
        tx.commit();
        session.close();
        return list;
    }
}
```

这里要特别注意的是，HQL 查询语句中的数据库表名，要写上映射文件中映射的类名，比如，我们在前面的映射配置文件中配置的是：

```
<class name="demo.hibernate.model.UserDto" table="BT_SYSTEM_USER">
```

那么这里的 HQL 查询语句中，就对应的是：

```
String hql = "from UserDto";
```

2. 创建JSP页面文件

我们先不着急引入 Struts 和 Spring 来调用这个事务类，我们先看纯粹的 Hibernate 的功能。

我们先开发一个简单的 JSP 页面，来调用一下上面写的这个 Hibernate 的业务逻辑类，测试一下 Hibernate 的功能。在项目的 WebRoot/demo/hibernate/ 目录下创建文件 testHibernate.jsp。

Java 代码：testHibernate.jsp 如下。

```
<%@page      contentType="text/html;      charset=UTF-8      language="java"
errorPage=""%>
<%@page import="java.util.List, java.sql.*"%>
<%@page import="demo.hibernate.model.UserDto, demo.hibernate.dao.
DemoUserDao"%>
<%
    demo.hibernate.dao.DemoUserDao dao = new demo.hibernate.dao.
    DemoUserDao();
%>
<html>
<head>
```

```
<meta http-equiv="Content-Type" content="text/html; charset=UTF-8">
<title>Hibernate 示例</title>
</head>
<body>
<table border="1" align="center" cellpadding="0" cellspacing="0"
    bordercolor="#FFFFFF" bordercolordark="#819BBC" border
    colorlight="#FFFFFF">
    <tr align="center" height="25">
        <td width="100">用户 ID</td>
        <td width="100">姓名</td>
        <td width="100">用户代码</td>
        <td width="100">密码</td>
    </tr>
<%
    List list = dao.selectUsers();
    for(int i=0;i<list.size();i++){
        UserDto user = (UserDto)list.get(i);
%>
    <tr align="center" height="25">
        <td><%=user.getUserId()%></td>
        <td><%=user.getUserName()%></td>
        <td><%=user.getUserCode()%></td>
        <td><%=user.getPassword()%></td>
    </tr>
<%}%>
</table>
</body>
</html>
```

3．发布并运行程序

将相应的 jar 包放入项目的 WEB-INF/lib 目录下，启动 Tomcat。服务器启动后，在浏览器里访问地址：http://localhost/basis/demo/hibernate/testHibernate.jsp，如果 testHibernate.jsp 界面显示成功，表示我们的 Hibernate 项目运行成功了。当然，这只是一个简单的例子，不要忘了在你的表里加一条数据哦。

我们看一下 Tomcat 服务器的后台，显示出了 Hibernate 底层生成的 SQL 语句：Hibernate: select userdto0_.user_id as user1_2_， userdto0_.user_name as user2_2_， userdto0_.user_code as user3_2_， userdto0_.password_ as password4_2_ from bt_system_user userdto0_。

6.4.6　Hibernate 查询

要对数据库管理系统进行操作，最基本的就是使用 SQL（Structured Query Language）语句，大部分的数据库都支持标准的 SQL 语句，然而也有一些特定于数据库的 SQL 语句，应用程序配合 SQL 语句进行数据库查询时，若使用到特定于数据库的 SQL 语句，程序本身会有相依于特定数据库的问题。

1．使用Hibernate Criteria

使用 Hibernate 时，即使您不了解 SQL 的使用与编写，也可以使用它所提供的 API 来进行 SQL 语句查询， org.hibernate.Criteria 对 SQL 进行封装，您可以从 Java 对象的观点来组合各种查询条件，由 Hibernate 自动为您产生 SQL 语句，而不用特别管理 SQL 与数据库相依的问题。就某个程度的意义来看，这就像是在编译时期也可以得到对 SQL 语法的检查与验证。

2．基本查询

以最基本的查询来说，如果您想要查询某个对象所对应的数据库表中所有的内容，可以按如下进行查询。

```
Criteria criteria = session.createCriteria(User.class);
 List users = criteria.list();
System.out.println(users.size());
for(Iterator it = users.iterator(); it.hasNext(); ) {
    User user = (User) it.next();
    System.out.println(user.getUserId() +
        " \t " + user.getUserName() +
      "/" + user.getUserCode());
}
```

Criteria 建立后，若不给予任何的条件，预设是查询实体类所对应的表的所有记录，如果您执行以上的程序片段，并在配置文件中设定了 Hibernate 的 show_sql 属性，则可以在控制台下看到系统显示如下的 SQL 语句。

```
Hibernate: select this_.id as id0_0_, this_.name as name0_0_, this_.age
as age0_0_ from T_USER this_
```

3．使用Restrictions添加查询条件

org.hibernate.Criteria 实际上是个条件附加的容器，如果想要设定查询条件，则要使用 org.hibernate.criterion.Restrictions 的各种静态方法传回 org.hibernate.criterion.Criteria 实例，传回的每个 org.hibernate.criterion.Criteria 实例代表着一个条件，您要使用 org.hibernate.Criteria 的 add()方法加入这些条件实例，例如查询 age 大于 20 且小于 40 的资料。

```
Criteria criteria = session.createCriteria(User.class);
criteria.add(Restrictions.gt("age", new Integer(20)));
criteria.add(Restrictions.lt("age", new Integer(40)));
List users = criteria.list();

for (Iterator it = users.iterator(); it.hasNext();) {
    User user = (User) it.next();
    System.out.println(user.getUserId() + " \t " +
    user.getUserName()
        + "/" + user.getUserCode());
}
```

Restrictions 的 gt()方法表示大于（great than）的条件，而 lt 表示小于（less than）的条件，执行以上程序片段，观察所产生的 SQL 语句，将使用 where 与 and 子句来完成 SQL 的条件查询。

```
Hibernate: select this_.id as id0_0_, this_.name as name0_0_, this_.age
as age0_0_ from T_USER this_ where this_.age>? and this_.age<?
```

使用 add()方法加入条件时，预设是使用 and 来组合条件，如果要用 or 的方式来组合条件，则可以使用 Restrictions.or()方法，例如结合 age 等于（eq）20 或（or）age 为空（isNull）

的条件。

```
Criteria criteria = session.createCriteria(User.class);
criteria.add(Restrictions.or(Restrictions.eq("age", new Integer(20)),
Restrictions.isNull("age")));
List users = criteria.list();
```

观察所产生的 SQL 语句，将使用 where 与 or 子句完成 SQL 的条件查询。

```
Hibernate: select this_.id as id0_0_, this_.name as name0_0_, this_.age
as age0_0_ from T_USER this_ where (this_.age=? or this_.age is null)
```

您也可以使用 Restrictions.like()方法来进行 SQL 中 like 子句的功能，例如查询 name 中名称为 just 开头的资料。

```
Criteria criteria = session.createCriteria(User.class);
criteria.add(Restrictions.like("name", "just%"));
 List users = criteria.list();
```

观察所产生的 SQL 语句如下。

```
Hibernate: select this_.id as id0_0_, this_.name as name0_0_, this_.age
as age0_0_ from T_USER this_ where this_.name like ?
```

4．Restrictions的常用限定查询方法

Restrictions 的几个常用限定查询方法如表 6-8 所示。

表 6-8　Restrictions的常用限定查询方法

方　　法	说　　明
Restrictions.eq	等于
Restrictions.allEq	使用 Map，使用 key/value 进行多个等于的比对
Restrictions.gt	大于 >
Restrictions.ge	大于等于 >=
Restrictions.lt	小于 <
Restrictions.le	小于等于 <=
Restrictions.between	对应 SQL 的 BETWEEN 子句
Restrictions.like	对应 SQL 的 LIKE 子句
Restrictions.in	对应 SQL 的 in 子句
Restrictions.and	and 关系
Restrictions.or	or 关系
Restrictions.sqlRestriction	SQL 限定查询

5．Hibernate条件查询（Criteria Query）

下面我们用更多的例句来讲述 Hibernate 的条件查询。

（1）创建一个 Criteria 实例。org.hibernate.Criteria 这个接口代表对一个特定的持久化类的查询。Session 是用来制造 Criteria 实例的工厂。

```
SessionFactory sessionFactory = this.getHibernateTemplate().
getSessionFactory();
Session session = sessionFactory.openSession();
```

```
Criteria crit = session.createCriteria(Cat.class);// 创建实力类可以为
OBJECT.CLASS
 crit.setMaxResults(50);
 List cats = crit.list();
```

返回最多 50 条记录的结果集。

（2）缩小结果集范围。一个查询条件（Criterion）是 org.hibernate.Criterion 接口的一个实例。类 org.hibernate.criterion.Restrictions 定义了获得一些内置的 Criterion 类型。

```
List cats = session.createCriteria(Cat.class).add(
Restrictions.like("name", "Fritz%")).add(
Restrictions.between("weight", 40, 60)).list();
```

表达式（Restrictions）可以按照逻辑分组。

```
List cats = session.createCriteria(Cat.class).add(
Restrictions.like("name", "Fritz%")).add(
Restrictions.or(Restrictions.eq("age", new Integer(0)),
Restrictions.isNull("age"))).list();
```

上面的代码将返回（name like "Fritz%" and age 等于 0 或者 age 为空）的结果集。

```
List catss = session.createCriteria(Cat.class).add(
Restrictions.in("name", new String[] { "Fritz", "Izi", "Pk" }))
 .add(
    Restrictions.disjunction().add(
    Restrictions.isNull("age")).add(
    Restrictions.eq("age", new Integer(0))).add(
    Restrictions.eq("age", new Integer(1))).add(
    Restrictions.eq("age", new Integer(2)))).list();
```

Expression.disjunction()——意思是可以按照逻辑分组。

有很多预制的条件类型（Restrictions 的子类），有一个特别有用，可以让你直接嵌入SQL。

```
List catss = session.createCriteria(Cat.class)
  .add( Restrictions.sqlRestriction("lower($alias.name) like lower(?)",
"Fritz%", Hibernate.STRING) ).list();
```

其中的 {alias} 是一个占位符，它将会被所查询实体的行别名所替代。

（3）对结果排序（Order）。可以使用 org.hibernate.criterion.Order 对结果集排序。

```
List catss = session.createCriteria(Cat.class).add(
    Restrictions.like("name", "F%"))
   .addOrder(Order.asc("name"))
   .addOrder(Order.desc("age"))
   .setMaxResults(50).list();
```

（4）关联（Associations）。你可以在关联之间使用 createCriteria()，很容易地在存在关系的实体之间指定约束。

```
List cats = session.createCriteria(Cat.class).add(
            Restrictions.like("name", "F%")).createCriteria
            ("kittens").add(
```

```
                    Restrictions.like("name", "F%")).list();
```

🔔**注意**：第二个 createCriteria()返回一个 Criteria 的新实例，指向 kittens 集合类的元素。

下面的替代形式在特定情况下有用。

```
List catss = session.createCriteria(Cat.class).createAlias("kittens",
            "kt").createAlias("mate", "mt").add(
            Restrictions.eqProperty("kt.name", "mt.name")).list();
```

createAlias()并不会创建一个 Criteria 的新实例。

🔔**注意**：前面两个查询中 User 实例所持有的 kittens 集合类并没有通过 criteria 预先过滤！
　　　如果你希望只返回满足条件的 kittens，则必须使用 returnMaps()。

```
List catss = session.createCriteria(Cat.class).createCriteria(
            "kittens", "kt").add(Restrictions.eq("name", "F%"))
            .returnMaps().list();
    Iterator iter = catss.iterator();
    while (iter.hasNext()) {
        Map map = (Map) iter.next();
        Cat cat = (Cat) map.get(Criteria.ROOT_ALIAS);
        Cat kitten = (Cat) map.get("kt");
    }
```

（5）动态关联对象获取（Dynamic association fetching）。可以在运行时通过 setFetchMode()来改变关联对象自动获取的策略。

```
List catsss = session.createCriteria(Cat.class)
        .add( Restrictions.like("name", "Fritz%") )
        .setFetchMode("mate", FetchMode.EAGER)
        .list();
```

这个查询会通过外连接（outer join）同时获得 mate 和 kittens。

（6）根据示例查询（Example queries）。org.hibernate.criterion.Example 类允许你从指定的实例创造查询条件。

```
Cat cat = new Cat();
cat.setSex('F');
cat.setColor(Color.BLACK);
List results = session.createCriteria(Cat.class).add(
Example.create(cat)).list();
```

版本属性，表示符属性和关联都会被忽略。默认情况下，null 值的属性也被排除在外。你可以调整示例（Example）如何应用。

```
Cat cat = new Cat();
Example example = Example.create(cat)
            .excludeZeroes()           // exclude zero valued properties
            .excludeProperty("color")  // exclude the property named
            "color"
            .ignoreCase()              // perform case insensitive string
            comparisons
            .enableLike();             // use like for string comparisons
List results = session.createCriteria(Cat.class).add(example).list();
```

你甚至可以用示例对关联对象建立 Criteria。

```
Cat cat = new Cat();
List results = session.createCriteria(Cat.class).add(
Example.create(cat)).createCriteria("mate").add(
Example.create(cat.getMate())).list();
```

6.4.7 Hibernate 的查询方式

1．HQL查询方式

这是一种我最常用，也是最喜欢用的查询方式，因为它写起来灵活直观，而且与所熟悉的 SQL 的语法差不太多。条件查询、分页查询、连接查询、嵌套查询，写起来与 SQL 语法基本一致，唯一不同的就是把表名换成了类或者对象。其他的，包括一些查询函数（count()、sum()等）和查询条件的设定等，全都跟 SQL 语法一样。示例如下。

```
SessionFactory sessionFactory = this.getHibernateTemplate().
getSessionFactory();
    Session session = sessionFactory.openSession();
    User user = null;
    Transaction ts = session.beginTransaction();
    try {
        Query query = session.createQuery("from User as u where
        name='ijse'");
        user= (User) query.list().get(0);
        ts.commit();
    } catch (HibernateException ex) {
        ts.rollback();
        ex.printStackTrace();
    }
    System.out.println(user.getUserName());
```

2．QBC（Query By Criteria）查询方式

这种方式相对于面向对象方式，重点是有 3 个描述条件的对象：Restrictions、Order 和 Projections。使用 QBC 查询，一般需要以下 3 个步骤。

（1）使用 Session 实例的 createCriteria()方法创建 Criteria 对象。

（2）使用工具类 Restrictions 的方法为 Criteria 对象设置查询条件，使用 Order 工具类的方法设置排序方式，使用 Projections 工具类的方法进行统计和分组。

（3）使用 Criteria 对象的 list()方法进行查询并返回结果。

Restrictions 类的常用方法如表 6-9 和表 6-10 所示。

表 6-9　Order类的常用方法

方 法 名 称	描　　　述
Order.asc	升序
Order.desc	降序

表 6-10　Projections类的常用方法

方 法 名 称	描　　　述
Projections.avg	求平均值
Projections.count	统计某属性的数量

续表

方　法　名　称	描　　述
Projections.countDistinct	统计某属性不同值的数量
Projections.groupProperty	指定某个属性为分组属性
Projections.max	求最大值
Projections.min	求最小值
Projections.projectionList	创建一个 ProjectionList 对象
Projections.rowCount	查询结果集中的记录条数
Projections.sum	求某属性的合计

具体示例如下。

```
SessionFactory sessionFactory = this.getHibernateTemplate().
getSessionFactory();
    Session session = sessionFactory.openSession();
    User user = null;
    Transaction ts = session.beginTransaction();
    try {
        Criteria criteria = session.createCriteria(User.class);
        criteria.add(Restrictions.eq("name", "ijse"));
        user = (User) criteria.list().get(0);
        ts.commit();
    } catch (HibernateException ex) {
        ts.rollback();
        ex.printStackTrace();
    }
    System.out.println(user.getUserName());
```

3．QBE（Query By Example）查询方式

将一个对象的非空属性作为查询条件进行查询，其实前面已经讲过了，下面再举一个例子。具体示例如下。

```
SessionFactory sessionFactory = this.getHibernateTemplate().
getSessionFactory();
    Session session = sessionFactory.openSession();
    User user = new User();
    user.setUserName("ijse");
    Transaction ts = session.beginTransaction();
    try {
        Criteria criteria = session.createCriteria(User.class);
        criteria.add(Example.create(user));
        user= (User) criteria.list().get(0);
        ts.commit();
    } catch (HibernateException ex) {
        ts.rollback();
        ex.printStackTrace();
    }
System.out.println(user.getUserName());
```

4．离线查询

离线查询就是建立一个 DetachedCriteria 对象，将查询的条件等指定好，然后在 session.beginTransaction()后将这个对象传入。通常这个对象可以在表示层建立，然后传入业务层进行查询。具体示例如下。

```
DetachedCriteria detachedCriteria = DetachedCriteria.forClass(User.
class);
    detachedCriteria.add(Restrictions.eq("name", "ijse"));
    SessionFactory sessionFactory = this.getHibernateTemplate().
    getSessionFactory();
    Session session = sessionFactory.openSession();
    User user = new User();
    Transaction ts = session.beginTransaction();
    try {
        Criteria criteria = detachedCriteria.getExecutableCriteria
        (session);
        user= (User) criteria.list().get(0);
        ts.commit();
    } catch (HibernateException ex) {
        ts.rollback();
        ex.printStackTrace();
    }
    System.out.println(user.getUserName());
```

5．复合查询

复合查询就是在原有查询的基础上再进行查询，可以调用 Criteria 对象的 createCriteria()
方法在这个 Criteria 对象的基础上再进行查询。具体示例如下。

```
SessionFactory sessionFactory = this.getHibernateTemplate().
getSessionFactory();
    Session session = sessionFactory.openSession();
    User user = new User();
    Transaction ts = session.beginTransaction();
    try {
        Criteria criteria1 = session.createCriteria(Cat.class);
        Criteria criteria2 = criteria1.createCriteria("User");
        criteria2.add(Restrictions.eq("name", new String("ijse")));
        user = (User) criteria1.list().get(0);
        ts.commit();
    } catch (HibernateException ex) {
        ts.rollback();
        ex.printStackTrace();
    }
    System.out.println(user.getUserName());
```

6．分页查询

分页查询主要是要指定两个参数：从第几条数据开始、取多少条数据。可以通过调用
Query 或者 Criteria 对象的 setFirstResult()和 setMaxResults()方法分别进行设定。具体示例
如下。

```
SessionFactory sessionFactory = this.getHibernateTemplate().
getSessionFactory();
    Session session = sessionFactory.openSession();
    List userList = null;
    Transaction ts = session.beginTransaction();
    try {
        Criteria criteria = session.createCriteria(User.class);
        criteria.setFirstResult(0);// 从第一个数据开始
        criteria.setMaxResults(10);// 取 10 条记录
        userList = (List) criteria.list();
        ts.commit();
```

```
} catch (HibernateException ex) {
    ts.rollback();
    ex.printStackTrace();
}
```

6.5 本 章 小 结

通过本章的讲解，Struts、Spring 和 Hibernate 三个框架学完了，下面就来做下总结。在这三个框架中，对本人而言最感兴趣的还是 Spring，所以希望读者有时间一定要研究下 Spring 的 AOP 和 IOC，相信随着不断实践能够更加清楚地认识其中的奥妙，并能有更加正确的认识。

首先总结三个框架的作用如下。

Struts：管理最上层（view 层），靠的是 Form 和 Action 来接收请求。

Spring：管理 service 层，靠的是 AOP（面向切面的声明式事务管理）和 IOC（管理注入的各种类对象）。

Hibernate：管理 DAO 层，也就是对数据库的操作都由它管，靠的是 session 层次结构从上往下为 Struts、Spring 和 Hibernate。所以 Spring 在其中就是连接点，就是 Struts 要去找 Spring，然后 Spring 再去找 Hibernate。

简单地说就是：

Struts 找 Spring，就是在 Struts 核心 xml 中配一个 plugin 作为连接去找 Spring 的 xml。

Spring 则是在自己的 xml 中配置 sessionFactory 中的属性 configLocaltion 中的 classpassth 找到 Hibernate 的 xml。

它们三个的集成在代码上的体现其实就是将它们的三个核心配置文件进行合并然后就完事了。

当然原理并非那么简单，首先怎么看都是 Spring 管的最多最强大，而它们集成的目的也就是让 Spring 来统一管理。Spring 与 Struts、Spring 与 Hibernate 都可以整合，统一管理。

Struts+Spring：如果 Spring 要想搞定 Struts，搞定 Action 就行了。也就是将 Action 通过 IOC 注入到 Spring，相当于可以从 Spring 的 xml 中直接配置 Action。

Spring+Hibernate：前面说了 Hibernate 无非就是个 Session，所以 Spring 要搞定 Hibernate，搞定 Session 就行。Hibernate 管理 DAO 层时有个底层 HibernateSessionFactory，不管那个底层写成啥样，它不就是想获得 Session 么，DAO 层都是靠 Session 来对数据库操作的，注意这里的 Session 是没有自动提交事务的功能的！接下来就是 Spring 怎么搞定 Session，经过上面 Spring xml 的配置，Spring 就能自己产生一个方法 getHibernateTemplate()，这个方法就相当于 Hibernate 的 Session，原理其实就是 Spring 将 Session 进行了封装管理。此时 DAO 层靠的就是 Spring 的 getHibernateTemplate() 对数据库操作。

其实 Spring 这样做的目的就是为了管理事务，这样 Spring 就可以利用声明式事务处理对事务统一管理（AOP）。

需要注意的是，Spring+Hibernate 有两种方式，一种方式是不要 Hibernate 的 xml，相当于 Spring 去连数据库，此时拥有自动事务；另一种是 Hibernate 和 Spring 集成，还是 Hibernate 去连数据库，此时没有自动事务（自己管自己的耦合性小）。

第 7 章　法外有法——开发框架的集成也有规则

上一章我们把 SSH 框架用到的 Struts、Spring 和 Hibernate 简单地介绍了一下，相信读者通过介绍已经可以单独地配置和使用 Struts、Spring 和 Hibernate 了。本章接着上一章的讲解，具体介绍一下如何将这三个框架整合在一块，并通过具体的实例向读者展示基于 SSH 框架的 MVC 架构的实现。

7.1　法外之法一：基于 SSH 框架的 Web 应用架构分析

在前面我们介绍过 Web 应用架构分为 C/S 和 B/S 模式，本书中我们主要讲解的是 B/S 开发模式。我们以前 B/S 开发模式是通过 JSP+JavaBean+Servlet 实现的，本章我们使用上一章讲解的 Spring+Struts+Hibernate 实现 Web 应用的架构设计，也就是大名鼎鼎的 SSH 框架。那么究竟什么是 SSH 框架，它是怎么将 Spring、Struts 和 Hibernate 这三个开源框整合在一块的，本节就来告诉你答案！

7.1.1　SSH 框架是什么

SSH（Struts+Spring+Hibernate）框架究竟是什么？我可以很简单地回答读者朋友，它是一种规范。因为对于初学者来说，知道这个就可以了。因为要想详细地介绍清楚，也不是一件容易的事。

所以我们先别管什么规范了，我们从最基本的概念去理解它。Java 是面向对象的编程语言，Java 里一切只有类，Java 项目的本质就是执行类的方法，类与类之间的调用。利用的其他资源就是文件，主要是 xml 配置文件，另外还有就是数据库。在第 3 章中我们已经介绍过了 JSP 文件从实质上讲也是一种 Java 类，它被编译成 Servlet 类文件，所以 JSP 是为了简化用户编写繁杂的 Servlet 类文件而设置的。Web 容器（也是一堆 Java 类）负责把 JSP 文件转化成 Servlet 类文件。

为了完成一个任务，实现一个功能，我们需要写许多 Java 类，根据 Java 类的作用不同，可以把 Java 类分成几种：有些负责页面展示（表示层），有些负责业务处理逻辑运算（逻辑层），有些负责访问数据库（持久层）。当然，我们也可以把这些功能写在一个类里实现，不过人们为了代码更加清晰，往往将一个大功能分成许多小功能，由多个不同类型的类去实现。

呵呵，上面啰哩啰嗦地说了一大堆，相信大家应该不难理解，就是为了告诉大家：为了完成一个大功能，要由许多类，分别完成相应的专门功能。

你也许会问，这和我们所要说的框架有什么关系？框架又是怎么回事呢？所谓框架就是"由许多类，分别完成相应专门功能"的具体规范，这在多人合作开发一个大项目时尤为必要。大家试想，如果项目组成员各行其是，自己想用哪几种类实现功能就用哪几种类，会是一个什么样子，相信一定是混乱不堪！因此框架就是为了完成一个整体功能，对实现这个功能的 Java 类的一种分工规范。准确说，这是一种人为的规范划分，任何人都可编写自己的任意规范，就是一个会有多少人用的问题了。

SSH 框架（Struts+Spring+Hibernate）就是这样的一种规范。

7.1.2　SSH 框架三个组件的职责

所谓组件，就是对一种专门实现某种功能的 Java 类的称呼。我们已经知道 SSH 框架是由 Spring、Struts 和 Hibernate 这三个组件构成，这三个组件各司其职，在 SSH 框架中发挥了重要的作用，下面就来看一看这三个组件的职责到底是什么。

1．Struts显示层

Struts 是显示层的一种规范，侧重于处理给用户显示的前台页面和后台业务处理类之间的对应关系，并且负责前后台之间的数据传递。它由三种 Java 类组件 JSP、Form 和 Action 分别实现前台页面展示、后台业务处理类和数据传递类。

Struts 是一个在 JSP Model 2 基础上实现的 MVC 框架，其主要的设计理念是通过控制器将表现逻辑和业务逻辑解耦，以提高系统的可维护性、可扩展性及可重用性。Struts 框架的体系结构如图 7-1 所示。

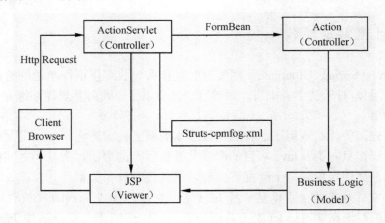

图 7-1　Struts 框架的体系结构

下面就图 7-1 所示的体系结构+图分析 Struts 框架中的 MVC 组件。

- ❑ 视图（view）：视图部分主要由 JSP 页面组成，其中没有流程逻辑、业务逻辑和模型信息，只有标记。Struts 自身包含了一组标记库（TagLib），这也是 Struts 的精华之一，灵活运用它们可以简化 JSP 页面的代码，提高开发效率。

❑ 控制器（controller）：Struts 中的 Controller 主要是其自身提供的 ActionServlet。ActionServlet 接收所有来自客户端的请求并根据配置文件（struts-config.xml）中的定义将控制转移到适当的 Action 对象。

❑ 模型（model）：Struts 没有定义具体 Model 层的实现，Model 层通常是和业务逻辑紧密相关的，有持续化的要求。目前在商业领域和开源世界，都有一些优秀的工具可以为 Model 层的开发提供便利。

2．Spring业务层

Spring 是业务层的一种规范，侧重于定义事务处理，提供了对各种 Java 类的整体处理（主要包括注入处理 IOC 和切面编程 AOP），甚至提供了对多种框架集成在一块的规范，它是一种更高层次的框架，它主要以一个外部 XML 配置文件方便地将各框架对象连接在一起，进而实现安全性服务、事务服务等。

Spring 框架的核心是控制翻转 IOC（Inversion of Control）/依赖注入 DI（Dependence Injection）机制。IOC 是指由容器控制组件之间的关系（这里，容器是指为组件提供特定服务和技术支持的一个标准化的运行时的环境）而非传统实现中由程序代码直接操控，这种将控制权由程序代码到外部容器的转移，称为"翻转"。DI 是对 IOC 更形象的解释，即由容器在运行期间动态地将依赖关系（如构造参数、构造对象或接口）注入到组件之中。

Spring 采用设值注入（使用 Setter 方法实现依赖）和构造子注入（在构造方法中实现依赖）的机制，通过配置文件管理组建的协作对象，创建可以构造组件的 IOC 容器。这样，不需要编写工厂模式、单例模式或者其他构造的方法，就可以通过容器直接获取所需的业务组件。Spring 框架的结构如图 7-2 所示。

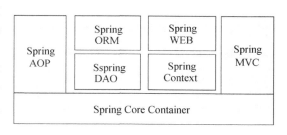

图 7-2　Spring 框架的结构

Spring 框架由 7 个定义明确的模块组成，且每个模块或组件都可以单独存在，或者与其他一个或多个模块联合实现。Spring Core Container 是一个用来管理业务组件的IOC 容器，是 Spring 应用的核心；Spring DAO 和 Spring ORM 不仅提供数据访问的抽象模块，还集成了对 Hibernate、JDO 和 iBatis 等流行的对象关系映射框架的支持模块，并且提供了缓冲连接池、事务处理等重要的服务功能，保证了系统的性能和数据的完整性；Spring Web 模块提供了 Web 应用的一些抽象封装，可以将 Struts、Webwork 等 Web 框架与 Spring 整合成为适用于自己的解决方案。

Spring 框架可以成为企业级应用程序一站式的解决方案，同时它也是模块化的框架，允许开发人员自由地挑选适合自己应用的模块进行开发。Spring 框架式是一个松耦合的框架，框架的部分耦合度被设计为最小，在各个层次上具体选用哪个框架取决于开发者的需要。

这里大家可能有一个疑问，Spring 是如何以一个外部 XML 配置文件实现各种功能的呢？这其实没有任何神秘而言，我们大家都知道，每个框架都有许多类包，这些类包就是专门实现这些事情的。这些类包是如何介入我们写的类代码或其他框架的呢？当然必须通过一定途径才能调用其他类代码，有时 Spring 把这个细节隐藏了起来，使我们感到不可思议，细究一下，我们会发现不外通过两种方式才能调用其他类代码：一是把我们的类写在它的配置文件里，二是我们的类继承它的接口。

3．Hibernate数据持久层

Hibernate 是一个纯 Java 的对象关系映射和持久性框架，它允许您用 XML 配置文件把普通 Java 对象映射到关系数据库表，从而可以使用户以 Hibernate 提供的面向对象的接口轻松操作数据库。Hibernate 的类包在后台还是以 JDBC 的方式操作数据库。

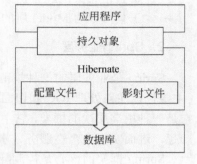

Hibernate 是目前最为流行的 O/R mapping 框架，它也是开源软件，它在关系型数据库和 Java 对象之间做了一个自动映射，使得程序员可以以非常简单的方式实现对数据库的操作，它不仅负责从 Java 类到数据库表格（以及来自 Java 数据类型的 SQL 数据类型）的映射，而且还提供数据查询和检索能力，并能大大减少花在 SQL 和 JDBC 手工数据处理上的开发时间。Hibernate 工作原理如图 7-3 所示。

图 7-3　Hibernate 工作原理图

Hibernate 通过对 JDBC 的封装，向程序员屏蔽了底层的数据库操作，使程序员专注于 OO 程序的开发，有助于提高开发效率。程序员访问数据库所需要做的就是为持久化对象编制 XML 映射文件。

底层数据库的改变只需要简单地更改初始化配置文件（hibernate.cfg.xml 或者 hibernate.properties）即可，不会对应用程序产生影响。

Hibernate 有自己的面向对象的查询语言 HQL，HQL 功能强大，支持目前大部分主流的数据库，如 Oracle、DB2、MySQL 和 Microsoft SQL Server 等，是目前应用最广泛的 O/R 映射工具。Hibernate 为快速开发应用程序提供了底层的支持。

7.1.3　SSH 框架多层架构设计模式

现代的企业开发中，越来越多地引入了多层架构设计模式，SSH 就是其中之一。SSH 架构是当前主流的架构，在很多领域，包括金融、电信项目、大型门户网站均选择该架构作为业务支撑架构，开发流程也已经非常成熟。但是该结构开发起来，依旧存在一些问题。分析这些问题，得先从 SSH 架构的组成说起。

1．SSH分层开发的结构图

SSH 为 Struts+Spring+Hibernate 的组成方式，Struts 实现 MVC，Spring 负责架构的结合，Hibernate 进行数据的持久化。通常其分层开发的结构如图 7-4 所示。

这样的结构，系统从职责上分为四层：Web 层、业务逻辑层、数据持久层和实体层。其中使用 Struts 作为系统的整体基础架构，负责 MVC 的分离，在 Struts 框架的模型部分，利用 Hibernate 框架对持久层提供支持，业务层用 Spring 支持。

具体做法是：用面向对象的分析方法根据需求提出一些模型，将这些模型实现为基本的 Java 对象，然后编写基本的 DAO 接口，并给出 Hibernate 的 DAO 实现，采用 Hibernate 架构实现的 DAO 类来实现 Java 类与数据库之间的转换和访问，最后由 Spring 完成业务

逻辑。

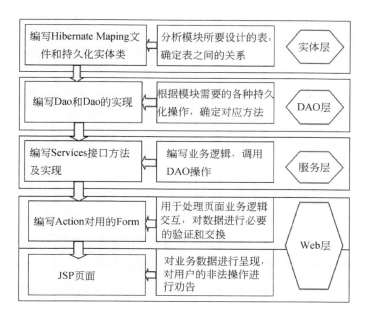

图 7-4　SSH 分层开发的结构图

2．SSH系统的基本业务流程

在 Web 表示层中，首先通过 JSP 页面实现交互界面，负责传送请求（Request）和接收响应（Response），然后 Struts 根据配置文件（struts-config.xml）将 ActionServlet 接收到的 Request 委派给相应的 Action 处理。在业务层中，管理服务组件的 Spring IOC 容器负责向 Action 提供业务模型（Model）组件和该组件的协作对象数据处理（DAO）组件完成业务逻辑，并提供事务处理、缓冲池等容器组件以提升系统性能和保证数据的完整性。而在持久层中，则依赖于 Hibernate 的对象化映射和数据库交互，处理 DAO 组件请求的数据，并返回处理结果。

3．SSH开发模型的优劣

采用上述开发模型，不仅实现了视图、控制器与模型的彻底分离，而且还实现了业务逻辑层与持久层的分离。这样无论前端如何变化，模型层只需很少的改动，并且数据库的变化也不会对前端有所影响，大大提高了系统的可复用性。而且由于不同层之间耦合度小，有利于团队成员并行工作，大大提高了开发效率。

但是对于当前日益复杂化的 Web 2.0 的开发，却存在不少问题，归纳起来主要有以下的不足。

❑ DAO 和服务层容易出现职责不明。由于按照 MVC 逻辑，业务代码应该写在 Struts Action 里，但是其事务的提供，却是配置在 Service 层。为了一组在逻辑上完整的数据操作业务逻辑，需要涉及两个层（Service、Action）来进行编写。遇到判断的情况下，为了保证完整的事务操作，则需要将业务代码移到 Service 层完成，而通常习惯了在 Struts Action 里调用多次 Service 而产生多个事务，但在出现 Exception 导致出错时，操作之前调用的 Service 事务的业务数据没有被回滚。

❑ 当需要返回的数据供 Ajax 使用，操作 JSON 或 XML 的大量使用时，开发起来会很费力。一段同样的业务代码，为了使用 Ajax 和 XML 可能需要重新编写一次，或者在同一个 Action 里通过标志来判断，对分层结构造成了比较糟糕的破坏。如果设计得不好，为了使用 JSON 和 XML 还得额外增加大量的配置，严重降低了开发效率。

因此，为了克服这些缺点，对于 SSH 架构，进行了重新的分层，共享了业务代码，简化了开发，增强了与 Ajax 技术（后面的章节会讲到）、XML 技术的结合，提供了一种更高效的开发模式。

4．SSH的新型开发模式

其开发模式的结构如图 7-5 所示。

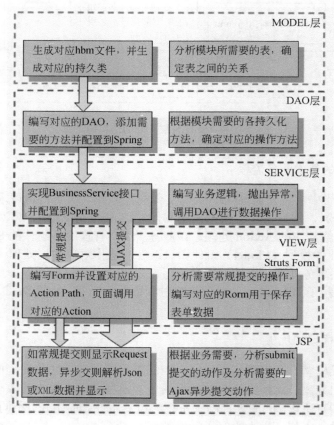

图 7-5　SSH 的新型开发模式图

看到这个架构图有人可能会问，Struts Action 类的编写去哪了呢？答案正是这个架构的优点，由于业务代码统一实现 BusinessService 接口，使得只需要相对固定的几个 Struts Action 类调用 Service 层的方法，便可以完成工作。包括 JSON 格式输出、XML 输出及 WebService 输出均调用 Service 层方法来完成功能。这样便实现了业务代码的分离，以及与前端框架的极大解耦。

三种技术到目前已经比较成熟，可以说是大名鼎鼎，而且它们都是免费的！所以这也给 SSH 成为最流行框架之一提供了非常好的条件。

7.2 法外之法二：基于 SSH 框架的 Web 应用系统的实现

在上文中对 SSH 框架多层架构设计模式进行了分析和设计，下面将通过一个实际的示例来展示如何进行基于 SSH 框架的 Web 应用开发。该示例详细地展示了 SSH 框架的整合过程和需要做的一些工作，并将按照数据持久层、业务逻辑层、表示层的顺序说明系统是如何实现的。

7.2.1 SSH 整合准备

1．环境要求

本书中的系统开发环境是在 Windows 7 系统上搭建的，在 Windows XP 或者其他操作系统上应该大体相同，没有什么区别。下面就来介绍一下搭建环境需要的组件要求。

- ❑ MyEclipse 8.5。
- ❑ Hibernate 3.6.1。
- ❑ Spring 3.2.0。
- ❑ Struts 2.3.7。

以上是本书中使用的组件版本，其他版本大体相同，读者可以根据需要选择自己想要的版本整合。

2．必需的jar包

（1）Struts 必须的 jar 包，引入 Struts 的 jar 包，本书使用的是 Struts-2.3.7-all.zip。下载 Struts-2.3.7-all.zip 解压后，struts\lib 目录下是 struts 所有的相关 jar 包。其中有 5 个是必须的：commons-logging-1.0.4.jar、freemarker-2.3.13.jar、ognl-2.6.11.jar ognl、xwork-2.1.2.jar 和 struts2-core-2.1.6.jar。如表 7-1 所示。

表 7-1　必须jar包和作用

Struts 使用的 jar 包	Jar 包的功能
commons-logging-1.0.4.jar	主要用于日志处理
freemarker-2.3.8.jar	模板相关操作需要包
ognl-2.6.11.jar ognl	表达式所需包，
xwork-2.0.7.jar	xwork 核心包
struts2-core-2.0.14.jar	struts2 核心包

除了这 5 个 jar 包外，其他常用的 jar 包还有 struts2-spring-plugin-2.0.14.jar，是 Struts 2 整合 Spring 所需要的包。另外还有文件上传有关的 jar 包和图片上传有关的 jar 包。

文件上传的 jar 包包如下。

- ❑ xwork-core-2.2.1.jar。
- ❑ struts2-core-2.2.1.jarognl-3.0.jar。
- ❑ javassist-3.7.ga.jar。

❑　freemarker-2.3.16.jar。
❑　commons-io-1.3.2.jar。
❑　commons-fileupload-1.2.2.jar。
图片上传的 jar 包如下。
❑　filemover.jar。
❑　uploadbean.jar。
❑　cos.jar。

注意：其余 jar 包并不是 Struts 必须的。下面的 3 个包也要注意导入，分别为：commons-io-1.3.2.jar、commons-fileupload-1.2.1.jar 和 javassist-3.7.ga.jar。如果不导入，运行 Tomcat 时候可能会出现异常。还有 javassist-3.7.ga.jar 包是在 struts2-blank-2.2.1.war 示例工程中的 web-inf/lib 下的。

（2）Hibernate 必须 jar 包。进入 Hibernate 官方网站，下载需要的 Hibernate 压缩包。本书作者使用的为 Hibernate-3.6.1 版本。目前最高版本已经出到 Hibernate 4.1.9 版本，作为学习没有必要使用这么高的版本。

下载后对压缩包解压，进入到目录 hibernate-distribution-3.6.10.Final/lib 下，我们会看到如图 7-6 所示的文件目录。

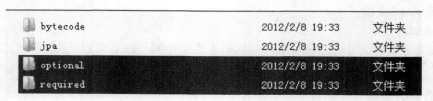

图 7-6　Hibernate 必须 jar 包目录

其中 required 就是 Hibernate 必须的 jar 包文件夹，optional 就是 Hibernate 选择使用的 jar 包文件夹。Hibernate 3.x 核心包和作用说明见表 7-2。

表 7-2　Hibernate 3.x 核心包和作用说明

包	作　用	说　明
Jta-1.1.jar	标准的 JTA API	必要
commons-collections.jar	集合类	必要
commons-logging.jar	日志功能	必要
antlr.jar	ANother Tool for Language Recognition（antlr）	必要
dom4j-1.6.1.jar	XML 配置和映射解释器	必要
Hibernate3.jar	核心库	必要
asm.jar	ASM 字节码库	使用 cglib 则必要
ehcache.jar	EHCache 缓存	没有其他的缓存，则它是必要的
cglib.jar	CGLIB 字节码解释器	使用 cglib 则必要
asm-attrs.jar	ASM 字节码库	使用 cglib 则必要

（3）Spring 必须 jar 包。spring.jar 是包含有完整发布的单个 jar 包，spring.jar 中包含除

了 spring-mock.jar 里所包含的内容外其他所有 jar 包的内容，因为只有在开发环境下才会用到 spring-mock.jar 来进行辅助测试，正式应用系统中是用不得这些类的。

除了 spring.jar 文件，Spring 还包括有其他 13 个独立的 jar 包，各自包含着对应的 Spring 组件，用户可以根据需要来选择组合自己的 jar 包，而不必引入整个 spring.jar 的所有类文件。

spring-core.jar，这个 jar 文件包含 Spring 框架基本的核心工具类，Spring 其他组件都要使用到这个包里的类，是其他组件的基本核心，当然你也可以在自己的应用系统中使用这些工具类。

spring-beans.jar，这个 jar 文件是所有应用都要用到的，它包含访问配置文件、创建和管理 bean 以及进行 Inversion of Control / Dependency Injection（IoC/DI）操作相关的所有类。如果应用只需基本的 IOC /DI 支持，引入 spring-core.jar 及 spring- beans.jar 文件就可以了。本书中使用的是 Spring 3.2.0 框架。

7.2.2　SSH 整合过程

SSH 整合分为 4 步，如下。

（1）创建 Web 项目。

（2）添加项目的 Hibernate 支持。

（3）添加项目的 Struts 支持。

（4）添加项目的 Spring 支持。

下面就来详细地介绍 SSH 的整合过程。

1．创建Web项目

MyEclipse 中创建 Java Web 项目工程。项目工程名自己定，J2EE Specification Level 选择 Java EE 5.0。然后单击 Finish 按钮，项目就创建完成了，如图 7-7 所示。

2．添加项目的Hibernate支持

（1）单击 MyEclipse 右上角的透视图切换钮，打开透视图切换窗。选择 MyEclipse Hibernate 透视图，如图 7-8 所示，单击 Myeclipse Hibernate。

（2）在弹出的 MyEclipse Hibernate 透视图右侧的 DB Browser 窗口中单击鼠标右键，从快捷菜单中选择 New→"新建"，创建一个数据库连接，如图 7-9 所示，此时弹出 DataBase Driver 的对话框，如图 7-10 所示。

（3）配置数据连接。弹出新的对话框就是数据库连接对话框，如图 7-10 所示。这里我们可以选择需要连接的数据库，这里供选择的数据库有很多，我们在这里选择 MySQL 数据库。其实在 DataBase Driver 对话框中依次选择顺序如下。

❑ Driver Template——数据连接的类型。

❑ Driver Name——连接的名称（自己定）。

❑ Connection URL——数据库连接字符串。

- ❑ User name——数据库连接用户名。
- ❑ Password——数据库连接密码。
- ❑ Hostname——连接服务器地址，如果是本地连接则使用 localhost 或者 127.0.0.1。
- ❑ Dbname——我们已经建立的数据库名称。

图 7-7　创建 Web 项目

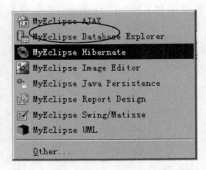

图 7-8　MyEclipse Hibernate 透视图

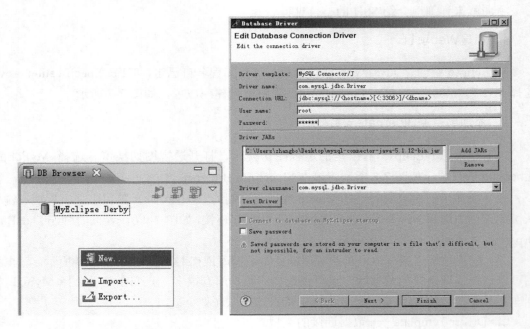

图 7-9　新建数据库连接

图 7-10　Database Driver 界面

以上的选项填完，然后在 Driver JARs 中添加数据库的驱动 jar 文件。单击 Test Driver

按钮测试连接是否正常。

🔔注意：选中 Save Password 可以保存密码。

设置全部正确后，单击 Finish 按钮。数据库连接创建成功后可以在右侧 DB　Broswer 窗口中看见新建的连接，如图 7-11 所示。

（4）连接创建成功后切换回 MyEclipse Java Enterprise 透视图。同样单击 MyEclipse 右上角的透视图切换钮，打开透视图切换窗。选择 MyEclipse Java Enterprise　透视图就可以啦，如图 7-12 所示。

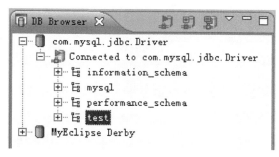

图 7-11　新建的数据库连接界面　　　　　　图 7-12　选择 MyEclipse Java Enterprise

（5）在刚刚创建的项目工程上单击鼠标右键，从快捷菜单中选择　MyEclipse→Add Hibernate Capabilities，给项目工程添加 Hibernate 支持，如图 7-13 所示。

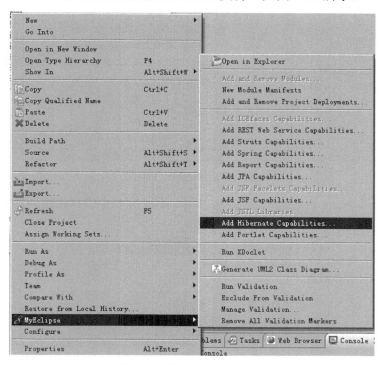

图 7-13　添加 Hibernate 支持

给项目工程添加 Hibernate 支持可以通过向导的方式一步步完成。下面就如何配置详细地讲解一下。

（1）选择 Hibernate 版本。这里我们使用默认项，直接单击 Next 按钮，如图 7-14 所示。

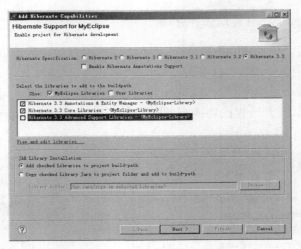

图 7-14　选择 Hibernate 版本

（2）添加 Hibernate 的配置文件。新项目 MyEclipse 会帮助我们创建一个 Hibernate 的配置文件，直接单击 Next 按钮，如图 7-15 所示。

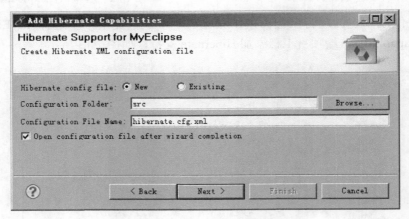

图 7-15　添加 Hibernate 的配置文件

（3）配置 Hibernate 的数据库连接。在 DB Driver 列表中选择刚刚创建的数据库连接，如图 7-16 所示。

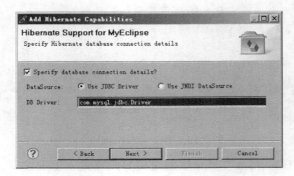

图 7-16　配置 Hibernate 的数据库连接

（4）生成 Hibernate 的辅助工具类 HibernateSessionFactory。由于后期我们使用 Spring 框架来提供 Hibernate 访问支持，所以这个类在这个阶段可以创建，也可以不建。但如果创建的话，最好把它保存到自定义的 util 子包中，如图 7-17 所示。

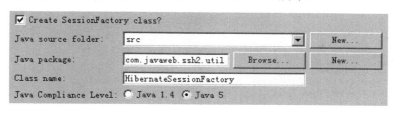

图 7-17　生成 Hibernate 的辅助工具类

至此，项目工程中 Hibernate 的支持就添加好了。MyEclipse 会在操作完成后自动打开 hibernate.cfg.xml 文件，我们可以用可视化的方式配置 hibernate 的相关设置。

（5）为项目工程添加如图 7-18 所示的包。

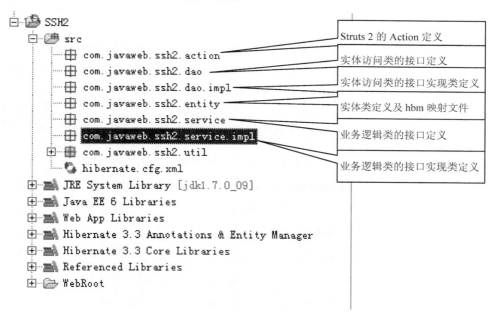

图 7-18　项目工程包及作用

（6）切换回 MyEclipse Hibernate 透视图。在右侧 DB Browser 窗口中双击刚刚创建的数据库连接项，打开连接。成功和数据库建立连接后，找到我们在数据库连接时用户名所对应的节点，然后打开 TABLE 就可以看见事先创建好的数据库表了，如图 7-19 所示。

（7）通过反向工程来帮助我们生成和数据库表结构对应的 Hibernate 实体类和实体类映射文件（hbm.xml 文件）。

通常情况是，在 DB Browser 窗口的已打开连接节点中选中用户创建的所有的表。然后单击鼠标右键，从快捷菜单中选择 Hibernate Reverse Engineering，使用 Hibernate 反向工程，如图 7-20 所示。

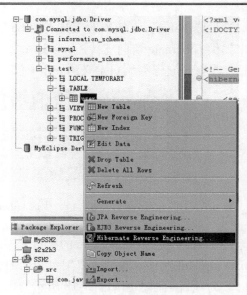

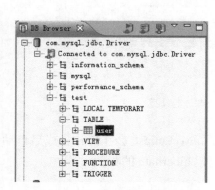

图 7-19　查看数据库表　　　　图 7-20　Hibernate 反向工程生成使用示意图

反向工程也需要如下几个步骤。

（1）配置数据表到实体类之间的映射。如图 7-21 所示，具体配置说明如下。

❑ Java src folder——指定把反向工程生成的文件放入到哪个项目中（这里要指向到 src 文件夹才可以）。

❑ Java package——实体类和映射文件存放到哪个包中（这里通常是项目中的 entity 包）。

❑ Create POJO<>DB Table mapping information——是否生成对应的映射文件 （*.hbm.xml 文件）。

❑ Java Data Object（POJO <> DB Table）——是否生成实体类文件。

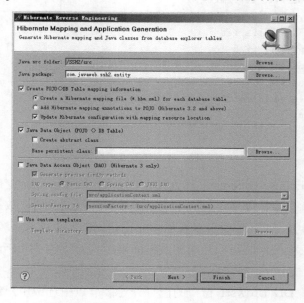

图 7-21　配置数据表到实体类之间的映射

🗨注意：下面的 Create abstract class 不要选！因为实体类不需要抽象父类。

（2）配置类型映射的细节，基本上用默认项就可以了。直接单击 Next 按钮进入下一步。

（3）实体类及关联的细节定制。

在左侧可以看见我们需要生成实体类和映射文件的数据表。当选中某张表的时候，可以在右侧的 Table details 项中设置，具体设置如图 7-22 所示。

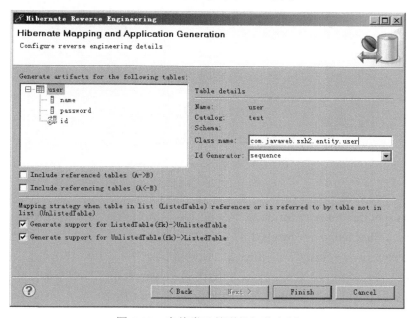

图 7-22　实体类及关联的细节定制

Class name：表所对应的实体类的名字，我们使用的是 com.javaweb.ssh2.entity.user。

🔔注意：在这里直接把包名和类名完整写出来是最合适的写法。

Id Generator：当前这张表中主键列的生成策略。

下面的两项定制就是关于实体的映射关系了。

❑　Generate support for ListedTable（fk）->UnlistedTable：确认是否生成当前这个实体类的多对一关联映射。

❑　Generate support for UnlistedTable（fk）->ListedTable：确认是否生成当前这个实体类的一对多关联映射。

🔔注意：如果数据库表之间没有添加外键约束，映射不会生成。

全部设置完成后，单击 Finish 按钮。我们需要的实体类、实体类映射文件，以及 Hibernate 配置文件中的映射添加就全部自动完成了。

3．添加项目的Struts支持

在项目工程上单击鼠标右键，从快捷菜单中选择 MyEclipse→Add Struts Capabilities…，给项目工程添加 Struts 支持。给项目工程添加 Struts 支持也是通过向导方式来实现的。

（1）先启用 Struts 的开发支持。Myeclipse 8.5 内置对 Struts 各个版本的框架支持，如图 7-23 所示。

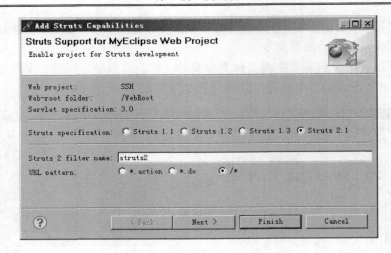

图 7-23　选择 Struts 2 支持界面

我们对各个设置说明如下。

❏ Struts specification——Struts 版本指定（这里我们选择 Struts 2.1 版本）。

❏ Struts 2 filter name——Struts 2 的 filter 的名称。

❏ URL pattern——Struts 2 的 filter 的 url 映射。

选择完成之后，Struts 2 会把我们定制的内容在 web.xml 中自动添加。

（2）是在项目中添加对 Struts 2 的库支持，如图 7-24 所示。

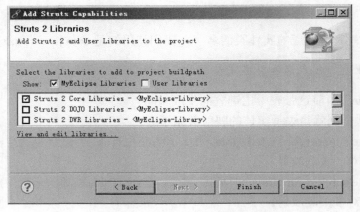

图 7-24　添加对 Struts 2 的库支持

这里我们选择使用默认值，等到最后 SSH 框架全部集成后，我们可以手动添加这些相关库的支持。

Struts 的支持设置完成后，可以看到 MyEclipse 为我们添加了 struts.xml 的配置文件，如图 7-25 所示。

4．添加项目的Spring支持

在项目工程上单击鼠标右键，从快捷菜单中选择 MyEclipse → Add Spring Capabilities...，给项目工程添加 Spring 支持。由于操作步骤和前面添加 Struts 的支持雷同，所以就不截图了。

通过向导的方式添加 Struts 支持，步骤如下。

（1）添加 Spring 或用户库的支持。在这个界面，可以选择 Spring 的版本和使用的库文件，这里我们选择的是 Spring 3.0 版。由于使用后期我们要手工添加外部 jar 包，所以在这里就不选择任何 jar 包了。只选择默认的设置，然后直接单击 Next 按钮，如图 7-26 所示。

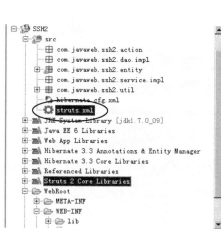

图 7-25　Struts 支持添加完成

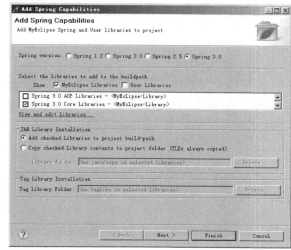

图 7-26　添加 Spring 或用户库的支持

注意：如果后面不想手动导入外部 jar 包，在这里我们可以选择一些常用的类库。具体导入什么 jar 包或者类库，我们可以参考前面的给定的使用的必要还是不必要的 jar 包。

（2）在第 1 步单击 Next 按钮后，进入图 7-27 所示界面。在这个设置窗口里，我们可以把 Enable AOP Builder 功能取消掉。具体原因是大项目的性能问题。

Bean configuration type 可以选择下面的两个选项。

❑ New——新建一个 Spring 的配置文件。

❑ Existing——使用项目中已经存在的 Spring 配置文件。

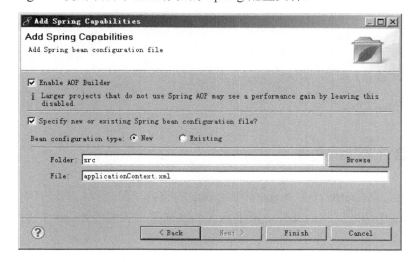

图 7-27　Spring 的配置界面

（3）定制 Spring 对 Hibernate 支持，如果已经添加了 Hibernate 支持，MyEclipse 就会自动检查到，图 7-27 界面中的 Finish 按钮就会是 Next，单击 Next 按钮就会跳转到 Spring 对 Hibernate 的支持界面，如图 7-28 所示。如果还没有添加 Hibernate 支持，进行到此步就会 Finish 掉。这也是我们在上面第 2 步中看到的如图 7-27 所示的界面。

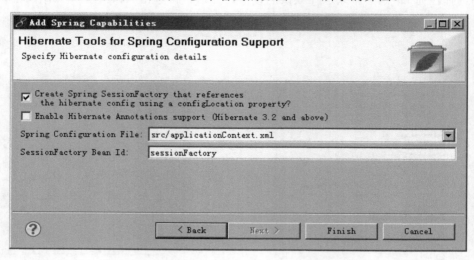

图 7-28　定制 Spring 对 Hibernate 的支持

图 7-28 中的第一个选项是在 Spring 的配置文件中添加 sessionFactory Bean 的声明；第二个选项是在 Spring 的配置文件中添加对 Hibernate Annotation 的支持。下面的文本框分别是指定 Spring 配置文件的位置和 sessionFactory 类的命名。最后单击 Finish 按钮，项目工程中 Spring 的支持就添加完成了。

其实到此，还没有完成，还需要一步，就是要手工在 web.xml 文件中添加上 Web 初始化参数和 Spring 配置文件加载器才可以。这样才算是完成。具体 web.xml 配置如下。

```
<!-- web 初始化参数 -->
<context-param>
    <param-name>contextConfigLocation</param-name>
    <param-value>classpath:applicationContext.xml</param-value>
</context-param>
<!-- Spring 配置文件的加载器 -->
<listener>
<listener-class>org.springframework.web.context.ContextLoaderListener</
listener-class>
</listener>
```

7.2.3　整合外部 jar 文件

上文已经完成了 Struts、Hibernate 和 Spring 的整合，但是我们并没有引入完整的外部 jar 包，而都是选用的默认的文件。接下来我们就来手工完成外部 jar 的引用，具体步骤如下。

（1）从项目工程中把 MyEclipse 自带的 Struts、Hibernate 和 Spring 库删除掉。

（2）项目工程上单击鼠标右键，从快捷菜单中选择 Build Path→Configure Build Path…，配置项目工程的生成，如图 7-29 所示。

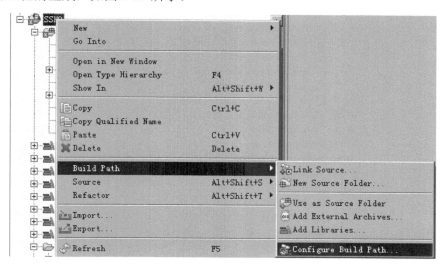

图 7-29 选择 Configure Build Path…

（3）在项目的属性编辑窗口的 Java Build Path 设置项中，把如图 7-30 所示的几个 Library 从项目中 Remove 掉。

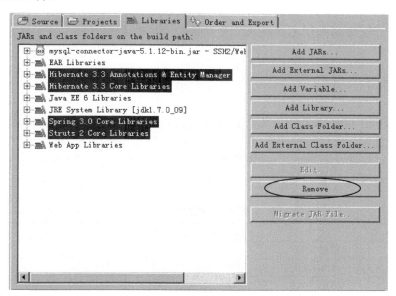

图 7-30 删除类库

删除后结果如图 7-31 所示。

把项目中所有的外部 jar 文件复制或通过拖曳的方式，添加到 lib 文件夹。即把 jar 包添加到 WebRoot →WEB-INF→lib 文件夹里面，通过 MEclipse 的自动发现机制把 Struts、Spring 和 Hibernate 的所有需要的 jar 文件导入到项目中。当然数据库的 JDBC 驱动也要添加进去。到这里就完成了 SSH 框架的搭建，就可以利用该框架实现相应的功能了。

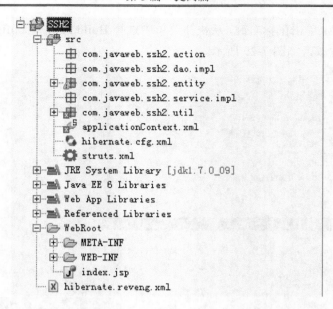

图 7-31　删除类库后的项目结构

注意：在系统中我们可以看到还出现了错误，这主要是由于 Spring 的 jar 包没有被发现所致。这是由于我们删除 jar 包后又引入产生的结果。只要我们将产生错误的代码剪切后再原样复制到原来的位置，然后保存，错误就会消失了。不要问我为什么，产生错误知道怎么解决就可以了。

7.2.4　数据持久层实现

数据持久层由 Java 对象持久化类和数据访问对象（DAO）组成。每个数据库表都对应着一个持久化对象，这样就给予了开发者使用 OO 思想设计和开发的便利，同时也屏蔽了具体的数据库和具体的数据表、字段，消除了对数据库操作的硬编码在重用性上的弊端。用户信息表的部分结构如表 7-3 所示。

表 7-3　用户信息表

用户信息表：user				
字段名	数据类型	大小	可否为空	备注
USER_ID	NUMERIC	16	否	用户 ID
USER_NAME	VARCHAR	60	否	用户名称
PASSWORD	VARCHAR	64	否	用户密码

Hibernate 通过映射（Mapping）文件将对象（Object）与关系型数据（Relational）相关联，因此需要编写和数据库表相对应的 Java 持久化类以及对应的映射文件。有了 Java 持久化类后就可以在此基础上实现数据访问类。在 Spring 框架中，数据访问类可以从辅助类 HibernateDaoSupport 继承，这极大地方便了 Hibernate 框架在 Spring 中的使用，相应的部分代码如下。

```
public class UserDao extends HibernateDaoSupport {
        public int addUser(User userDO) {
        return
Integer.ParseInt(this.getHibernateTemplate().save(userDO).toString());
        }
        public List findAllUser() {
            return this.getHibernateTemplate().loadAll(User.class);
    }
  }
```

具体的 Hibernate 数据源、Session 工厂、事务管理和缓冲连接池等功能都由业务层的
Spring 容器提供。

7.2.5　数据业务层实现

业务逻辑层由 Spring 框架支持，提供了处理业务逻辑的服务组件。开发者需要对业务
对象建模，抽象出业务模型并封装在 Model 组件中。由于数据持久层实现了 Java 持久化类
并且封装了数据访问对象（DAO），因此可以在 Model 组件中方便地调用 DAO 组件来存
取数据。Spring 的 IOC 容器负责统一管理 Model 组件和 DAO 组件以及 Spring 所提供的事
务处理、缓冲连接池等服务组件。

在用户管理模块中，通过业务建模创建了用户模型 UserService 类，封装了对用户的权
限管理以及积分管理等功能。UserService 类通过调用数据访问类 UserDao 实现对用户数据
的操作。这些组件的关系将通过配置 Spring 框架的 applicationContext.xml 联系起来，配置
文件的主要内容如下。

```
<!--创建业务模型组件 UserService，并调用 UserDao 组件作为协作对象-->
<bean id="UserService" class="com.ch7.ssh2.service. UserServicel">
    <property name="UserDao">
        <ref loal="UserDao"/>
    </property>
</bean>
<!--创建数据访问组件 UserDao，并调用 Hibernate 的 session 工厂作为协作对象-->
<bean id="UserDao" class=" com.ch7.ssh2.dao.UserDao">
    <property name="sessionFactory">
        <ref local="sessionFactory"/>
    </property>
</bean>
```

7.2.6　数据表示层实现

表示层结合 JSP 和 Struts 的 TagLib 库处理显示功能，利用 ActionServlet 将请求（*.do）
映射到相应的 Action，并由 Action 调用业务逻辑的服务组件，然后根据处理结果跳转到
Forword 对象指定的响应页面。

业务流程的部署由 struts-config.xml 完成。下面以一个显示所有用户信息的请求
（ListAllUser.do）为例，来说明配置文件的使用。

```
<!--该请求调用ListAllUserAction对象,并根据返回的Forward对象的状态来转到相应的页面-->
<action path="listAllUser.do" type=" com.ch7.ssh2.action.ListAllUserAction">
        <forward name="success" path="/listAllUser.jsp"/>
        <forward name="failure" path="/error.jsp">
</action>
```

7.3　本 章 小 结

本章主要介绍了基于 SSH 框架的 Web 应用架构分析和设计，向大家讲解了什么是 SSH 框架以及 SSH 框架的好处。并且通过图文详细介绍了如何将 Struts、Spring 和 Hibernate 整合在一块。通过本章介绍，我们已经了解了 SSH 框架整合的过程，掌握了如何通过 SSH 框架进行企业开发的方法和步骤。

第 8 章　Ajax 和 jQuery 的妙用

在使用 JSP 动态显示页面时，只能重新刷新页面才可以显示新的内容。使用 Ajax 的最大优点，就是能在不更新整个页面的前提下维护数据。这使得 Web 应用程序更为迅捷地回应用户动作，并避免了在网络上发送那些没有改变过的信息。而 jQuery 在 Ajax 的基础上更做了改进，所以学习 Ajax 和 jQuery 并对它们巧妙地使用对 Java Web 开发更是锦上添花。下面我们就来好好地学习一下 Ajax 和 jQuery。

8.1　Ajax 介绍

传统的 Web 应用允许用户填写表单（form），当提交表单时就向 Web 服务器发送一个请求。当服务器接收并处理传来的表单，然后就会返回一个新的网页。这个做法浪费了许多带宽资源，因为在前后两个页面中的大部分 HTML 代码往往是相同的。由于每次应用的交互都需要向服务器发送请求，应用的响应时间就依赖于服务器的响应时间。这导致了用户界面的响应比本地应用慢得多。

与此不同，Ajax 应用可以仅向服务器发送并取回必需的数据，它使用 SOAP 或其他一些基于 XML 的 WebService 接口，并在客户端采用 JavaScript 处理来自服务器的响应。因为在服务器和浏览器之间交换的数据大量减少，结果我们就能看到响应更快的应用。同时很多的处理工作可以在发出请求的客户端机器上完成，所以 Web 服务器的处理时间也减少了。既然 Ajax 有如此好处，那么究竟什么是 Ajax，Ajax 是如何工作的？本节就要详细介绍一下。

8.1.1　什么是 Ajax

Ajax 的全称是 Asynchronous JavaScript and XML（异步 JavaScript 和 XML），其中，Asynchronous 是异步的意思，它有别于传统 Web 开发中采用的同步的方式，是一种创建交互式网页应用的网页开发技术。

Ajax 技术在 1998 年前后得到了应用。允许客户端脚本发送 HTTP 请求（XMLHTTP）的第一个组件由 Outlook Web Access 小组写成。该组件原属于微软 Exchange Server，并且迅速地成为了 Internet Explorer 4.0 的一部分。部分观察家认为，Outlook Web Access 是第一个应用了 Ajax 技术的成功的商业应用程序，并成为包括 Odd post 的网络邮件产品在内的许多产品的领头羊。但是，2005 年初，许多事件使得 Ajax 被大众所接受。Google 在它著名的交互应用程序中使用了异步通讯，如 Google 讨论组、Google 地图、Google 搜索建议、Gmail 等。Ajax 这个词由《Ajax：A New Approach to Web Applications》一文所创，该文的迅速流传提高了人们使用该项技术的意识。另外，对 Mozilla/Gecko 的支持使得该技术走向成熟，变得更为易用。

使用 Ajax 的最大优点，就是能在不更新整个页面的前提下维护数据。这使得 Web 应用程序更为迅捷地回应用户动作，并避免了在网络上发送那些没有改变过的信息，减少了网络阻塞。随着 Web 2.0 的兴起，RIA（rich interface application）概念的推出，Ajax 的作用越来越重要，甚至还没有找到一个更好的替代品。虽然 Adobe 公司的 As 3.0 也推出，但是 Flash 庞大的躯体，在目前拥挤的网络上还有点力不从心。

8.1.2 Ajax 的优点和缺点

1. Ajax的优点

Ajax 给我们带来的好处大家基本上都深有体会，在这里我总结一下。

❑ 最大的优点是页面无刷新，在页面内与服务器通信，给用户的体验非常好。

❑ 使用异步方式与服务器通信，不需要打断用户的操作，具有更加迅速的响应能力。

❑ 可以把以前一些服务器负担的工作转嫁到客户端，利用客户端闲置的能力来处理，减轻服务器和带宽的负担，节约空间和宽带租用成本。Ajax 的原则是"按需取数据"，可以最大程度地减少冗余请求，以及响应对服务器造成的负担。

❑ 基于标准化的并被广泛支持的技术，不需要下载插件或者小程序。

2. Ajax的缺点

因为平时我们大多注意的都是 Ajax 给我们所带来的好处诸如用户体验的提升。而对 Ajax 所带来的缺陷有所忽视。下面所阐述的 Ajax 的缺陷都是它先天所产生的。

❑ Ajax 干掉了 back 按钮，即对浏览器后退机制的破坏。后退按钮是一个标准的 Web 站点的重要功能，但是它没法和 js 进行很好地合作。这是 Ajax 所带来的一个比较严重的问题，因为用户往往是希望能够通过后退来取消前一次操作的。那么对于这个问题有没有办法？答案是肯定的，用过 Gmail 的知道，Gmail 下面采用的 Ajax 技术解决了这个问题，在 Gmail 下面是可以后退的，但是，它也并不能改变 Ajax 的机制，它只是采用了一个比较笨但是有效的办法，即用户单击后退按钮访问历史记录时，通过创建或使用一个隐藏的 IFRAME 来重现页面上的变更（例如，当用户在 Google Maps 中单击后退按钮时，它在一个隐藏的 IFRAME 中进行搜索，然后将搜索结果反映到 Ajax 元素上，以便将应用程序状态恢复到当时的状态）。但是，虽然说这个问题是可以解决的，但是它所带来的开发成本是非常高的，和 Ajax 框架所要求的快速开发是相背离的。这是 Ajax 所带来的一个非常严重的问题。

❑ 安全问题。Ajax 技术同时也对 IT 企业带来了新的安全威胁，Ajax 技术就如同对企业数据建立了一个直接通道。这使得开发者在不经意间会暴露比以前更多的数据和服务器逻辑。Ajax 的逻辑可以对客户端的安全扫描技术隐藏起来，允许黑客从远端服务器上建立新的攻击。还有 Ajax 也难以避免一些已知的安全弱点，诸如跨站点脚本攻击、SQL 注入攻击和基于 credentials 的安全漏洞等。

❑ 对搜索引擎的支持比较弱。

❏　破坏了程序的异常机制。至少从目前看来，像 ajax.dll、ajaxpro.dll 这些 Ajax 框架是会破坏程序的异常机制的。关于这个问题，我曾经在开发过程中遇到过，但是查了一下，网上几乎没有相关的介绍。

另外，像其他方面的一些问题，比如说违背了 url 和资源定位的初衷。例如，我给你一个 url 地址，如果采用了 Ajax 技术，也许你在该 url 地址下面看到的和我在这个 url 地址下看到的内容是不同的。这个和资源定位的初衷是相背离的。

一些手持设备（如手机、PDA 等）现在还不能很好地支持 Ajax，比如说我们在手机的浏览器上打开采用 Ajax 技术的网站时，它目前是不支持的。当然，这个问题和我们没有太多关系。

8.1.3　Ajax 所包含的技术

Ajax 是使用客户端脚本与 Web 服务器交换数据的 Web 应用开发方法。Web 页面不用打断交互流程进行重新加载，就可以动态地更新。使用 Ajax，用户可以创建接近本地桌面应用的更直接、更丰富、更动态的 Web 用户界面。

异步 JavaScript 和 XML（Ajax）不是什么新技术，而是使用几种现有技术——包括级联样式表（CSS）、JavaScript、XHTML、XML 和可扩展样式语言转换（XSLT），开发外观及操作类似桌面软件的 Web 应用软件。

Ajax 是几种原有技术的结合体。它由下列技术组合而成。

❏　用 CSS 和 XHTML 来表示。
❏　使用 DOM 模型来交互和动态显示。
❏　使用 XMLHttpRequest 来和服务器进行异步通信。
❏　使用 JavaScript 来绑定和调用。

在上面几种技术中，除了 XmlHttpRequest 对象以外，其他所有的技术都是基于 Web 标准并且已经得到了广泛使用的。XMLHttpRequest 虽然目前还没有被 W3C 所采纳，但是它已经是一个事实的标准，因为目前几乎所有的主流浏览器都支持它。

8.1.4　在 JSP 中如何应用 Ajax

要在 JSP 中应用 Ajax 技术，就必须掌握 Ajax 原理和 XmlHttpRequest 对象。下面我们就详细介绍一下。

1．Ajax原理

Ajax 的原理简单来说就是通过 XmlHttpRequest 对象来向服务器发送异步请求，从服务器获得数据，然后用 JavaScript 来操作 DOM 而更新页面。

一个 Ajax 交互从一个称为 XMLHttpRequest 的 JavaScript 对象开始。如同名字所暗示的，它允许一个客户端脚本来执行 HTTP 请求，并且将会解析一个 XML 格式的服务器响应。Ajax 处理过程中的第一步是创建一个 XMLHttpRequest 实例。使用 HTTP 方法（GET 或 POST）来处理请求，并将目标 URL 设置到 XMLHttpRequest 对象上。

当发送 HTTP 请求时，我们不希望浏览器挂起并等待服务器的响应，取而代之的是，希望通过页面继续响应用户的界面交互，并在服务器响应真正到达后处理它们。要完成它就可以向 XMLHttpRequest 注册一个回调函数，并异步地派发 XMLHttpRequest 请求。控制权马上就被返回到浏览器，当服务器响应到达时，回调函数将会被调用。

这其中最关键的一步就是从服务器获得请求数据。要清楚这个过程和原理，我们必须对 XMLHttpRequest 有所了解。

2．XMLHttpRequest对象

XMLHttpRequest 对象是 Ajax 的核心机制，它是在 IE 5 中首先引入的，是一种支持异步请求的技术。简单地说，也就是 JavaScript 可以及时向服务器提出请求和处理响应，而不阻塞用户，达到无刷新的效果。所以我们先从 XMLHttpRequest 讲起，来看看它的工作原理。

首先，我们先来看看 XMLHttpRequest 这个对象的属性，如表 8-1 所示。

表 8-1　XMLHttpRequest对象的属性

对象的属性	属性的描述
onreadystatechange	每次状态改变所触发事件的事件处理程序
responseText	从服务器进程返回数据的字符串形式
responseXML	从服务器进程返回的 DOM 兼容的文档数据对象
status	从服务器返回的数字代码，比如常见的 404（未找到）和 200（已就绪）
StatusText	伴随状态码的字符串信息
readyState	对象状态值

对象状态值对应的状态如下。

❑ 0（未初始化）：对象已建立，但是尚未初始化（尚未调用 open 方法）。
❑ 1（初始化）：对象已建立，尚未调用 send 方法。
❑ 2（发送数据）：send 方法已调用，但是当前的状态及 http 头未知。
❑ 3（数据传送中）：已接收部分数据，因为响应及 http 头不全，这时通过 responseBody 和 responseText 获取部分数据会出现错误。
❑ 4（完成）：数据接收完毕，此时可以 responseXml 和 responseText 获取完整的回应数据。

但是，由于各浏览器之间存在差异，所以创建一个 XMLHttpRequest 对象可能需要不同的方法。这个差异主要体现在 IE 和其他浏览器之间。下面是一个比较标准的创建 XMLHttpRequest 对象的方法，代码如下。

```
//创建 XmlHttpRequest()
function CreateXmlHttp() {
    //非 IE 浏览器创建 XmlHttpRequest 对象
    if (window.XmlHttpRequest) {
        xmlhttp = new XmlHttpRequest();
    }
    //IE 浏览器创建 XmlHttpRequest 对象
    if (window.ActiveXObject) {
        try {
            xmlhttp = new ActiveXObject("Microsoft.XMLHTTP");
        }
        catch (e) {
```

```
            try {
                xmlhttp = new ActiveXObject("msxml2.XMLHTTP");
            }
            catch (ex) { }
        }
    }
}
//创建异常处理
function Ustbwuyi() {
    var data = document.getElementById("username").value;
    CreateXmlHttp();
    if (!xmlhttp) {
        alert("创建 xmlhttp 对象异常！");
        return false;
    }
    xmlhttp.open("POST", url, false);
    xmlhttp.onreadystatechange = function () {
        if (xmlhttp.readyState == 4) {
            document.getElementById("user1").innerHTML = "数据正在加载...";
            if (xmlhttp.status == 200) {
                document.write(xmlhttp.responseText);
            }
        }
    }
    xmlhttp.send();
}
```

如上面代码所示，函数首先检查 XMLHttpRequest 的整体状态并且保证它已经完成（readyStatus=4），即数据已经发送完毕。然后根据服务器的设定询问请求状态，如果一切已经就绪（status=200），那么就执行下面需要的操作。

对于 XmlHttpRequest 的两个方法：open 和 send，其中 open 方法指定了下面这些内容。

（1）向服务器提交数据的类型，即是 post 还是 get。

（2）请求的 url 地址和传递的参数。

（3）传输方式，false 为同步，true 为异步。默认为 true。

如果是异步通信方式（true），客户机就不等待服务器的响应；如果是同步方式（false），客户机就要等到服务器返回消息后才去执行其他操作。我们需要根据实际需要来指定同步方式。在某些页面中，可能会发出多个请求，甚至是有组织有计划有队形大规模的高强度的 request，而后一个是会覆盖前一个的，这个时候当然要指定同步方式。Send 方法用来发送请求。

知道了 XMLHttpRequest 的工作流程，我们可以看出，XMLHttpRequest 是完全用来向服务器发出一个请求的，它的作用也局限于此，但它的作用是整个 Ajax 实现的关键，因为 Ajax 无非是两个过程：发出请求和响应请求。并且它完全是一种客户端的技术。而 XMLHttpRequest 正是处理了服务器端和客户端通信的问题，所以才会如此的重要。

现在，我们对 Ajax 的原理大概可以有一个了解了。我们可以把服务器端看成一个数据接口，它返回的是一个纯文本流，当然，这个文本流可以是 XML 格式，可以是 HTML，可以是 JavaScript 代码，也可以只是一个字符串。这时候，XMLHttpRequest 向服务器端请求这个页面，服务器端将文本的结果写入页面，这和普通的 Web 开发流程是一样的，不同的是，客户端在异步获取这个结果后，不是直接显示在页面，而是先由 JavaScript 来处理，然后再显示在页面。至于现在流行的很多 Ajax 控件，比如 magicajax 等，可以返回 DataSet

等其他数据类型，只是将这个过程封装了的结果，本质上它们并没有什么太大的区别。

3．JSP中使用Ajax示例

由于 Ajax 为我们带来太多的好处，所以在很多应用中我们都会优先选择这种技术，为了说明 Ajax 的使用，现使用一个简单的例子来说明。

（1）创建一个简单的注册页面 regist.jsp，regist.jsp 文件代码如下。

```
<%@ page contentType="text/html; charset=gb2312" %>
<!DOCTYPE HTML PUBLIC "-//W3C//DTD HTML 4.01 Transitional//EN">
<html>
<head>
<meta http-equiv="Content-Type" content="text/html; charset=gb2312">
<title>注册页面</title>
<script type="text/javascript" src="js/ajax.js"> </script>
<script type='text/javascript'>
<!--
function myAlert(strTitle) {
    //提示框
        var message=document.getElementById("myDiv").innerHTML;
        var win1 = new Zapatec.AlertWindow(message,
{title:strTitle, modal:true, width : 580,height:330});
}
//验证输入
    function doCheck() {
    var f = document.forms[0];
        if(f.username.value!="") {
            document.getElementById("feedback_info").innerHTML
= "系统正在处理您的请求，请稍后。";
            send_request("GET","checkUsername.jsp?username
="+f.username.value,null,"text",showFeedbackInfo);
        }
        else {
            document.getElementById("feedback_info").innerHTML = "请输入用户
            名称。";
        }
}
function showFeedbackInfo() {
        if (http_request.readyState == 4) {
// 判断对象状态
        if (http_request.status == 200) {
 // 信息已经成功返回，开始处理信息
            document.getElementById("feedback_info").innerHTML = http_request
            .responseText;
        }else{
//页面不正常
            alert("您所请求的页面有异常。");
        }
    }
}
//-->
</script>
</head>
<body>
<form name="form1" method="post" action="">
<table style="font-size:12px;">
        <tr>
            <td width="80">用户名：</td>
```

```
                <!--输入用户名-->
                <td><input type="text" name="username" onblur="doCheck()"></td>
        </tr>
<tr>
<td colspan="2"><span id="feedback_info" style="color:#FF0000"></span></td>
        <tr>
<tr>
    <!--输入密码-->
                <td>一级密码: </td>
                <td><input type="password" name="pwd"></td>
        </tr>
</table>
</form>
</body>
</html>
```

（2）创建 js 文件，源代码为 ajax.js。

ajax.js 代码清单如下

```
//定义 XMLHttpRequest 对象实例
var http_request = false;
//定义可复用的 http 请求发送函数
function send_request(method,url,content,responseType,callback) {
//初始化、指定处理函数、发送请求的函数
    http_request = false;
    //开始初始化 XMLHttpRequest 对象
if(window.XMLHttpRequest) {
//Mozilla 浏览器
        http_request = new XMLHttpRequest();
        if (http_request.overrideMimeType) {
//设置 MiME 类别
            http_request.overrideMimeType("text/xml");
        }
    }
else if (window.ActiveXObject) {
//IE 浏览器
        try {
            http_request = new ActiveXObject("Msxml2.XMLHTTP");
        } catch (e) {
            try {
                http_request = new ActiveXObject("Microsoft.XMLHTTP");
            } catch (e) {}
        }
    }
if (!http_request) {
//异常，创建对象实例失败
        window.alert("不能创建 XMLHttpRequest 对象实例.");
        return false;
    }
    if(responseType.toLowerCase()=="text") {
        //http_request.onreadystatechange = processTextResponse;
        http_request.onreadystatechange = callback;
    }
    else if(responseType.toLowerCase()=="xml") {
        //http_request.onreadystatechange = processXMLResponse;
        http_request.onreadystatechange = callback;
    }
    else {
        window.alert("响应类别参数错误。");
```

```
        return false;
    }
    //确定发送请求的方式和 URL，以及是否异步执行下段代码
    if(method.toLowerCase()=="get") {
        http_request.open(method, url, true);
    }
    else if(method.toLowerCase()=="post") {
        http_request.open(method, url, true);
        http_request.setRequestHeader("Content-Type",
"application/x-www-form-urlencoded");
    }
    else {
        window.alert("http 请求类别参数错误。");
        return false;
    }
    http_request.send(content);
}
// 处理返回文本格式信息的函数
function processTextResponse() {
if (http_request.readyState == 4) {
//判断对象状态
        if (http_request.status == 200) {
//信息已经成功返回，开始处理信息
            //alert(http_request.responseText);
            alert("Text 文档响应。");
        } else {
//页面不正常
            alert("您所请求的页面有异常。");
        }
    }
}
//处理返回的 XML 格式文档的函数
function processXMLResponse() {
if (http_request.readyState == 4) {
//判断对象状态
        if (http_request.status == 200) {
//信息已经成功返回，开始处理信息
            //alert(http_request.responseXML);
            alert("XML 文档响应。");
        } else {
//页面不正常
            alert("您所请求的页面有异常。");
        }
    }
}
```

（3）创建检查界面 checkUsername.jsp，源代码如下。

```
<%@ page contentType="text/html; charset=gb2312"%>
<%@ page import="com.javaweb.ch8.user.util.MemberManager" %>
<%
String name=request.getParameter("username"); //获取用户名
MemberManager manager=new MemberManager();    //实例化成员管理
if(manager.searchByUsername(username))
    //如果已经存在用户名
    out.println("用户名称["+username+"]已经被注册，请更换其他用户名称再注册。");
    //如果没有存在用户名
else
```

```
out.println("用户名称["+username+"]尚未被注册，您可以继续。");
//关闭业务接口
manager.closeDAO();
    %>
```

到此，一个简单的异步验证用户名的程序已经完成，当你输入完用户名后，切换光标，将会异步验证数据的正确性。但是，在使用时还遇到点问题，最初输入英文或数字验证用户名时，没问题，但输入中文时却出现乱码，于是对 checkUsername.jsp 进行了修改，修改后的源程序如下。

```
<%@ page contentType="text/html; charset=gb2312"%>
<%@ page import=" com.javaweb.ch8.user.util.MemberManager" %>
<%
String name=request.getParameter("username");
//添加中文支持
String username=new String(name.getBytes("ISO8859-1"),"gb2312");
MemberManager manager=new MemberManager();
if(manager.searchByUsername(username))
    out.println("用户名称["+username+"]已经被注册,请更换其他用户名称再注册。");
else
out.println("用户名称["+username+"]尚未被注册,您可以继续。");
manager.closeDAO();
%>
```

修改后，重新输入中文测试，没有出现乱码，到此一个简单的 Ajax 应用就结束了。

8.2　jQuery 介绍

jQuery 是一个兼容多浏览器的 JavaScript 库，核心理念是 Write Less，Do More。jQuery 在 2006 年 1 月由美国人 John Resig 在纽约的 barcamp 发布，吸引了来自世界各地的众多 JavaScript 高手加入，现在由 Dave Methvin 率领团队进行开发。如今，jQuery 已经成为最流行的 JavaScript 库，在世界前 10000 个访问最多的网站中，有超过 55%在使用 jQuery。既然 jQuery 有那么多人在用，那么它究竟是什么？接下来我们就来介绍一下 jQuery。

8.2.1　什么是 jQuery

jQuery 是一个“写的更少，但做的更多”的轻量级 JavaScript 库。jQuery 是免费、开源的，使用 MIT 许可协议。jQuery 的语法设计可以使开发者更加便捷，例如操作文档对象、选择 DOM 元素、制作动画效果、事件处理、使用 Ajax 以及其他功能。

除此以外，jQuery 提供 API 让开发者编写插件。其模块化的使用方式使开发者可以很轻松地开发出功能强大的静态或动态网页。

8.2.2　jQuery 的特征

jQuery 包含以下特点。

❑　DOM 元素选择。基于开源的选择器引擎 sizzle（从 1.3 版开始使用）。

❑　DOM 元素遍历及修改（包含对 CSS1-3 的支持）。

❑　事件处理。

❑　动态特效。

❑　具有 Ajax 特点。

❑　通过插件来扩展。

❑　方便的工具，例如浏览器版本判断。

❑　渐进增强。

❑　链式调用。

❑　多浏览器支持，支持 Internet Explorer 6.0+、Opera 9.0+、Firefox 2+、Safari 2.0+以及 Chrome 1.0+。

8.2.3　jQuery 在 Java Web 开发中的应用

1. 引入jQuery到项目

jQuery 库是一个单独的 JavaScript 文件，可以保存到本地或者服务器直接引用，也可以从多个公共服务器中选择引用。有 Media Temple、Google、Microsoft 等多家公司给 jQuery 提供 CDN 服务，比较常用的引用地址如下。

```
<script type="text/javascript"
//jQuery 引用地址，也可以下载下来放到一个单独的文件夹下
src="http://ajax.googleapis.com/ajax/libs/jquery/1.8/jquery.min.js">
</script>
```

目前的最新版本是 1.8.3（截止 2012 年 12 月），最常使用的 jQuery 基础方法是.ready()方法，如下。

```
jQuery 使用准备
$(document).ready(function(){
//在这里处理 JavaScript 相关操作
});
```

或者其简写成下面这样。

```
$(function(){
//查询某个函数，处理相关操作
//script goes here
});
```

当 dom 加载完就可以执行（比 window.onload 更早）。在同一个页面里可以多次出现.ready()。

如果在我们的项目中存在很多页面，并且希望我们的 jQuery 函数易于维护，那么我们就可以把 jQuery 函数放到独立的 .js 文件中。

这里使用 jQuery 时，将函数直接添加到<head> 部分中。不过，把它们放到一个单独的文件中会更好，就像下面代码（通过 src 属性来引用文件，这也是我建议读者这样做的）所示。

```
<head>
<script type="text/javascript" src="jquery.js"></script>
<script type="text/javascript" src="my_jquery_functions.js"></script>
</head>
```

注意：当 jQuery 名称冲突时，jQuery 使用$符号作为 jQuery 的简介方式。某些其他 JavaScript 库中的函数（比如 Prototype）同样使用$符号。

jQuery 使用名为 noConflict() 的方法来解决该问题。var jq=jQuery.noConflict()，这样就可以使用自己的名称（比如 jq）来代替$符号。

2．Jquery文档就绪函数

在使用jQuery 时也许已经注意到，所有jQuery 函数位于一个 document ready 函数中。

```
$(document).ready(function(){
--- jQuery functions go here ----
});
```

这是为了防止文档在完全加载（就绪）之前运行 jQuery 代码。如果在文档没有完全加载之前就运行函数，操作可能失败。

3．jQuery语法

jQuery 语法是为 HTML 元素的选取编制的，可以对元素执行某些操作。
基础语法如下。

```
$(selector).action()
```

jQuery 的基础语法说明如下。
❏ $（美元符号）：定义 jQuery 选择符（selector），"查询"和"查找"HTML 元素。
❏ JQuery 的 action()：执行对元素的操作 。
常见的语法使用示例如下。
❏ $(this).hide()：隐藏当前元素。
❏ $("p").hide()：隐藏所有段落。
❏ $("p.test").hide()：隐藏所有 class="test" 的段落。
❏ $("#test").hide()：隐藏所有 id="test" 的元素。

注意：jQuery 使用的语法是 XPath 与 CSS 选择器语法的组合。在本教程接下来的章节，您将学习到更多有关选择器的语法。

8.2.4　jQuery 选择器

jQuery 使用 sizzle 引擎，支持 CSS 选取和 Xpath 选取等方式，如下所示。
❏ $("p") 选取全部 <p> 元素。
❏ $("p.intro") 选取所有包含 class 为 intro 的 <p> 元素。
❏ $("p#demo") 选取 id 为 demo 的 <p> 元素。

- $("[href]") 选取所有带有 href 属性的元素。
- $("[href='#']") 选取所有带有 href 值等于 # 的元素。
- $("[href!='#']") 选取所有带有 href 值不等于 # 的元素。
- $("[href$='.jpg']") 选取所有 href 值以 .jpg 结尾的元素。

由于 jQuery 选择器很多，下面是 jQuery 的选择器实例和作用，如表 8-2 所示。

表 8-2 jQuery选择器实例

选 择 器	实 例	选 取
*	$("*")	所有元素
#id	$("#lastname")	id="lastname" 的元素
.class	$(".intro")	所有 class="intro" 的元素
element	$("p")	所有 <p> 元素
.class.class	$(".intro.demo")	所有 class="intro" 且 class="demo" 的元素
:first	$("p:first")	第一个 <p> 元素
:last	$("p:last")	最后一个 <p> 元素
:even	$("tr:even")	所有偶数 <tr> 元素
:odd	$("tr:odd")	所有奇数 <tr> 元素
:eq(index)	$("ul li:eq(3)")	列表中的第四个元素（index 从 0 开始）
:gt(no)	$("ul li:gt(3)")	列出 index 大于 3 的元素
:lt(no)	$("ul li:lt(3)")	列出 index 小于 3 的元素
:not(selector)	$("input:not(:empty)")	所有不为空的 input 元素
:header	$(":header")	所有标题元素 <h1>～<h6>
:animated	$(":animated")	所有动画元素
:contains(text)	$(":contains('W3School')")	包含指定字符串的所有元素
:empty	$(":empty")	无子（元素）节点的所有元素
:hidden	$("p:hidden")	所有隐藏的 <p> 元素
:visible	$("table:visible")	所有可见的表格
s1,s2,s3	$("th,td,.intro")	所有带有匹配选择的元素
[attribute]	$("[href]")	所有带有 href 属性的元素
[attribute=value]	$("[href='#']")	所有 href 属性的值等于 # 的元素
[attribute!=value]	$("[href!='#']")	所有 href 属性的值不等于 # 的元素
[attribute$=value]	$("[href$='.jpg']")	所有 href 属性的值包含以 .jpg 结尾的元素
:input	$(":input")	所有 <input> 元素
:text	$(":text")	所有 type="text" 的 <input> 元素
:password	$(":password")	所有 type="password" 的 <input> 元素
:radio	$(":radio")	所有 type="radio" 的 <input> 元素
:checkbox	$(":checkbox")	所有 type="checkbox" 的 <input> 元素
:submit	$(":submit")	所有 type="submit" 的 <input> 元素
:reset	$(":reset")	所有 type="reset" 的 <input> 元素
:button	$(":button")	所有 type="button" 的 <input> 元素
:image	$(":image")	所有 type="image" 的 <input> 元素
:file	$(":file")	所有 type="file" 的 <input> 元素
:enabled	$(":enabled")	所有激活的 input 元素
:disabled	$(":disabled")	所有禁用的 input 元素
:selected	$(":selected")	所有被选取的 input 元素
:checked	$(":checked")	所有被选中的 input 元素

8.2.5　jQuery 事件处理

jQuery 事件处理方法是 jQuery 中的核心函数。事件处理程序指的是当 HTML 中发生某些事件时所调用的方法。所以事件"触发"（或"激发"）在后面经常会被提到。

1．直接绑定事件

直接绑定指定事件，事件类型即方法名，支持 click、focus、blur 和 submit 等。

```
$("#button").click(function(){
//script goes here
});
```

在 1.7.2 版本开始支持用 on 来绑定事件，off 来解绑事件，第一个参数为事件名，第二个参数为回调函数。

```
$("#button").on('click',function(){
//script goes here
});
```

在 1.7.1 或更早版本，需要用 bind/unbind（常规绑定）、live/die（预绑定）来替代 on/off。
bind()：为事件绑定处理程序，如下。

```
$("p").bind("mouseenter mouseleave", function(e){
    $(this).toggleClass("over");
});
```

unbind()注销绑定在事件上的处理程序，如下。

```
$(document).unbind('ready');
//如不给参数，则清除所有事件处理程序
$("#unbind").click(function () {
$("#theone").unbind('click', aClick);
});
```

2．触发事件

trigger()：触发某类事件。

```
$("button:first").trigger('click');
```

triggerHandler()：触发某类事件，但不触发默认的事件处理逻辑，比如 a 的定向。

```
$("input").triggerHandler("focus");
```

one()：为事件绑定只能被触发一次的处理程序。

```
$("div").one("click", function(){
//Tudo 处理程序
});
```

ready()/click()/change()/toggle(fn,fn)/dblclick()……各种常规事件的快捷方式。xxx(fn)为绑定处理程序，如 toggle(fn,fn)；xxx()为触发事件，如 click()等。

3．jQuery代码实例

在使用 jQuery 中通常会把 jQuery 代码放到 <head>部分的事件处理方法中，代码如下所示。

```
<html>
<head>
<script type="text/javascript" src="jquery.js"></script>
<script type="text/javascript">
$(document).ready(function(){
  $("button").click(function(){
    //单击按钮，隐藏所有 p 元素
    $("p").hide();
  });
});
</script>
</head>
<body>
<h2>This is a heading</h2>
<p>This is a paragraph.</p>
<p>This is another paragraph.</p>
<button>Click me</button>
</body>
</html>
```

在上面的代码实例中，当按钮的单击事件被触发时会调用一个函数，如下。

```
$("button").click(function() {..some code... } )
```

该方法隐藏所有 <p> 元素，如下。

```
$("p").hide();
```

jQuery 中事件函数的作用见表 8-3。

表 8-3　jQuery 中的事件函数和作用

Event 函数	绑定函数至
$(document).ready(function)	将函数绑定到文档的就绪事件（当文档完成加载时）
$(selector).click(function)	触发或将函数绑定到被选元素的单击事件
$(selector).dblclick(function)	触发或将函数绑定到被选元素的双击事件
$(selector).focus(function)	触发或将函数绑定到被选元素的获得焦点事件
$(selector).mouseover(function)	触发或将函数绑定到被选元素的鼠标悬停事件

下面是 jQuery 中事件方法的一些例子，如表 8-4 所示。

表 8-4　jQuery 中的事件方法

方　　法	描　　述
bind()	向匹配元素附加一个或更多事件处理器
blur()	触发或将函数绑定到指定元素的 blur 事件
change()	触发或将函数绑定到指定元素的 change 事件
click()	触发或将函数绑定到指定元素的 click 事件
dblclick()	触发或将函数绑定到指定元素的 double click 事件
delegate()	向匹配元素的当前或未来的子元素附加一个或多个事件处理器
die()	移除所有通过 live() 函数添加的事件处理程序
error()	触发或将函数绑定到指定元素的 error 事件

方　　法	描　　述
event.isDefaultPrevented()	返回 event 对象上是否调用了 event.preventDefault()
event.pageX	相对于文档左边缘的鼠标位置
event.pageY	相对于文档上边缘的鼠标位置
event.preventDefault()	阻止事件的默认动作
event.result	包含由被指定事件触发的事件处理器返回的最后一个值
event.target	触发该事件的 DOM 元素
event.timeStamp	返回从 1970 年 1 月 1 日到事件发生时的毫秒数
event.type	描述事件的类型
event.which	指示按了哪个键或按钮
focus()	触发或将函数绑定到指定元素的 focus 事件
keydown()	触发或将函数绑定到指定元素的 key down 事件
keypress()	触发或将函数绑定到指定元素的 key press 事件
keyup()	触发或将函数绑定到指定元素的 key up 事件
live()	为当前或未来的匹配元素添加一个或多个事件处理器
load()	触发或将函数绑定到指定元素的 load 事件
mousedown()	触发或将函数绑定到指定元素的 mouse down 事件
mouseenter()	触发或将函数绑定到指定元素的 mouse enter 事件
mouseleave()	触发或将函数绑定到指定元素的 mouse leave 事件
mousemove()	触发或将函数绑定到指定元素的 mouse move 事件
mouseout()	触发或将函数绑定到指定元素的 mouse out 事件
mouseover()	触发或将函数绑定到指定元素的 mouse over 事件
mouseup()	触发或将函数绑定到指定元素的 mouse up 事件
one()	向匹配元素添加事件处理器。每个元素只能触发一次该处理器
ready()	文档就绪事件（当 HTML 文档就绪可用时）
resize()	触发或将函数绑定到指定元素的 resize 事件
scroll()	触发或将函数绑定到指定元素的 scroll 事件
select()	触发或将函数绑定到指定元素的 select 事件
submit()	触发或将函数绑定到指定元素的 submit 事件
toggle()	绑定两个或多个事件处理器函数，当发生轮流的 click 事件时执行
trigger()	所有匹配元素的指定事件
triggerHandler()	第一个被匹配元素的指定事件
unbind()	从匹配元素移除一个被添加的事件处理器
undelegate()	用来移除，使用 delegate()的方式已经绑定的事件处理程序
unload()	触发或将函数绑定到指定元素的 unload 事件

8.2.6　jQuery 的常见简单应用实例

下面我们使用一些简单的实例来介绍 jQuery 是如何使用的。

1．实例8-2-1

```
$("#hide").click(function(){
   //单击 hide，隐藏所有 p 元素
$("p").hide();
});
$("#show").click(function(){
```

```
//单击 show，显示所有 p 元素
$("p").show();
});
```

hide() 和 show() 都可以设置两个可选参数：speed 和 callback。语法如下。

```
$(selector).hide(speed,callback)
$(selector).show(speed,callback)
```

❑ speed 参数规定显示或隐藏的速度。可以设置的值有：slow、fast、normal 或毫秒。

❑ callback 参数是在 hide 或 show 函数完成之后被执行的函数名称。您将在本教程
下面的章节学习更多有关 callback 参数的知识。

2．实例8-2-2

```
$("button").click(function(){
$("p").hide(1000);
});
```

jQuery 切换效果，jQuery toggle() 函数使用 show()或 hide()函数来切换 HTML 元素的
可见状态。

hide()隐藏显示的元素，show()显示隐藏的元素。语法如下。

```
$(selector).toggle(speed,callback)
```

speed 参数可以设置的值有：slow、fast、normal 或毫秒。

3．实例8-2-3

```
$("button").click(function(){
$("p").toggle();
});
```

callback 参数是在该函数完成之后被执行的函数名称。

4．jQuery 滑动函数：slideDown、slideUp和slideToggle

jQuery 拥有以下滑动函数。

```
$(selector).slideDown(speed,callback);
$(selector).slideUp(speed,callback);
$(selector).slideToggle(speed,callback);
```

❑ speed 参数可以设置的值有：slow、fast、normal 或毫秒。

❑ callback 参数是在该函数完成之后被执行的函数名称。

slideDown() 示例如下。

```
$(".flip").click(function(){
$(".panel").slideDown();
});
```

slideUp() 示例如下。

```
$(".flip").click(function(){
$(".panel").slideUp()
})
```

slideToggle()示例如下。

```
$(".flip").click(function(){
$(".panel").slideToggle();
});
```

5. jQuery Fade 函数：fadeIn()、fadeOut()和fadeTo()

jQuery 拥有以下 fade 函数如下。

```
$(selector).fadeIn(speed,callback);
$(selector).fadeOut(speed,callback);
$(selector).fadeTo(speed,opacity,callback);
```

❑ speed 参数可以设置的值有：slow、fast、normal 或毫秒。
❑ fadeTo() 函数中的 opacity 参数规定减弱到给定的不透明度。
❑ callback 参数是在该函数完成之后被执行的函数名称。

fadeTo() 示例如下。

```
$("button").click(function(){
$("div").fadeTo("slow",0.25);
});
```

fadeOut() 示例如下。

```
$("button").click(function(){
$("div").fadeOut(4000);
});
```

6. jQuery 自定义动画

jQuery 函数创建自定义动画的语法如下。

```
$(selector).animate({params},[duration],[easing],[callback])
```

关键的参数是 params。它定义产生动画的 CSS 属性。可以同时设置多个此类属性，如下。

```
animate({width:"70%",opacity:0.4,marginLeft:"0.6in",fontSize:"3em"});
```

第二个参数是 duration，它定义用来应用到动画的时间。它可设置的值是：slow、fast、normal 或毫秒。

动画示例 1 如下。

```
<script type="text/javascript">
$(document).ready(function(){
$("#start").click(function(){
$("#box").animate({height:300},"slow");
$("#box").animate({width:300},"slow");
$("#box").animate({height:100},"slow");
$("#box").animate({width:100},"slow");
});
});
</script>
```

动画示例 2 如下。

```
<script type="text/javascript">
$(document).ready(function(){
```

```
$("#start").click(function(){
$("#box").animate({left:"100px"},"slow");
$("#box").animate({fontSize:"3em"},"slow");
});
});
</script>
```

HTML 元素默认是静态定位，且无法移动。如需使元素可以移动，请把 CSS 的 position 设置为 relative 或 absolute。

jQuery 效果函数描述如表 8-5 所示。

表 8-5 jQuery 效果函数描述

效 果 函 数	函 数 描 述
$(selector).hide()	隐藏被选元素
$(selector).show()	显示被选元素
$(selector).toggle()	切换（在隐藏与显示之间）被选元素
$(selector).slideDown()	向下滑动（显示）被选元素
$(selector).slideUp()	向上滑动（隐藏）被选元素
$(selector).slideToggle()	对被选元素切换向上滑动和向下滑动
$(selector).fadeIn()	淡入被选元素
$(selector).fadeOut()	淡出被选元素
$(selector).fadeTo()	把被选元素淡出为给定的不透明度
$(selector).animate()	对被选元素执行自定义动画

8.3 本章小结

本章带领大家进入了 Ajax 和 jQuery 的精彩世界，介绍了当前流行的 Ajax 和 jQuery 技术，由于篇幅有限，本章主要介绍了它们在 Java Web 开发中的常用功能和使用方法。本章只做抛砖引玉的作用，目的是想读者不要局限于常规的方法，要突破常规思想，这样也许会有一种意想不到的效果。

对于 Ajax 和 jQuery，我们就只是介绍了什么是 Ajax、Ajax 的常规语法和它的使用方法。通过本章的学习大家就可以使用简单的 Ajax 和 jQuery 功能，实现简单的动态效果。但是到精通还只是冰山一角，所以读者还需要认真学习。下面就本人学习经验总结一下如何学好 Ajax 和 jQuery。

❑ JavaScript 是基础。由于 Ajax 和 jQuery 都是以 JavaScript 为基础的，所以想学好 Ajax 和 jQuery 就必须学好 JavaScript 基础知识。

❑ CSS。由于它们都支持 CSS，所以学习好 CSS 才能在学习 Ajax 和 jQuery 中事半功倍。

❑ 勤动手动脑。要学习好 Ajax 和 jQuery，就需要自己写代码，深入到开发中锻炼，理论结合实际，才会提升技能，不断地去实践，不断在实际代码中找出它们的规律，发现它们的原理，以及它们之间相互的关系，才能提升 Ajax 和 jQuery，才能理解它们的精髓。

所以总结就是：夯实基础，勤于动手，善于动脑。

第4篇　实践篇

第9章 朝夕勤习练，内外紧相连——对软件工程操练

前面讲的都是如何学习和使用软件进行开发，侧重点主要在开发具体功能和实现上，也就是我们经常说的写代码。不错，写代码是每一个软件开发者所应具备的基本功。但是光写代码是不够的，开发一个软件除了写代码之外，还应具备书写文档的能力。因为一个软件包括代码和文档说明。这些就属于软件工程问题了，不错，只有把软件纳入工程才能更好地对软件进行设计、开发和维护管理。本章就详细介绍什么是软件工程、如何在软件工程的指导下完成软件开发。

9.1 软件工程概述

软件工程是涉及软件生产各个方面的一门工程学科，软件工程涉及软件生命周期的各个方面，从软件需求的确定到软件退役。软件工程还涉及软件开发中的人为因素，如团队组织；经济因素，如成本估算；法律因素，如版权保护。那么什么是软件工程呢？

软件工程是一门工程学科，它把工程理论与技术应用于软件开发，规范软件的开发过程，提高软件的开发质量。它旨在指导生产无缺陷软件，既指导如何生产能够及时交付、成本不超预算并且满足用户需求的软件产品。软件工程人员应该采用系统的、有组织的工作方法，并按照所要解决的问题、开发约束和可用资源来选择适当的工具与技术。从定义中我们可以看到涉及到软件过程、软件生存期、软件开发方法以及开发者组成和成本等。

1. 软件过程

软件过程是指开发或制作软件产品的一系列活动及其成果。所有的软件过程中都包括四个基本活动，如下。

❑ 描述（Specification）：系统应该提供的功能及其开发约束。
❑ 开发（Development）：软件产品的生产过程。
❑ 有效性验证（Validation）：检验软件产品是否满足了客户的需要。
❑ 进化（Evolution）：按照用户的变更要求不断地改进软件。

讲到软件过程就不得不提到软件过程模型，一个软件过程模型是软件过程的一种抽象表示，它通常是对软件过程某一特定方面的抽象描述。下面就介绍几种常见的过程模型。

❑ 瀑布模型（The waterfall model）。

❑　进化式开发（Evolutionary development）。

❑　基于组件的软件工程（Component-based software engineering）。

这三种模型广泛应用于当前的软件开发实践中，互相不排斥，而且经常一起使用。

（1）瀑布模型。瀑布模型分为以下几个模块：需求定义与分析、系统和软件设计、实现和单元测试、集成与系统测试、运行和维护。具体如图 9-1 所示。

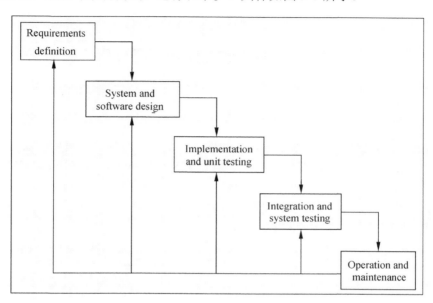

图 9-1　瀑布模型示意图

这种模型生硬地把一个软件过程划分成几个界限清晰的阶段，而且这些阶段前后有严格的顺序，这导致它很难对用户的需求变更做出及时的调整。因此，瀑布模型只适合需求非常清楚和需求变更被严格限制的情况下。

实际的软件开发过程中，几乎没有多少业务系统具有稳定的需求。瀑布模型反映了工程设计的基本思想。

（2）进化式开发模型。基本思想：通过开发系统原型和用户反复交互，以明确需求，使系统在不断调整与修改中得以进化成熟。又叫做原型式开发方法。这种模型有两种基本类型：探索式开发（Exploratory development）和抛弃式原型法（Throw-away prototyping）。

使用这种模型的问题常见如下。

❑　缺乏过程可见性。

❑　系统结构通常会很差。

❑　需要一些特别的技术（如原型快速开发技术），通常与主流技术不兼容。

这种模型适用情况如下。

❑　适合中小规模的交互系统。

❑　可用于大型系统的局部开发（如系统界面），可以和瀑布模型混合使用。

❑　生命周期较短的系统。

具体活动示意图如图 9-2 所示。

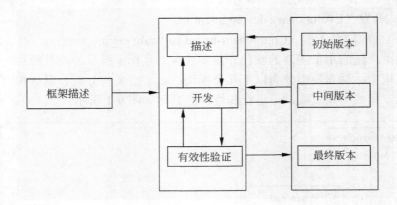

图 9-2　进化式开发模型

（3）基于组件的软件工程。基于组件的软件工程是一种面向软件复用的软件开发方式，这种方式中，软件产品是由现有软件组件或由 COTS（Commercial-off-the-shelf）系统组装而成。

该模型分为以下几个阶段：过程阶段、组件分析、需求修订、应用复用的系统设计和开发与集成。具体模型示意图如图 9-3 所示。

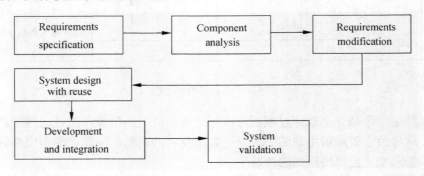

图 9-3　基于组件的软件工程模型示意图

2．软件生存期

从理论上而言，软件生存期一般都可分为计划、需求分析、设计、编码、测试和运行维护六个步骤。根据软件工程实施过程中的各阶段活动，我们可以把它归结为不同的软件生存期模型，并归结出每一阶段的实施的行为特征。在软件工程的实施过程中，需要制作相应的文档。

3．软件工程方法

软件生命周期中使用的一整套技术方法的集合，包括系统模型描述、约束规则、设计建议和过程指南的组成元素。普遍采用的软件工程方法有结构化方法和面向对象方法。

4．软件工程目的

上面介绍了这么多，相信大家已经对什么是软件工程有所了解了。由于篇幅有限，本书旨在指导 Java Web 入门开发，所以就不再详细地介绍软件工程了。只要知道它可以使我们软件开发非常规范地进行，它力求使一个软件开发团队或个人打下一个良好的基础，以便逐步成长为成熟稳定的团队或优秀的软件设计人员。

所以我所介绍的软件工程的主要内容如下。

- ❑ 定义软件开发的流程。
- ❑ 定义软件开发的文档格式。
- ❑ 定义涉及的角色。
- ❑ 定义涉及的信息。

只有规范要求这些，才可以统一软件开发团队的流程、文档；促进团队成员的沟通，减少误解；促使程序员书写易维护的代码；提高代码编写效率，使每个成员成为一个高效的程序员。

9.2　软件开发的流程

一个规范的软件开发流程是软件开发有条不紊进行的前提，所以软件开发流程的清楚与否至关重要，下面就说明一下软件开发流程。

9.2.1　软件开发基本流程

软件开发基本流程可以分为 4 个阶段。

- ❑ 项目启动：本阶段主要是进行可行性分析，定义项目，识别需求。
- ❑ 制定计划：本阶段主要是计划策划，估算工作量，制定具体的可执行的计划。
- ❑ 计划实施：本阶段主要是实施计划，完成计划中的各项任务，报告计划状态。
- ❑ 项目终止：计划执行完毕，总结项目。

在整个过程中，投入的力量如图 9-4 所示。

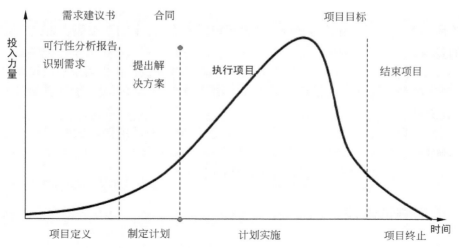

图 9-4　投入力量与开发阶段关系图

9.2.2　项目启动和策划阶段

本阶段的关键是定义项目、估算工作量和制定详细计划。

1．定义项目

一个软件项目的正式启动从《软件项目任务书》的下达开始。任务书中写明项目的基本信息及相关责任人和详细分工，规定项目必须提交的产品清单。任务书由研发经理或者项目负责人起草，研发经理批准后下达给相关负责人。项目任务书必须为打印纸质文档，由相关人员签字确认后，入配置管理库归档。

2．估算工作量

软件项目任务书主要作用是明确项目人员职责以及各组之间的协调确认。

估算工作量，从确认需求后开始。由项目经理指定评估人员，先按照头脑风暴法估计各个子系统或者模块的难易程度，然后按照 Delphi 法估算各个部分的工作量。

3．制定详细计划

项目经理和 PMO 成员，根据估算的工作量，制定项目计划。SQA 和 SCM 分别制定各自的计划。SCM 需要确定资源库的目录结构和权限结构。项目经理召集 PMO、SQA 和 SCM 评审及审核项目计划、SQA 计划、SQA 审核计划、SCM 计划和测试计划。

对于发布后的一般性程序修改，不需要下达软件项目任务书。对于关系重大、需要各组人员协调工作的重大修改，项目负责人可以以任务书的形式明确职责、协调关系。

测试负责人评估测试资源——人员及机器，并决定测试人员是否介入项目的需求分析和设计阶段。

9.2.3　需求分析、设计、编码阶段

本阶段的关键是评审和修订控制，关键评审需要需求、设计、编码、测试、项目管理、用户等的参与。

- ❑ 需求阶段：需求分析人员收集需求，根据 SRS 模板，作出需求规格说明书。
- ❑ 设计阶段：设计人员根据总体设计、概要设计、数据库设计和详细设计，作出设计文档。
- ❑ 编码阶段：编码人员根据详细设计，设计单元测试用例，编写代码，进行单元测试。
- ❑ 关键评审：SRS 评审，设计评审，代码走查。

9.2.4　提交测试阶段

项目启动后，项目经理填写测试任务通知单，将测试任务下达给测试组。概要设计评

审完成后，由各子系统或者模块的负责人测算完成时间，在确定完成时间后（正式开始编码前）将测试任务通知单提交给项目测试负责人，项目测试负责人审核通过在通知单上签字后返回给子项目负责人。开发及单元测试完成后，由开发人员将测试内容提交配置管理员入测试库后，将测试任务通知单提交给发布人员申请测试发布。发布人员将测试库中本次测试的内容发布到测试机后，在测试任务通知单上签字后，提交给测试人员开始测试。

测试完成后，测试人员在任务单上填写测试意见，交测试负责人确认后，返还给开发人员。如测试没有通过，开发人员修改测试内容，进入下一个测试流程。如通过测试，开发人员将测试任务通知单提交给项目负责人，由项目负责人、SCCB 签字确认后，提交配置管理员将测试内容入基线库。

过程关键： 发布实施人员确保发布到测试机上的源程序在配置管理库中得到了有效的标识。

9.2.5　生产发布、终测

程序通过测试入库以后，根据需要，由项目的负责人负责填写发布申请单。发布申请单由项目测试负责人、配置管理员、SCCB、客户代表、研发经理签字确认后，由项目负责人提交给实施发布人员。发布人员拿到签完字的发布申请后，才能从基线库中提取程序向生产机上发布。如以上发布确认人员没有全部签字同意发布，必须由项目经理签字同意后发布。

程序发布到生产机上以后，进入终测【UAT】流程。测试人员和用户代表要对生产机上的程序进行最后测试，确保生产机上的系统符合需求。项目负责人负责同用户协调，项目负责人、测试人员和用户共同编写测试用例。项目负责人将《终测意见书》提交三方签字，根据签字意见决定修订系统或者提交正式发布。

终测出现的问题修改按照基线变更流程进行。

实施人员只有拿到有三方签字的《终测意见书》后才能将系统正式公开发布。系统正式发布三天之后一周之内，由实施人员负责到用户处取得有用户主要负责人签字的《系统运行报告》，项目负责人负责监督执行。根据《系统运行报告》做相应的处理。

过程关键： 发布到生产机上的程序都在基线库中得到了有效的标识。

9.2.6　发布后问题反馈修改过程

系统发布之后，用户反馈的意见要形成问题清单或者变更申请单，记录需要修改的地方，提交给项目负责人。项目负责人负责判断改动是否会影响需求或者设计，负责将任务分配给相关人员进行修改。修改完成后，提交测试直至发布。

这个阶段最重要的是保证所做的修改（文档、代码）都在配置管理库的基线库中得到体现。即基线库中的文档和代码要进行同步更新，关键是发布人员严格根据发布申请单进行控制，并确保发布的代码都是从基线库中取出的。没有经过流程直接要求发布的，发布人员必须予以拒绝。

9.3 软件需求分析

上一节简单地介绍了每一个阶段的工作,具体工作怎么做,并没有详细说明。本节就教大家如何分析软件需求,如何制定软件的需求规格说明书。

9.3.1 什么是需求

对于需求,不同的书定义不一致。需求具有双重功能:可以作为竞标、签约的基础——一种开放的、易于交流的系统功能及约束的高层概要描述;签约之后,为了完成合同约定,开发者给出的对系统的详尽、准确的描述。

这两种描述都叫作需求文档,分别对应于用户需求和系统需求。

(1)用户需求。用户需求是从用户角度来描述的系统功能需求与非功能需求,这样的描述可以使不具备专业技术知识的用户能够看明白。

用户需求使用任何人都看得懂的自然语言、图表和直观的图形来描述。

(2)系统需求。相对于用户需求,系统需求是对系统功能、服务及约束的更详尽的描述。

系统需求是系统实现的基本依据,会被写入合同中。因此系统需求是一个完全的、一致的系统描述,是设计的起点。系统需求可以用系统模型来定义与说明。

9.3.2 需求文档

需求文档是对系统开发者所提要求的正式的描述,也就是对要求开发者实现什么的规范的、准确的描述。

需求文档应该包括系统的用户需求和详细的系统需求描述。IEEE 为需求文档的内容提出了一个一般化的建议,包括如下内容。

- ❑ 引言。
- ❑ 一般描述。
- ❑ 专门描述。
- ❑ 附录。
- ❑ 索引。

注意:需求文档不是设计文档,也就是说它的内容应该是对"系统应该做什么"的描述,而不是说明如何做。

9.3.3 引言

引言是提出对软件需求规格说明的纵览,帮助读者理解该文档是如何编写并且如何阅读和解释。包括目标、文档约定、预期的读者和阅读建议、产品的范围、参考文献等。

1．目标

对产品进行定义，在该文档中详尽说明这个产品的软件需求，包括修正或发行版本号。如果这个软件需求规格说明只与整个系统的一部分有关系，那么就只定义文档中说明的部分或子系统。

2．文档约定

描述编写文档时所采用的标准或排版约定，包括正文风格、提示区或重要符号。例如，说明高层需求的优先级是否可以被其所有细化的需求所继承，或者每个需求陈述是否都有其自身的优先级。

3．预期的读者和阅读建议

列举了软件需求规格说明所针对的不同读者。例如开发人员、项目经理、营销人员、用户、测试人员或文档编写人员。描述了文档中剩余部分的内容及其组织结构。提出了最适合于每一类型读者阅读文档的建议。

4．产品的范围

提供了对指定的软件及其项目的简短描述，包括利益和目标。把软件与企业目标或业务策略相联系。可以参考项目视图和范围文档而不是将其内容复制到这里。

5．参考文献

列举了编写软件需求规格说明时所参考的资料或其他资源。可能包括用户界面风格指导、合同、标准、系统需求规格说明、使用实例文档，或相关产品的软件需求规格说明，在这里应该给出详细的信息，包括标题的名称、作者、版本号、日期、出版单位或资料来源，以方便读者查阅这些文献。

9.3.4 综合描述

综合描述概述了正在定义的产品以及它所运行的环境、使用产品的用户和已知的限制、假设和依赖。包括：产品的前景、产品的功能、用户类和特征、运行环境、设计和实现上的限制、假设和依赖等。

1．产品的前景

描述了软件需求规格说明中所定义的产品的背景和起源。说明了该产品是否是产品系列中的下一成员，是否是成熟产品所改进的下一代产品、是否是现有应用程序的替代品，或者是否是一个新型的、自含型产品。如果软件需求规格说明定义了大系统的一个组成部分，那么就要说明这部分软件是怎样与整个系统相关联的，并且要定义出两者之间的接口。

2．产品的功能

概述了产品所具有的主要功能。例如用列表的方法给出，很好地组织产品的功能，使每个读者都易于理解。用图形表示主要的需求分组以及它们之间的联系，例如数据流程图的顶层图或类图，都是有用的。

3．用户类和特征

确定可能使用该产品的不同用户类并描述他们相关的特征。有一些需求可能只与特定的用户类相关。将该产品的重要用户类与那些不太重要的用户类区分开。

4．运行环境

描述了软件的运行环境，包括硬件平台、操作系统和版本，还有其他的软件组件或与其共存的应用程序。

5．设计和实现上的限制

确定影响开发人员自由选择的问题，并说明这些问题为什么成为一种限制。可能的限制包括以下内容。

- ❑ 必须使用或者避免的特定技术、工具、编程语言和数据库。
- ❑ 所要求的开发规范或标准（例如，如果有客户的公司负责软件维护，就必须定义转包者所使用的设计符号表示和编码标准）。
- ❑ 企业策略、政府法规或工业标准。
- ❑ 硬件限制，例如定时需求或存储器限制。
- ❑ 数据转换格式标准。

6．假设和依赖

列举出在对软件需求规格说明中影响需求陈述的假设因素（与已知因素相对立）。可能包括打算要用的商业组件或有关开发或运行环境的问题。你可能认为产品将符合一个特殊的用户界面设计约定，但是另一个 SRS 读者却可能不这样认为。如果这些假设不正确、不一致或被更改，就会使项目受到影响。

此外，确定项目对外部因素存在的依赖。例如，如果你打算把其他项目开发集成到系统中，那么你就要依赖那个项目按时提供正确的操作组件。如果这些依赖已经记录到其他文档（例如项目计划）中了，那么在此就可以参考其他文档。

9.3.5　外部接口需求

1．用户界面

本产品用户一般需要通过终端进行操作，进入主界面后单击相应窗口或按钮，分别进入相应的界面（如：输入界面、输出界面）。用户对程序的维护，最好要有备份。人性化、交互性强的网页形式，简单易用，充分合理安排用户功能，各种数据以表格格式直观易操作。

2．硬件接口

包括显示器、标准的键盘、鼠标控制接口，以及能够提供与多种打印机之间的接口等。

3．软件接口

Visual Studio 2010、 Microsoft SQL Server 2008 运行于 Windows 2000 及更高版本的操作系统之上；通信接口如下。

- ❑ TCP/IP 通信协议接口。
- ❑ GSM/CDMA 无线通信协议接口。
- ❑ SMS 短消息通信协议接口。
- ❑ 联通网关通信协议接口。
- ❑ 防火墙通信接口。
- ❑ 路由器通信接口。
- ❑ 交换机通信接口。

9.3.6　系统特性

功能需求是根据系统特性即产品所提供的主要服务来组织的。你可能更喜欢通过使用实例、运行模式、用户类、对象类或功能等级来组织这部分内容。你还可以使用这些元素的组合。总而言之，你必须选择一种使读者易于理解预期产品的组织方案。

仅用简短的语句说明特性的名称，例如"拼写检查和拼写字典管理"。无论你想说明何种特性，阐述每种特性时都将重复以下这三步系统特性。

- ❑ 说明和优先级。提出了对该系统特性的简短说明，并指出该特性的优先级是高、中，还是低。或者你还可以包括对特定优先级部分的评价，例如利益、损失、费用或风险，其相对优先等级还可以从 1（低）～9（高）。
- ❑ 激励/响应序列。列出输入激励（用户动作、来自外部设备的信号或其他触发器）和定义这一特性行为的系统响应序列。这些序列将与使用实例相关的对话元素相对应。
- ❑ 功能需求。详细列出与该特性相关的详细功能需求。这些是必须提交给用户的软件功能，用户可以使用所提供的特性执行服务或者使用所指定的使用实例执行任务。描述产品如何响应可预知的出错条件或者非法输入或动作。必须唯一地标识每一个需求。

9.3.7　非功能需求

列举出所有非功能需求，而不是外部接口需求和限制。

- ❑ 性能需求。阐述了不同的应用领域对产品性能的需求，并解释它们的原理以帮助开发人员做出合理的设计选择。确定相互合作的用户数或者所支持的操作、响应时间以及与实时系统的时间关系。你还可以在这里定义容量需求，例如存储器和磁盘空间的需求或者存储在数据库表中的最大行数。尽可能详细地确定性能需求。可能需要针对每个功能需求或特性分别陈述其性能需求，而不是把它们都集中在一起陈述。例如"在运行 Windows XP 操作系统的主频为 1.1GHz 的 IntelPentium4PC 机上，当系统至少有 50%的空闲资源时，要求 95%的目录数据库查询必须在 2 秒内完成"。

- ❑ 安全设施需求。详尽陈述与产品使用过程中可能发生的损失、破坏或危害相关的需求。定义必须采取的安全保护或动作，还有那些预防的潜在的危险动作。明确产品必须遵从的安全标准、策略或规则。一个安全设施需求的范例如下："如果油箱的压力超过了规定的最大压力的 95%，那么必须在 1 秒钟内终止操作"。
- ❑ 安全性需求。详尽陈述与系统安全性、完整性或与私人问题相关的需求，这些问题将会影响到产品的使用和产品所创建或使用的数据的保护。定义用户身份确认或授权需求。明确产品必须满足的安全性或保密性策略。你可能更喜欢通过称为完整性的质量属性来阐述这些需求。一个软件系统的安全性需求的范例如下："每个用户在第一次登录后，必须更改他的最初登录密码。最初的登录密码不能重用。"
- ❑ 软件质量属性。详尽陈述与客户或开发人员至关重要的其他产品质量特性。这些特性必须是确定、定量的并在可能时是可验证的。至少应指明不同属性的相对侧重点。例如易用程度优于易学程度，或者可移植性优于有效性。
- ❑ 业务规则。列举出有关产品的所有操作规则，例如什么人在特定的环境下可以进行何种操作。这些本身不是功能需求，但它们可以暗示某些功能需求执行这些规则。一个业务规则的范例如下："只有持有管理员密码的用户才能执行￥100.00 或更大额的退款操作。"
- ❑ 用户文档。列举出将与软件一同发行的用户文档部分。例如，用户手册、在线帮助和教程。明确所有已知的用户文档的交付格式或标准。

9.3.8　其他需求

定义在软件需求规格说明的其他部分未出现的需求，例如国际化需求或法律上的需求。还可以增加有关操作、管理和维护部分来完善产品安装、配置、启动和关闭、修复和容错，以及登录和监控操作等方面的需求。在模板中加入与你相关的新部分。如果你不需要增加其他需求，就省略这一部分。

- ❑ 附录 A：术语表。定义所有必要的术语，以便读者可以正确地解释软件需求规格说明，包括词头和缩写。可能希望为整个公司创建一张跨多项项目的词汇表，并且只包括特定于单一项目的软件需求规格说明中的术语。
- ❑ 附录 B：分析模型。这个可选部分包括后涉及到相关的分析模型的位置，例如数据流程图、类图、状态转换图或实体关系图。
- ❑ 附录 C：待确定问题的列表。编辑一张在软件需求规格说明中待确定的问题的列表，其中每一表项都是编上号的，以便于跟踪调查。

9.4　软件概要设计

软件概要设计是在用户需求分析的基础上进行的，是对需求的技术响应。简单地说，首先要明确阐述系统的建设目标、建设原则，给出系统的功能模块组成（用层次结构图表示出系统应具有哪些功能或子系统，每个功能或子系统下面又包含哪些模块），如果涉及到数据库，至少要分析出需要哪几个表。

目前国家有一些这方面（软件工程）的技术规范，可以参照模板进行撰写。下面就来介绍一下软件概要设计需要注意的问题。

9.4.1　软件概要设计的目的

概要设计的主要任务是把需求分析得到的 DFD 转换为软件结构和数据结构。设计软件结构的具体任务是：将一个复杂系统按功能进行模块划分、建立模块的层次结构及调用关系、确定模块间的接口及人机界面等。数据结构设计包括数据特征的描述、确定数据的结构特性，以及数据库的设计。显然，概要设计建立的是目标系统的逻辑模型，与计算机无关。

概要设计有多种方法。在早期有模块化方法、功能分解方法；在 60 年代后期提出了面向数据流和面向数据结构的设计方法；近年来又提出面向对象的设计方法等。软件概要设计一般主要包括集团或个人的项目开发（软件）的《概要设计说明书》的编写。

9.4.2　软件概要设计说明书

概要设计说明书包括：引言、总体设计、接口设计、运行设计、系统数据结构设计、系统出错处理设计等。下面简单介绍一下这些模块所包含的具体内容。

1．引言

引言包括背景、参考资料、术语和缩写词。
- ❑ 背景：说明被开发软件的名称、项目提出者和开发者。
- ❑ 参考资料：列出本文件用到的参考资料，包括作者、来源、编号、标题、发表日期、出版单位及保密级别等，如软件需求说明书、同概要设计有关的其他文件资料库。
- ❑ 术语和缩写词：列出本文件中专用的术语、定义和缩写词。

2．需求

利用软件需求说明书，对以下几条内容进行细化、扩充或变更（若有的话）。
- ❑ 总体描述：对软件系统进行总的描述。用图表示本系统各个部分之间的关系，以及用户机构与本系统主要部分之间的关系。
- ❑ 功能：试用日期、定量和定性地表示软件总体功能，并说明系统是如何满足功能需求的。
- ❑ 性能：说明精度、时间特性、灵活性等要求。
- ❑ 运行环境：简要说明对运行环境的规定，如设备、支持软件、接口、保密与安全等。

3．总体结构设计

用图表说明本系统结构，即系统元素（子系统、模块子程序、共用程序等）的划分、模块之间的关系及分层控制关系，用图表形式表示各功能需求与模块的关系。

4．接口设计

接口设计分为外部接口设计和内部接口设计两种。
- 外部接口：说明本系统同外界的所有接口安排，包括硬件接口、软件接口和用户接口。
- 内部接口：说明本系统内部的各个系统元素间的接口安排。

5．运行设计

运行设计包括：运行过程说明和系统逻辑流程。
- 运行过程说明：系统的运行过程（例如装入、启动、停机、恢复、再启动等）。
- 系统逻辑流程：用图表形式描述系统的逻辑流程，即从输入开始，经过系统的处理，到输出的流程，集中表示系统的动态特性、入口和出口、与其他程序的接口、各种运行、优先级、循环和特殊处理。

6．系统数据结构设计

系统结构设计包括逻辑数据结构设计和物理数据结构设计。
- 逻辑数据结构设计：给出本系统（或子系统）内所使用的每个数据项，记录，文件的标识，定义、长度，以及它们之间的相互关系，给出上述数据元素与各个程序的相互关系。
- 物理数据结构设计：给出本系统（或子系统）内所使用的每个数据项、记录、文件的存储要求、访问方法、存取单位和存取的物理关系（媒体、存储区域）。

7．系统出错处理设计

系统出错如何处理，包括出错信息、补救措施和系统维护技术。
- 出错信息：用图表形式列出每种可能的出错或故障情况出现时，系统输出信息的形式、含义及处理方法。
- 补救措施：说明故障出现后可能采取的变通措施，如后备技术、降效技术、恢复及再启动技术等。
- 系统维护技术：说明为了系统维护方便而在程序内部设计中作出的安排，如在程序中专门安排用于系统的检查与维护的检测点和专用模块。

9.5　软件详细设计

完成软件概要设计之后，我们已经对软件的开发环境和内外部接口以及系统结构有了了解，可以说已经建立了概念模型，如何将概念模型转换成数据模型，然后用代码具体实现，就需要软件详细设计了。这个阶段将概念转化成了现实。

9.5.1　软件详细设计的目的与任务

软件的详细设计就是对模块实现的过程设计（数据结构+算法）。从软件开发的工程化的观点来看，在进行程序编码以前，需要对系统所采用算法的逻辑关系进行分析，并给出明确、清晰的表述，为后面的程序编码打下基础，这就是详细设计的目的。

为实现上述目的，详细设计阶段的主要任务如下。

❑ 确定系统每一个模块所采用的算法，并选择合适的工具给出详细的过程性描述。

❑ 确定系统每一个模块使用的数据结构。

❑ 确定系统模块的接口细节，包括系统的外部接口和用户界面、与系统内部其他模块的接口以及各种数据（输入、输出和局部数据）的全部细节。

❑ 为系统每一个模块设计测试用例。

以上这些内容所组成的文档就是系统详细设计说明书，这些文档设计完成以后，经过审核合格交付给下一阶段，作为编码的依据。

9.5.2　详细设计说明书

1．目的

阐明编写详细设计说明书的目的。

2．代码框架描述

本部分描述系统的源代码分布框架，说明源代码存放的目录结构和各源文件的功能。总体设计中有一个开发视图，这一部分就是对总体设计中开发视图的进一步细化。

（1）目录结构：说明系统源代码文件存放的目录、子目录，及其包含的文件列表。如表 9-1 所示。

表 9-1　目录结构表

目录名称	目录说明	包含源文件列表

（2）源文件说明：如表 9-2 所示对系统包含的源代码文件进行大致说明。

表 9-2　源文件说明列表

源文件名称	文件描述
子模块 1	
文件 1	
文件 n	
子模块 2	
文件 1	
文件 n	

🔔注意：“目录结构表”和“源文件说明列表”表格在详细设计后期和编码阶段都可能被修改。

（3）模块配置文件：该模块在配置文件中的脚本代码。

3．数据结构

（1）数据结构定义。实现该模块的主要数据结构定义，可以使用 C 语言描述数据结构定义，对于每个成员变量必须进行说明。如果涉及到配置描述，也请在这里说明。因为有的宏定义可能是通过 make config 文件生成的，所以这里需要描述涉及到哪些宏。

（2）数据结构关系图（可选）。画出模块内部数据结构之间以及和外部基础结构之间的关系图，并文字描述其关系，以及数据结构之间的关联关系对应关系是如何的。如果图中还不足以描述清楚的部分，必须附加文字说明。

（3）公共头文件定义。将所有开放给外部模块可以访问的数据结构和函数定义保存在公共头文件中，这个公共头文件在 include 下的特定目录中。需要罗列出公共头文件名、保存路径，以及公共头文件的内容。比如：Xxx.h（路径：include/net/xxx）。

如果在 include 下有多个头文件，那么必须制定一个主文件，也就是说，只要 include 了这个主文件，就可以得到这个模块对外提供的所有服务功能的声明了。

4．子模块（实体）1详细设计说明

主要从数据结构和函数（算法）两个方面进行详细设计说明。对于详细设计，如果你觉得还有一些要素的描述可以帮助理解本设计文档，则可以增加一个或多个小节进行描述，这个由设计人员自行把握，不做强制约定。

🔔 **注意**：因为详细设计的目的是为了编码，所以其设计输出应当尽可能地使后面的编码工作变得方便快捷，同时达到设计目标要求。可以说，前面的总体设计工作主要在于阐述设计思想，目的是为了使项目的审核者、维护者、编码者更好地理解设计原理，也为了他们在必要的时候更好地理解代码。而详细设计则详细具体地描述了设计目标的实现方法和步骤。所以，本节是编码的直接依据（编码的输入），是对前面总体设计工作的具体实现（设计的输出）。

（1）数据结构。具体定义模块 1 相关的数据结构，并加以解释说明。

（2）处理流程详细说明。各模块的函数之间是存在关联关系的，为了增加可读性，子模块的每个功能实现流程在这里说明。

❑ 功能 1：这里描述实现这个子模块功能有几个步骤。

❑ 功能 2：简单的步骤可以用文字描述，复杂的必须使用流程图表示（可以使用函数间的调用关系或流程来表示）。这个要和前面的总体设计模板关联起来，是对该部分的进一步细化设计和说明。

（3）编码设计。本节须说明模块 1 涉及的源文件、主要函数（或称子模块、子程序）名称和说明，并用程序描述语言（如伪代码）实现主要函数。

主要函数列表格式如表 9-3 所示。

表 9-3　主要函数列表

主要函数名称	函数简要说明
文件一	
函数 1	简要描述函数的功能
○○○，○○○	
函数 n	
文件二	
函数 1	
○○○，○○○	
函数 n	

下面介绍一下函数的描述，包含函数的功能、参数、返回值、算法和使用说明等。

- ❑ 功能：简要描述函数的功能。
- ❑ 参数：列出此函数的各输入项，说明其类型、名称、含义和取值范围等。
- ❑ 返回值：列出此函数的各输出项，说明其类型、名称、含义和取值范围等。
- ❑ 算法：用程序描述语言描述此函数的处理过程和算法逻辑。对于逻辑比较简单的函数，可以概括地说一下算法，或者略去此项。
- ❑ 使用说明：说明该函数的外部定义包含在哪个头文件里。说明调用此函数时的注意事项，以及设计者认为应当交待的其他事项。

5．子模块（实体）2详细设计说明

用类似方式，说明第 2 个模块乃至第 N 个模块的设计考虑。

6．附录：子系统定义表

如果本详细设计所对应的最后实现代码并未组织成一个子系统的话，就不需要填下面的表格。填表说明如表 9-4 和表 9-5 所示。

表 9-4　子系统定义表

表格项	填写说明
Name	该子系统的名字
Class	该子系统的类别
Version	该子系统自身的版本信息
Init routine	该子系统初始化函数
Dependance	该子系统的依赖信息
Sequence	该子系统的启动顺序要求

表 9-5　模块子系统信息表

Name		Class	
Version		Init Routine	
Dependance			
Sequence			

9.6　软　件　实　现

软件实现是软件产品由概念到实体的一个关键过程，它将详细设计的结果翻译成用某种程序设计语言编写的并且最终可以运行的程序代码。虽然软件的质量取决于软件设计，但是规范的程序设计风格将会对后期的软件维护带来不可忽视的影响。

9.6.1　软件实现的过程

软件实现的过程包括代码设计、设计审查、代码编写、代码走查、代码编译以及单元测试等基本活动。

首先，开发人员需要正确理解用户需求和软件设计模型，补充一些遗漏的详细设计，

进一步设计程序代码的结构，并自行检查设计结果；其次，根据程序设计结果和编码规范等编写代码，但是在编译之前应该参照代码检查清单完成代码走查；最后，编译所写的代码并进行调试和改错，并完成单元测试工作。

9.6.2　软件实现的主要内容

软件实现的主要内容包括：正确理解软件编码、软件编码规范、软件代码检查、程序复杂性的度量等。

1．正确理解软件编码

有这样的一种观点：软件编码是将软件设计模型机械地转换成源程序代码，这是一种低水平的、缺乏创造性的工作。所以软件程序员又被称为"软件蓝领"。其实这是一种片面的观点，软件编码其实也是一种艺术，需要精心、细心和耐心。

正确观点：软件编码是一个复杂而迭代的过程，包括程序设计和程序实现软件编码，要求正确地理解用户需求和软件设计思想、正确地根据设计模型进行程序设计、正确而高效率地编写和测试源代码。软件编码是设计的继续，会影响软件质量和可维护性。

2．软件编码的工作

1）程序设计
❏ 理解软件的需求说明和设计模型。
❏ 补充遗漏的或剩余的详细设计。
❏ 设计程序代码的结构。

2）设计审查
❏ 检查设计结果。
❏ 记录发现的设计缺陷（类型、来源和严重性）。

3）编写代码
❏ 应用编码规范进行代码编写。
❏ 所编写代码应该是易验证的。

4）代码走查
❏ 确认所写代码完成了所要求的工作。
❏ 记录发现的代码缺陷（类型、来源和严重性）。

5）编译代码
❏ 修改代码的语法错误。

6）测试所写代码
❏ 对代码进行单元测试。
❏ 调试代码，修改错误。

9.6.3　程序效率

程序编码是最后提高运行速度和节省存储的机会，因此在此阶段不能不考虑程序的效率。程序效率是指程序的执行速度及程序占用的存储空间。

源程序的效率与详细设计阶段确定的算法的效率有着直接的关系。当我们把详细设计翻译并转换成源代码之后，那么算法效率就会反映为程序的执行速度和存储容量的要求。

9.6.4 源代码规范

对于代码，首要要求是它必须正确，能够按照程序员的真实思想去运行；第二个的要求是代码必须清晰易懂，使别的程序员能够容易理解代码所进行的实际工作。在软件工程领域，源程序的风格统一标志着可维护性、可读性，是软件项目的一个重要组成部分。而目前还没有成文的编码风格文档，以致于很多时候，程序员没有一个共同的标准可以遵守，编码风格各异，程序可维护性差、可读性也很差。通过建立代码编写规范，形成开发小组编码约定，提高程序的可靠性、可读性、可修改性、可维护性、可继承性和一致性，可以保证程序代码的质量，继承软件开发成果，充分利用资源，使开发人员之间的工作成果可以共享。

这里在参考业界已有的编码风格的基础上，描述了一个比较规范的项目风格，力求一种统一的编程风格，并从整体编码风格、代码文件风格、函数编写风格、变量风格和注释风格等几个方面进行阐述。这些规范并不是一定要绝对遵守，但是一定要让程序有良好的可读性。

1．整体编码风格

（1）缩进：缩进建议以 4 个空格为单位。建议在 Tools/Editor Options 中设置 Editor 页面的 Block ident 为 4，TabSize 为 8。预处理语句、全局数据、标题、附加说明、函数说明和标号等均顶格书写。语句块的"{"、"}"配对对齐，并与其前一行对齐，语句块类的语句缩进建议每个"{"、"}"单独占一行，便于匹对。

（2）空格：原则上变量、类、常量数据和函数在其类型，修饰名称之间适当空格并据情况对齐。关键字原则上空一格，如：if( ) 等。运算符的空格规定如下："::"、"->"、"["、"]"、"++"、"--"、"~"、"!"、"+"、"-"（指正负号）、"&"（引用）等运算符两边不加空格（其中单目运算符系指与操作数相连的一边），其他运算符（包括大多数二目运算符和三目运算符"?:"）两边均加一空格，在作函数定义时还可据情况多空或不空格来对齐，但在函数实现时可以不用。","运算符只在其后空一格，需对齐时也可不空或多空格。不论是否有括号，在语句行后加的注释应用适当空格与语句隔开并尽可能对齐。个人认为此项可以依照个人习惯决定遵循与否。

（3）对齐：原则上关系密切的行应对齐，对齐包括类型、修饰、名称和参数等各部分对齐。另每一行的长度不应超过屏幕太多，必要时适当换行，换行时尽可能在","处或运算符处，换行后最好以运算符打头，并且以下各行均以该语句首行缩进，但该语句仍以首行的缩进为准，即如其下一行为"{"，应与首行对齐。

变量定义最好通过添加空格形成对齐，同一类型的变量最好放在一起。如下例所示。

```
Int Value;
Int Result;
Int Length;
Object currentEntry;
```

个人认为此项可以依照个人习惯决定遵循与否。

（4）空行：不得存在无规则的空行，比如说连续十个空行。程序文件结构各部分之间空两行，若无必要也可只空一行，各函数实现之间一般空两行，由于每个函数还要有函数说明注释，故通常只需空一行或不空，但对于没有函数说明的情况至少应再空一行。对自己写的函数，建议也加上"//------"做分隔。函数内部数据与代码之间应空至少一行，代码中适当处应以空行空开，建议在代码中出现变量声明时，在其前空一行。类中四个"p"之间至少空一行，在其中的数据与函数之间也应空行。

（5）注释：注释是软件可读性的具体体现。程序注释量一般占程序编码量的 20%，软件工程要求不少于 20%。程序注释不能用抽象的语言，类似于"处理"、"循环"这样的计算机抽象语言，要精确表达出程序的处理说明。

例如："计算净需求"、"计算第一道工序的加工工时"等。避免每行程序都使用注释，可以在一段程序的前面加一段注释，具有明确的处理逻辑。

注释必不可少，但也不应过多，不要被动地为写注释而写注释。以下是四种必要的注释。

- ❑ 标题和附加说明。
- ❑ 函数、类等的说明。对几乎每个函数都应有适当的说明，通常加在函数实现之前，在没有函数实现部分的情况下，则加在函数原型前，其内容主要是函数的功能、目的、算法等说明，参数说明、返回值说明等，必要时还要有一些如特别的软硬件要求等说明。公用函数、公用类的声明必须由注解说明其使用方法和设计思路，当然选择恰当的命名格式能够帮助你把事情解释得更清楚。
- ❑ 在代码不明晰或不可移植处必须有一定的说明。
- ❑ 少量的其他注释，如自定义变量的注释、代码书写时间等。

🔔注意：注释有块注释和行注释两种，分别是指"/**/"和"//"。

（6）代码长度：对于每一个函数建议尽可能控制其代码长度为 53 行左右，超过 53 行的代码要重新考虑将其拆分为两个或两个以上的函数。函数拆分规则应该以不破坏原有算法为基础，同时拆分出来的部分应该是可以重复利用的。对于在多个模块或者窗体中都要用到的重复性代码，完全可以将其独立成为一个具备公用性质的函数，放置于一个公用模块中。

（7）页宽：页宽应该设置为 80 字符。源代码一般不会超过这个宽度并导致无法完整显示，但这一设置也可以灵活调整。在任何情况下，超长的语句应该在一个逗号或者一个操作符后折行。一条语句折行后，应该比原来的语句再缩进 2 个字符。

（8）行数：一般的集成编程环境下，每屏大概只能显示不超过 50 行的程序，所以这个函数大概要 5~6 屏显示，在某些环境下要 8 屏左右才能显示完。这样一来，无论是读程序还是修改程序，都会有困难。因此建议把完成比较独立功能的程序块抽出，单独成为一个函数。把完成相同或相近功能的程序块抽出，独立为一个子函数。

可以发现，越是上层的函数越简单，就是调用几个子函数，越是底层的函数完成的越是具体的工作。这是好程序的一个标志。这样，我们就可以在较上层函数里容易控制整个程序的逻辑，而在底层的函数里专注于某方面的功能的实现了。

2．代码文件风格

所有的 Java（*.java）文件都必须遵守如下的样式规则。

（1）文件生成：对于规范的 Java 派生类，尽量用 Object Gallery 工具来生成文件格式，避免用手工制作的头文件/实现文件。

（2）package/import：package 行要在 import 行之前，import 中标准的包名要在本地的包名之前，而且按照字母顺序排列。如果 import 行中包含了同一个包中的不同子目录，则应该用 * 来处理。

```
package javaweb.ch9.net.stats;
import java.io.*;
import java.util.Observable;
import hotlava.util.Application;
```

这里 java.io.* 是用来代替 InputStream and OutputStream 的。

（3）文件头部注释：文件头部注释主要是表明该文件的一些信息，是程序的总体说明，可以增强程序的可读性和可维护性。文件头部注释一般位于 package/imports 语句之后、Class 描述之前。要求至少写出文件名、创建者、创建时间和内容描述。JBuilder 的 Object Gallery 工具生成的代码中会在类、工程文件中自动添加注释，我们也要添加一些注释，其格式应该尽量约束如下。

```
/**
 * Title:  确定鼠标位置类
 * Description: 确定鼠标当前在哪个作业栏位中并返回作业号
 * @Copyright: Copyright (c) 2013
 * @Company: HIT
 * @author: rivershan
 * @version: 1.0
 * @time: 2013.01.30
 */
```

（4）类 Class：首先是类的注释，一般是用来解释类的。

```
/**
 * A class representing a set of packet and byte counters
 * It is observable to allow it to be watched, but only
 * reports changes when the current set is complete
 */
```

接下来是类定义，包含了在不同行的 extends 和 implements。

```
public class CounterSet
  extends Observable
  implements Cloneable
```

（5）类成员 Class Fields。

接下来是类的成员变量，如下所示。

```
/**
 * Packet counters
 */
protected int[] packets;
```

public 的成员变量必须生成文档（JavaDoc）。protected、private 和 package 定义的成

员变量如果名字含义明确的话，可以没有注释。

（6）存取方法：接下来是类变量的存取方法。如果只是简单地用来将类的变量赋值获取值的话，可以简单地写在一行上（个人认为尽量分行写）。其他的方法不要写在一行上。

```
/**
 * Get the counters
 * @return an array containing the statistical data.  This array has been
 * freshly allocated and can be modified by the caller.
 */
public int[] getPackets()
{
 return copyArray(packets, offset);
}
public int[] getBytes()
{
 return copyArray(bytes, offset);
}
public int[] getPackets()
{
 return packets;
}
public void setPackets(int[] packets)
{
 this.packets = packets;
}
```

（7）构造函数：接下来是构造函数，它应该用递增的方式写（比如：参数多的写在后面）。访问类型（public、private 等）和任何 static、final 或 synchronized 应该在一行中，并且方法和参数另写一行，这样可以使方法和参数更易读。

```
public  CounterSet(int size)
{
   this.size = size;
}
```

（8）克隆方法：如果这个类是可以被克隆的，那么下一步就是 clone 方法，如下。

```
public Object clone()
{
 try
   {
 CounterSet obj = (CounterSet)super.clone();
 obj.packets = (int[])packets.clone();
 obj.size = size;
 return obj;
   }
   catch(CloneNotSupportedException e)
   {
   throw new InternalError("Unexpected CloneNotSUpportedException: "
        + e.getMessage());
   }
}
```

（9）类方法：下面开始写类的方法。

```
/**
 * Set the packet counters
 * (such as when restoring from a database)
 */
```

```
protected final void setArray(int[] r1, int[] r2, int[] r3, int[] r4) throws
IllegalArgumentException
{
  // Ensure the arrays are of equal size
  if (r1.length != r2.length || r1.length != r3.length || r1.length !=
  r4.length)
 throw new IllegalArgumentException("Arrays must be of the same size");
  System.arraycopy(r1, 0, r3, 0, r1.length);
  System.arraycopy(r2, 0, r4, 0, r1.length);
}
```

（10）toString 方法：无论如何，每一个类都应该定义 toString 方法，如下。

```
public String toString()
{
 String retval = "CounterSet: ";
for (int i = 0; i < data.length(); i++)
{
  retval += data.bytes.toString();
  retval += data.packets.toString();
}
return retval;
}
```

（11）main 方法：如果 main(String[]) 方法已经定义了，那么它应该写在类的底部。

3．函数编写风格

所谓风格，其实就是作家、画家、程序员在创作中喜欢和习惯使用的表达自己作品题材的方式。

特别是，当多个程序员合作编写一个大的程序时，尤其需要强调良好的和一致性的风格，以利于相互通讯，减少因不协调而引起的问题。下面说明怎样实现这种良好的风格。

1）函数的命名

通常，函数的命名也是以能表达函数的动作意义为原则的，一般是由动词打头，然后跟上表示动作对象的名词，各单词的首字母应该大写。

另外，还有一些函数命名的通用规则。如取数，则用 Get 打头，然后跟上要取的对象的名字；设置数，则用 Set 打头，然后跟上要设的对象的名字；而对象中为了响应消息进行动作的函数，可以命名为 On 打头，然后是相应的消息的名称；进行主动动作的函数，可以命名为 Do 打头，然后是相应的动作名称。类似的规则还有很多，需要程序员多读优秀的程序，逐渐积累经验，才能作出好的函数命名。

2）函数注释

系统自动生成的函数，如鼠标动作响应函数等，不必太多的注释和解释；对于自行编写的函数，若是系统关键函数，则必须在函数实现部分的上方标明该函数的信息，格式如下。

```
/**
* 函数名:
* 编写者:
* 参考资料:
* 功  能:
* 输入参数:
* 输出参数:
```

```
*  备  注:
*/
```

希望尽量遵循以上格式。

4．符号风格

1）总体要求

对于各种符号的定义，都有一个共通点，就是应该使用有实际意义的英文单词或英文单词的缩写，不要使用简单但没有意义的字串，尽可能不使用阿拉伯数字，更切忌使用中文拼音的首字母。如这样的名称是不提倡的：Value1、Value2、Value3、Value4 …。

例如：file（文件）、code（编号）、data（数据）、pagepoint（页面指针）、faxcode（传真号）、address（地址）、bank（开户银行）……。

2）变量名称

（1）变量名前缀的约定。变量类型前缀示例如下。

❑　integer intintCount
❑　byte bytbytMove
❑　short shtshtResult
❑　long lnglngTotal
❑　float fltfltAverage
❑　double dbldblTolerangce
❑　boolean blnblnIsover
❑　Char chrchrInput
❑　Array arrarrData

变量名一般要有一定的表达意义，变量名中的每一个单词的第一个字母都要大写（除去第一个单词外）。

（2）描述性变量名和过程名。

变量名或过程名的主体使用大小写混合格式并且尽量完整地描述其目的，另外过程名应以动词开始，如：InitNameArray、CloseDialog。

（3）对象名的约定。对象类型前缀如下。

❑　Button　btn
❑　Canvas　cvs
❑　CheckBox　chk
❑　Image　img
❑　Label　lbl
❑　List　lst
❑　Choice　chc
❑　Dialog　dlg
❑　Event　evt
❑　Frame　frm
❑　Menumenu
❑　Panel　pnl

❑　TextAreatxa

❑　TextField 　　txf

（4）Package 的命名。

Package 的名字应该都是由一个小写单词组成。

（5）Class 的命名。

Class 的名字必须由一个或数个能表达该类的意思的大写字母开头，而其他字母都小写的单词或缩写组成，这样能使这个 Class 的名称能更容易被理解。

（6）Class 变量的命名。

变量的名字必须用一个小写字母开头。后面的单词用大写字母开头。对于类的成员变量，在对其标识符命名时，要加上代表 member（成员）的前缀 m_。例如一个标识符为 m_dwFlag，则它表示的变量是一个类型为双字的成员变量，它是代表一个标志。

（7）Static Final 变量的命名。

Static Final 变量的名字应该都大写，并且指出完整含义。

（8）参数的命名。

参数的名字必须和变量的命名规范一致。

（9）数组的命名。

数组应该总是用下面的方式来命名。

```
byte[] buffer;
```

而不是如下这样。

```
byte buffer[];
```

（10）方法的参数。

使用有意义的参数命名，如果可能的话，使用和要赋值的字段一样的名字，如下。

```
SetCounter(int size)
{
 this.size = size;
}
```

9.7　软件测试和发布

是否需要进行软件测试取决于软件开发过程是否存在缺陷，前期的缺陷导致缺陷放大，使软件质量度低，进度、成本无法控制异常的庞大。从而得出的结论是：要尽早测试，尽早地发现问题。

9.7.1　软件危机

软件危机的出现主要表现如下。

❑　由于缺乏大型软件开发经验和软件开发数据积累，开发工作计划很难制定。

❑　开发早期需求分析不够明确，造成开发后期矛盾集中暴露。

❑　不遵循开发规范，开发文档不完整，软件难以维护。

❑　缺乏严密有效的软件质量检测手段，交付给用户的软件质量差。

软件失败的原因如下。

❑　开发过程缺乏有效的沟通，或者没有进行沟通。

❑　软件复杂度越来越高。

❑　编程中产生错误。

❑　需求不断变更。

❑　项目进度的压力。

❑　不重视开发文档。

❑　软件开发工具本身隐藏的问题。

软件危机的后果如下。

❑　软件质量不高，很难稳定。

❑　软件项目延期，进度无法控制。

❑　成本增加，无法控制预算。

所以针对这些必须对软件进行测试，做到及早测试、及早发现、及早解决。软件测试也需要非常专业的测试计划和部署，才可以将存在的软件缺陷测试出来，这就要说到软件测试报告了。

9.7.2　软件测试报告

软件测试报告包括：内容简介、测试概要、测试结果和缺陷分析、测试结论和建议。

1．内容简介

（1）编写目的。说明这份测试分析报告的具体编写目的，指出预期的阅读范围。

（2）背景说明。

❑　被测试软件系统的名称。

❑　该软件的任务提出者、开发者、用户及安装此软件的计算中心，指出测试环境与实际运行环境之间可能存在的差异以及这些差异对测试结果的影响。

（3）定义。列出本文件中用到的专问术语的定义和外文首字母组词的原词组。

（4）参考资料。列出要用到的参考资料，如下。

❑　本项目的经核准的计划任务书或合同、上级机关的批文。

❑　属于本项目的其他已发表的文件。

❑　本文件中各处引用的文件、资料，包括所要用到的软件开发标准。列出这些文件的标题、文件编号、发表日期和出版单位，说明能够得到这些文件资料的来源。

2．测试概要

用表格的形式列出每一项测试的标识符及其测试内容，并指明实际进行的测试工作内容与测试计划中预先设计的内容之间的差别，说明作出这种改变的原因。

3．测试结果及发现

（1）测试 1（标识符）。

把本项测试中实际得到的动态输出（包括内部生成数据输出）结果同对于动态输出的要求进行比较，陈述其中的各项发现。

（2）测试 2（标识符）。

用类似本报告（1）的方式给出第 2 项及其后各项测试内容的测试结果和测试过程中的发现。

4．对软件功能的结论

（1）功能 1（标识符）。

简述该项功能，说明为满足此项功能而设计的软件能力以及经过一项或多项测试已证实的能力。说明测试数据值的范围（包括动态数据和静态数据），列出就这项功能而言，测试期间在该软件中查出的缺陷、局限性。

（2）功能 2（标识符）。

用类似本报告（1）的方式给出第 2 项及其后各项功能的测试结论。

5．分析摘要

（1）能力。陈述经测试证实了的本软件的能力。如果所进行的测试是为了验证一项或几项特定性能要求的实现，应提供这方面的测试结果与要求之间的比较，并确定测试环境与实际运行环境之间可能存在的差异对能力的测试所带来的影响。

（2）缺陷和限制。陈述经测试证实的软件缺陷和限制，说明每项缺陷和限制对软件性能的影响，并说明全部测得的性能缺陷的累积影响和总影响。

（3）建议对每项缺陷提出改进建议，如下。

❑　各项修改可采用的修改方法。
❑　各项修改的紧迫程度。
❑　各项修改预计的工作量。
❑　各项修改的负责人。

（4）评价说明该项软件的开发是否已达到预定目标，能否交付使用。

6．测试资源消耗总结

测试工作的资源消耗数据，如工作人员的水平级别数量、机时消耗等。

测试报告的内容大同小异，对于一些测试报告而言，可能将第 4 和第 5 部分合并，逐项列出测试项、缺陷、分析和建议，这种方法也比较多见，尤其在第三方评测报告中。此份报告模板仅供参考。

9.8　本　章　小　结

本章中从软件工程的角度对如何进行软件设计做了比较详细的说明，但是软件工程是一门很深的学问，不是这么简简单单几句话就能说明白的。由于本章的篇幅所限，也只能将大体的流程介绍一下，让读者对软件开发的流程有个大体的了解。这样才能让读者更好地、更规范地进行软件开发。

第10章 网上图书销售管理系统

随着时代的发展，信息技术、Internet/Intranet 技术、数据库技术的不断发展完善，网络进程的加快，传统的图书购物方式也越来越不能满足人们快节奏的生活需求，使得企业的 IT 部门已经认识到 Internet 的优势，电子商务就是在这样一个背景下产生发展起来的。伴随着电子商务技术的不断成熟，电子商务的功能也越来越强大，注册用户可以在网上搜索购买到自己想要的各种商品，初步让人们体会到了足不出户便可随意购物的快感。本系统就正是一个电子商务系统的开发——网上图书管理系统。

10.1 项目开发背景和意义

社会正在向信息化和数字化的方向发展，信息技术在社会各行各业都有了很大的发展空间，而且产业的发展强大必须依靠信息化的管理。计算机、互联网也必须是它们的主要依附。图书销售行业的发展壮大一样必须依靠互联网的技术，在这种情况下网上图书销售系统应运而生。

开发网上图书销售系统的宗旨在于方便人们进行图书的购买，加快书本的更新速度，使访问者足不出户就可以购买到自己想要的书籍，这种购书的方式打破了传统的单一购书方法，促使人们以更快的节奏、更高的投入到现在的生活中来。

网上图书销售系统有很多突出的优点，具体如下。

❑ 全面的书籍介绍：当读者找到自己所需要的书后，就可以更进一步地查看该书的相关介绍，除了书名、定价、出版社等基本信息外，还可以查看该书的目的、内容简介。

❑ 方便的书籍浏览：购书系统中以列表方式显示图书的信息，包括最新上架图书、特价图书以及最近的图书销售排行。

❑ 快捷的购物方式：当读者找到合适的书籍后，就可以将其添加到购物车中，待购买结束后就可以进行订单的提交，以等待商家寄书。

❑ 高价值的图书评论：图书的评论不但影响其他读者的购买欲望，更在很大的程度上对商家的供货、更新以及装订质量提出了更高的要求。

10.2 可行性分析

可行性研究的任务是从技术上、经济上、使用上、法律上分析应解决的问题是否有可行的解决方案。其目的是用极少的代价在最短的时间内确定被开发的软件是否开发成功。

企业在运营过程中，经常会受到以下一些条件的限制。

- ❑ 产品的宣传受到限制，采购商或顾客只能通过上门咨询、电话沟通等方式进行各种信息的获取，受一定的时间与物理空间的局限并且成本较高。
- ❑ 庞大的商业经济周转。
- ❑ 复杂的产品周转渠道。从看样品、谈价格到支付货款等一系列的产品周转渠道过于复杂，企业与顾客之间缺乏全面的沟通与快捷运营的平台。
- ❑ 企业根据季节的变化，热销商品在销售高峰到来时货源紧张，企业需要实时了解商品的销售情况，保证热销商品的要货满足率。

因此，企业需要重新认识市场、消费者以及自身市场定位，正确认识电子商务技术在企业中的重要地位，以少量的时间和资金建立企业信息门户网站并架设一定范围的商务网络，以此来制定长远发展战略，使企业与顾客间的经济活动变得更灵活、更主动。

本系统是一个中小型的电子商务系统——网上书店，可以为各类用户提供方便的在线买书环境，符合目前国内流行的电子商务模式。用户可以在系统中实现注册、浏览商品、搜索查询商品、下订单、处理订单等功能；管理员可以通过用户管理、定单管理、商品管理、评论管理等管理功能来对系统进行维护更新。

在技术上，目前市场上开发电子商务平台的技术很多，如 ASP、PHP、.NET 等。本系统采用 Sun 公司的 JSP 技术，它是目前市场上最流行的技术之一，JSP 具有一次编译，处处运行的优点。

由分析可得，不论是商业还是技术上，网上图书销售管理系统的开发都是可行的。

10.3　需　求　分　析

一个软件的需求分析，分为功能需求和非功能需求，下面就详细分析一下本系统的这两方面需求。

10.3.1　功能需求

主要针对中小型书店对书店的图书信息和用户（书店工作人员，网站注册用户即潜在购书者）信息进行有效的管理，对图书的进销存等环节进行信息化管理，实现读者网上浏览图书、网上购书的可能。通过读者对购买图书的在线评价，处理读者网上的投诉和建议。本系统的主要功能包括图书管理、订单管理、用户管理等。

- ❑ 图书信息查询。该模块实现图书信息的分类显示，提供最新商品的推荐显示以及销售显示，便于引导购物取向。此外，还提供依据图书名称或是编号等包含关键字实现快速搜索的功能，并显示图书的有关详细信息。
- ❑ 购物车管理。用于对每一个进入系统的用户所对应的购物车进行管理。将用户所选购的图书信息，包括价格、数量等信息记录到对应的购物车上，便于到收银台进行结账处理。同时在此模块中，用户还可以方便地实现修改购买的图书、清空购物车等操作。
- ❑ 会员信息管理。实现系统相关用户信息的注册及身份验证，同时也提供对应的用户资料的更新。该系统可以收集用户相关的联系方式、通讯地址等信息,可以更好地拓展销售规模。

❑ 订单处理。根据购物车中的信息,以及用户所选择的送货方式和付款方式,以及用户对应的个人信息生成订单,便于后续工作的处理。在该模块中,用户可以随时查阅自己的订单,并对其进行取消等处理操作。

10.3.2　非功能需求

非功能需求包括性能需求、环境需求等,下面就一一对这些做一下分析。

1．性能分析

性能指标有些模糊,很难用一个确切、具体的数值来描述。通常是通过系统的稳定性、可靠性、无故障工作时间和故障恢复难易程度来体现的。

系统的性能是系统的一种非功能特性,它关注的不是系统是否能够完成特定的功能,而是在完成功能时展示出来的及时性。为了能够客观地度量系统的性能,定义了一系列的性能指标,以便于在不同情况下度量系统的性能。

(1)响应时间。响应时间是指用户发出请求,系统做出相应的反应的这段时间。在讨论系统的响应时间时,通常是指系统所有功能的平均响应时间或者所有功能的最大响应时间。对一个系统,其响应时间如果小于 1 秒应该是不错的,如果达到 5 秒就完全难以接受了。本系统采用 JSP 语言编写,对用户本机与浏览器要求低,响应时间也相对较短,最大为 4 秒,平均为 2~3 秒,完全符合需求。

(2)吞吐量。吞吐量(throughput),是指单位时间内流经被测系统的数据流量,一般单位为 b/s,即每秒钟流经的字节数。对于无并发的系统而言,吞吐量与响应时间成严格的反比关系,实际上吞吐量就是响应时间的倒数。由于本系统的响应时间比较短,所以系统的吞吐量比较大。在不同领域、不同版本的资料当中,对吞吐量的概念是不尽相同的。

(3)并发用户数。是同时执行一个操作的用户,或者是同时执行脚本的用户,这个并发在设置不同场景的时候情况是不一样的,在实际的测试中需要根据具体的需求进行设计。与吞吐量相比,并发用户数是一个更直观但也更笼统的性能指标。实际上,并发用户数是一个非常不准确的指标,因为用户不同的使用模式会导致不同用户在单位时间发出不同数量的请求。

(4)资源利用率。资源利用率反映的是在一段时间内资源平均占用的情况。对于数量为 1 的资源,资源利用率可以表示为资源被占用的时间与整段时间的比值;对于数量不为 1 的资源,资源利用率可以表示为在该段时间内平均被占用的资源数与总资源数的比值。

2．环境需求

环境需求分为硬件环境需求和软件环境需求,具体如下。

1)硬件环境

服务器端的最低配置是由建立站点所需的软件来决定的,在最低配置的情况下,服务器往往不尽如人意,现在的硬件性能已经相当出色,而且价格也很便宜,因此通常应给服务器端配置高性能的硬件。本系统服务器端的配置如下。

处理器：Inter Pentium(R) Dual-Core CPU T6400 2.2GHz 或更高

内存：2GB

硬盘空间：250GB

显卡：Nvidia GeForce G210M

因为客户端主要用于浏览和操作数据，所以对客户端的硬件要求不高，不过现在的电脑有很高的性价比，因此需要的配置应该高于下面的配置。

处理器：Inter Pentium 1.9GHz 或更高

内存：512MB

硬盘空间：80GB

显卡：SVAG 显示适配器

2）软件环境

服务器端软件环境如下：

操作系统：Windows 7

网络协议：TCP/IP

Web 服务器：Tomcat

数据库：MySQL

浏览器：Internet Explorer 8.0

用户端最低要求如下：

操作系统：Windows 98/2000/XP

网络协议：TCP/IP

服务器：Tomcat 环境

浏览器：Internet Explorer 5.0 以上

10.4　概　要　设　计

在概要设计中，我将为读者朋友介绍一下系统设计目标、系统设计思想和功能模块划分，下面就这些方面分别详细地介绍一下。

10.4.1　系统设计目标

对于典型的数据库管理系统，尤其是对像电子商务这样的数据流量特别大的网络管理系统，必须要满足使用方便、操作灵活等设计要求。本系统在设计时应该满足以下几个目标。

- ❑ 采用人机对话的操作方式，界面设计美观友好，信息查询灵活、方便、快捷、准确，数据存储安全可靠。
- ❑ 全面展示书店内所有的图书，并可展示最新图书及特价图书。
- ❑ 为顾客提供一个方便、快捷的图书信息查询功能。采用模糊查询来查询数据。
- ❑ 实现网上购物。
- ❑ 商品销售排行，以方便顾客了解本商城内的热销商品及帮助企业领导者作出相应的决策。

❑ 查看商城内的公告信息。
❑ 用户随时都可以查看自己的订单。
❑ 对用户输入的数据，系统进行严格的数据检验，尽可能排除人为的错误。
❑ 系统最大限度地实现了易维护性和易操作性。
❑ 系统运行稳定、安全可靠。

10.4.2　系统设计思想

本系统采用三层架构设计，它的工作原理如图 10-1 所示。

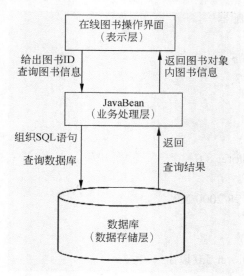

图 10-1　三层结构原理图

采用三层构架以后，用户界面层通过统一的接口向业务层发送请求，业务层按自己的逻辑规则将请求处理之后进行数据库操作，然后将数据库返回的数据封装成类的形式返回给用户界面层。这样用户界面层甚至可以不知道数据库的结构，它只要维护与业务层之间的接口即可。

10.4.3　系统功能模块划分

根据需求分析及三层架构设计的思想，设计出客户端系统功能，如图 10-2 所示。

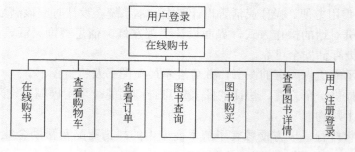

图 10-2　客户端系统

后台管理的系统功能如图 10-3 所示。

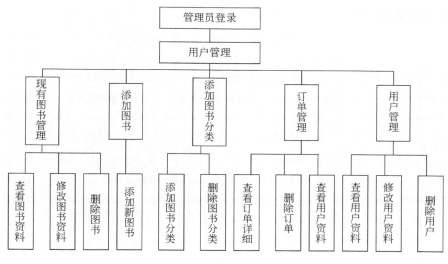

图 10-3　后台管理系统功能图

10.5　数据库设计

数据库在一个信息管理系统中占有非常重要的地位，数据库结构设计的好坏将直接对应用系统的效率以及实现的效果产生影响。合理的数据库结构设计可以提高数据存储的效率，保证数据的完整和一致。

10.5.1　数据库需求分析

针对网上图书销售系统的需求分析，得出如下需求信息。

❑ 订单分为单张详细订单和总订单。
❑ 一个用户可以购买多本图书。
❑ 一个用户对应一张订单。
❑ 一个列表对应多张订单。
❑ 针对本系统功能分析，总结出如下的需求信息。
  ➢ 用户，包括数据项：用户 ID、用户名、密码。
  ➢ 图书，包括数据项：图书编号、图书名、价格、图书介绍。
  ➢ 订单列表，包括数据项：订单编号、图书编号、购书数量。
  ➢ 订单，包括数据项：订单编号、用户编号、下单时间。

10.5.2　数据库逻辑结构设计

本系统数据库采用 MySQL 数据库，系统数据库名称为 Bookshop。下面分别给出数据表概要说明、数据表关系概要说明及主要数据表的结构。

1. 数据表概要说明

数据表结构如图 10-4 所示，该图列出了系统所有的数据表。

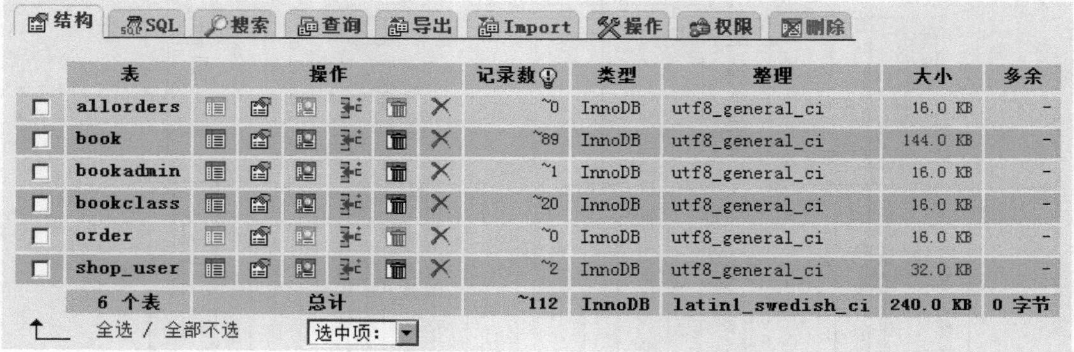
结构
SQL
搜索
查询
导出
Import
操作
权限
删除
表
操作
记录数
类型
整理
大小
多余
allorders ~0 InnoDB utf8_general_ci 16.0 KB -
book ~89 InnoDB utf8_general_ci 144.0 KB -
bookadmin ~1 InnoDB utf8_general_ci 16.0 KB -
bookclass ~20 InnoDB utf8_general_ci 16.0 KB -
order ~0 InnoDB utf8_general_ci 16.0 KB -
shop_user ~2 InnoDB utf8_general_ci 32.0 KB -
6 个表 总计 ~112 InnoDB latin1_swedish_ci 240.0 KB 0 字节
全选 / 全部不选
选中项:

图 10-4　数据库所有表结构

2. 各个表的的结构

（1）表 10-1 为图书信息列表，记录书店现有的图书信息。

表 10-1　Book表

列　名	数据类型	长　度	允许空	注　释
ID	Int	4	否	图书编号
BookName	varchar	40	否	图书名称
BookClass	Int	4	否	图书分类
Author	Varchar	25	是	作者
Publish	Varchar	150	是	出版社
BookNo	Varchar	30	是	书号
Content	text	300	是	内容
Price	float	8	是	价格
Amount	int	4	是	总数量
Leav_number	int	4	是	剩余数量
RegTime	datatime	8	是	注册时间
Picture	varchar	60	是	封面

（2）表 10-2 为书店管理员信息表，记录管理员的账号和密码。

表 10-2　BookAdmin表

列　名	数据类型	长　度	允许空	注　释
Adminuser	Varchar	20	否	管理员
AdminPass	Varchar	20	否	管理员密码

（3）表 10-3 为用户信息表，记录用户的基本信息。

表 10-3　用户表

列　　名	数 据 类 型	长　　度	允　许　空	注　　释
ID	Int	2	否	用户编号
UserName	Varchar	50	否	用户名
passWord	Varchar	50	否	密码
Names	Varchar	50	否	真名
Sex	Varchar	50	是	性别
Address	Varchar	50	是	地址
Phone	Varchar	50	是	电话
Post	Varchar	50	是	邮编
Email	Varchar	50	是	电子邮件
RegTime	Datatime	50	是	注册时间
RegIPAddress	varchar	50	是	注册 IP 地址

（4）表 10-4 为订单总表，记录某个用户的订单总信息。

表 10-4　订单总表

列　　名	数 据 类 型	长　　度	允　许　空	注　　释
ID	Int	4	否	总订单编号
OrderID	Int	4	否	订单号
BookNo	Int	4	否	书号
Amount	int	4	是	数量

（5）表 10-5 为订单表，记录单张订单的具体信息。

表 10-5　订单表

列　　名	数 据 类 型	长　　度	允　许　空	注　　释
ID	Int	4	否	订单 ID
OrderID	Varchar	50	否	总订单 ID
UserId	Varchar	50	否	用户 ID
SubmitTime	Datatime	8	是	提交时间
ConsignmentTime	Datatime	8	是	购买时间
TotalPrice	Float	16	是	总价格
content	Text	300	是	描述
Ipaddress	Varchar	50	是	IP 地址
Ispayoff	Varchar	50	是	是否付款
IsAddress	varchar	20	是	是否发货

（6）表 10-6 为图书分类表，记录书店现有图书的分类。

表 10-6　Bookclass表

列　　名	数 据 类 型	长　　度	允　许　空	注　　释
ID	Varchar	30	否	分类编号
ClassName	varchar	30	否	分类名

10.5.3　创建和导入数据库表结构

当把表设计好之后就可以创建数据库并导入表结构到数据库中，具体 SQL 语句如下。

```
--
-- 表的结构 'allorders'
--

CREATE TABLE 'allorders' (
  'Id' int(11) NOT NULL,
  'orderID' int(11) NOT NULL,
  'BookNo' int(11) NOT NULL,
  'Amount' int(11) default NULL,
  PRIMARY KEY ('Id')
) ENGINE=InnoDB DEF
--
-- 表的结构 'book'
--

CREATE TABLE 'book' (
  'Id' int(11) NOT NULL,
  'BookName' varchar(40) NOT NULL,
  'BookClass' int(11) NOT NULL,
  'Author' varchar(25) default NULL,
  'Publish'' varchar(150) default NULL,
  'BookNo' varchar(30) default NULL,
  'Content' longtext,
  'Prince' double default NULL,
  'Amount' int(11) default NULL,
  'Leav_number' int(11) default NULL,
  'RegTime' date NOT NULL,
  'picture' varchar(200) default NULL,
  PRIMARY KEY ('Id')
) ENGINE=InnoDB DEFAULT CHARSET=utf8;
--
-- 表的结构 'bookadmin'
--

CREATE TABLE 'bookadmin' (
  'AdminUser' varchar(20) NOT NULL default '',
  'AdminPass' varchar(50) default NULL,
  PRIMARY KEY ('AdminUser')
) ENGINE=InnoDB DEFAULT CHARSET=utf8;
--
-- 表的结构 'bookclass'
--

CREATE TABLE 'bookclass' (
  'Id' varchar(11) NOT NULL,
  'ClassName' varchar(30) NOT NULL,
  PRIMARY KEY ('Id')
) ENGINE=InnoDB DEFAULT CHARSET=utf8;
--
-- 表的结构 'order'
--

CREATE TABLE 'order' (
```

```
'Id' int(11) NOT NULL auto_increment,
'orderId' varchar(20) NOT NULL,
'UserId' int(11) NOT NULL,
'SubmitTime' datetime NOT NULL,
'ConsignmentTime' varchar(20) default NULL,
'TotalPrice' double default NULL,
'content' longtext,
'IPAddress' varchar(20) default NULL,
'IsPayoff' int(11) default NULL,
'IsSales' int(11) default NULL,
PRIMARY KEY ('Id')
) ENGINE=InnoDB DEFAULT CHARSET=utf8 AUTO_INCREMENT=1 ;
--
-- 表的结构 'shop_user'
--

CREATE TABLE 'shop_user' (
'Id' int(11) NOT NULL auto_increment,
'UserName' varchar(20) NOT NULL,
'PassWord' varchar(50) NOT NULL,
'Names' varchar(20) default NULL,
'Sex' varchar(2) default NULL,
'Address' varchar(150) default NULL,
'Phone' varchar(25) default NULL,
'Post' varchar(8) default NULL,
'Email' varchar(50) default NULL,
'RegTime' datetime default NULL,
'RegIpAddress' varchar(50) default NULL,
PRIMARY KEY ('Id'),
KEY 'Id' ('Id')
) ENGINE=InnoDB DEFAULT CHARSET=utf8 AUTO_INCREMENT=3 ;
```

至此，数据库就设计完成了，接下来就需要完成在线图书管理系统中相应的功能了。

10.6 详 细 设 计

上面已经对该系统的可行性研究、需求分析、概要设计和数据库设计做了详细的介绍，接下来我们就一块来学习一下该系统的详细设计。该系统页面实现主要使用的是 JSP 语言。

10.6.1 JSP 页面的组成

JSP 页面看上去像标准的 HTML 和 XML 页面，并附带有 JSP 引擎能够处理和解析执行的代码与组件。通常，JSP 代码和组件用于创建在最终页面上显示的文本。我们已经知道，一般来说，JSP 页面包括模板元素、指令元素、动作元素、Scriptptlets、声明、表达式和 JSP 内建对象。下面我们再一块回顾一下这些概念。

（1）模板元素：是指 JSP 的静态 HTML 或者 XML。

（2）指令元素：使用指令元素来设置全局变量、声明类、要实现的方法和输出内容的内型，它们并不向客户端产生任何输出，所有指令在文件范围内有效。JSP 指令的一般语法形式为：

```
<%@directivename attribute="value",attribute="value"%>.
```

（3）动作元素（标识）：动作元素用于执行某些动作。在 JSP 规范中有两种类型的动作指令的标识。第一种是标准动作，它定义的是无论在什么版本的 JSP 引擎或 Web 服务器下总是可用的动作。第二种是自定义动作，它通过使用 taglib 指令来实现。例如 JSP：useBean；JSP：setProperty；JSP：getProperty 就是标准动作。

（4）声明：用于声明合法的变量和方法。与任何语言相同，JSP 语言使用变量来保存数据。这些变量用 declaration 元素声明，声明的语法为<%! declaration(s) %>。当页面被初始化的时候，JSP 页面中的所有声明都被初始化。除了简单的变量，方法也能被声明。声明不对当前的输出流产生任何影响。

（5）表达式：通过计算表达式所得到的结果来表示某个值。表达式的形式为：<%=expression%>。表达式求值的结果被强制转换为一个字符串，并插入到当前的输出流中。

（6）程序段：JSP 可以在页面中包含的一段程序，称之为程序段。程序段是一个代码片断，在请求的处理过程中被执行。程序段可以和页面中的静态元件组合起来创建动态生成的页面。程序段在 "<% %>" 中定义，在这对标识中的所有内容都会被当成 JSP 程序执行。

10.6.2　JSP 的运行环境

要运行 JSP（注意，不是浏览 JSP 页面），需要有支持 JSP 的服务器。这里分两种情况：

一种是自身就支持 JSP 的服务器，如 Jrun、Weblogic、JSWDK 等。

一种则是在不支持 JSP 的服务器上安装 JSP 引擎的插件，如在 IIS、Apache 等服务器上安装 WebSphere、Tomcat、Resin 等插件。其中主流服务器是 Weblogic 和 Tomcat。

Weblogic 是一款功能强大的服务器软件，配置比较简单，而且 JSP 的扩展功能较多，附带了数据库的 JDBC 驱动程序。Weblogic 支持 JHTML（一种与 JSP 十分相似的技术），是目前市场占有率最高的服务器。不过，Weblogic 的运行情况不太稳定，使用它调试 JSP 文件，出现语法错误或者数据库连接错误时，Weblogic 就有可能崩溃。

Tomcat 服务器是 Apache Group Jakarta 小组开发的一个免费服务器软件，适合于嵌入 Apache 中使用。而且，它的源代码可以免费获得，你可以自由地对它进行扩充。访问的地址为 http://jakarta.apache.org/tomacat/index.html。Tomcat 服务器的兼容性很好，如 WebLogic 服务器采用其为 Web 服务器引擎，Jbuilder 将其作为标准的测试服务器，Sun 公司也将其作为 JSP 技术应用的示例服务器。当然 Tomcat 也有不足之处，它的配置比较麻烦，对系统硬件要求较高，而且有一些安全性的问题没有解决。但是 Tomcat 服务器有众多大软件公司的支持，而且服务器的性能稳定，其发展前景很好。本系统就是采用 Tomcat 服务器。

10.6.3　详细设计及说明

我们前面回顾了一些常用概念以及介绍了该系统的开发语言和运行环境，接下来就详细介绍一下该系统是如何实现的，包括数据库的连接、字符的处理、实现实体类 Bean 和管理实体类等。

1．数据库连接

本系统使用的数据库是 MySQL，使用到的数据库操作的 JavaBean 是一个公共类，放在本系统下的 netshop.book.util 包中的 DataBase.java 类中，其实现代码如下。

```java
package netshop.book.util;
/**
 * <p>数据库连接专用包 </p>
 * @version 1.0
 */
import java.sql.*;
public class DataBase {
 public Connection conn;
 public Statement stmt;
 public ResultSet rs=null;
 public String sqlStr="";
 public Connection connect(){
     try{
             //设置 MySQL 的连接驱动
             Class.forName("com.mysql.jdbc.Driver").newInstance();
             //设置 MySQL 的连接语句
             String url ="jdbc:mysql://localhost:3306/bookshop";
             //连接数据库
             conn=DriverManager.getConnection(url,"root","");
             stmt = conn.createStatement ();
             }catch(Exception ee){
             System.out.println("connect db error:"+ee.getMessage());
             }
             return conn;
     }
}
```

2．字符处理

在 JSP 开发中经常会涉及有关字符串的处理，例如：把字符串转换成适合于网页显示的文本、把字符串转换成适合 SQL 语句的字符串等等，所以把这些字符串处理方法集中到一个类中。这也是一个公共类。本系统字符处理代码放在该系统下的 netshop.book.util 包中的 dateFormat.java 类中，具体代码如下。

```java
package netshop.book.util;
/**
 * <p>负责字符串的处理 </p>
 */
import java.lang.*;
import java.util.*;

public class dataFormat {
 public dataFormat() {  }
 /**
  * 把字符串转换成适合于网页显示的文本
  * @param s
  * @return
  */
 public static String toHtml(String s) {
```

```
        if (s==null) return s;
        s=strReplace(s,"&","&amp;");
        s=strReplace(s,"<","&lt;");
        s=strReplace(s,">","&gt;");
        s=strReplace(s,"\"","&quot;");
        s=parseReturn(s,"<br>\n    ");
        return s;
    }
    /**
     * 把字符串 sBody 中的 sFrom 用 sTo 替换
     * @param sBody
     * @param sFrom
     * @param sTo
     * @return
     */
    public static String strReplace(String sBody, String sFrom, String sTo)
    {
        int i,j,k,l;
        if (sBody==null || sBody.equals("")) return "";
        i = 0;
        j = sFrom.length();
        k = sTo.length();
        StringBuffer sss = new StringBuffer(sBody.length());
        boolean bFirst=true;
        l = i;
        while (sBody.indexOf(sFrom,i)!=-1) {
            i = sBody.indexOf(sFrom,i);
            sss.append(sBody.substring(l,i));
            sss.append(sTo);
            i += j;
            l = i;
        }
        sss.append(sBody.substring(l));
        return sss.toString();
    }
    /**
     * 把字符串中的"\r\n"转换成"\n"
     * @param String sBody   : 要进行替换操作的字符串
     * @param String sEndwith : 要替换成为的字符串
     */
    public static String parseReturn(String sBody, String sEndwith) {
        StringTokenizer t = new StringTokenizer(sBody, "\r\n");
        StringBuffer sss = new StringBuffer(sBody.length());
        boolean bFirst=true;
        if (sEndwith.trim().equals("")) sEndwith="\n";
        while (t.hasMoreTokens()) {
            String s=t.nextToken();
            s=s.trim();
            while (s.startsWith("  ")) s=s.substring(2);
            if (!s.equals("")) {
                if (bFirst) {
                    bFirst=false;
                } else {
                    sss.append(sEndwith);
                }
                sss.append(s);
            }
        }
        return sss.toString();
    }
```

```
        /**
         * 将字符串格式化成 HTML 代码输出
         * 只转换特殊字符，适合于 HTML 中的表单区域
         * @param str 要格式化的字符串
         * @return 格式化后的字符串
         */
        public static String toHtmlInput(String str) {
            if (str == null)    return null;
            String html = new String(str);
            html = strReplace(html, "&", "&amp;");
            html = strReplace(html, "<", "&lt;");
            html = strReplace(html, ">", "&gt;");
            return html;
        }
     /**
     * 将普通字符串格式化成数据库认可的字符串格式
     *
     * @param str 要格式化的字符串
     * @return 合法的数据库字符串
     */
    public static String toSql(String str) {
        String sql = new String(str);
        return strReplace(sql, "'", "''");
    }
}
```

3. 实现实体的Bean

1）用户实体 Bean

这个类是对用户实体的抽象，它包含了用户实体的所有属性及用户对象初始化构造方法。它们都是和数据库里的 shop_user 表相对应的。在这个 Bean 里封装的方法也主要是对这个表进行操作。这些属性都被定义为类的私有成员，外界不可访问。具体用户实体 Bean 的代码如下。

```
package netshop.book.bean;
/**
 * <p>用户类 </p>
 * @author longlyboyhe
 */
public class user {
        private long Id;                    //ID 序列号
        private String UserName;            //购物用户名
        private String PassWord;            //用户密码
        private String Names;               //用户联系姓名
        private String Sex;                 //用户性别
        private String Address;             //用户联系地址
        private String Phone;               //用户联系电话
        private String Post;                //用户联系邮编
        private String Email;               //用户电子邮件
        private String RegTime;             //用户注册时间
        private String RegIpAddress;        //用户注册时 IP 地址
        public user() {
                Id = 0;
                UserName = "";
```

```
                        PassWord = "";
                        Names = "";
                        Sex = "";
                        Address = "";
                        Phone = "";
                        Post = "";
                        Email = "";
                        RegTime = "";
                        RegIpAddress = "";
        }
        public long getId() {
                return Id;
        }
        public void setId(long newId) {
                this.Id = newId;
        }
        public String getUserName() {
                return UserName;
        }
        public void setUserName(String newUserName) {
                this.UserName = newUserName;
        }
        public String getPassWord() {
                return PassWord;
        }
        public void setPassWord(String newPassWord) {
                this.PassWord = newPassWord;
        }
        … //注意，这里省略了部分 geter 和 seter 方法
}
```

其中的 seter 和 geter 方法用来设置和获取以上各属性的值。在 JSP 页面中通过 <jsp:useBean>引入。

2）实现图书实体的 Bean

应用面向对象的思想把具有共性的实体抽象成一个类。这个图书 Bean 就是对图书实体的抽象，它包含了图书实体的所有属性及图书对象的初始化构造方法，里面的属性和表 Book 表对应。部分代码如下。

```
package netshop.book.bean;
/**
 * <p>图书类 </p>
 * @author longlyboyhe
 */
public class book {
        private long Id;                 //ID 序列号
        private String BookName;         //书名
        private int BookClass;           //图书类别
        private String classname ;       //图书类别名
        private String Author;           //作者
        private String Publish;          //出版社
        private String BookNo ;          //书号
        private String Content ;         //内容介绍
        private float Prince ;           //书价
        private int Amount ;             //总数量
        private int Leav_number ;        //剩余数量
        private String RegTime ;         //登记时间
        private String picture ;         //图书样图文件的名称
```

```
    /**
     * 图书的初始化
     */
    public book() {
            Id = 0;
            BookName = "";
            BookClass = 0;
            classname = "";
            Author = "";
            Publish = "";
            BookNo = "";
            Content = "";
            Prince = 0;
            Amount = 0;
            Leav_number = 0;
            RegTime = "";
    }
    public void setId(long newId){
            this.Id = newId;
    }
    public long getId(){
            return Id;
    }
    public void setBookName(String newBookName) {
            this.BookName = newBookName;
    }
    public String getBookName() {
            return BookName;
    }
};
```

其中的 seter 和 geter 方法用来设置和获取以上各属性的值。在 JSP 页面中通过 <jsp:useBean>引入。

3）实现图书分类实体 Bean

这个类是对图书分类实体的抽象，它包含了图书分类实体的所有属性及图书分类对象的初始化构造方法，它的属性和表 Bookclass 对应，部分代码如下。

```
package netshop.book.bean;
/**
 * <p>图书分类类</p>
 * @author longlyboyhe
 */
public class bookclass {
        private int Id;                 //ID 序列号
        private String ClassName;       //图书类别
        public bookclass() {
                Id = 0;
                ClassName = "";
            }
        public bookclass(int newId, String newname) {
                Id = newId;
                ClassName = newname;
            }
        public int getId() {
                return Id;
            }
        public void setId (int newId) {
```

```
                    this.Id = newId;
                }
        public String getClassName() {
                return ClassName;
            }
        public void setClassName(String newname) {
            this.ClassName = newname;
         }
        … //注意，这里省略了部分 geter 和 seter 方法
}
```

4）实现订单实体 Bean

这个类是对订单实体的抽象，它包含了订单实体的所有属性及订单对象的初始化构造方法。客户每次购买一种商品都会产生一次订购单，它包括订单号、所购买的书号以及所购买这种书的数量等，这些构成了这个类的私有属性，这些属性和表 Order 对应。核心代码如下。

```
package netshop.book.bean;
/**
 * <p>订单类 </p>
 * @author longlyboyhe
 */
public class order {
        private long Id;                    //ID 序列号
        private String orderId;             //订单编号
        private long UserId;                //用户序列号
        private String SubmitTime;          //提交订单时间
        private String ConsignmentTime;     //交货时间
        private float TotalPrice;           //总金额
        private String content;             //用户备注
        private String IPAddress;           //下单时 IP
        private boolean IsPayoff;           //用户是否已付款
        private boolean IsSales;            //是否已发货

        public order() {
                Id = 0;
                orderId = "";
                UserId = 0;
                SubmitTime = "";
                ConsignmentTime = "";
                TotalPrice = 0;
                content = "";
                IPAddress = "";
                IsPayoff = false;
                IsSales = false;
        }
        public long getId() {
                return Id;
        }
        public void setId(long newId){
                this.Id = newId;
        }
        public String getOrderId() {
                return orderId;
        }
        public void setOrderId(String neworderId) {
                this.orderId = neworderId;
```

```
        }
        public long getUserId() {
                return UserId;
        }
        public void setUserId(long newUserId){
                this.UserId = newUserId;
        }
        … //注意，这里省略了部分 geter 和 seter 方法
}
```

其中的 seter 和 geter 方法用来设置和获取以上各属性的值。在 JSP 页面中通过
<jsp:useBean>引入。

5）实现订单列表的 Bean

这个类是对订单列表实体的抽象，它包含了订单实体的所有属性及订单列表对象的初
始化构造方法，它的属性和表 Allorders 对应，部分代码如下。

```
package netshop.book.bean;
/**
 * @author longlyboyhe
 * <p>所有订单信息 </p>
 */
public class allorder {
        private long Id;                //ID 序列号
        private long orderId;           //订单号表序列号
        private long BookNo;            //图书表序列号
        private int Amount;             //订货数量

        public allorder() {
                Id = 0;
                orderId = 0;
                BookNo = 0;
                Amount = 0;
        }
        public long getId() {
                return Id;
        }
        public void setId(long newId) {
                this.Id = newId;
        }
        public long getOrderId() {
                return orderId;
        }
        public void setOrderId(long orderId) {
                this.orderId = orderId;
        }
        … //注意，这里省略了部分 geter 和 seter 方法
}
```

其中的 seter 和 geter 方法用来设置和获取以上各属性的值。在 JSP 页面中通过
<jsp:useBean>引入。

6）实现购物车实体的 Bean

在现实生活中，人们去超市买东西，都是把商品放在一个购物篮里，等到把所有要买
的东西选购完毕后，一起拿到收银台前付钱。我们在程序里定义的购物车实体就是模拟这
个功能。作为购物车，购物时间、所购书的总价格都是必不可少的，这个类是对购物车实
体的抽象，它包含了购物车的所有属性及购物车对象的初始化构造方法，部分代码如下。

```
package netshop.book.bean;
/**
 * <p>购物车类</p>
 * @author longlyboyhe
 */
public class shopcart {

 private long bookId;          //图书 ID 编号
 private int quanlity;         //选购数量

 public shopcart(){
  bookId = 0;
  quanlity = 0;
 }
 public long getBookId() {
  return bookId;
 }
 public void setBookId(long newbookId) {
  bookId = newbookId;
 }
 public long getQuality() {
  return quanlity;
 }
 public void setQuanlity(int newquanlity) {
  quanlity = newquanlity;
 }
}
```

4．管理实体Bean的编写

管理实体 Bean 包括管理用户登录、管理图书、管理图书分类、管理用户、管理订单等，下面详细介绍一下。

1）管理用户登录

由于本系统是一个以客户为中心的网上图书管理平台，只有成为了系统的合法用户才有使用本系统的权利，因此需要检测每个用户的合法性。管理用户登录这个 Bean：manage_Login.java 就是要完成这一功能。图 10-5 为 Login 类的类图，其中只是关键的几个方法。

从图 10-5 中可以看出 Login 具有的属性和方法，其中login() :void 为构造函数，getisadmin 为取得属性 isadmin 的值的方法，即判断登录用户是否是管理员。其他的是设置和获取属性的方法。其中有两个重要的方法介绍如下。

（1）getSql()方法。根据用户的不同获得不同的查询 SQL 语句。判断登录用户是否是管理员，如果是则从管理员信息表中查询数据，否则从普通用户表中查询数据。实现代码如下。

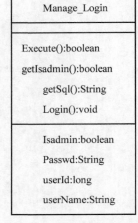

图 10-5　Login 类的类图

```
/**
   * 获得查询用户信息的 SQL 语句
   * @return
*/
public String getSql() {
      //判断是否是管理员
      if (isadmin) {
       //构造 SQL 语句
```

```
        sqlStr = "select * from BookAdmin where adminuser = '" +
        dataFormat.toSql(username) + "' and adminpass = '" +
                        dataFormat.toSql(passwd) + "'";
    }else {
        //不是管理员，用户登录
        sqlStr = "select * from shop_user where username = '" +
                        username + "' and password = '" + passwd + "'";
        }
        return sqlStr;
    }
```

（2）Execute()方法如下。

```
/**
 * 执行查询
 * @return
 * @throws java.lang.Exception
*/
public boolean excute() throws Exception
    {
boolean flag = false;
        DataBase db = new DataBase();
        db.connect();                        //获取一个数据库连接
        Statement stmt = db.conn.createStatement ();
        rs = stmt.executeQuery(getSql()); //rs 里返回查询结果集
        if (rs.next()){
                if (!isadmin)
                    {
                        userid = rs.getLong("id");
                        }
                        flag = true;
                }
                rs.close();
                return flag;
    }
```

从以上代码中可以看出，构造数据库连接 DataBase 类的对象，调用其 connect()方法获得连接，调用 getsql()方法获得 SQL 语句，然后从数据库中查得用户所需信息。

2）管理图书 Bean 的编写

该类负责图书的管理，包括图书的修改、查询、删除和添加等，图 10-6 为该类的类图，其中省去了部分方法，这里只介绍几个重要的方法。

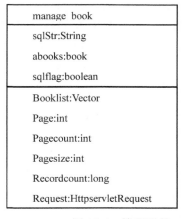

manage_book
sqlStr:String
abooks:book
sqlflag:boolean
Booklist:Vector
Page:int
Pagecount:int
Pagesize:int
Recordcount:long
Request:HttpservletRequest

Book_search():boolean
Delete():boolean
Getonebook():boolean
Getsql():String
Getsqlflag():boolean
Insert():boolean
manage_book():void
To_string():String
Update():boolean

图 10-6　管理图书 manage_book 类的类图

（1）getRequest()方法。该方法负责将页面接收到的表单资料分解，并设置图书实体的相应属性，它的返回值为 Boolean 类型，true 表示成功，反之表示失败。部分代码如下。

```
/**
    * 将页面表单传来的资料分解
    */
public boolean getRequest(javax.servlet.http.HttpServletRequest
newrequest) {
    boolean flag = false;
    try {
        request = newrequest;
        String ID = request.getParameter("id");
        long bookid = 0;
        try {
            bookid = Long.parseLong(ID);
        } catch (Exception e) {
        }
        abooks.setId(bookid);
        String bookname = request.getParameter("bookname");
        if (bookname == null || bookname.equals("")) {
            bookname = "";
            sqlflag = false;
        }
        abooks.setBookName(to_String(bookname));
        String author = request.getParameter("author");
        if (author == null || author.equals("")) {
            author = "";
            sqlflag = false;
        }
        abooks.setAuthor(to_String(author));
        String publish = request.getParameter("publish");
        ;
        if (publish == null) {
            publish = "";
        }
        abooks.setPublish(to_String(publish));
        String bookclass = request.getParameter("bookclass");
        int bc = Integer.parseInt(bookclass);
        abooks.setBookClass(bc);
        String bookno = request.getParameter("bookno");
        if (bookno == null) {
            bookno = "";
        }
        abooks.setBookNo(to_String(bookno));
        String picture = request.getParameter("picture");
        if (picture == null) {
            picture = "images/01.gif";
        }
        abooks.setPicture(to_String(picture));
        float price;
        try {
            price = new Float(request.getParameter("price")).float
            Value();
        } catch (Exception e) {
            price = 0;
            sqlflag = false;
        }
        abooks.setPrince(price);
        int amount;
        try {
```

```
                        amount = new Integer(request.getParameter("amount")).
                        intValue();
                } catch (Exception e) {
                        sqlflag = false;
                        amount = 0;
                }
                abooks.setAmount(amount);
                String content = request.getParameter("content");
                if (content == null) {
                        content = "";
                }
                abooks.setContent(to_String(content));
                if (sqlflag) {
                        flag = true;
                }
                return flag;
        } catch (Exception e) {
            return flag;
        }
    }
```

（2）book_search()方法。该方法负责图书查询，包括图书的分类、分页、关键字查询。
首先通过 getRequest()方法获得页面表单参数值，根据参数值判断是何种查询，然后根据相
应的 SQL 语句从数据库里查询相应的值。这里需要用到分页技术。部分代码如下。

```
/**
 * 完成图书查询，包括分类、分页查询
  * @param res
   * @return
* @throws java.lang.Exception
*/
public boolean book_search(HttpServletRequest res) throws Exception {
  DataBase db = new DataBase();
  db.connect();
  Statement stmt = db.conn.createStatement ();
  request = res;
  String PAGE = request.getParameter("page");   //页码
  String classid = request.getParameter("classid");   //分类 ID 号
  String keyword = request.getParameter("keyword");   //查询关键词
  if (classid==null) classid="";
  if (keyword==null) keyword = "";
  keyword = to_String(keyword).toUpperCase();
  try {
          page = Integer.parseInt(PAGE);
  }catch (NumberFormatException e){
          page = 1;
  }
  //取出记录数
  if (!classid.equals("") && keyword.equals("") ) {
          sqlStr = "select count(*) from book where bookclass='"+classid + "'";
  }
  else if (!keyword.equals("")) {
     if (classid.equals("")){
        sqlStr = "select count(*) from book where upper(bookname) like '%" +
                keyword+ "%' or upper(content) like '%" + keyword + "%'";
     } else {
        sqlStr = "select count(*) from book where bookclass='" + classid
                + "' and (upper(bookname) like '%" +keyword+ "%' or "+
                "upper(content) like '%" + keyword + "%')";
```

```
            }
    } else {
            sqlStr = "select count(*) from book";
            }
    int rscount = pageSize;
    try {
            ResultSet rs1 = stmt.executeQuery(sqlStr);
            if (rs1.next()) recordCount = rs1.getInt(1);
            rs1.close();
    }catch (SQLException e){
            System.out.println(e.getMessage());
            return false;
    }
    //设定有多少 pageCount
    if (recordCount < 1)
            pageCount = 0;
    else
            pageCount = (int)(recordCount - 1) / pageSize + 1;
    //检查查看的页面数是否在范围内
    if (page < 1)
            page = 1;
    else if (page > pageCount)
            page = pageCount;
            rscount = (int) recordCount % pageSize;       //最后一页记录数
    //sql 为倒序取值
    sqlStr = "select   a.id,a.bookname,a.bookclass,b.classname,"+
            "a.author,a.publish,a.bookno,a.content,a.prince,a.amount,"+
            "a.Leav_number,a.regtime,a.picture from book a,bookclass b"+
            " where a.Bookclass = b.Id ";
    if (!classid.equals("") && keyword.equals("") ){  //如果类别不为空，非查询
            if (page == 1)
            {
                    sqlStr = sqlStr + " and a.bookclass='" + classid + "' "+
                    "order by a.Id desc";
            } else {
                    sqlStr = sqlStr + " and a.bookclass='" + classid + "limit "+
                            (recordCount-pageSize                     *
page)+","+(recordCount-pageSize * (page-1));
            }
    } else if (!keyword.equals("")) {   //如果是查询资料
      if (page == 1){
        if (!classid.equals("")) {//查询某一类
            sqlStr = sqlStr + "and a.Bookclass='" +
            classid + "' and (upper(a.bookname) like '%" +
            keyword+ "%' or upper(a.content) like '%" +
            keyword + "%')  order by a.Id desc";
        } else {         //查询所有类
          sqlStr = sqlStr + " and (upper(a.bookname) like '%" +
          keyword+ "%' or upper(a.content) like '%" +
          keyword + "%') order by a.Id desc";
        }
      } else {
        if (!classid.equals("")){
            sqlStr = sqlStr + " and a.Bookclass='" +
            classid + "' and (upper(a.bookname) like '%" +
            keyword+ "%' or upper(a.content) like '%" +
            keyword + "%') limit "+(recordCount-pageSize * page)+","+
            (recordCount-pageSize * (page-1));
        } else {
            sqlStr = sqlStr + " and (upper(a.bookname) like '%" +
```

```
                keyword+ "%' or upper(a.content) like '%" +
                keyword + "%') limit "+(recordCount-pageSize * page)+","+
                (recordCount-pageSize * (page-1));
                }
                     }
    } else {//非查询，也非分类浏览
            if (page == 1){
                sqlStr = sqlStr + "  order by a.Id desc limit 0,"+pageSize;
            } else {
                sqlStr = sqlStr + "limit "+(recordCount-pageSize * page)+","+
                (recordCount-pageSize * (page-1));
            }
        }
        try {
            rs = stmt.executeQuery(sqlStr);
            booklist = new Vector(rscount);
            while (rs.next()){
                            book book = new book();
                            book.setId(rs.getLong("id"));
                            book.setBookName(rs.getString("bookname"));
                            book.setBookClass(rs.getInt("bookclass"));
                            book.setClassname(rs.getString("classname"));
                            book.setAuthor(rs.getString("author"));
                            book.setPublish(rs.getString("publish"));
                            book.setBookNo(rs.getString("Bookno"));
                            book.setContent(rs.getString("content"));
                            book.setPrince(rs.getFloat("prince"));
                            book.setAmount(rs.getInt("amount"));
                            book.setLeav_number(rs.getInt("leav_number"));
                            book.setRegTime(rs.getString("regtime"));
                            book.setPicture(rs.getString("picture"));
                            booklist.addElement(book);
                }
                rs.close();
                return true;
        }catch (Exception e){
            System.out.println(e.getMessage());
            return false;
        }
    }
```

（3）insert()方法。该方法负责图书的添加，返回类型为 Boolean 型，true 表示成功，反之失败。首先从图书对象中获得属性，组装相应的 SQL 语句并执行，返回执行结果。代码如下。

```
/**
  * 完成图书添加
  * @return
* @throws java.lang.Exception
*/
public boolean insert() throws Exception {
 sqlStr = "insert into book (Bookname,Bookclass,Author,Publish,Bookno,"+
        "Content,Prince,Amount,Leav_number,Regtime,picture) values ('";
        sqlStr = sqlStr + dataFormat.toSql(abooks.getBookName()) + "','";
        sqlStr = sqlStr + abooks.getBookClass() + "','";
        sqlStr = sqlStr + dataFormat.toSql(abooks.getAuthor()) + "','";
        sqlStr = sqlStr + dataFormat.toSql(abooks.getPublish()) + "','";
        sqlStr = sqlStr + dataFormat.toSql(abooks.getBookNo()) + "','";
        sqlStr = sqlStr + dataFormat.toSql(abooks.getContent()) + "','";
```

```
        sqlStr = sqlStr + abooks.getPrince() + "','";
        sqlStr = sqlStr + abooks.getAmount() + "','";
        sqlStr = sqlStr + abooks.getAmount() + "',";
        sqlStr = sqlStr + "now()"+ ",'";
        sqlStr = sqlStr + abooks.getPicture()+"')";
            try{
                    System.out.print(sqlStr);
                    DataBase db = new DataBase();
                    db.connect();
                    stmt =db.conn.createStatement ();
                    stmt.execute(sqlStr);
                    return true;
            }catch (SQLException sqle){
              System.out.print(sqle.getMessage());
                    return false;
            }
        }
```

图书的修改和删除方法和上面类似，省略讲解。

3）管理图书分类 Bean

由于图书分类实体的存在，需要对图书进行分类查询、添加、删除等操作，为了方便，把这些方法集合到一个类中，即 manage_bookclass 类，图 10-7 为该类的类图，其中也省略了部分方法。该类的方法和管理图书 Bean 中的方法类似，所以在这就不多讲，具体代码请查看光盘。

4）管理用户的 Bean

为了使用上的方便，我把对用户的管理，包括用户的添加、删除、修改、查询等集合成一个管理类，即 manage_user 类。图 10-8 为该类的类图，其中只是关键的几个方法。

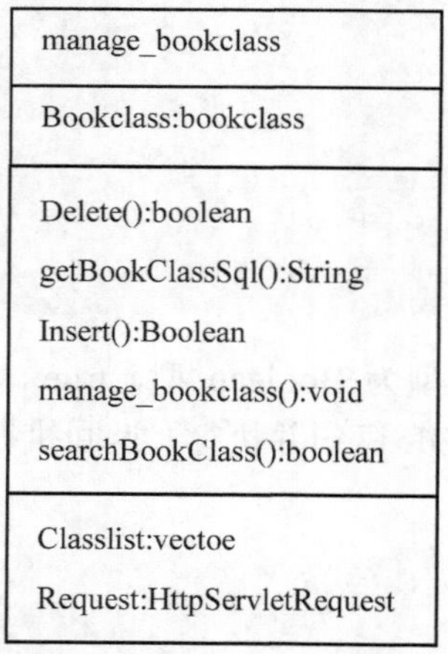

manage_bookclass
Bookclass:bookclass
Delete():boolean getBookClassSql():String Insert():Boolean manage_bookclass():void searchBookClass():boolean
Classlist:vectoe Request:HttpServletRequest

manage_user
User:user Username:username
Add():Boolean Delete():boolean Get_alluser():boolean getGbk():String setusername():void update():boolean

Message:String Page:int pageCount:int pageSize:int recordCount:long userid:long userlist:Vector request:HttpServletRequest

图 10-7　管理图书分类的 manage_bookclass 类图 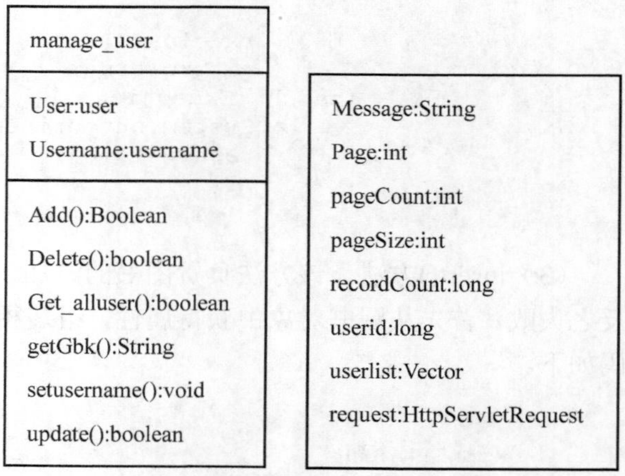　　　　图 10-8　管理用户 manage_user 类的类图

由类图可以看出该类具有以下属性。

```
private user user = new user();                              //新的用户对象
private javax.servlet.http.HttpServletRequest request;      //建立页面请求
private Vector userlist;              //显示用户列表向量数组
private int page = 1;                 //显示的页码
private int pageSize=8;               //每页显示的图书数
private int pageCount =0;             //页面总数
```

```
private long recordCount =0;          //查询的记录总数
private String message = "";          //出错信息提示
private String username = "";         //注册后返回的用户名
private long userid = 0;              //注册后返回的用户 ID
```

5）管理订单的 Bean

当用户选择图书后单击"购买"按钮时，选定的图书就被放入购物车中，这时系统并没有把数据提交到数据库，而是保存在 Session 中，只有用户进入购物车页面单击"提交购物车"按钮时才把数据作为订单提交到数据库中。

我把实现上述逻辑及对订单和订单列表的管理放在一个类中，即：manage_buy。图 10-9 为该类的类图。

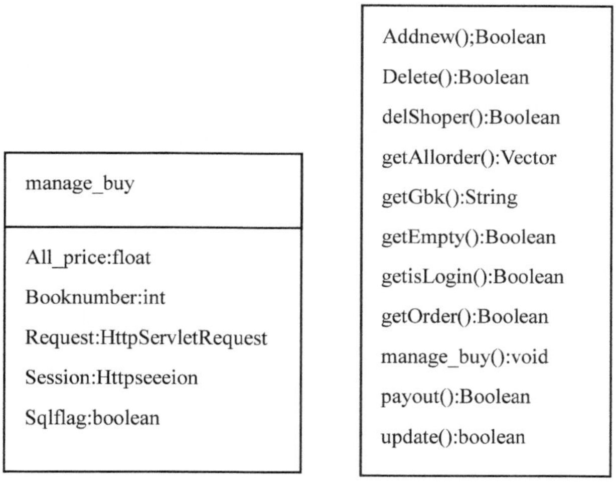

manage_buy	
All_price:float	Addnew();Boolean
Booknumber:int	Delete():Boolean
Request:HttpServletRequest	delShoper():Boolean
Session:Httpseeeion	getAllorder():Vector
Sqlflag:boolean	getGbk():String
	getEmpty():Boolean
	getisLogin():Boolean
	getOrder():Boolean
	manage_buy():void
	payout():Boolean
	update():boolean

图 10-9　管理订单 manage_buy 类的类图

上图中的 Addnew()方法是向购物车中添加一条新的购买纪录，首先从页面获得请求对象，从中获取图书编号等参数，判断购买数量是否大于库存量，如果是，则设置标志 isEmpty 为 false，本次购买将不成功。如果不是，则判断用户是不是第一次购买，如果是第一次购买，则直接在列表中添加一条新记录，如果不是第一次购书，则判断用户先前是不是购买过该书，如果是，则把购买数量增加，否则添加新记录。实现代码如下。

```
public boolean addnew(HttpServletRequest newrequest) {
    request = newrequest;
    String ID = request.getParameter("bookid");
    String Amount = request.getParameter("amount");
    long bookid = 0;
    int amount = 0;
    try {
        bookid = Long.parseLong(ID);
        amount = Integer.parseInt(Amount);
    }
    catch (Exception e) {
        return false;
    }
    if (amount < 1)
        return false;
    session = request.getSession(false);
```

```
        if (session == null) {
            return false;
        }
        purchaselist = (Vector) session.getAttribute("shopcar");
        sqlStr = "select leav_number from book where id=" + bookid;
        try {
            DataBase db = new DataBase();
                    Connection conn=db.connect();
                    stmt = conn.createStatement ();

            rs = stmt.executeQuery(sqlStr);
            if (rs.next()) {
                if (amount > rs.getInt(1)) {
                    leaveBook = rs.getInt(1);
                    isEmpty = true;
                    return false;
                }
            }
            rs.close();
        }
        catch (SQLException e) {
            return false;
        }

        allorder iList = new allorder();
        iList.setBookNo(bookid);
        iList.setAmount(amount);
        boolean match = false;          //是否购买过该图书
        if (purchaselist == null) { //第一次购买
            purchaselist = new Vector();
            purchaselist.addElement(iList);
        }

        else { //不是第一次购买
          for (int i = 0; i < purchaselist.size(); i++) {
            allorder itList = (allorder) purchaselist.elementAt(i);
            if (iList.getBookNo() == itList.getBookNo()) {
                itList.setAmount(itList.getAmount() + iList.getAmount());
                purchaselist.setElementAt(itList, i);
                match = true;
                break;
            } //if name matches 结束
          } //for 循环结束
        if (!match)
          purchaselist.addElement(iList);
        }
    session.setAttribute("shopcar", purchaselist);
    return true;
}
/**
 * 修改已经放进购物车的数据
 * @param newrequest
 * @return
 */
public boolean modiShoper(HttpServletRequest newrequest) {
  request = newrequest;
  String ID = request.getParameter("bookid");
  String Amount = request.getParameter("amount");
  long bookid = 0;
  int amount = 0;
```

```
try {
  bookid = Long.parseLong(ID);
  amount = Integer.parseInt(Amount);
}
catch (Exception e) {
  return false;
}
if (amount < 1)
  return false;
session = request.getSession(false);
if (session == null) {
  return false;
}
purchaselist = (Vector) session.getAttribute("shopcar");
if (purchaselist == null) {
  return false;
}
sqlStr = "select leav_number from book where id=" + bookid;
try {
  DataBase db = new DataBase();
            Connection conn=db.connect();
            stmt = conn.createStatement ();

  rs = stmt.executeQuery(sqlStr);
  if (rs.next()) {
    if (amount > rs.getInt(1)) {
      leaveBook = rs.getInt(1);
      isEmpty = true;
      return false;
    }
  }
  rs.close();
}
catch (SQLException e) {
  return false;
}
for (int i = 0; i < purchaselist.size(); i++) {
  allorder itList = (allorder) purchaselist.elementAt(i);
  if (bookid == itList.getBookNo()) {
    itList.setAmount(amount);
    purchaselist.setElementAt(itList, i);
    break;
  } //if name matches 结束
} //for 循环结束
return true;
}
```

10.6.4　客户界面设计

为了提高代码的重用性，我把客户界面部分相同的头和尾做成两个模块，分别命名为head.inc 和 tail.inc，这两个文件都是纯 HTML 代码，在头和尾引入下面的两句代码方可。

```
<%@include file="/bookshop/inc/head.inc"%>
<%@include file="/bookshop/inc/tail.inc"%>
```

知识扩展：

inc 文件是 include file 的意思。实际上，文件的后缀对于文件包含无所谓。你可以包含一个 asp 文件，也可以包含 txt 文件。一般我们使用 inc 作为后缀，因为这样能体现该文件的作用。另外，.inc 文件的作用有点类似于 C/C++内的.h 和.hpp 头文件，使用 inc 文件可以使我们的程序增加可读性。

1. 用户登录模块设计

为了检测用户是否是书店的合法用户，需要用户输入用户名和密码来核对用户的合法性，用户登录模块就是完成这一功能。该模块需要用到 manage_Login.java 这个 Bean。界面如图 10-10 所示。

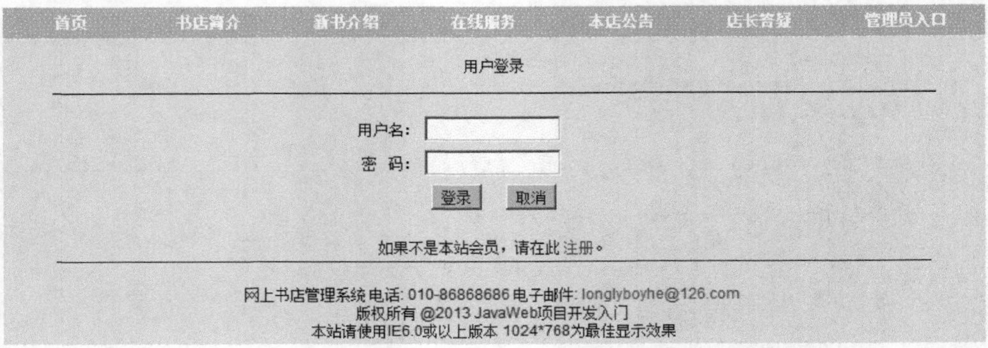

图 10-10　用户登录界面

部分代码如下。

```
<%@ page contentType="text/html; charset=gb2312"%>
<%@ page session="true"%>
<jsp:useBean id="login" scope="page"
    class="netshop.book.servlet.manage_login" />
<%
String mesg = "";
if( request.getParameter("username")!=null && !request.getParameter
("username"). equals("")){
    String username =request.getParameter("username");
    String passwd = request.getParameter("passwd");
    username = new String(username.getBytes("ISO8859-1"));
    passwd = new String(passwd.getBytes("ISO8859-1"));
    login.setUsername(username);
    login.setPasswd(passwd);
    out.print(username+passwd);
    if (login.excute()){
        session.setAttribute("username",username);
        String userid = Long.toString(login.getUserid());
        session.setAttribute("userid",userid);
        response.sendRedirect("booklist.jsp");
        %>
<%
    }else {
    mesg = "登录出错！";
    }
}
%>
<%@include file="/bookshop/inc/head.inc"%>
<!--这里省略了部分代码-->
```

该模块通过 Request.getparameter()从表单中取得参数，然后调用 manage_Login.java 的

execute()方法通过数据库进行检测实现。

2. 在线购书功能模块设计

在该模块用户可以看见现有的图书，用户可以查找图书（可分类查询，也可以按关键字查询），用户可以购买图书（把书放进购物车），也可以查看图书的详细资料，还可以转到其他模块，如查看购物车，查看订单信息等。考虑到其他页面也用到导航条及左边的图书分类和图书查询部分，因此把这两部分也设计成两个公用模块：sub.inc 和 left.inc，在其他页面中只需引入即可。

实现界面如图 10-11 所示。

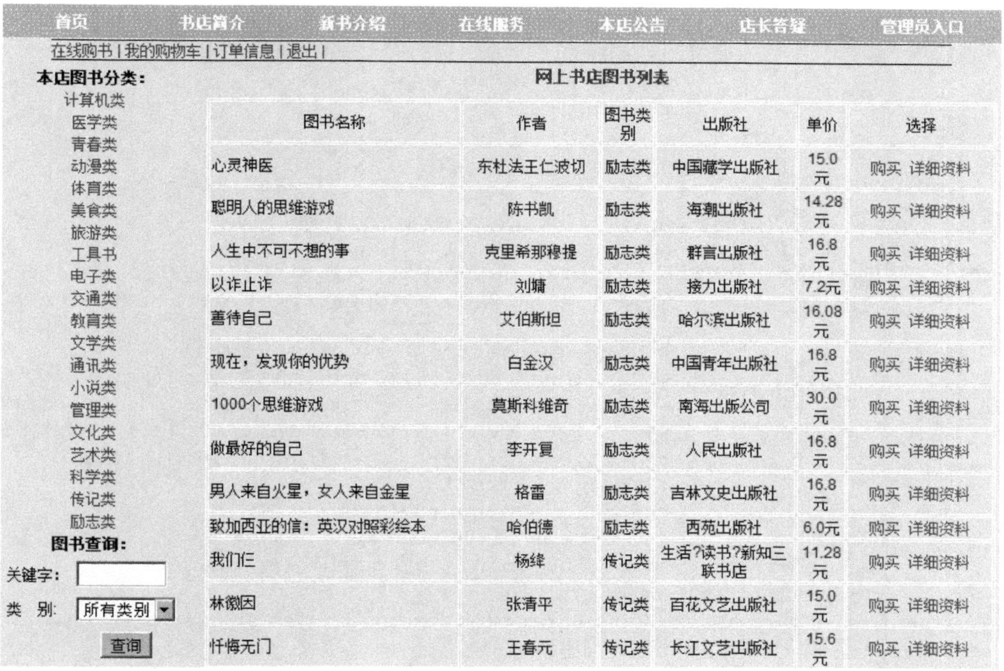

图 10-11　在线购书功能效果图

具体代码如下。

```
<%@ page contentType="text/html; charset=gb2312"%>
<%@ page import="java.util.*"%>
<%@ page import="netshop.book.bean.bookclass"%>
<%@ page session="true"%>
<%@ page import="netshop.book.bean.book"%>
<jsp:useBean id="book" scope="page" class="netshop.book.bean.book" />
<script language="javascript">
function openScript(url,name, width, height){
    var Win = window.open(url,name,'width=' + width + ',height=' + height
+ ',resizable=1,scrollbars=yes,menubar=no,status=yes' );
}
</script>
<%@include file="/bookshop/inc/head.inc"%>
<%@include file="/bookshop/inc/sub.inc"%>
<table width="778">
    <tr>
```

```
        <td width="150" valign="top" align="left">
            <%@include file="/bookshop/inc/left.inc"%>
        </td>
        <td width="600" valign="top">
            <p align="center">
                <b><font color="#0000FF">网上</font><font color="#0000FF">
                书店图书<%= classname %>列表</font>
                </b>
            </p>
            <%if (!keyword.equals("")) out.println("<p ><font color=#ff0000>
            你要查找关于 " + keyword + " 的图书如下</font></p>"); %>
            <table width="100%" border="1" cellspacing="1" cellpadding="1"
            bordercolor="white">
                <tr align="center" bgcolor="#DEF3CE">
                    <td>图书名称</td>
                    <td>作者</td>
                    <td>图书类别</td>
                    <td>出版社</td>
                    <td>单价</td>
                    <td width=110>选择</td>
                </tr>
                <% if (book_list.book_search(request)) {
    if (book_list.getBooklist().size()>0 ){
        for (int i=0;i<book_list.getBooklist().size();i++){
            book bk = (book) book_list.getBooklist().elementAt(i);%>
                    <tr>
                        <td><%= bk.getBookName() %></td>
                        <td align="center"><%= bk.getAuthor() %></td>
                        <td align="center"><%= bk.getClassname() %></td>
                        <td align="center"><%= bk.getPublish() %></td>
                        <td align="center"><%= bk.getPrince() %>元
                        </td>
                        <td align="center">
                            <a href="#"
    onclick="openScript('buybook.jsp?bookid=<%= bk.getId() %>',
    'pur',300,250)">购买</a> 
<a href="#"onclick="openScript('bookdetail.jsp?bookid=<%= bk.getId()
%>','show',400,500)">详细资料</a>
                        </td>
                    </tr>
                    <%      }
    }else {
        if (keyword.equals("")){
            out.println("<tr><td align='center' colspan=6> 暂时没有此
            类图书资料</td></tr>");
        } else {
            out.println("<tr><td align='center' colspan=6> 没有你要查
            找的 "
            + keyword + " 相关图书</td></tr>") ;
        }
    }
} else {%>
                    <tr>
                        <td align="center" colspan=6>
                             此类图书不存在
                        </td>
                    </tr>
                    <% } %>
```

```
                  </table>
                  <table width="90%" border="0" cellspacing="1" cellpadding="1">
                      <tr>
                          <td align="right">
                              总计结果为<%= book_list.getRecordCount() %>
                              条，当前页第<%= book_list.getPage() %>页
                              <a
                                  href="booklist.jsp?classid=<%=
                                  classid%>&keyword=
                                  <%= keyword %>">首页</a> 
                          <% if (book_list.getPage()>1) {%>
                              <a
                                  href="booklist.jsp?page=<%=
                                  book_list.getPage()-1 %>
                                  &classid=<%= classid%>&keyword=<%= keyword %>">
                                  上一页</a> 
                          <% } %>
                          <% if (book_list.getPage()<book_list.getPageCount
                          ()-1) {%>
                              <a
                                  href="booklist.jsp?page=<%= book_list.
                                  getPage()+1 %>&classid=<%= classid%>
                                  &keyword=<%= keyword %>">下一页</a> 
                          <% } %>
                              <a
                                  href="booklist.jsp?page=<%= book_list.getPage
                                  Count()  %>&classid=<%= classid%>&keyword=
                                  <%= keyword %>">末页</a> 
                          </td>
                      </tr>
                  </table>
              </td>
          </tr>
  </table>
  <%
  int pages=1;
  String mesg = "";
  if (request.getParameter("page")!=null && !request.getParameter("page").
  equals("")) {
      String requestpage = request.getParameter("page");
      try {
          pages = Integer.parseInt(requestpage);
      } catch(Exception e) {
          mesg = "你要找的页码错误!";
      }
      book_list.setPage(pages);
  }
  %>
  <%@include file="/bookshop/inc/authenticate.inc"%>
```

3．我的购物车功能模块设计

在"我的购物车"这个模块里，用户可以修改购买数量，可以修改已经选购的图书，可以提交购物车（在提交时可以简单附言说明），可以清空购物车，还可以继续购书，或者查询图书，或者转到其他功能模块。

买书的第一步便是用户登录，现在购书网站都要求已经注册过的用户才能购买书籍，这样便于网站管理。checkLogin()就是用来检验用户的合法性的。

```
function checklogin() {
    if (document.payout.userid.value=="")
    {
            alert("你还没有登录，请登录后再提交购物清单。");
            return false;
    }
```

证明是合法用户后，就必须给这个用户一个购物车，用户每次选中一本书，单击"放入购物车"，就必须添加一个订购单。这就相当于把用户要买的书放入购物车里，addnew() 就是用来实现这些的，效果如图 10-12 所示。

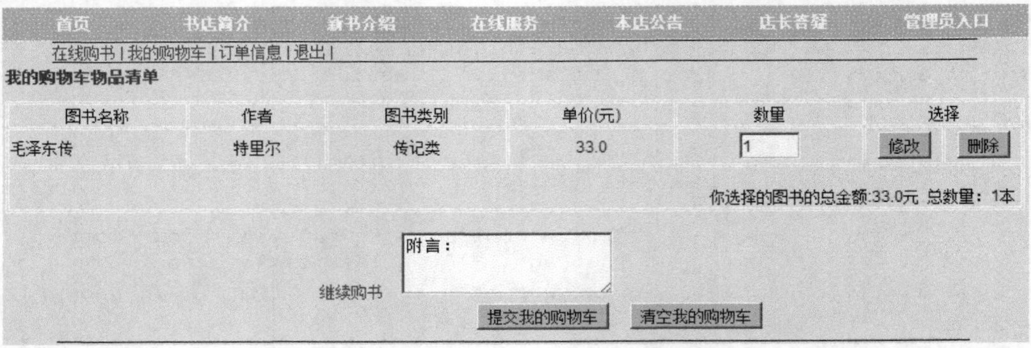

图 10-12　购物车效果图

部分具体代码如下。

```
/* 往购物车中添加选购的图书
 * @param newrequest
 * @return
 */
public boolean addnew(HttpServletRequest newrequest) {
  request = newrequest;
  String ID = request.getParameter("bookid");
  String Amount = request.getParameter("amount");
  long bookid = 0;
  int amount = 0;
  try {
    bookid = Long.parseLong(ID);
    amount = Integer.parseInt(Amount);
  }
  catch (Exception e) {
    return false;
  }
  if (amount < 1)
    return false;
  session = request.getSession(false);
  if (session == null) {
    return false;
  }
  purchaselist = (Vector) session.getAttribute("shopcar");
  sqlStr = "select leav_number from book where id=" + bookid;
  try {
      DataBase db = new DataBase();
              Connection conn=db.connect();
              stmt = conn.createStatement ();
```

```
      rs = stmt.executeQuery(sqlStr);
      if (rs.next()) {
        if (amount > rs.getInt(1)) {
          leaveBook = rs.getInt(1);
          isEmpty = true;
          return false;
        }
      }
      rs.close();
    }
    catch (SQLException e) {
      return false;
    }
    allorder iList = new allorder();
    iList.setBookNo(bookid);
    iList.setAmount(amount);
    boolean match = false; //是否购买过该图书
    if (purchaselist == null) { //第一次购买
      purchaselist = new Vector();
      purchaselist.addElement(iList);
    }

    else { //不是第一次购买
      for (int i = 0; i < purchaselist.size(); i++) {
        allorder itList = (allorder) purchaselist.elementAt(i);
        if (iList.getBookNo() == itList.getBookNo()) {
          itList.setAmount(itList.getAmount() + iList.getAmount());
          purchaselist.setElementAt(itList, i);
          match = true;
          break;
        } //if name matches 结束
      } //for 循环结束
      if (!match)
        purchaselist.addElement(iList);
    }
    session.setAttribute("shopcar", purchaselist);
    return true;
}
```

如果用户对所选购的图书不满意，可以修改购物车，代码如下。

```
/**
  * 修改已经放进购物车的数据
  * @param newrequest
  * @return
  */
 public boolean modiShoper(HttpServletRequest newrequest) {
   request = newrequest;
   String ID = request.getParameter("bookid");
   String Amount = request.getParameter("amount");
   long bookid = 0;
   int amount = 0;
   try {
     bookid = Long.parseLong(ID);
     amount = Integer.parseInt(Amount);
   }
   catch (Exception e) {
     return false;
   }
```

```
    if (amount < 1)
      return false;
    session = request.getSession(false);
    if (session == null) {
      return false;
    }
    purchaselist = (Vector) session.getAttribute("shopcar");
    if (purchaselist == null) {
      return false;
    }
    sqlStr = "select leav_number from book where id=" + bookid;
    try {
      DataBase db = new DataBase();
                Connection conn=db.connect();
                stmt = conn.createStatement ();

      rs = stmt.executeQuery(sqlStr);
      if (rs.next()) {
        if (amount > rs.getInt(1)) {
          leaveBook = rs.getInt(1);
          isEmpty = true;
          return false;
        }
      }
      rs.close();
    }
    catch (SQLException e) {
      return false;
    }
    for (int i = 0; i < purchaselist.size(); i++) {
      allorder itList = (allorder) purchaselist.elementAt(i);
      if (bookid == itList.getBookNo()) {
        itList.setAmount(amount);
        purchaselist.setElementAt(itList, i);
        break;
      } //if name matches 结束
    } //for 循环结束
    return true;
}
/**
 *删除购物车中的数据
 * @param newrequest
 * @return
 */
public boolean delShoper(HttpServletRequest newrequest) {
  request = newrequest;
  String ID = request.getParameter("bookid");
  long bookid = 0;
  ……………
  for (int i = 0; i < purchaselist.size(); i++) {
    allorder itList = (allorder) purchaselist.elementAt(i);
    if (bookid == itList.getBookNo()) {
      purchaselist.removeElementAt(i);
      break;
    } //if name matches 结束
  } //for 循环结束
  return true;
}
```

4．订单信息功能模块设计

在该功能模块用户可以看见自己已经提交的所有订单，可以查看订单的详细情况。并设计以弹出窗口的形式显示订单信息，在弹出的窗口中可以付款。实现代码如下。

```
<%@ page contentType="text/html; charset=gb2312" %>
<%@ page session="true" %>
<%
String username = (String)session.getAttribute("username");
if ( username == null || username.equals("") ){
        response.sendRedirect("login.jsp?msg=nologin");
}
%>
//引入 JavaBean
<%@ page import="bookshop.book.book "%>
<%@ page import="bookshop.util.*" %>
<%@ page import="bookshop.book.allorder" %>
<%@ page import="bookshop.run.op_book" %>
<jsp:useBean id="myIndentlist" scope="page" class="bookshop.run.op_buy" />
<jsp:useBean id="mybook" scope="page" class="bookshop.run.op_book" />
<%
String mesg = "";
long Id=0;
String indentNo = request.getParameter("orderno");
if( (indentNo==null)|| indentNo.equals("")) {
        mesg = "你要查看的订单清单不存在！";
} else {
    try {
        Id = Long.parseLong(request.getParameter("id"));
        if (!myIndentlist.getAllorder(indentNo)){
            mesg = "你要查看的订单清单不存在！";
        }
    } catch (Exception e){
        mesg = "你要查看的订单清单不存在！";
    }
}
%>
............
```

10.6.5　管理界面设计

在该功能模块管理员可以查看详细资料，可以管理用户、修改图书以及删除图书等。

1．管理用户

管理员可以通过这个模块查看用户的详细资料、修改用户资料和删除用户资料。具体效果如图 10-13 所示。

首页	现有图书管理	添加新图书	添加图书分类	订单管理	用户管理	登录	退出
网上书店所有用户情况							
用户ID号	用户名	真实姓名	联系地址	联系电话	Email	查看	
2	Tom					详细资料 修改 删除	
1	zhangsan					详细资料 修改 删除	
						当前页第1页 首页 末页	

图 10-13　管理用户界面

具体代码如下。

```
<%@include file="/bookshop/inc/adm_head.inc"%>
  <tr>
     <td align="center">网上书店所有用户情况</td>
  </tr>


   <tr>
     <table width="778" style="font-size:9pt" border="1" cellpadding="2"
     cellspacing="1" bgcolor="#E4EDFB" bordercolor="white" align="center">
          <tr align="center" bgcolor="#DEF3CE">
          <td>用户 ID 号</td>
          <td>用户名</td>
          <td>真实姓名</td>
          <td>联系地址</td>
          <td>联系电话</td>
            <td>Email</td>
            <td>查看</td>
          </tr>
<%
if (user.get_alluser()){
    for(int i=0; i<user.getUserlist().size(); i++){
        user userinfo = (user) user.getUserlist().elementAt(i);
%>
        <tr>
          <td align=center><%= userinfo.getId()%></td>
          <td><%= userinfo.getUserName()%></td>
          <td><%= userinfo.getNames()%></td>
          <td><%= userinfo.getAddress()%></td>
          <td><%= userinfo.getPhone()%></td>
            <td><%= userinfo.getEmail()%></td>
          <td align=center><a href="#" onclick="openScript('user_detail.
          jsp?userid=<%= userinfo.getId() %>','showuser',450,500)">详细资
          料</a> <a href="#" onclick="openScript('user_modify.jsp?
          userid=<%= userinfo.getId() %>','modis',450,500)">修改</a>
           <a href="adm_user.jsp?userid=<%= userinfo.getId()%>&page
          =<%= user.getPage()%>&action=del" onclick="return(confirm('你真
          的要删除这个用户?'))">删除</a></td>
        </tr>
<%  }
}%>
```

2．现有图书管理

管理员可以修改和删除图书，具体界面如图 10-14 所示。 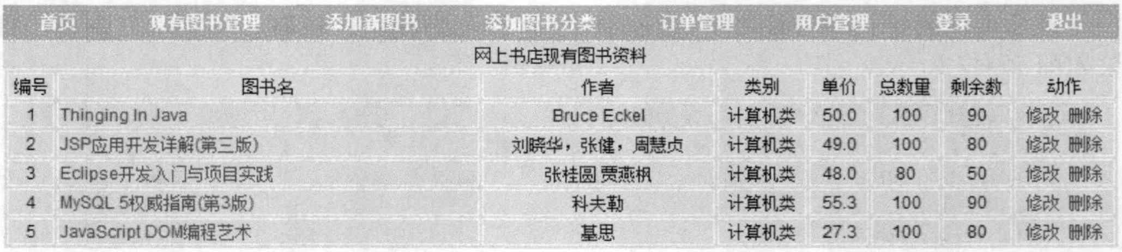

首页	现有图书管理	添加新图书	添加图书分类	订单管理	用户管理	登录	退出
			网上书店现有图书资料				
编号	图书名		作者	类别	单价	总数量	剩余数	动作
1	Thinging In Java		Bruce Eckel	计算机类	50.0	100	90	修改 删除
2	JSP应用开发详解(第三版)		刘晓华，张健，周慧贞	计算机类	49.0	100	80	修改 删除
3	Eclipse开发入门与项目实践		张桂园 贾燕枫	计算机类	48.0	80	50	修改 删除
4	MySQL 5权威指南(第3版)		科夫勒	计算机类	55.3	100	90	修改 删除
5	JavaScript DOM编程艺术		基思	计算机类	27.3	100	80	修改 删除

图 10-14　现有图书管理

部分代码如下。

```
if(request.getParameter("action")!=null&&request.getParameter("action")
.equals("del")){
    try {
            int delid = Integer.parseInt(request.getParameter("id"));
            if (book_list.delete(delid)){
                mesg = "删除成功！";
            } else {
                mesg = "删除出错！";
            }
    } catch (Exception e){
            mesg = "你要删除的对象错误！";
    }
}
if(request.getParameter("page")!=null
&& !request.getParameter("page").equals("")) {
        String requestpage = request.getParameter("page");
        try {
            pages = Integer.parseInt(requestpage);
        } catch(Exception e) {
            mesg = "你要找的页码错误！";
        }
}
%>
```

3．订单管理功能模块设计

在这个功能模块，管理员可以查看下订单用户的详细资料（单击用户名），可以查看订单的详细情况，还可以删除订单。效果如图 10-15 所示。

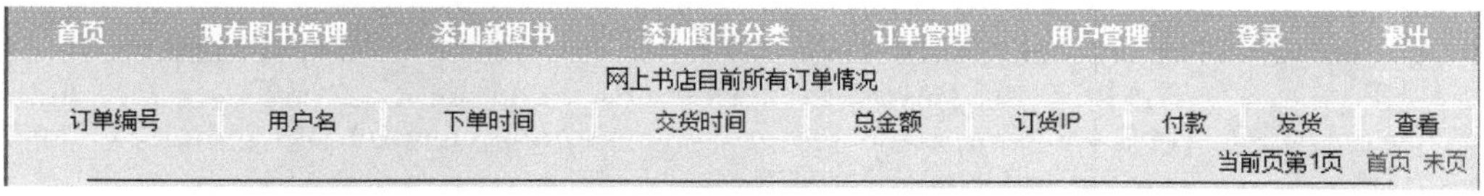

首页	现有图书管理	添加新图书	添加图书分类	订单管理	用户管理	登录	退出
			网上书店目前所有订单情况				
订单编号	用户名	下单时间	交货时间	总金额	订货IP	付款	发货	查看
						当前页第1页 首页 未页		

图 10-15　订单管理界面

下面是部分代码。

```
<tr>
<% if (!mesg.equals("")) out.println("<font color=red>" + mesg +
"</font><br>");%>
    <table width="778" border="1" cellspacing="1" cellpadding="1"
    bgcolor="#E4EDFB" bordercolor="white" align="center">
    <tr align="center" bgcolor="#DEF3CE">
        <td>订单编号</td>
        <td>用户名</td>
        <td>下单时间</td>
        <td>交货时间</td>
        <td>总金额</td>
        <td>订货 IP</td>
        <td>付款</td>
        <td>发货</td>
        <td>查看</td>
    </tr>
```

```
<%
 if (shop.getOrder()) {
        for(int i=0 ; i<shop.getAllorder().size(); i++){
            order Ident = (order) shop.getAllorder().elementAt(i);  %>
        <tr>
        <td><%= Ident.getOrderId() %></td>
        <td align="center"><%
            if (user.getUserinfo(Ident.getUserId())&&user.getUserlist().
            size()>0) {
                user userinfo = (user)user.getUserlist().elementAt(0); %>
            <a href="#" onclick="openScript('user_detail.jsp?userid=
            <%= Ident.getUserId() %>','showuser',450,500)"><%= userinfo.
            getUserName() %></a>
          <%} else {
                    out.println("该用户已被删除");
            }
        %></td>
        <td align="center"><%= Ident.getSubmitTime() %></td>
        <td align="center"><%= Ident.getConsignmentTime() %></td>
        <td align="center"><%= Ident.getTotalPrice() %></td>
        <td align="center"><%= Ident.getIPAddress() %></td>
        <td align="center">
        <% if (Ident.getIsPayoff() )
                    out.print("已付清");
                else
                    out.print("未付");
        %></td>
        <td align="center">
        <% if (Ident.getIsSales())
                    out.print("已发货");
                else
                    out.print("未发货");
        %></td>
        <td align="center"><a href="#"  onclick="openScript('order_
        detail.jsp?indentid=<%= Ident.getOrderId() %>','indent',500,500)"
        >详细情况</a> <a href="adm_order.jsp?action=del&indentid=
        <%= Ident.getId()%>&page=<%= shop.getPage() %>" onclick="return
        (confirm('你真的要删除吗? '))">删除</a></td>
        </tr>
<%      }
 }
```

4．其他管理模块设计

除了上面提到的管理功能模块之外，还有添加新书管理、添加图书分类管理，这些和图书管理的设计类似，由于篇幅有限，就不在此赘述，读者可以自行查看光盘源代码。

10.7　网上图书管理系统的使用

上面已经完成了网上图书管理系统的设计，接下来就需要对该系统进行测试并使用，因为只有测试通过才可以上线发布。

10.7.1　服务器的配置及环境的搭建

从 JSP 的运作全过程可见,运行 JSP 最少需要三样东西:JSP 引擎、Web 服务器和 JVM。最常用的 Java 开发工具就是 JDK 和 Eclipse(MyEclipse),它们之间的很大不同就是 JDK 是字符界面,而 Jbuilder 是窗口界面。本系统直接采用 JDK 作为 JVM 和 MyEcliospe 来开发,MyEclpise 是一个功能非常强大的 Java/JSP/J2EE 工具,它主要以提供插件的方式进行开发。所用的操作系统是 Windows 7,服务器采用的是 Tomcat,利用了它充当 JSP 引擎,同时还利用了它的信息发布功能。

首先把 JDK、Tomcat 安装到本地硬盘(如 C 盘)根目录下,然后配置运行环境。由于这部分已经在前面详细地讲解过了,这里就不再介绍了。

配置完后,检测配置是否成功。具体方法如下。

(1)检测 JDK 是否配置成功。编写一个 Java 程序,如下例所示。

```
public class HelloWorldApp
{
        public static void main(String args[])
        {
                    System.out.println("HelloWorld!");
        }
}
```

首先把它放到一个名为 HelloWorldApp.java 的文件中,这里文件名应和类名相同,因为 Java 解释器要求公共类必须放在与其同名的文件中。

然后对它进行编译,如下。

```
c:\>javac -g HelloWorldApp.java
```

编译的结果是生成字节码文件 HelloWorldApp.class。最后用 Java 解释器来运行该字节码文件。

```
c:\>java  HelloWorldApp
```

结果是在屏幕上显示"Hello World!"

至此,JDK 完全安装成功。

(2)检测 Tomcat 是否配置成功。进入…\Tomcat7.0\bin 目录,双击 startup.bat 执行文件启动 Tomcat 服务器。

我们现在就可以通过浏览器看 Tomcat 服务器的示例程序了,打开浏览器,键入 http://localhost:8080/ 进入 Tomcat 服务器启动。

10.7.2　进入前台

部署好系统的环境后,启动 Tomcat 服务器容器,打开 MySQL 数据库。启动浏览器,在 IE 浏览器的地址栏输入 http://localhost:8080/bookshop/index.jsp,显示登录界面。

10.7.3　进入后台

在 IE 浏览器地址栏输入 http://localhost:8080/bookshop/bookshop/admin/adm_login.jsp，或单击前台的链接点即可进入后台。登录用户名为 admin，口令 admin 即可登录后台。

10.8　本 章 小 结

本系统是一个基于 Web 的网上图书管理系统，基本上体现了电子商务各方面的优点。本实例内容详实，主要是带领读者熟悉和掌握 JSP 的技术以及对电子商务进行初步的探讨和设计。通过本实例，我们按照需求设计基本完成了要求的诸项基本功能，实现了一个简单的不同部分以数据为中心的模型，方案的各部分在实际运作中能够解决相应的问题。

当然，其中也遗留下了一些待解决的问题，但出于自己水平有限，作为一个网上图书管理系统，该项目上有一些不完善和亟待改进之处，特别是在网站信息的安全性和扩展性上需要进一步加强。

通过本实例，使我们了解了目前流行的动态商务网站的构成和运作原理，掌握了用 JSP+JavaBean+Servlet 构建动态网站的相关知识和技术原理，对于入门程序员来讲可以很好地锻炼自己的动手实践能力。

第 11 章　基于 Struts 的学生成绩管理系统

开发学生成绩管理系统可使学校教职员工减轻工作压力，同时，可以减少劳动力的使用，加快查询速度、加强管理。本章叙述了现在高校学生成绩管理的现状以及 Java 语言和一些开源框架的概况。重点介绍了学生成绩管理系统的实现过程，包括系统分析、系统调查、数据库设计、功能设计、系统物理配置方案、系统实现、系统测试以及系统功能简介。

通过本章的学习，使读者可以对基于 Struts 的项目开发流程和具体实现有所了解，对初学者尽快掌握基于 Struts 的开发技术有所指导和帮助。

11.1　项目开发背景和意义

一直以来学生的成绩管理是学校工作中的一项重要内容，我国的大中专院校的学生成绩管理水平普遍不高。随着办学规模的扩大和招生人数的增加，建立一个成绩维护系统是非常必要的。普通的成绩管理已不能适应时代的发展，因为它浪费了许多的人力和物力。在当今信息时代，传统的管理方法必然被以计算机为基础的信息管理系统所代替。为了提高成绩管理的效率，也为方便介绍基于 Struts 的项目的具体实施和实现，本人选择了学生成绩管理系统作为练习项目，帮助读者对一个完整的基于 Struts 项目的掌握，并达到指导读者可以独立开发 Java Web 项目的目的。

11.1.1　项目开发背景

本学生成绩管理系统和大多数成绩管理系统相似，主要完成教师对成绩的操作，教师改完试卷后不用再往学院的教务处办公室报送成绩，可以直接把成绩上传到网络上，学生也可以方便快速地查询到自己的成绩。考试后教务管理人员也不必总呆在学院的办公室，他们都不受时间、位置、空间的限制，只要有上网的条件，在家里就可以完成有关成绩的录入、更新、管理、查询和删除。本系统将会改变以前靠手工管理学生成绩的状况，提高工作效率，希望能为老师和学校的工作带来便利。

11.1.2　项目提出的意义

随着高校办学规模的扩大和招生人数的增加，学生成绩管理维护是学校管理中异常重要的一个环节。作为学校，除了育人，就是育知，学生成绩管理的计算机化是整个学校教务管理中的重要一部分，介于它的重要性，学生成绩管理系统的开发与应用就逐渐提入议程，并占着越来越重要的份量。

运用学生成绩管理系统可以减轻学院教学人员的工作量，缩小开支，提高工作效率与准确率，能够节省时间，学生也能够尽快地知道自己的考试成绩，投入新的课程的学习或复习这次没有考过的课程。而学生成绩管理系统的应用也使今天的民办教育在未来市场的竞争力有所提高。

由于现代高科技的飞跃发展，人们工作习惯的改变，特别是电脑的大量普及，使得人们生活节奏越来越快，怎样提高工作效率是人们首先考虑的问题。学生成绩管理是非常繁琐与复杂的一项工作，一个原因就是工作量大，不好管。对于一个学校而言，管理好学生的成绩，是非常重要的。因此开发出一套学生成绩管理系统是非常必要的。

11.1.3　系统开发所用的技术

程序设计语言是人和计算机通信的最基本的工具，它的特点必然会影响人的思维和解决问题的方式，会影响人和计算机通信的方式和质量，也会影响其他人阅读和理解程序的难易程度。因此在编码时所选择的编码语言是很重要的。

本系统基于 Java 语言，采用了 JSP 技术、Servlet 技术、Hibernate 开源框架技术、Struts 开源框架技术，以及 HTML、CSS、XML 等等语言和技术。因此该系统有 Java 的所有优点，移植性能比较好，数据库移植也比较容易。本系统使用了许多的框架技术，扩展也比较容易。

在编码实现过程中，使用了基本的控制结构，在必要的地方加了许多的注释，结构清晰，代码容易阅读。对所有的输入数据都进行了检验，并且对组合输入也进行了级联验证，输入的格式也比较简单。对于验证出错的，给出详细的错误信息，使用户可以很清楚地知道自己在哪里出错了，方便用户的使用。

由于本章内容旨在教学所用，再加上本人的时间和精力有限，所以本章中的内容并未全部完成系统设计的所有功能，只是实现了教师对成绩的录入、查询、修改和删除功能，其他功能读者按照已有的功能可以自己开发，来达到掌握和巩固所学知识的目的。

11.2　系统需求分析

系统需求分析主要介绍前期对整个系统的调查研究和需求采纳，制定相关的开发计划和软硬件的配置，制定整个系统的架构。

11.2.1　系统调查

21 世纪以来，人类经济高速发展，发生了日新月异的变化，特别是计算机的应用普及到经济和社会生活的各个领域。使原本的旧的管理方法越来越不适应现在社会的发展。许多人还停留在以前的手工操作。这大大地阻碍了人类经济的发展。

为了适应现代社会人们高度强烈的时间观念，我们对学生成绩管理系统进行了调查研究，并对一些教师和学生进行了调查，听取他们对学生成绩管理的一些建议和要求，以及他们对这方面的一些需求，根据我所具有的知识，决定开发这个系统。本系统采用当前较为流行的 Java Web 开发语言作为编程语言，以数据库 MySQL 作为系统的后台操作数据库。

11.2.2　系统构架

系统采用的是 B/S 结构，即浏览器和服务器架构，示意图如图 11-1 所示。浏览器端提供用户操作界面，接受用户输入的各种操作信息，向服务器发出各种操作命令或数据请求，并接收执行操作命令后返回的数据结果，根据业务逻辑进行相关的运算，向用户显示相应的信息。服务器端接收浏览器端的数据或命令请求，并请求数据库服务器执行数据库操作得到相应的数据集，对数据集进行相应的处理，然后将数据集或处理后的数据集返回给浏览器端。

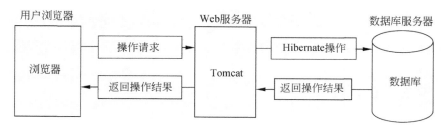

图 11-1　系统架构示意图

11.3　用户需求分析

该系统分为登录和退出模块、学生信息管理模块、课程信息管理模块和成绩信息管理模块，每个模块中又包括信息的录入和查询功能。接下来就详细地分析一下系统的总体框架和每个模块的具体功能。

11.3.1　系统框架分析

系统总体框架如图 11-2 所示。

11.3.2　系统登录和退出模块

1．系统登录功能

只要输入学号和口令，并且验证无误，如果系统中存在该用户，就会显示登录成功，进入学生成绩管理系统。具体流程图如图 11-3 所示。

2．系统退出功能

当用户操作完成后，单击系统退出，用户就可以退出该系统了。由于该功能比较简单，就不再做流程分析了。

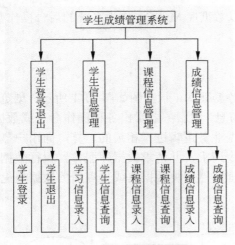

图 11-2　学生成绩管理系统总体框架图

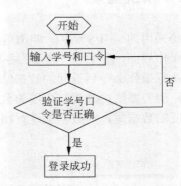

图 11-3　系统登录流程图

11.3.3　学生信息管理

学生信息管理分为学生信息录入和学生信息查询功能。

1. 学生信息录入

该功能将学生的基本信息录入到系统中，只要输入学号、姓名、性别、专业、出生时间、总学分、备注和用户照片，单击"添加"按钮，只要验证无误，并且系统中没有该用户信息就可以将信息保存到数据库中。学生信息录入功能基本流程图如图 11-4 所示。

2. 学生信息查询

单击学生信息查询，可以查看学号、姓名、性别、专业、出生日期和所修总学分，并且可以查看学生的详细信息、删除学生信息和修改学生信息等。具体流程图如图 11-5 所示。

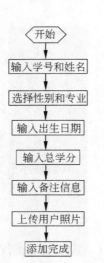

图 11-4　学生信息录入功能流程图

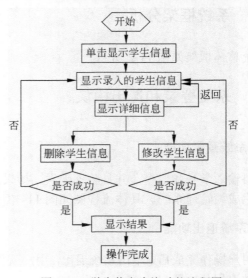

图 11-5　学生信息查询功能流程图

11.3.4　课程信息管理

1. 课程信息录入

单击课程信息录入，输入课程信息、课程号、课程名称、开学日期、课程学时和课程学分，然后单击"添加"按钮，就可以完成课程信息录入了。课程信息录入具体流程图如图 11-6 所示。

2. 课程信息查询

单击课程信息查询，可以查看课程号、课程名、开学日期、课程学时和课程学分等，并且可以查看课程的详细信息、删除课程信息和修改课程信息等。具体流程图如图 11-7 所示。

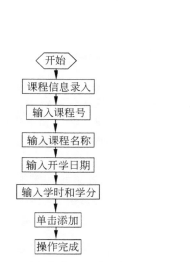

图 11-6　课程信息录入流程图

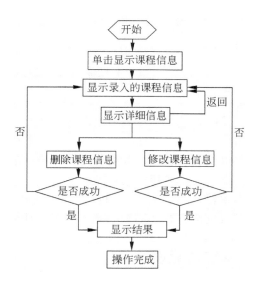

图 11-7　课程信息查询流程图

11.3.5　成绩信息管理

1. 成绩信息录入

单击成绩信息录入，选择已经录入的学生和备选的课程名称，然后输入已选学生该课程的成绩，单击"添加"按钮，就可以完成学生成绩信息录入了。学生成绩信息录入具体流程图如图 11-8 所示。

2. 成绩信息查询

单击成绩信息查询，可以显示学生的学号、姓名、课程名称和该课程的成绩，并可以进行显示详细信息、删除成绩信息和修改成绩信息等操作，具体流程图如图 11-9 所示。

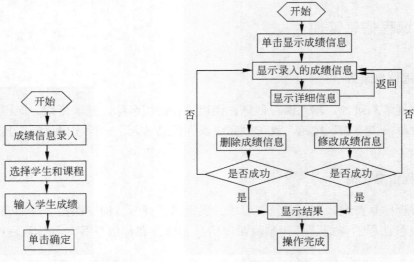

图 11-8　成绩信息录入流程图　　　　图 11-9　成绩信息查询流程图

11.4　系统概要设计

本系统采用先进的学生成绩管理系统开发方案，充分利用学校现有的资源，减少开发中的时间和财力、物力，提高系统开发的水平和应用效果。系统满足学校和学生的需求，可以实现学生成绩的录入、查询和更新等等。系统具备数据库维护功能，及时根据用户需求进行数据添加、删除和修改等操作。

由于本章旨在教学所用，所以部分功能并不完善，只是让读者了解和掌握一般 Java Web 项目开发的流程和所需要的基本技术，让读者可以根据该项目讲解有所收获和提高。

11.4.1　系统功能设计

本系统使用 Struts 开源框架实现 MVC 三层模式进行开发，使模型、视图和控制器分开，主要是使业务逻辑和 UI 显示分开，这样有利于错误的查找和系统的升级。

该系统可适用于各个学校，其功能主要为：学生信息录入、学生信息查询；课程信息录入、课程信息查询；成绩信息录入、成绩信息查询等操作。

11.4.2　数据库设计

本系统将数据存储在 7 个表中，这 7 个表分别是：登录表、学生表、课程表、成绩表、专业表、学生课程表和管理员表。

1. 登录表

登录表包括学生 id、学生学号和口令，只要输入学号和口令，并且验证无误，就可以登录进入系统，并提示登录成功信息。具体设计如表 11-1 所示。

表 11-1 登录表

字　　段	类　　型	空	默　　认
id	int(11)	否	
xh	char(6)	否	
kl	varchar(100)	否	

2．学生表

学生表包括学生的学号、学生姓名、性别、出生日期、专业 id、专业学分、备注和头像等信息。具体设计如表 11-2 所示。

表 11-2 学生表

字　　段	类　　型	空	默　　认
xh	char(6)	否	
xm	varchar(50)	否	
xb	bit(1)	是	NULL
cssj	datetime	是	NULL
zy_id	int(11)	否	0
zxf	int(11)	否	0
bz	varchar(500)	是	NULL
zp	blob	是	NULL

3．课程表

课程表包括课程号、课程名、课程学时和学分等，具体数据表结构如表 11-3 所示。

表 11-3 课程表

字　　段	类　　型	空	默　　认
kch	char(3)	否	
kcm	varchar(50)	是	NULL
kxxq	tinyint(3)	是	NULL
xs	int(11)	是	0
xf	int(6)	是	0

4．成绩表

成绩表包括学生学号、课程号、课程成绩和学分等，具体表结构如表 11-4 所示。

表 11-4 成绩表

字　　段	类　　型	空	默　　认
xh	char(6)	否	
kch	char(3)	否	
cj	float(6,1)	是	0.0
xf	int(6)	是	0

5. 专业表

专业表包括专业 id 和专业名称等，具体表结构如表 11-5 所示。

表 11-5　专业表

字　　段	类　　型	空	默　　认
id	int(11)	否	
zym	varchar(50)	否	
rs	int(11)	是	0
fdy	varchar(50)	是	

6. 学生课程表

学生课程表包括学号和课程号等，具体表结构如表 11-6 所示。

表 11-6　学生课程表

字　　段	类　　型	空	默　　认
xh	char(6)	否	
kch	char(3)	否	

7. 管理员表

管理员表包括管理员 id、管理员名称、性别、年龄和登录日期等，具体表结构如表 11-7 所示。

表 11-7　管理员表

字　　段	类　　型	空	默　　认
id	int(10)	否	
name	varchar(50)	是	NULL
sex	varchar(20)	否	
age	date	否	
login_date	date	否	

11.4.3　数据库所使用的技术

本系统所使用的数据库是 MySQL 数据库，使用 Hibernate 开源框架对数据库进行操作。Hibernate 对 JDBC 进行轻量级的封装，它给我们提供了许多对数据的操作方法，方便我们的编程，提高开发效率。Hibernate 使用的是 HQL 查询语言，里面封装了许多数据库方言，根据 Hibernate 的配置文件来转换为相应数据库的 SQL 语句。可以很方便地实现对数据库的移植，不需要修改代码，或只需要修改少量代码就可以了。

Hibernate 配置文件 hibernate.cfg.xml 内容如下。

```
<?xml version='1.0' encoding='UTF-8'?>
<!DOCTYPE hibernate-configuration PUBLIC
        "-//Hibernate/Hibernate Configuration DTD 3.0//EN"
```

```
            "http://hibernate.sourceforge.net/hibernate-configuration-3.0.dtd">
    <!-- Generated by MyEclipse Hibernate Tools.-->
<hibernate-configuration>
    <session-factory>
        <property name="dialect">
            org.hibernate.dialect.MySQLDialect
    </property>
    <!--设置数据库连接（数据库名称）-->
        <property name="connection.url">jdbc:mysql://localhost:3306/
        student_manage</property>
    <!--设置数据库连接用户名-->
        <property name="connection.username">root</property>
        <!--设置数据库连接密码-->
        <property name="connection.password">888888</property>
        <!--设置数据库连接驱动-->
        <property name="connection.driver_class">
            com.mysql.jdbc.Driver
    </property>
        <!--设置数据库连接映射表-->
        <property name="myeclipse.connection.profile">MyConn</property>
        <mapping resource="com/javaweb/ch11/student/model/LoginTable.
        hbm.xml" />
        <mapping resource="com/javaweb/ch11/student/model/StudentTable.
        hbm.xml" />
        <mapping  resource="com/javaweb/ch11/student/model/SpecialTable.
        hbm.xml" />
        <mapping resource="com/javaweb/ch11/student/model/ScoreTable.
        hbm.xml" />
        <mapping   resource="com/javaweb/ch11/student/model/CourseTable.
        hbm.xml" />
     <mapping resource="com/javaweb/ch11/student/model/StudentCourseTable.
        hbm.xml" />
    </session-factory>
</hibernate-configuration>
```

从配置文件中设置了连接的数据库、数据库用户名、密码和连接驱动，以及和数据表相关联的每个映射文件，通过 Hibernate 操作每一个映射文件，来完成对数据库表的操作。

11.5　系统详细设计

前面完成了系统的需求分析和概要设计，接下来讲解系统的详细设计。系统详细设计完成了对系统的登录管理、学生信息管理、课程信息管理和成绩管理等模块的具体实现。

11.5.1　系统的登录管理

1．表现层实现

主要完成用户信息的输入和提交，输入信息包括学号和口令，单击登录之后就可以将输入的信息提交到业务层去处理。具体界面代码实现如下。
login.jsp 代码清单如下。

```
<%@ page language="java" import="java.util.*" pageEncoding="utf-8"%>
<%@taglib uri="/struts-tags" prefix="s"%>
<!DOCTYPE HTML PUBLIC "-//W3C//DTD HTML 4.01 Transitional//EN">
<html>
    <head><title>学生成绩管理系统</title></head>
    <body bgcolor="#D1EEEE" style="margin-left: 200px">
        <s:form action="login.action" method="post">
                <tr><td width="40">学号</td>
                    <td><input type="text" name="dl.xh" /></td>
                </tr>
                <tr><td width="40">口令</td>
                    <td><input type="text" name="dl.kl" /></td>
                </tr>
                <tr align="center">
                    <td cols="2">
                        <input type="submit" value="登录"
                            onclick="if(!confirm('请确认登入成绩管理系统
                            ? '))
                        return false;
                        else return true"
                        style="margin-left: 20px"/>
                        <input type="reset" value="重置" style="margin-left:
                        20px"/>
                    </td>
                </tr>
        </s:form>
    </body>
</html>
```

实现后的具体效果如图 11-10 所示。

图 11-10　系统登录界面

2．业务层实现

单击"登录"按钮后，将表单数据提交给业务层，并且执行<s:form action="login.action"
method="post">代码。该代码调用 post 方法，并将数据提交处理，然后执行 action 跳转。
具体跳转由 Struts 控制完成，代码如下。

```
<action name="login" class="com.javaweb.ch11.student.action.LoginAction">
        <result name="success">/main.jsp</result>
        <result name="error">/web/login.jsp</result>
</action>
```

从代码中可以看出，如果返回 success 信息，跳转到 main.jsp 界面；如果返回 error 信
息，则跳转到 login.jsp 界面。登录成功后具体效果如图 11-11 所示。

学生信息管理
学生信息录入
学生信息查询
课程信息管理
课程信息录入
课程信息查询
成绩信息管理
成绩信息录入
学生成绩查询

welcome
欢迎进入学生成绩管理系统！

图 11-11　登录成功效果

在 Struts 代码中，调用 LoginAction.java，具体的 action 代码如下。

LoginAction.java 代码清单如下。

```
package com.javaweb.ch11.student.action;
……（这里省略了一些引用类）
public class LoginAction extends ActionSupport {
    //声明 Login 登录对象
private Login dl;
    //获取登录对象
    public Login getDl() {
        return dl;
    }
    //设置登录对象
    public void setDl(Login dl) {
        this.dl = dl;
    }
    //Action 的执行
    public String execute() throws Exception {
    //实例化登录业务实现类
        LoginService dlService=new LoginServiceImp();
    //调用业务方法查询登录用户的学号和密码（口令）
        Login user=dlService.find(dl.getXh(), dl.getKl());
    //如果返回登录对象不为空，说明用户和密码正确，保存 session，并返回 success；否则
    返回 error
        if(user!=null)
        {
            Map session=(Map) ActionContext.getContext().get("session");
            session.put("user", dl.getXh());
            return SUCCESS;
        }
        else
            return ERROR;
    }
}
```

在 LoginAction.java 中调用业务层方法 LoginService dlService=new LoginServiceImp()，
实现根据学号和口令查询数据库，根据查询结果来判断是否存在该用户，具体业务实现层
代码如下。

LoginServiceImp.java 代码清单如下。

```
package com.javaweb.ch11.student.service.imp;
import com.javaweb.ch11.student.dao.LoginDao;
import com.javaweb.ch11.student.dao.imp.LoginDaoImp;
import com.javaweb.ch11.student.service.LoginService;
import com.javaweb.ch11.student.vo.Login;
//LoginServiceImp 实现接口 LoginService
public class LoginServiceImp implements LoginService {
    //实例化 LoginDaoImp，业务接口实现
     LoginDao dlDao=new LoginDaoImp();
     //定义 find 方法，根据学号和口令查询用户，并返回 Login 对象
    public Login find(String xh,String kl)
    {
     return dlDao.find(xh, kl);
    }
    //保存用户信息
    public void save(Login user)
    {
     dlDao.save(user);
    }
}
```

3. 数据持久层实现

在数据持久层中，我们调用 LoginDao dlDao=new LoginDaoImp()来实现对数据库的操作，具体代码如下。

LoginDaoImp.java 代码清单如下。

```
package com.javaweb.ch11.student.dao.imp;
import java.util.List;
import org.hibernate.Query;
import org.hibernate.Session;
import org.hibernate.Transaction;
import com.javaweb.ch11.student.dao.LoginDao;
import com.javaweb.ch11.student.util.HibernateSessionFactory;
import com.javaweb.ch11.student.vo.Login;
//登录业务实现 LoginDao 接口
public class LoginDaoImp implements LoginDao {
    //定义查询方法，根据学号和口令查询数据库，返回 Login 对象
    public Login find(String xh,String kl)
    {
    Login dl=null;
    Session session=null;
    try {     //获取 session 对象
            session=HibernateSessionFactory.getSession();
            //根据学号和口令在 Login 表查询
            Query query=session.createQuery("from Login where xh='"+xh+"'"+"
            and kl='"+kl+"'");
            dl=(Login) query.uniqueResult();
        } catch (Exception e) {
            // TODO: handle exception
            e.printStackTrace();
        }
        finally{
        //关闭 session
            session.close();
```

```
        }
        //返回登录对象
        return dl;
    }
    //保存用户信息
    public void save(Login user)
    {
    Session session=null;
    try {
        //获取 session，并将用户信息保存到 session 中
        session=HibernateSessionFactory.getSession();
        Transaction ts = session.beginTransaction();
        session.save(user);
        ts.commit();
    } catch (Exception e) {
        // TODO: handle exception
        e.printStackTrace();
    }
    finally{
        session.close();
    }
  }
}
```

11.5.2　学生信息管理

1. 学生信息录入

主要完成将学生的基本信息录入到系统中，单击学生信息录入，系统调用 addXsView.action。该 action 在 Struts 中的配置文件代码如下。

```
<action        name="addXsView"        class="com.javaweb.ch11.student.action.
StudentAction" method="addXsView">
    <result name="success">/web/add_student.jsp</result>
</action>
```

如果 StudentAction.java 中返回的信息是 success，就会跳转到/web/add_student.jsp 界面中去。

（1）表现层实现。主要包括需求分析中所提到的录入学号、姓名、性别、专业、出生时间、总学分、备注和上传照片等，具体实现代码如下。

add_student.jsp 代码清代如下。

```
<%@ page language="java" import="java.util.*" pageEncoding="utf-8"%>
<%@taglib uri="/struts-tags" prefix="s"%>
<!DOCTYPE HTML PUBLIC "-//W3C//DTD HTML 4.01 Transitional//EN">
<html>
  <head>

    <title>学生成绩管理系统</title>
    <script language="javascript">
        //-----由于篇幅将 js 代码省略----
    </script>
  </head>

<body bgcolor="#FFFFFF">
```

```
    <s:form action="addXs.action" method="post" enctype="multipart/form-
data">
    <table border="0" cellpadding="0" cellspacing="1">
      <tr>
        <td><s:textfield name="xs.xh" label="学号"></s:textfield></td>
      </tr>
      <tr>
        <td><s:textfield name="xs.xm" label="姓名"></s:textfield></td>
      </tr>
      <tr>
        <td><s:radio name="xs.xb" value="1" list="#{1:'男',0:'女'}" label="
        性别"></s:radio></td>
      </tr>
      <tr>
        <td><s:select name="xs.zyb.id" list="list" listKey="id" listValue=
        "zym" label="专业"></s:select></td>
      </tr>
      <tr>
        <td><s:textfield name="xs.cssj" label="出生时间"onclick="setDay
        (this);"></s:textfield></td>
      </tr>
      <tr>
        <td><s:textfield name="xs.zxf" label="总学分"></s:textfield></td>
      </tr>
      <tr>
        <td><s:textfield name="xs.bz" label="备注"></s:textfield></td>
      </tr>
      <tr>
        <td><s:file name="zp" label="照片"></s:file></td>
      </tr>

      <tr>
        <td cols="2">
          <input type="submit" value="添加" onclick="if(!confirm('确定添加
          该信息吗？'))return false;else return true"/>
          <input type="reset" value="重置"/>
        </td>
      </tr>
    </table>
    </s:form>
  </body>
</html>
```

具体实现后效果如图 11-12 所示。

图 11-12　学生信息管理系统课程信息录入

（2）业务层实现。单击"添加"按钮后，执行<s:form action="addXs.action" method="post" enctype="multipart/form-data">，将表单数据提交并执行 addXs.action，将表单提交给业务层操作，并将业务层处理结果返回给 Action，跳转到相应的界面。具体跳转由 Struts 控制，代码如下。

```
<action name="addXs" class="com.javaweb.ch11.student.action.StudentAction"
method="addXs">
    <result name="success">/web/success.jsp</result>
    <result name="error">/web/existed_student_num.jsp</result>
</action>
```

如果返回 success 信息，就跳转到 web/success.jsp 界面；如果返回 error 信息，就跳转到 web/existed_student_num.jsp 页面，提示该学号已经存在。在 Struts 代码中，调用 StudentAction.java 中的 addXs 方法，具体代码如下。

```
//录入学生信息
public String addXs() throws Exception {
        Student stu = new Student();
        String xh = xs.getXh();
        if (xsService.find(xh) != null) {
            return ERROR;
        }
        stu.setXh(xs.getXh());
        stu.setXm(xs.getXm());
        stu.setXb(xs.getXb());
        stu.setCssj(xs.getCssj());
        stu.setZyb(zyService.getOneZy(xs.getZyb().getId()));
        stu.setZxf(xs.getZxf());
        stu.setBz(xs.getBz());
        if (this.getZp() != null) {
            FileInputStream in = new FileInputStream(this.getZp());
            byte buffer[] = new byte[(int) zp.length()];
            in.read(buffer);
            stu.setZp(buffer);
        }
        xsService.save(stu);
        return SUCCESS;
}
```

业务层的具体实现在 StudentService xsService = new StudentServiceImp()中定义，在录入学生信息中主要实现了 save()和 find()方法，具体代码片段如下。

```
//添加学生信息
public void save(Student xs)
{
    xsDao.save(xs);
}
//通过学号进行查找
public Student find(String xh)
{
    return xsDao.find(xh);
}
```

（3）数据持久层实现。录入学生信息，调用 DAO 层的 save()和 find()方法，实现数据持久化，将数据保存到数据库中。录入学生信息的 DAO 层的具体实现类在 StudentDaoImp.java 中，主要由 sava()和 find()方法实现，具体代码如下。

```
//保存学生信息
public void save(Student xs)
{
    Session session=null;
    try {
        session=HibernateSessionFactory.getSession();
        Transaction ts = session.beginTransaction();
        session.save(xs);
        ts.commit();
        } catch (Exception e) {
            // TODO: handle exception
            e.printStackTrace();
        }
        finally{
            if(session.isOpen())
                session.close();
        }
}
//按照学号查询学生信息
public Student find(String xh)
{
        Student xs=null;
            Session session=null;
            try {
                session=HibernateSessionFactory.getSession();
                Query query=session.createQuery("from Student where
                xh='"+xh+"'");
                xs=(Student) query.uniqueResult();
            } catch (Exception e) {
                // TODO: handle exception
                e.printStackTrace();
            }
            finally{
                if(session.isOpen())
                    session.close();
            }
            return xs;
}
```

2. 学生信息查询

单击学生信息查询，就会调用 xsInfo.action，请求成功后显示学生信息界面。
xsInfo.action 在 Struts 中的代码如下。

```
<action name="xsInfo" class="com.javaweb.ch11.student.action.StudentAction">
        <result name="success">/web/student_info.jsp</result>
</action>
```

当执行 xsInfo.action 时，执行 StudentAction.java 中的 execute()方法，具体代码如下。

```
public String execute() throws Exception {
    //调用业务层方法，返回学生信息列表和页码大小
    List list = xsService.findAll(pageNow, pageSize);
    Map request = (Map) ActionContext.getContext().get("request");
    Pager page = new Pager(pageNow, xsService.findXsSize());
    request.put("list", list);
    request.put("page", page);
    return SUCCESS;
}
```

当返回 success 时，显示 web/student_info.jsp 页面，具体代码如下。

```
… …
<tr align="center" bgcolor="silver">
        <th>学号</th>
        <th>姓名</th>
        <th>性别</th>
        <th>专业</th>
        <th>出生时间</th>
        <th>总学分</th>
        <th>详细信息</th>
        <th>操作</th>
        <th>操作</th>
    </tr>
    <s:iterator id="xs" value="#request.list">
    <tr align="center" bgcolor="silver">
        <td><s:property value="#xs.xh"/></td>
        <td><s:property value="#xs.xm"/></td>
        <td><s:if test="#xs.xb==true">男</s:if><s:else>女</s:else></td>
        <td><s:property value="#xs.zyb.zym"/></td>
        <td><s:date name="#xs.cssj" format="yyyy-MM-dd"/></td>
        <td><s:property value="#xs.zxf"/></td>
        <td><a href="findXs.action?xs.xh=<s:property value="#xs.xh"/>">
        详细信息</a></td>
        <td><a href="deleteXs.action?xs.xh=<s:property value="#xs.xh"
        />"onclick="if(!confirm('确定删除该信息吗？'))return false;else
        return true">删除</a></td>
        <td><a href="updateXsView.action?xs.xh=<s:property value=" #xs.xh"
        />">修改</a></td>
    </tr>
    </s:iterator>
… …
```

显示的具体效果如图 11-13 所示。

图 11-13　显示学生信息界面

在学生信息查询界面，有显示详细信息、删除和修改等操作，通过代码可以看出分别调用了 findXs.action?xs.xh=<s:property value="#xs.xh"/>、deleteXs.action?xs.xh=<s:property value="#xs.xh"/>和 updateXsView.action?xs.xh=<s:property value="#xs.xh"等操作，具体业务操作和实现由于篇幅问题就不再具体讲解了，读者可以按照上面的分析依次对表现层、业

务层和持久层的实现进行分析。

11.5.3 课程信息管理

课程信息管理主要实现课程的信息录入和课程信息查询，接下来就详细讲解一下课程信息管理模块的具体实现。

1. 课程信息录入

主要实现课程信息的录入，包括课程号、课程名、学号、学时和开课学期等。

（1）表现层实现。录入课程信息界面具体代码如下。

add_course.jsp 代码清单如下。

```
<%@ page language="java" import="java.util.*" pageEncoding="utf-8"%>
<%@taglib uri="/struts-tags" prefix="s"%>
<!DOCTYPE HTML PUBLIC "-//W3C//DTD HTML 4.01 Transitional//EN">
<html>
  <head><title>学生成绩管理系统</title></head>
  <body bgcolor="#FFFFFF">
    <s:form action="addKc.action" method="post">
    <table border="0" cellpadding="1" cellspacing="8" width="500">
      <tr>
        <td width="80">课程号</td>
        <td><input type="text" name="kc.kch"/></td>
      </tr>
      <tr>
        <td>课程名</td>
        <td><input type="text" name="kc.kcm"/></td>
      </tr>
      <tr>
        <td>开课学期</td>
        <td><input type="text" name="kc.kxxq"/></td>
      </tr>
      <tr>
        <td>学时</td>
        <td><input type="text" name="kc.xs"/></td>
      </tr>
      <tr>
        <td>学分</td>
        <td><input type="text" name="kc.xf"/></td>
      </tr>
      <tr>
        <td cols="2">
          <input type="submit" value="添加" onclick="if(!confirm('确定添加
          该信息吗？'))return false;else return true"/>
          <input type="reset" value="重置"/>
        </td>
      </tr>
    </table>
    </s:form>
  </body>
</html>
```

具体效果如图 11-14 所示。

学生成绩管理系统

学生信息管理　　　　课程号　　　　▢

学生信息录入　　　　课程名　　　　▢

学生信息查询

课程信息管理　　　　开课学期　　　▢

课程信息录入　　　　学时　　　　　▢

课程信息查询

成绩信息管理　　　　学分　　　　　▢

成绩信息录入

学生成绩查询　　　　[添加] [重置]

图 11-14　课程信息录入界面

（2）业务层实现。在界面中输入课程信息，单击"添加"按钮调用 <s:form action="addKc.action" method="post">代码，执行 addKc.action，该 action 在 Struts 中的具体代码如下。

```
<action name="addKc" class="com.javaweb.ch11.student.action.CourseAction"
method="addKc">
            <result name="success">/web/success.jsp</result>
            <result name="error">/web/existed_course_num.jsp</result>
</action>
```

可以知道，单击"添加"按钮后，调用 CourseAction.java 中的 addKc()方法，具体方法代码如下。

```
//录入课程信息
public String addKc() throws Exception {
        CourseTable kc1=new CourseTable();
        //获取表单对象，获取课程号
        String kch=kc.getKch();
        //调用业务层方法，查询课程号
        if(kcService.find(kch)!=null)
        {
                return ERROR;
        }
        //将获取到的表单信息保存到课程表对象
        kc.setKch(kc.getKch());
        kc1.setKcm(kc.getKcm());
        kc1.setKxxq(kc.getKxxq());
        kc1.setXs(kc.getXs());
        kc1.setXf(kc.getXf());
        //调用业务层方法，保存课程表对象
        kcService.save(kc);
        return SUCCESS;
}
```

save()和 find()方法主要定义在业务层的具体实现类 CourseServiceImp.java 中，具体使用到的代码片段如下。

```
CourseDao kcDao=new CourseDaoImp();
//根据课程号查询
public CourseTable find(String kch)
{
    return kcDao.find(kch);
}
//添加课程信息
public void save(CourseTable kc)
{
    kcDao.save(kc);
}
```

（3）持久层实现。在业务实现层中调用 kcDao.find() 和 kcDao.save() 方法，这些方法在 DAO 层声明，在课程 DAO 实现层中使用 save() 和 find() 方法，将课程保存到数据库中，实现持久化。具体代码如下。

```
//保存课程信息到数据库
public void save(CourseTable kc)
    {
        Session session=null;
    try {
        //Hibernate 操作保存课程信息
        session=HibernateSessionFactory.getSession();
        Transaction ts = session.beginTransaction();
        session.save(kc);
        ts.commit();
        } catch (Exception e) {
            // TODO: handle exception
            e.printStackTrace();
        }
        finally{
            session.close();
        }
    }
//根据课程号查询课程信息
public CourseTable find(String kch)
    {
        CourseTable kc=null;
        Session session=null;
        try {
            //Hibernate 根据课程号查询
            session=HibernateSessionFactory.getSession();
            Query query=session.createQuery("from CourseTable where
            kch=' "+kch+"'");
            kc=(CourseTable) query.uniqueResult();
        } catch (Exception e) {
            // TODO: handle exception
            e.printStackTrace();
        }
        finally{
            session.close();
        }
        return kc;
    }
```

2. 课程信息查询

单击课程信息查询，执行 kcInfo.action，该 Action 在 Struts 中的具体代码如下。

```
<action name="kcInfo" class="com.javaweb.ch11.student.action.CourseAction"
method="kcInfo">
        <result name="success">/web/course_info.jsp</result>
</action>
```

可以看出调用了 CourseAction.java 中 kcinfo( )的方法，该方法具体定义如下。

```
//查询课程信息
public String kcInfo() throws Exception {
    //调用业务层方法，查询所有课程信息
    List list=kcService.FindAll(pageNow, pageSize);
    Map request=(Map) ActionContext.getContext().get("request");
    Pager page=new Pager(pageNow, kcService.findKcSize());
    request.put("list", list);
    request.put("page", page);
    return SUCCESS;
}
```

执行该方法后，如果返回 success 信息，直接显示/web/course_info.jsp 界面，该界面的具体代码如下。

course_info.jsp 代码片段清单如下。

```
<tr align="center" bgcolor="silver">
        <th>课程号</th>
        <th>课程名</th>
        <th>开学学期</th>
        <th>学时</th>
        <th>学分</th>
        <th>详细信息</th>
        <th>操作</th>
        <th>操作</th>
</tr>
<s:iterator id="kc" value="#request.list">
    <tr align="center" bgcolor="silver">
        <td><s:property value="#kc.kch"/></td>
        <td><s:property value="#kc.kcm"/></td>
        <td><s:property value="#kc.kxxq"/></td>
        <td><s:property value="#kc.xs"/></td>
        <td><s:property value="#kc.xf"/></td>
        <td><a href="findKc.action?kc.kch=<s:property value="#kc.kch"
        />"> 详细信息</a></td>
        <td><a href="deleteKc.action?kc.kch=<s:property value="#kc.kch"
        />" onclick="if(!confirm('确定删除该信息吗？'))return false;
        else return true">删除</a></td>
        <td><a href="updateKcView.action?kc.kch=<s:property value="
        #kc.kch"/>">修改</a></td>
    </tr>
</s:iterator>
```

显示具体效果如图 11-15 所示。

在该界面中还能实现显示课程详细信息、删除课程信息和修改课程信息，具体如何实现，读者可以自己按照 MVC 层次分析，或自行查看随书代码。

图 11-15　课程信息查询界面

11.5.4　成绩信息管理

成绩信息管理分为成绩信息录入和成绩信息查询。

1．成绩信息录入

（1）表现层实现。录入成绩信息界面具体代码如下。

add_student_score.jsp 代码清单如下。

```jsp
<%@ page language="java" import="java.util.*" pageEncoding="utf-8"%>
<%@taglib uri="/struts-tags" prefix="s"%>
<!DOCTYPE HTML PUBLIC "-//W3C//DTD HTML 4.01 Transitional//EN">
<html>
  <head><title>学生成绩管理系统</title></head>
  <body bgcolor="#FFFFFF">
    <h3>请填写要修改或增加的学生成绩信息</h3>
    <s:form action="addCj.action" method="post">
      <table cellspacing="0" cellpadding="0" border="0">
        <tr>
          <td width="100">请选择学生</td>
          <td>
            <select name="cj.id.xsb.xh">
              <s:iterator id="xs" value="#request.list1">
                <option value="<s:property value="#xs.xh"/>">
                  <s:property value="#xs.xm"/>
                </option>
              </s:iterator>
            </select>
          </td>
        </tr>
        <tr>
          <td width="100">请选择课程</td>
          <td>
            <select name="cj.id.kcb.kch">
              <s:iterator id="kc" value="#request.list2">
                <option value="<s:property value="#kc.kch"/>">
```

```
                    <s:property value="#kc.kcm"/>
                </option>
            </s:iterator>
        </select>
    </td>
</tr>
<tr>
    <s:textfield label="成绩" name="cj.cj" value="" size="15">
    </s:textfield>
</tr>
<tr>
 <td cols="2" >
    <input type="submit" value="添加" onclick="if(!confirm('确
    定添加该信息吗？'))return false;else return true"/>
    <input type="reset" value="重置"/>
 </td>
</tr>
        </table>
    </s:form>
  </body>
</html>
```

具体效果如图 11-16 所示。

图 11-16　成绩信息录入界面

（2）业务层实现。在界面中选择学生和课程，然后输入成绩信息，单击"确定"按钮调用<s:form action="addCj.action" method="post">代码，执行 addCj.action，该 action 在 Struts 中的具体代码如下。

```
<action name="addCj" class="com.javaweb.ch11.student.action.ScoreAction"
method="addCj">
        <result name="success">/web/success.jsp</result>
        <result name="error">/web/existed_score.jsp</result>
</action>
```

从代码中可以知道，单击"添加"按钮后，调用 ScoreAction.java 中的 addCj()方法，具体方法代码如下。

```
//录入学生成绩信息
public String addCj() throws Exception {
```

```
        //获取表单信息
        String xh=cj.getId().getXsb().getXh();
        String kch=cj.getId().getKcb().getKch();
        //调用业务层方法，根据学号和课程号获取学生成绩
        if(cjService.getXsCj(xh, kch)!=null)
        {
                return ERROR;
        }
        //获取成绩表对象
        ScoreTable cj1=new ScoreTable();
        //获取成绩表 ID 对象
        ScoreTableID cjId=new ScoreTableID();
        cjId.setXsb(cj.getId().getXsb());
        cjId.setKcb(cj.getId().getKcb());
        cj1.setId(cjId);
        cj1.setCj(cj.getCj());
        //调用业务层方法，获取成绩信息
        CourseTable kc1=kcService.find(cj.getId().getKcb().getKch());
        if(cj.getCj()>60||cj.getCj()==60)
        {
                cj1.setXf(kc1.getXf());
        }
        else
                cj1.setXf(0);
        //调用业务层方法，保存成绩信息
        cjService.save(cj1);
        return SUCCESS;
}
```

cjService.getXsCj(xh, kch)、kcService.find(cj.getId().getKcb().getKch())和 cjService.save(cj1)
方法主要定义在业务层的具体实现类 ScoreServiceImp.java 中，具体使用到的代码片段
如下。

```
public class ScoreServiceImp implements ScoreService {
    ScoreDao cjDao=new ScoreDaoImp();
    //根据学生和课程来查询学生成绩
    public ScoreTable getXsCj(String xh,String kch)
    {
     return cjDao.getXsCj(xh, kch);
    }
    //添加或更新学生成绩
    public void save(ScoreTable cj)
    {
     cjDao.save(cj);
    }
}
```

（3）持久层实现。在业务实现层中调用 cjDao.getXsCj(xh, kch)和 cjDao.save(cj)方法，
这些方法在 DAO 层声明，在课程 DAO 实现层中使用到 getXsCj(String xh,String kch)和
save(ScoreTable cj)方法，将成绩保存到数据库中，实现持久化。具体代码如下。

```
//根据学生号和课程号获取学生成绩
public ScoreTable getXsCj(String xh,String kch)
{
    ScoreTable cj=null;
    Session session = null;
    try {
        //Hibernate 根据学号和课程号查询，返回学生成绩
```

```
        session=HibernateSessionFactory.getSession();
        Query query=session.createQuery("from ScoreTable where id.xsb.xh=
        '"+xh+"'"+"and id.kcb.kch='"+kch+"'");
        cj=(ScoreTable) query.uniqueResult();
        } catch (Exception e) {
            // TODO: handle exception
            e.printStackTrace();
        }
        finally{
            session.close();
        }
        return cj;
}
//保存学生成绩信息
public void save(ScoreTable cj)
    {
            Session session=null;
        try {
            //Hibernate 操作保存学生信息
            session=HibernateSessionFactory.getSession();
            Transaction ts = session.beginTransaction();
            session.save(cj);
            ts.commit();

        } catch (Exception e) {
            //TODO: handle exception
            e.printStackTrace();
        }
        finally{
            session.close();
        }
}
```

2．成绩信息查询

单击成绩信息查询，执行 xscjInfo.action，该 Action 在 Struts 中的具体代码如下。

```
<action name="xscjInfo" class="com.javaweb.ch11.student.action.ScoreAction"
method="xscjInfo">
            <result name="success">/web/student_score_info.jsp</result>
</action>
```

可以看出调用了 ScoreAction.java 中 xscjInfo( )的方法，该方法具体定义如下。

```
//学生成绩信息
public String xscjInfo() throws Exception {
        //调用业务层方法，查询所有成绩信息
        List list=cjService.findAllCj(pageNow, pageSize);
        Map request=(Map) ActionContext.getContext().get("request");
        Pager page=new Pager(pageNow, cjService.findCjSize());
        request.put("list", list);
        request.put("page", page);
        return SUCCESS;
}
```

执行该方法后，如果返回 success 信息，直接显示/web/student_score_info.jsp 界面，该界面的具体代码如下。

student_score_info.jsp 代码片段清单。

```
<tr align="center" bgcolor="silver">
     <th>学号</th>
     <th>姓名</th>
     <th>课程名</th>
     <th>成绩</th>
     <th>学分</th>
     <th>详细信息</th>
     <th>操作</th>
     <th>操作</th>
</tr>
<s:iterator id="cj" value="#request.list">
    <tr align="center" bgcolor="silver">
     <td><a href="findXscj.action?cj.id.xsb.xh=<s:property value="#cj.
     id.xsb.xh"/>"><s:property value="#cj.id.xsb.xh"/></a></td>
     <td><s:property value="#cj.id.xsb.xm"/></td>
     <td><s:property value="#cj.id.kcb.kcm"/></td>
     <td><s:property value="#cj.cj"/></td>
     <td><s:property value="#cj.xf"/></td>
     <td><a href="findCj.action?cj.id.xsb.xh=<s:property value="#cj.id.
     xsb.xh"/>&cj.id.kcb.kch=<s:property value="#cj.id.kcb.kch"/>">详细
     信息</a></td>
     <td><a href="deleteCj.action?cj.id.xsb.xh=<s:property value="#cj.
     id.xsb.xh"/>&cj.id.kcb.kch=<s:property value="#cj.id.kcb.kch"/>"
     onclick="if(!confirm('确定删除该信息吗？'))return false;else return
     true">删除</a></td>
     <td><a href="updateCjView.action?cj.id.xsb.xh=<s:property value=
     "#cj.id.xsb.xh"/>&cj.id.kcb.kch=<s:property value="#cj.id.kcb.kch
     "/>">修改</a></td>
    </tr>
</s:iterator>
```

显示具体效果如图 11-17 所示。

学生成绩管理系统

学生信息管理		上一页 下一页							
学生信息录入	学号	姓名	课程名	成绩	学分	详细信息	操作	操作
学生信息查询	071001	admin	计算机基础	85.0	5	详细信息	删除	修改
课程信息管理	071001	admin	程序设计语言	88.0	4	详细信息	删除	修改
课程信息录入	071001	admin	离散数学	86.0	4	详细信息	删除	修改
课程信息查询	071001	admin	计算机原理	86.0	5	详细信息	删除	修改
成绩信息管理	071001	admin	计算机网络	89.0	3	详细信息	删除	修改
成绩信息录入	071003	王五	计算机基础	82.0	5	详细信息	删除	修改
学生成绩查询	071003	王五	程序设计语言	80.0	4	详细信息	删除	修改
	071003	王五	离散数学	81.0	4	详细信息	删除	修改

图 11-17　成绩信息查询界面

在该界面中还可以显示成绩详细信息、删除成绩信息和修改成绩信息，具体如何实现，读者可以自己按照 MVC 层次分析，或自行查看随书代码。

11.6　系　统　测　试

接下来就要对系统测试了，该部分包括测试目的、测试环境、测试方法以及对哪些功能做测试，由于测试的主要目的是测试人员通过测试找出系统中存在的 Bug 提交给研发人员解决，因此测试和开发是两个不同的角色。这里主要是想让读者了解一下对一个具体项目如何展开测试工作，并没有深入地讲解测试的相关知识，如果想学习测试的更多知识，还需读者自己查阅相关书籍。

11.6.1　测试目的

测试是为了发现程序中的错误而执行程序的过程，测试的目的就是在软件投入生产运营之前，尽可能地发现软件中的错误。成功的测试是发现了至今为止尚未发现的错误的测试。

11.6.2　测试环境的搭建

操作步骤如下。

（1）系统要求数据库使用 MySQL 5.0 版本。数据库编码要求支持中文，推荐使用 gb2312 编码。数据库安装好后，建立一个名为 student_manage 的数据库，创建脚本为 create database student_manage;。

然后依次创建课程表、登录表、管理员表、成绩表、专业表、学生课程表和学生表。创建表结构的脚本依次如下。

```
--
-- 表的结构 'course'
--

CREATE TABLE IF NOT EXISTS 'course' (
 'kch' char(3) CHARACTER SET gbk NOT NULL DEFAULT '',
 'kcm' varchar(50) CHARACTER SET gbk DEFAULT NULL,
 'kxxq' tinyint(3) DEFAULT NULL,
 'xs' int(11) DEFAULT '0',
 'xf' int(6) DEFAULT '0',
 PRIMARY KEY ('kch')
) ENGINE=InnoDB DEFAULT CHARSET=utf8 COMMENT='课程表';
-- --------------------------------------------------------
--
-- 表的结构 'login'
--

CREATE TABLE IF NOT EXISTS 'login' (
 'Id' int(11) NOT NULL AUTO_INCREMENT,
 'xh' char(6) CHARACTER SET gbk NOT NULL DEFAULT '',
 'kl' varchar(100) CHARACTER SET gbk NOT NULL DEFAULT '',
 PRIMARY KEY ('Id')
) ENGINE=InnoDB  DEFAULT CHARSET=utf8 COMMENT='登录表' AUTO_INCREMENT=3 ;
```

```
-- ----------------------------------------------------------
--
-- 表的结构 'manager'
--

CREATE TABLE IF NOT EXISTS 'manager' (
  'id' int(10) unsigned NOT NULL AUTO_INCREMENT,
  'name' varchar(50) COLLATE utf8_unicode_ci DEFAULT NULL,
  'sex' varchar(20) COLLATE utf8_unicode_ci NOT NULL,
  'age' date NOT NULL,
  'login_date' date NOT NULL,
  PRIMARY KEY ('id')
) ENGINE=InnoDB  DEFAULT  CHARSET=utf8 COLLATE=utf8_unicode_ci  AUTO_
INCREMENT=2 ;
-- ----------------------------------------------------------

--
-- 表的结构 'score'
--

CREATE TABLE IF NOT EXISTS 'score' (
  'xh' char(6) CHARACTER SET gbk NOT NULL DEFAULT '',
  'kch' char(3) CHARACTER SET gbk NOT NULL DEFAULT '',
  'cj' float(6,1) DEFAULT '0.0',
  'xf' int(6) DEFAULT '0',
  PRIMARY KEY ('xh', 'kch'),
  KEY 'kch' ('kch')
) ENGINE=InnoDB DEFAULT CHARSET=utf8 COMMENT='成绩表';
-- ----------------------------------------------------------
--
-- 表的结构 'special'
--

CREATE TABLE IF NOT EXISTS 'special' (
  'Id' int(11) NOT NULL AUTO_INCREMENT,
  'zym' varchar(50) CHARACTER SET gbk NOT NULL DEFAULT '',
  'rs' int(11) DEFAULT '0',
  'fdy' varchar(50) CHARACTER SET gbk DEFAULT '',
  PRIMARY KEY ('Id')
) ENGINE=InnoDB  DEFAULT CHARSET=utf8 COMMENT='专业表' AUTO_INCREMENT=3 ;
-- ----------------------------------------------------------

--
-- 表的结构 'studentcourse'
--

CREATE TABLE IF NOT EXISTS 'studentcourse' (
  'xh' char(6) CHARACTER SET gbk NOT NULL DEFAULT '',
  'kch' char(3) CHARACTER SET gbk NOT NULL DEFAULT '',
  PRIMARY KEY ('xh', 'kch'),
  KEY 'FK_xskcb_kch' ('kch')
) ENGINE=InnoDB DEFAULT CHARSET=utf8 COMMENT='学生课程表';
-- ----------------------------------------------------------
--
-- 表的结构 'student'
--

CREATE TABLE IF NOT EXISTS 'student' (
  'xh' char(6) CHARACTER SET gbk NOT NULL DEFAULT '',
```

```
'xm' varchar(50) CHARACTER SET gbk NOT NULL DEFAULT '',
'xb' bit(1) DEFAULT NULL,
'cssj' datetime DEFAULT NULL,
'zy_id' int(11) NOT NULL DEFAULT '0',
'zxf' int(11) DEFAULT '0',
'bz' varchar(500) CHARACTER SET gbk DEFAULT NULL,
'zp' blob,
PRIMARY KEY ('xh'),
KEY 'zy_id' ('zy_id')
) ENGINE=InnoDB DEFAULT CHARSET=utf8 COMMENT='学生表';
--
-- 限制导出的表
--


--
-- 限制表 'score'
--
ALTER TABLE 'score'
  ADD CONSTRAINT 'FK_cj_kc' FOREIGN KEY ('kch') REFERENCES 'course' ('kch');


--
-- 限制表 'studentcourse'
--
ALTER TABLE 'studentcourse'
  ADD CONSTRAINT 'FK_xskc_kc' FOREIGN KEY ('kch') REFERENCES 'course'
('kch'),
  ADD CONSTRAINT 'FK_xskc_xs' FOREIGN KEY ('xh') REFERENCES 'student'
('xh');


--
-- 限制表 'student'
--
ALTER TABLE 'student'
  ADD CONSTRAINT 'FK_xs_zy' FOREIGN KEY ('zy_id') REFERENCES 'special'
('Id');
```

（2）Java 运行环境安装，已经在准备篇中详细地讲解过了，读者可以回顾一下。

（3）JDK 的安装成功与否可采用以下方法测试。

在 cmd 下输入：java-version，看输出情况，在我的电脑上输出如图 11-18 所示。

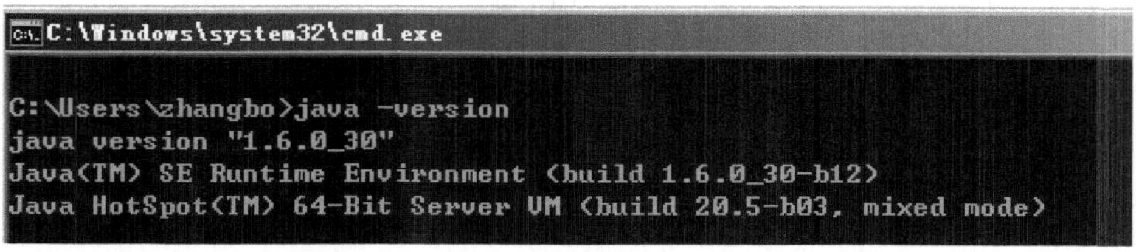

```
C:\Users\zhangbo>java -version
java version "1.6.0_30"
Java(TM) SE Runtime Environment (build 1.6.0_30-b12)
Java HotSpot(TM) 64-Bit Server VM (build 20.5-b03, mixed mode)
```

图 11-18　Java 运行环境测试

如果出现与图 11-18 相似的界面，就说明 JDK 安装成功并配置好了环境变量。

（4）服务器的安装，在环境搭建中已经讲解过了。一切准备好之后，启动服务器，在浏览器地址栏里面输入：http://localhost:8080/ 。若出现 Tomcat 的标识界面就说明服务器安装成功。

11.6.3　测试方法

为了提高测试效率，降低测试成本，本测试方案采用黑盒法设计基本的测试方案，再用白盒法补充一些方案。在黑盒法测试方案中，采用等价划分技术，把所有可能的数据划分成几个等价类。

11.6.4　测试项目

主要对系统功能模块做测试，具体模块如下。
- 登录退出功能测试。
- 学生信息录入测试。
- 学生信息查询测试。
- 课程信息录入测试。
- 课程信息查询测试。
- 成绩信息录入测试。
- 成绩信息查询测试。

由于本书旨在介绍 Java Web 开发入门，再加上篇幅有限，这里就不再详细介绍如何对这些功能进行测试了，读者只要知道在发布系统之前一定要做测试就可以了。至于测试如何详细地展开也是一个非常重要的学问，需要大量的篇幅讲解，所以如果读者对测试感兴趣可以自行查阅相关书籍。

11.6.5　测试结果

给出具体的测试结果，填写测试报告单。假如对上面各个功能模块测试结果如下。
- 登录测试中，没有发现什么错误。
- 输入和输出测试中，对所有相同的输入都可以得出相同的输出。
- 权限测试过程中，发现教师录入成绩权限存在问题。
- 学生功能测试中，发现下载成绩存在问题。
- 教师功能测试中，所有功能都正常。
- 教务管理员测试中，发现级联下拉列表不能正常显示，异步访问服务器可能存在问题。

就可以将这些测试结果填写到测试报告中，交给研发人员去处理测试出来的异常。然后研发人员将异常解决后提供新版本让测试人员复测，如此反复，直至测试再无异常，这样项目就可以发布了。

11.7　项　目　总　结

本章中主要实现了学生成绩的管理系统，主要实现了系统的登录和退出功能、学生信息管理、课程信息管理和成绩信息管理功能。实现了对学生成绩的录入、查询、删除和修改等基本功能。通过该项目的学习，可以使读者很好地掌握对数据库的增、删、改、查的操作。

　　该实例按照软件工程的具体流程，实现了软件的开发计划、需求分析、概要设计、详细设计和系统测试等，让读者通过该系统实例的讲解，了解基于 Struts 的 Java Web 项目的具体开发流程，熟悉开发所需要具有的基本知识。

　　由于时间和精力有限，本章中的部分代码和内容来自网络开源社区，经过自己的加工以便教学所用。所以在此严正声明，本章中的代码不用于任何商业用途，只用于传播知识所用。任何人不得将此代码用于商业项目。

第 12 章　模拟基于 SSH 的电信计费管理系统

计费系统作为业务运营支撑系统的基础，其准确性和有效性至关重要，计费系统的错误将直接影响结算、账务及客户管理等系统的处理结果。由于我国电信用户的基数很大，计费系统任何微小的偏差所造成的损失都是巨大的。设计该系统主要是方便网站管理员的查询和管理，该系统是基于 SSH 框架的，目的是模拟一下电信业务收费管理系统，让读者从中学习一下 SSH 框架的原理，以及如何开发一套完整的管理系统。因为该项目主要作为教学用例，所以和真实的管理系统存在很大的差距，望读者理解。

12.1　开发计费系统的背景和意义

信息技术和网络技术高速发展，行业竞争日益加剧，各大企业在传统的运营方式中纷纷加入高科技成分追求高效和智能化，在软件方面的追求和投入尤为突出，各行业不惜加大在信息科技方面的投入，以进一步提升自身在市场的竞争力和服务质量，而且收到了很好的效果，创造了良好的企业效益。

移动、联通、电信等各大电信运营商，每年在系统的开发和完善方面投入数十亿来满足新的需求，而这些投入也为企业创造了很壮观的经济效益。而且在这些方面的投入还会继续加大，在以后的发展中，这已经成为一个不可否认的趋势。可以说，电信和互联网新技术推动了人类文明的巨大进步，而且发展将会更加迅速。

该电信计费系统使用 SSH（Spring + Struts 2 + Hibernate）、JavaScript 脚本控制和 Ajax 异步交互等技术来开发，严格按照软件开发流程：需求分析、页面设计、概要设计、详细设计和测试运行等，最终使得该项目达到一个商业项目的标准。

由于本项目旨在教学所使用，所以与实际的电信计费管理系统还存在不小的差距，但是对于初学 Java Web 开发者会有很好的帮助。通过该系统的开发，可以帮助开发者熟悉软件的开发流程、掌握 SSH 框架的使用以及 Ajax、JavaScript 和 JSP 等相关的操作，使读者逐渐从一个入门者转变成一个精通者。

12.2　电信计费管理系统需求分析

开发一套适用于电信计费的管理系统，能够使电信计费管理更加方便，易于管理，其管理人员可以对用户和电话费等信息内容进行查阅、修改等管理。

本系统实现的是一个独立的系统，在数据库的基础上，实现对电话计费的管理。具体功能包括登录模块、添加用户、资费管理、配置业务费用、开户等。

1. 具体功能分析

（1）登录系统。用户输入用户名和密码，验证是否正确，如果正确就直接登录系统，否则提示输入错误，请重新输入。

（2）添加用户。添加新用户，可以是管理员，也可以是普通用户。管理员可以拥有最高权力，可以进行资费管理、配置业务费用、开户和退出等操作；普通用户只能做开户和退出操作。只要填写将要添加用户的登录 ID、姓名、密码和是否是管理员，就可以提交到系统。当系统提交成功后，就会给出提示，新增用户成功；如果用户 ID 重复，会提示用户已经存在。

（3）号码管理。号码管理可以管理开通的指定号段的号码，只要选择号码类型（SIM 或 UIM）和指定号码段，就可以添加指定的号码段，供以后指定特定的资费。

（4）配置业务费用。配置业务费用包括收费细项和业务收费。收费细项主要是对特定的收费项目指定特定的收费费用，这些费用包括：开户费、漫游费、押金、入网费和选号费，通过收费细项可以配置相应费用的金额。这里所说的业务收费主要是指在开户的时候所开通的那些业务，对该业务收费。

（5）开户。用户选择证件类型和填写证件号码，就可以开新账户。证件类型包括：身份证号码、护照和军官证。

系统会验证身份证是否合法，如果合法，提示用户填写注册信息，包括用户姓名、性别、生日和联系地址。填写完成后，就可以输入需要开通的电话号码了，输入电话号码、漫游状态和通话级别以及客户 ID，至此，就完成了开户操作。

漫游状态包括：省内漫游、国内漫游和国际漫游。

通话级别包括：本地通话、国内长途和国际长途。

2. E-R模型分析设计

（1）基本实体和联系。首先确定实体类别以及它们各自的属性构成，指出实体标识符，并尽量规范属性名，避免同名异义或异名同义。确定实体后，就可以分析实体之间的联系。可以很容易确定，用户、收费员、收费信息、管理者、客户受理是不同的实体。

用户的属性：用户 ID、姓名、性别、电话号码、身份证号、出生日期、漫游状态、通话级别。

收费员的属性：收费员编号、姓名、性别、年龄、所在营业厅。

用户与收费员发生收费联系。这里一个用户能在多个收费员处缴费，一个收费员可以收取多个用户费用，它们是 m：n 联系。当联系发生时，产生收费信息属性。

收费信息属性：收费流水号、收费员编号、用户编号、收费日期、实收费用。

管理者属性：姓名、性别、密码和权限。

（2）系统框架图。如图 12-1 所示。

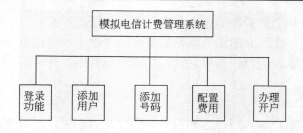

图 12-1　模拟电信计费管理系统框架图

12.3　电信计费管理系统概要设计

开发一套适用于电信计费的管理系统，能够使电话的计费管理更加方便，易于管理，其管理人员可以对用户和电话费等信息内容进行查阅、修改等管理；本系统实现的是一个独立的系统模块，目的是通过该模块的学习，让读者进一步掌握如何进行系统设计和 Java Web 开发的常用知识。

12.3.1　系统流程图

如图 12-2 所示为模拟电信管理系统流程图，该图给出了系统整个操作流程。

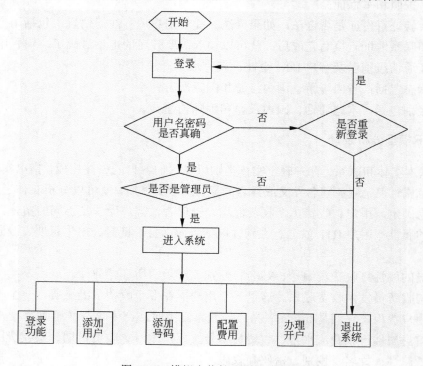

图 12-2　模拟电信管理系统流程图

12.3.2　将 E-R 模型转换为关系模型

1．系统所有的表结构

❑　用户信息：用户编号、电话、漫游状态、客户 ID。
❑　操作员信息：操作员编号、姓名、密码、是否是管理员。
❑　收费信息：收费流水号、收费编号、费用。
❑　手机信息：手机号码、手机类型、卡号、是否开通。
❑　客户信息表：客户 ID、类型、号码、客户姓名、客户出生日期、客户性别、客户
地址。

2．物理设计

（1）用户信息：tuser（用户编号、电话号码、状态、等级、顾客 ID），具体结构如表
12-1 所示。

表 12-1　用户信息表tuser

字　　　段	类　　　型	空	默　　　认
USER_ID	int(8)	否	
MOBILE_NUMBER	varchar(11)	是	NULL
ROAMING_STATUS	varchar(20)	是	NULL
COM_LEVEL	varchar(20)	是	NULL
CUSTOMER_ID	int(20)	是	NULL

💬说明：电话号码也可以是唯一标识别，可以做候选码。

（2）操作员信息：toperator（操作员编号、姓名、密码、是否是管理员），具体结构
如表 12-2 所示。

表 12-2　操作员信息表toperator

字　　　段	类　　　型	空	默　　　认
OPERATOR_ID	int(8)	否	
OPERATOR_NAME	varchar(20)	是	NULL
OPERATOR_PWD	varchar(20)	是	NULL
IS_ADMIN	int(11)	是	NULL

（3）收费信息：tcharge（收费流水号、收费编号、费用），具体结构如表 12-3 所示。

表 12-3　收费信息表tcharge

字　　　段	类　　　型	空	默　　　认
CHARGE_CODE	varchar(20)	否	
CHARGE_NAME	varchar(10)	是	NULL
CHARGE	double(6,2)	是	NULL

（4）手机信息表：tmobiles（手机号码、手机类型、卡号、是否开通），具体结构如表

12-4 所示。

表 12-4　手机信息表tmobiles

字　段	类　型	空	默　认
MOBILE_NUMBER	varchar(11)	否	
MOBILE_TYPE	varchar(20)	是	NULL
CARD_NUMBER	varchar(20)	是	NULL
IS_AVAILABLE	varchar(20)	是	NULL

（5）客户信息表：tcustomer（客户 ID、类型、号码、客户姓名、客户出生日期、客户性别、客户地址），具体结构如表 12-5 所示。

表 12-5　客户信息表tcustomer

字　段	类　型	空	默　认
CUSTOMER_ID	int(8)	否	
ID_TYPE	varchar(10)	是	NULL
ID_NUMBER	varchar(20)	是	NULL
CUSTOMER_NAME	varchar(20)	是	NULL
CUSTOMER_BIRTYDAY	varchar(50)	是	NULL
CUSTOMER_SEX	varchar(20)	是	NULL
CUSTOMER_ADDRESS	varchar(50)	是	NULL

12.4　模拟电信计费管理系统详细设计

上面对模拟电信管理系统的需求功能和概要设计做了一下分析，下面根据前面的需求分析和概要设计，完成系统的详细设计，主要是实现登录、添加用户、添加号码、配置费用、办理开户和系统退出等主要功能。由于本系统是模拟电信管理系统，因此在功能上非常简单，其目的不是向读者介绍如何开发电信管理系统，而是通过该实例让读者掌握 Java Web 开发所需要的知识，以及如何完成一个具体项目的详细设计流程。

12.4.1　登录功能的实现

1．登录流程图

用户输入用户名和密码，验证是否正确，如果正确就直接登录系统，否则提示输入错误，请重新输入。具体流程如图 12-3 所示。

2．表现层的实现

输入管理员账号和密码，单击"登录"按钮。其中用户名和密码必须输入正确。如果输入错误，则系统自动提示输入错误。下面是登录界面的主要代码。

index.html 代码如下。

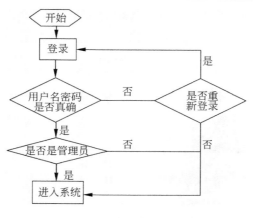

12-3　登录流程图

```
......
......
<form action="login.action" method=post name=login>
    <div align="center">
    <table width="100%" border="0" cellspacing="0" cellpadding="0">
      <tr>
        <td height="30">
          <div align="center">
          <strong>用户名: </strong>
            <INPUT name=name type="text" value="">
             <br>
          </div>
        </td>
      </tr>
      <tr>
        <td height="30">
         <div align="center">
         <strong>密   码: </strong>
         <INPUT name=password type=password value="">
         </div>
        </td>
      </tr>
      <tr>
        <td height="30">
         <div align="center">
         <INPUT class=f2 type=submit size=4 value=进入系统 name=Submit>
         </div>
        </td>
      </tr>
      </table>
        </div>
</form>
......
......
```

我们将该应用部署到 Tomcat 中，在 web.xml 中将启动界面设置为 index.html。当运行 Tomcat 后，在浏览器中输入 http://localhost:8080/chinanet/，然后按回车键，就进入了 index.html 中。其中，web.xml 中配置如下：

```
......
<welcome-file-list>
        <welcome-file>index.html</welcome-file>
```

```
</welcome-file-list>
......
```

启动界面如图 12-4 所示。

图 12-4　登录界面效果图

单击进入系统之后，就跳转到 login.action 的 Action，并且将表单提交，提交后如果成功就跳转到 main.jsp 界面。具体跳转由 Struts 控制完成，在 Struts 的配置文件中设置如下：

```
<action name="login" class="com.javaweb.ch12.struts.action.LoginAction">
        <result name="success">/web/main.jsp</result>
    <result name="error">/index.html</result>
</action>
......
```

从 Struts.xml 的配置文件中可以看到，登录的 Action 在 LoginAction.java 类中做具体的处理。同时，由于 Struts 2 不同于 Struts 1 的处理，所有的表单都交给 Struts 2 的 Action 进行处理和接收数据，所以 Action 中的变量名称要和表单中提交的变量名称一致才可以。

LoginAction.java 中的具体代码如下。

```
/**
 * 功能:用户登录
 *
 */
public class LoginAction extends BaseAction {
    /*
     * Generated fields
     */

    /** password property */
    private String password;

    /** name property */
    private String name;
    /**
     * Returns the password.
     * @return String
     */
    public String getPassword() {
        return password;
    }
```

```
/**
 * Set the password.
 * @param password The password to set
 */
public void setPassword(String password) {
    this.password = password;
}

/**
 * Returns the name.
 * @return String
 */
public String getName() {
    return name;
}

/**
 * Set the name.
 * @param name The name to set
 */
public void setName(String name) {
    this.name = name;
}

public String execute(){
    //加载 Spring 配置文件，初始化 IOC 容器
    ClassPathXmlApplicationContext context=new ClassPathXmlApplication-
    Context ("/applicationContext.xml");
    //从容器接管 bean
    ILogin login=(ILogin)context.getBean("loginservice");
    //调用业务层的方法判断是否是合法用户
    Operator operator=login.isOperator(name, password);
    if(operator!=null){
        this.session().setAttribute("operator", operator);
        return SUCCESS;
    }else{
        return ERROR;
    }
}
}
```

3. 业务层的设计

在表单中输入用户名和密码，然后单击进入系统按钮，系统就会将输入的用户名和密码提交给 LoginAction.java 类，并接受输入的用户名和密码。然后加载 Spring 配置文件，初始化 IOC 容器，并从容器中接管 bean，该 bean 主要负责登录服务。在 Spring 中的配置代码如下。

```xml
<bean id="loginservice" class="com.javaweb.ch12.service.impl.LoginImp">
    <property name="login">
        <ref bean="logindao" />
    </property>
</bean>
<bean id="logindao" class="com.javaweb.ch12.dao.impl.LoginDAOImp">
    <property name="factory">
        <ref bean="sessionFactory" />
    </property>
</bean>
```

```
<bean id="sessionFactory"

   class="org.springframework.orm.hibernate3.LocalSessionFactoryBean">
        <property name="configLocation" value="classpath:hibernate.cfg.xml">
        </property>
   </bean>
```

从 Spring 配置文件中可以很清晰地看出，Spring 实现了将服务层（LoginImp.java）和业务逻辑处理层（DAO）关联了起来。所以在 Action 中直接调用服务层中的方法判断登录用户是否合法，并返回处理结果。这里使用了如下代码。

```
//调用服务层的方法，并判断是否是合法用户
Operator operator=login.isOperator(name, password);
```

利用在 LoginAction.java 中调用业务层的方法判断是否是合法用户。其中，ILogin 是一个接口，在该接口中定义了 isOperator（String operatorName,String operatorPwd）方法。

ILogin 接口的具体代码如下：

```
package com.javaweb.ch12.chinamobile.business;

//业务层操作员登录系统接口文件
import po.Toperator;

public interface ILogin {
    /*判断用户是否存在,如果用户存在,则返回用户
     *参数:用户名,密码
     *返回值:操作员 PO 对象*/
    public Operator isOperator(String operatorName,String operatorPwd);

}
```

可以看出，LoginImp.java 实现了 ILogin 的接口，同时也实现了 isOperator(String operatorName,String operatorPwd)方法。该方法主要用来调用 DAO 层，从而判断用户是否存在，如果存在就返回用户。LoginImp.java 类的具体代码如下。

```
package com.javaweb.ch12.business.imp;
//这里省略了应用类，具体见光盘代码

//实现业务层操作员登录系统接口
public class LoginImp implements ILogin {
    //数据访问层操作员登录对象，由 spring 注入(托管)
    private ILoginDAO login;

    //判断用户是否存在，如果用户存在，则返回用户
    public Operator isOperator(String operatorName, String operatorPwd) {
        return login.isOperator(operatorName,operatorPwd);
    }

    // get/set 方法在 spring 注入时使用
    public ILoginDAO getLogin() {
        return login;
    }

    public void setLogin(ILoginDAO login) {
        this.login = login;
    }
}
```

从 LoginImp.java 代码中可以看到，isOperator(String operatorName, String operatorPwd)
方法返回了一个 login.isOperator(operatorName, operatorPwd)，该 isOperator(operatorName,
operatorPwd)是定义在 DAO 层中的，在 Spring 中注入了 ILoginDAO，所以接下来就交给
DAO 层去完成相应的操作了。在 DAO 层实现调用实体类对数据库的增删改查等业务逻辑
操作。

这样就将业务层的工作与数据持久层所需要做的工作分离开了。数据访问层登录对象
由 Spring 注入（托管），完成 Spring 连接持久层和业务逻辑层的使命。

4．持久层的实现

LoginDAOImp.java 类实现业务层 LoginDAO 接口，定义了对数据库的访问方法，具体
代码如下。

```java
public class LoginDAOImp implements ILoginDAO {
    // hibernate  SessionFactory 对象，由 spring 注入
    private SessionFactory factory;

    // get/set 方法在 spring 注入时使用
    public SessionFactory getFactory() {
        return factory;
    }

    public void setFactory(SessionFactory factory) {
        this.factory = factory;
    }

    // 判断操作员是否存在
    public Operator isOperator(String operatorName, String operatorPwd) {
        Operator operator = null;
        Session session = factory.openSession();
        Transaction ts = null;
        ts = session.beginTransaction();
        // String
        // query="select * from userInfo where userName=? and userPassword=?";
        try {
            Query query = session
                    .createQuery("from Operator as a where a.operatorName='"
                            + operatorName + "' and a.operatorPwd='"
                            + operatorPwd + "'");
            List<Operator> list = query.list();
            Iterator it = list.iterator();
            if (!Hibernate.isInitialized(list))
                Hibernate.initialize(list);
            if (it.hasNext()) {
                operator = (Operator) it.next();
            }
        } catch (Exception e) {
            // TODO: handle exception
        }
        ts.commit();
        session.close();
        return operator;
    }
}
```

从以上代码可以知道，通过操作 Operator（对数据库的操作是通过操作 Toperator.

hbm.xml 映射文件来完成的）来进行对数据库的操作，这样得到的数据保存到 Operator 所对应的数据库表中，方便业务层使用。这样就完成了数据持久化的封装的实现，整个登录功能就完成了。

登录以后的效果如图 12-5 所示。

图 12-5　登录成功效果

12.4.2　增加操作员功能的实现

当用户登录成功后，就进入了主界面。主界面主要功能有：增加系统操作员、增加号码、配置业务费用、用户开户和用户退出系统，具体效果如图 12-5 所示。

1．增加用户流程图

添加新用户，可以是管理员，也可以是普通用户。管理员可以拥有最高权力，也可以进行资费管理、配置业务费用、开户和退出等操作；普通用户只能做开户和退出操作。只要填写将要添加用户的登录 ID、姓名、密码和是否是管理员，就可以提交到系统。当系统提交成功后，就会给出提示，新增用户成功；如果用户 ID 重复，会提示用户已经存在。具体流程如图 12-6 所示。

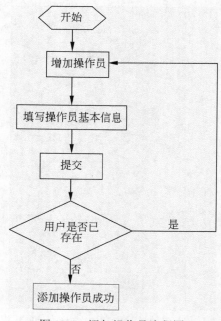

图 12-6　添加操作员流程图

2．表现层的实现

在主界面中单击，进入增加操作员界面，要求输入 ID、用户名、密码、确认密码和是否是管理员，然后就可以单击提交了。提交之后判断是否用户已经存在，如果存在提示添加的操作员已经存在，如果没有存在且信息合法，系统就会生成该操作员，并指定所拥有的权利。该功能界面的主要代码片段如下。

newOperator.jsp 代码清单：

```
......
<TD width="2">
        <TABLE cellSpacing=0 cellPadding=0 width="100%" border=0>
          <TBODY>
            <TR>
              <TD height=25> 您现在的位置：新增操作员</TD>
            </TR>
            <TR>
              <TD bgColor=#2650a6>
                <IMG height=1 src="../images/blank(1).gif" width=1>
              </TD>
            </TR>
            <TR>
              <TD>
                <IMG height=2 src="../images/blank(1).gif" width=574>
              </TD>
            </TR>
          </TBODY>
        </TABLE>
      </TD>
</TR>
<TR vAlign=top>
    <TD height="600" bgColor=#f1f3f9>
        <form method="POST" action="../addOperator.action">
        <p>登录 ID: <input type="text" name="operatorId" size="20" value="">
        </p>
        <p>姓 名: <input type="text" name="operatorName" size="20" value="">
        </p>
        <p>密码: <input type="password" name="operatorPwd" size="20" value
=""></p>
        <p>密码确认: <input type="password" name="operatorPwd1" size="20"
value=""></p>
        <p>是否管理员: <input type="radio" value="1" name="isAdmin">
是   
                    <input type="radio" checked name="isAdmin" value="0">
                    否
        </p>
        <p><input type="submit" value="提交" name="B1"></p>
        </form>
    </TD>
</TR>
......
```

具体效果如图 12-7 所示。

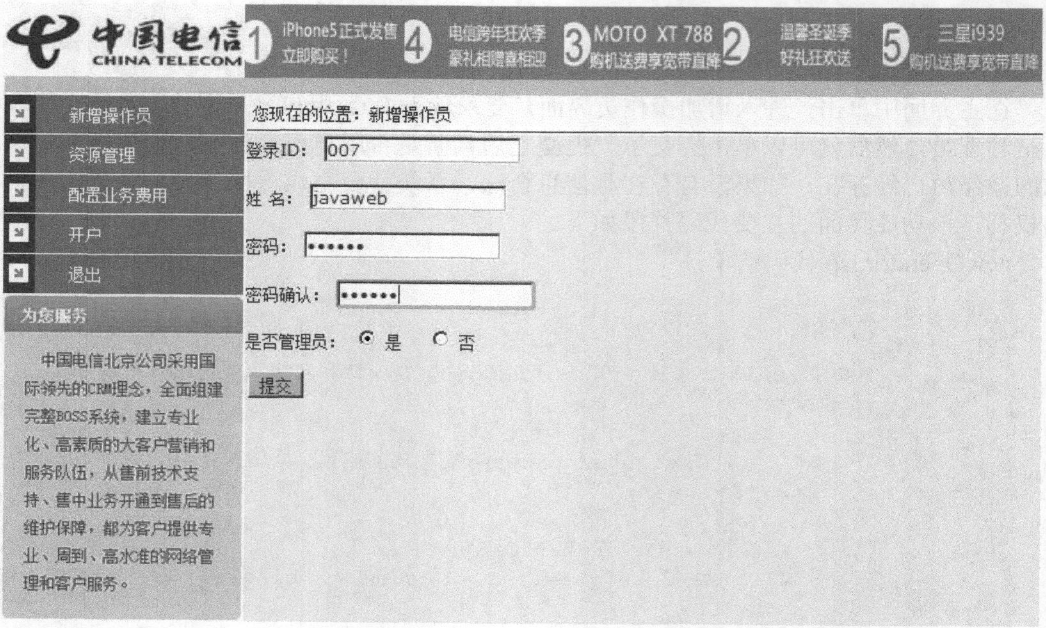

图 12-7　添加操作员效果

3．业务层的实现

从上面的代码可以看到，单击"提交"按钮后请求 addOperator.action。该请求在 Struts 的 addOperator 的 action 中可以看到，所以之后就交由 Struts 进行处理。Struts 配置文件中的具体代码如下。

```
<action name="addOperator" class="com.javaweb.ch12.struts.action.AddOperatorAction">
        <result name="success">/saveInfo.jsp</result>
        <result name="input">/web/addOperator.jsp</result>
    </action>
```

通过配置文件可以看到，表单提交之后具体操作就交给 AddOperatorAction 去处理了，判断输入的表单是否合法，并返回两个结果。如果合法，就请求成功返回 Success，跳转到 saveInfo.jsp 界面。否则不做跳转处理，并提示相应的信息。

AddOperatorAction.java 的具体代码如下。

```
/**
 * 功能:增加操作员
 */
public class AddOperatorAction extends BaseAction {
    /*
     * Generated fields
     */

    /** operatorName property */
    private String operatorName;

    /** operatorId property */
    private String operatorId;

    /** isAdmin property */
```

```java
private String isAdmin;

/** operatorPwd property */
private String operatorPwd;

/**
 * Returns the operatorName.
 * @return String
 */
public String getOperatorName() {
    return operatorName;
}

/**
 * Set the operatorName.
 * @param operatorName The operatorName to set
 */
public void setOperatorName(String operatorName) {
    this.operatorName = operatorName;
}

/**
 * Returns the operatorId.
 * @return String
 */
public String getOperatorId() {
    return operatorId;
}

/**
 * Set the operatorId.
 * @param operatorId The operatorId to set
 */
public void setOperatorId(String operatorId) {
    this.operatorId = operatorId;
}

/**
 * Returns the isAdmin.
 * @return String
 */
public String getIsAdmin() {
    return isAdmin;
}

/**
 * Set the isAdmin.
 * @param isAdmin The isAdmin to set
 */
public void setIsAdmin(String isAdmin) {
    this.isAdmin = isAdmin;
}

/**
 * Returns the operatorPwd.
 * @return String
 */
public String getOperatorPwd() {
    return operatorPwd;
```

```
    }

    /**
     * Set the operatorPwd.
     * @param operatorPwd The operatorPwd to set
     */
    public void setOperatorPwd(String operatorPwd) {
        this.operatorPwd = operatorPwd;
    }

    public String execute(){
        Operator operator=new Operator();
        operator.setIsAdmin(Integer.valueOf(isAdmin));
        operator.setOperatorId(Integer.valueOf(operatorId));
        operator.setOperatorName(operatorName);
        operator.setOperatorPwd(operatorPwd);
        //加载 Spring 配置文件，初始化 IOC 容器
        ClassPathXmlApplicationContext context=new ClassPathXmlApplication-
        Context("/applicationContext.xml");
        //从容器接管 bean
        IAdminOperator
admin=(IAdminOperator)context.getBean("adminservice");
        //调用业务层的方法判断是否合法用户
        String message=admin.addOperator(operator);
        System.out.println(message);
        if(!message.equals("")){
            this.request().setAttribute("message", message);
            return SUCCESS;
        }else{
            return INPUT;
        }
    }
}
```

从上面的 action 代码可以看到，在 execute()方法中首先将表单中提交的信息保存到 Operator 容器中，然后加载 Spring 配置文件并初始化 IOC 容器，从容器中接管 adminservice 的 bean。之后就可以利用该 bean 直接调用业务层方法 addOperator（operator），判断用户是否合法。至于容器之间的关系就由 Spring 来处理完成。在 Spring 中的配置文件如下。

```
<bean id="adminservice" class="com.javaweb.ch12.service.impl.AdminOperatorImp">
        <property name="adminoperator">
            <ref bean="admindao" />
        </property>
    </bean>
<bean id="admindao" class="com.javaweb.ch12.dao.impl.AdminOperatorDAOImp">
        <property name="factory">
            <ref bean="sessionFactory" />
        </property>
    </bean>
<bean id="sessionFactory"
        class="org.springframework.orm.hibernate3.LocalSessionFactoryBean">
        <property name="configLocation" value="classpath:hibernate.cfg.xml">
        </property>
    </bean>
```

🔔说明：addOperator（operator）是接口 IAdminOperator 中定义的函数，同时可以看到 adminservice 的 bean。我们在 Spring 中可以看到该 bean 的 class 是

" com.javaweb.ch12.service.impl.AdminOperatorImp "，所以增加操作员的业务应该在 AdminOperatorImp 中实现。AdminOperatorImp.java 中有关操作的代码如下。

```
// 增加操作员
public String addOperator(Operator operator) {
        String message = "";
        if (!adminoperator.isOperatorExist(operator)) {// 先判操作号是否存在
            if (adminoperator.addOperator(operator)) {// 增加操作员
                message = "新增操作员成功!";
            } else {
                message = "新增操作员失败!请检查后重新添加!";
            }
        } else {
            message = "你所增加的操作员已存在!";
        }
        return message;
}
```

在该方法中直接调用 DAO 层的方法完成增加操作员的功能。这里的 addOperator (operator)是定义在 IAdminOperatorDAO 接口中的方法，该方法具体是在 IAdminOperatorDAOImp.java 中实现的。

4．持久层的实现

从 Spring 配置文件中也能看到它实现了业务层和持久层的分离，通过 Spring 将业务层和持久层连接起来。在持久层中主要实现对数据库的增删改查操作。

从 IAdminOperatorDAOImp.java 代码中可以看出，将 Operator 中的数据通过 Hibernate 的 sava 方法保存到数据库中，实现数据的持久化。至此，增加操作员功能就完成了。

IAdminOperatorDAOImp.java 中用到的代码片段如下。

```
// 增加操作员
public boolean addOperator(Operator operator) {
        Session session = factory.openSession();
        Transaction ts = session.beginTransaction();
        session.save(operator);
        ts.commit();
        boolean isok = ts.wasCommitted();
        session.close();
        return isok;
}
```

12.4.3　号码管理功能实现

号码管理可以管理开通的指定号段的号码，只要选择号码类型（SIM 或 UIM）和指定号码段，就可以添加指定的号码段，供以后指定特定的资费。

1．号码管理流程图

号码管理流程图如图 12-8 所示。

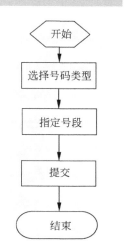

图 12-8　号码管理流程图

2．表现层实现

在主界面中单击号码管理，进入号码管理界面。选择号码类型，并指定电话号码段，直接提交就可以将号码用于以后的用户使用。该功能界面主要代码片段如下。

Resource.jsp 代码清单如下：

```
……
<TABLE cellSpacing=0 cellPadding=0 width="100%" border=0>
    <TBODY><TR><TD height=25> 您现在的位置：号码管理</TD></TR>
            <TR><TD bgColor=#2650a6>
                <IMG height=1 src="../images/blank(1).gif" width=1>
                </TD>
            </TR>
            <TR>
                <TD><IMG height=2 src="../images/blank(1).gif" width=
                574></TD>
            </TR>
    </TBODY>
</TABLE>
                </TD>
            </TR>
            <TR vAlign=top>
            <TD height="600" bgColor=#f1f3f9>
                <form method="POST" action="../resource.action">
                    <p>号码类型：
                    <input type="Radio" name="nbtype" value="SIM" checked />
                    SIM   
                    <input type="Radio" name="nbtype" value="UIM">
                    UIM
                    </p>
                    <p>指定号段：从
                    <input type="text" name="startMobile" size="20" value="">
                    到
                    <input type="text" name="endMobile" size="20" value="">
                    <input type="submit" value="提交" name="B1">
                    <input type="reset" value="全部重写" name="B2">
                    </p>
                </form>
            <hr>
            </TD>
……
```

显示效果如图 12-9 所示。

图 12-9　号码管理效果

当输入号码类型和指定区间的号码段后，单击"提交"按钮，就可以调用 resource.acting 的 action 添加指定号码段的电话号码。resource.acting 对应 Struts.xml 中的代码如下。

```
<action name="resource" class="com.javaweb.ch12.struts.action.ResourceAction">
        <result name="success">/saveInfo.jsp</result>
        <result name="input">/web/Resource.jsp</result>
    </action>
```

从代码中可以看出，单击"提交"按钮后，就由 ResourceAction 控制跳转，如果成功就跳转到 saveinfo.jsp 页面。

3. 业务层实现

表现层代码提交到 ResourceAction 中，用来跳转到指定的页面。ResourceAction 的具体代码如下。

```
/**
 * 功能: 资源配置（增加可用手机号）
 */
public class ResourceAction extends BaseAction {
    /*
     * Generated fields
     */

    /** startMobile property */
    private String startMobile;

    /** nbtype property */
    private String nbtype;

    /** endMobile property */
    private String endMobile;

    /**
     * Returns the startMobile.
     * @return String
     */
    public String getStartMobile() {
        return startMobile;
    }

    /**
     * Set the startMobile.
     * @param startMobile The startMobile to set
     */
    public void setStartMobile(String startMobile) {
        this.startMobile = startMobile;
    }

    /**
     * Returns the nbtype.
     * @return String
     */
    public String getNbtype() {
        return nbtype;
    }

    /**
```

```
 * Set the nbtype.
 * @param nbtype The nbtype to set
 */
public void setNbtype(String nbtype) {
    this.nbtype = nbtype;
}

/**
 * Returns the endMobile.
 * @return String
 */
public String getEndMobile() {
    return endMobile;
}

/**
 * Set the endMobile.
 * @param endMobile The endMobile to set
 */
public void setEndMobile(String endMobile) {
    this.endMobile = endMobile;
}
//执行具体的判断跳转
public String execute(){
    //加载 Spring 配置文件，初始化 IOC 容器
    ClassPathXmlApplicationContext context=new ClassPathXmlApplication-
    Context("/applicationContext.xml");
    //从容器接管 bean
    IAdminOperator admin=(IAdminOperator)context.getBean("adminservice");
    //调用业务层的方法设置业务收费，并增加可用手机号
    String message=admin.addNumber(nbtype, startMobile, endMobile);
    System.out.println(message);
    if(!message.equals("")){
        this.request().setAttribute("message", message);
        return SUCCESS;
    }
    else{
        return INPUT;
    }
}
}
```

通过加载 Spring 配置文件，并通过 Spring 注入 bean 容器，然后调用业务层的方法设置业务收费并增加可用手机号。具体使用到如下方法：

```
String message=admin.addNumber(resourceForm.getNbtype(),
resourceForm.getStartMobile(), resourceForm.getEndMobile());
```

在调用 addNumber 方法后返回消息。如果 message 不为空，将 message 作为参数请求提交到服务器，如果空则不做处理。该 addNumber 方法定义在 AdminOperator 接口中，AdminOperatorImp.java 实现了该接口，同时也实现了该方法的具体操作。

AdminOperatorImp.java 中的 addNumber 实现代码如下。

```
//增加号段
public String addNumber(String nbtype, String StartMobile, String endMobile)
{
    String message = "";
    //先取出手机号段的前两个字符
```

```
String before = StartMobile.substring(0, 2);
//将后 9 个字符转为数值型
int a1 = Integer.parseInt(StartMobile.substring(2, 11));
int a2 = Integer.parseInt(endMobile.substring(2, 11));
int all = 0;              //用于统计生成号码个数
for (int i = a1; i <= a2; i++) {
  //循环增加手机号码
     if (!adminoperator.isMobileExist(before + i)) {
          //生成卡号
          String cardnumber = RandomStringUtils.randomNumeric(20);
          while (adminoperator.isCardExist(cardnumber)) {
          //如果卡号已存在，重新生成
              cardnumber = RandomStringUtils.randomNumeric(20);
          }
          //构造手机号码对象
          Mobiles mobiles = new Mobile();
          mobiles.setCardNumber(cardnumber);
          mobiles.setMobileType(nbtype);
          mobiles.setIsAvailable("Y");
          mobiles.setMobileNumber(before + i);
          //调用底层方法增加手机号
          if (adminoperator.addNumber(mobiles)) {
          //增加成功个数加 1
          all++;

          }
     }
  }
  message = "共添加手机号" + all + "个!";
  return message;
}
```

4．持久层实现

在 addNumber()方法中，调用 adminoperator.addNumber(mobiles)底层方法增加手机号码。该方法定义在数据访问层操作员管理系统接口文件 IAdminOperatoDAO 中。

```
public interface IAdminOperatorDAO {
……
   /*
    * 增加手机号码参数:手机号 PO 对象返回值:boolean
    */
   public boolean addNumber(Mobile  mobile);
…… }
```

AdminOperatorDAOImp.java 实现了该接口，并实现了 addNumber(mobiles)方法。在 AdminOperatorDAOImp.java 中的实现代码如下。

```
//增加手机号码
public boolean addNumber(Mobile mobile) {
      Session session = factory.openSession();
      Transaction ts = session.beginTransaction();
      session.save(mobile);
      ts.commit();
      boolean isok = ts.wasCommitted();
      session.close();
      return isok;
}
```

通过实现该方法，将数据通过 Hibernate 存储到数据库表中，完成持久化封装功能。

12.4.4 配置业务费用功能实现

配置业务费用包括收费细项和业务收费。收费细项主要是对特定的收费项目指定特定的收费费用，这些费用项目包括：开户费、漫游费、押金、入网费和选号费，通过收费细项可以配置相应费用项目的收费金额。这里所说的业务收费主要是指在开户的时候所开通的那些业务，对该业务使用收取的收费。

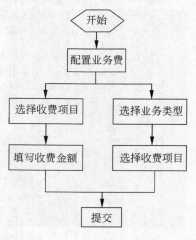

图 12-10 配置费用流程图

1. 配置业务费用流程

具体流程图如图 12-10 所示。

2. 表现层实现

表现层主要实现收费细项的选择和业务收费的配额，具体实现代码如下。Charge.jsp 代码清单如下。

```
……
<TD width="2">
    <TABLE cellSpacing=0 cellPadding=0 width="100%" border=0>
        <TBODY>
            <TR>
                <TD height=25> 您现在的位置：配置业务费用</TD>
            </TR>
            <TR>
                <TD bgColor=#2650a6><IMG height=1 src="../images/ blank(1) .gif"
                width=1></TD>
            </TR>
            <TR>
                <TD><IMG height=2 src="../images/blank(1).gif" width=574>
                </TD>
            </TR>
        </TBODY>
    </TABLE>
</TD>
</TR>
<TR vAlign=top>
    <TD height="600" bgColor=#f1f3f9><h2>收费细项</h2>
    <form method="POST" action="../editCharge.action">
      <p>收费项目：
      <select size="1" name="chargeCode">
        <option value="A">开户费</option>
        <option value="B">漫游费</option>
        <option value="C">押金</option>
        <option value="D">入网费</option>
        <option value="E">选号费</option>
      </select>
    </p>
```

```
    <p>收费金额：
        <input type="text" name="charge" size="20" value="10">
    </p>
    <p>
        <input type="submit" value="提交" name="B1">
        <input type="reset" value="全部重写" name="B2">
    </p>
</form>
        <hr><h2>业务收费</h2>
<form method="POST" action="../editChargeRule.action">
    <p>业务：
<select size="1" name="rule">
        <option value="O">开户业务</option>
</select>
    </p>
<p>收费项目：
        <input type="checkbox" name="item" value="A" checked>
            开户费
        <input type="checkbox" name="item" value="B">
            漫游费
        <input type="checkbox" name="item" value="C">
            押金
        <input type="checkbox" name="item" value="D" checked>
            入网费
        <input type="checkbox" name="item" value="E" checked>
            选号费
    </p>
    <p>
        <input type="submit" value="提交" name="B1">
        <input type="reset" value="全部重写" name="B2">
    </p>
 </form>
</TD>
......
```

实现效果如图 12-11 所示。

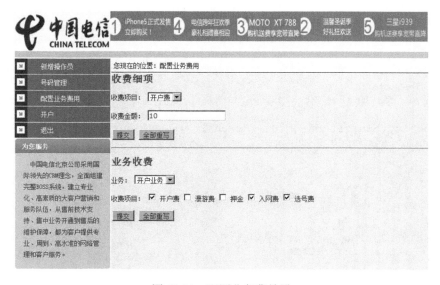

图 12-11　配置业务费效果

3．业务层的实现

在表现层单击提交后，直接执行 method="POST" action="../editCharge.action"和 method="POST" action="../editChargeRule.action"代码，具体跳转由 Struts 控制，在 struts.xml 中的具体配置如下。

```xml
<action name="editCharge" class="com.javaweb.ch12.struts.action.EditChargeAction">
        <result name="success">/saveInfo.jsp</result>
        <result name="input">/web/Charge.jsp</result>
    </action>
<action name="editChargeRule" class="com.javaweb.ch12.struts.action.EditChargeRuleAction">
        <result name="success">/saveInfo.jsp</result>
        <result name="input">/web/Charge.jsp</result>
    </action>
```

从配置文件可以知道，执行请求之后，如果请求成功，跳转到 saveinfo.jsp 页面中。请求具体操作，在 EditChargeAction 和 EditChargeRuleAction 中执行。

EditChargeAction.java 代码如下。

```java
/**
 * 功能：设置收费项目
 */
public class EditChargeAction extends BaseAction {
    /*
     * Generated fields
     */

    /** charge property */
    private String charge;

    /** chargeCode property */
    private String chargeCode;
    /**
     * Returns the charge.
     * @return String
     */
    public String getCharge() {
        return charge;
    }

    /**
     * Set the charge.
     * @param charge The charge to set
     */
    public void setCharge(String charge) {
        this.charge = charge;
    }

    /**
     * Returns the chargeCode.
     * @return String
     */
    public String getChargeCode() {
        return chargeCode;
    }

    /**
```

```
     * Set the chargeCode.
     * @param chargeCode The chargeCode to set
     */
    public void setChargeCode(String chargeCode) {
        this.chargeCode = chargeCode;
    }

    public String execute(){
        Charge charges = new Charge();
       charges.setCharge(Double.valueOf(charge));
        charges.setChargeCode(chargeCode);
        //加载 Spring 配置文件，初始化 IOC 容器
        ClassPathXmlApplicationContext context=new ClassPathXmlApplication-
        Context("/applicationContext.xml");
        //从容器接管 bean
        IAdminOperator admin = (IAdminOperator) context.getBean("adminservice");
        // System.out.println("hello!");
        // 调用业务层方法设置收费细项
        String message = admin.setMoney(charges);
        System.out.println(message);
        if (!message.equals("")) {
            this.request().setAttribute("message", message);
            return SUCCESS;
        } else {
            return INPUT;
        }
    }
}
```

EditChargeRuleAction.java 的具体代码如下。

```
/**
 * 功能:设置业务收费
 *
 */
public class EditChargeRuleAction extends BaseAction {
    /*
     * Generated fields
     */

    /** rule property */
    private String rule;

    /** iterm property */
    private String iterm;

    /**
     * Returns the rule.
     * @return String
     */
    public String getRule() {
        return rule;
    }

    /**
     * Set the rule.
     * @param rule The rule to set
     */
    public void setRule(String rule) {
```

```
            this.rule = rule;
    }

    /**
     * Returns the iterm.
     * @return String
     */
    public String getIterm() {
        return iterm;
    }

    /**
     * Set the iterm.
     * @param iterm The iterm to set
     */
    public void setIterm(String iterm) {
        this.iterm = iterm;
    }

    public String execute(){
        //得到页面传过来的收费细项,由于收费种类可能有多项,所以用数组
        String[] chargestr=this.request().getParameterValues("item");
        //加载 Spring 配置文件,初始化 IOC 容器
        ClassPathXmlApplicationContext context=new ClassPathXmlApplication-
        Context("/applicationContext.xml");
        //从容器接管 bean
        IAdminOperator admin=(IAdminOperator)context.getBean("adminservice");
        System.out.println("hello!");
        //调用业务层的方法设置业务收费
        String message=admin.editChargeRule(rule, chargestr);
        System.out.println(message);
        if(!message.equals("")){
            this.request().setAttribute("message", message);
            return SUCCESS;
        }
        else{
            return INPUT;
        }
    }
}
```

在这两个类中分别使用 IAdminOperator admin = (IAdminOperator)context.getBean ("adminservice")得到 bean 容器，然后直接调用业务层方法 setMoney(charge)和方法 editChargeRule(rule, chargestr)，实现费用的配置业务处理。具体 bean 之间的业务关系就交由 Spring 去处理。在 Spring 中注入相应的 bean 容器，在 applicationContext.xml 中配置的具体代码如下。

```
<bean id="adminservice" class="com.javaweb.ch12.service.impl.AdminOperatorImp">
        <property name="adminoperator">
            <ref bean="admindao" />
        </property>
</bean>
<bean id="admindao" class="com.javaweb.ch12.dao.impl.AdminOperatorDAOImp">
        <property name="factory">
            <ref bean="sessionFactory" />
        </property>
</bean>
<bean id="sessionFactory"
```

```
class="org.springframework.orm.hibernate3.LocalSessionFactoryBean">
    <property name="configLocation" value="classpath:hibernate.cfg.xml">
    </property>
</bean>
```

通过配置文件可以看到，Spring 实现了将业务层和持久层的分离，具体的业务处理由业务层处理，持久层只负责数据的持久化操作。

业务的具体实现在 AdminOperatorImp.java 中。该类中的 setMoney()方法设置收费细项，editChargeRule(rule, chargestr)方法实现收费规则。具体实现方法如下。

```
//设置费用细项
public String setMoney(Tcharge charge) {
        String message="";
//设置收费细项
        if(adminoperator.setMoney(charge)){
            message="收费细项设置成功!";
        }else{
            message="收费细项设置失败!请重新设置!";
        }
        return message;
}
// 业务收费设置
public String editChargeRule(String rule, String[] chargestr) {
        String message = "";
        if (adminoperator.delAllChargeRule(rule)) {// 变更业务前先删除原有业务

            for (int i = 0; i < chargestr.length; i++) {// 循环配置业务收费细项
                Charge_rule myrule = new Charge_rule();
                Charge_ruleId id = new Charge_ruleId();
                Charge charge = new Charge();
                charge.setChargeCode(chargestr[i]);
                id.setFuncId(rule);
                id.setFuncName("开户");
                id.setCharge(charge);
                myrule.setId(id);
                myrule.setCharge(charge);
                // System.out.println(chargestr[i]);
                if (!adminoperator.addChargeRule(myrule)) {// 增加收费项目
                    message = "业务收费设置失败";
                } else {
                    message = "业务收费设置成功";
                }
            }
        } else {
            message = "删除原记录过程中出现错误!";
        }
        return message;
}
```

调用这两个方法，返回 message 信息。如果设置成功，返回"收费细项设置成功"和"业务收费设置成功"；否则返回"收费细项设置失败！重新设置！"和"业务收费设置失败"。这样就完成了具体的业务处理操作。

4．持久层的实现

在上述的两个方法类中，分别调用了 adminoperator.setMoney(charge)和 adminoperator.add

ChargeRule(myrule)这两个方法。这两个方法具体定义在 DAO 层的接口中，具体在 AdminOperatorDAOImp.java 类中实现。AdminOperatorDAOImp.java 实现了 IAdminOperator DAO 接口，并实现了 .addChargeRule(myrule)和 setMoney(charge)方法。在 AdminOperator DAOImp.java 中的实现代码如下。

```
//增加业务收费
public boolean addChargeRule(Charge_rule rule) {
        Session session = factory.openSession();
        Transaction ts = session.beginTransaction();
        session.save(rule);
        ts.commit();
        boolean isok = ts.wasCommitted();
        session.close();
        return isok;
    }
//设置收费细项
public boolean setMoney(Charge charge) {
        boolean isok = true;
        Session session = factory.openSession();
        Transaction ts = session.beginTransaction();
        System.out.println(charge.getChargeCode());
        Connection conn = session.conncction();

        try {
            Statement state = conn.createStatement();
            int i = state.executeUpdate("update Charge set charge="
                    + charge.getCharge() + " where charge_code='"
                    + charge.getChargeCode() + "'");
            if (i == 0) {
                isok = false;
            }
        } catch (SQLException e) {
            // TODO Auto-generated catch block
            e.printStackTrace();
        }
        ts.commit();
        session.close();
        return isok;
    }
```

通过上面的方法，将数据通过 Hibernate 存储到数据库表中，完成持久化封装。

12.4.5　开户管理

用户选择证件类型和填写证件号码，就可以开新账户。

在开户的过程中系统会验证身份证是否合法，如果合法，提示用户填写注册信息，包括用户姓名、性别、生日和联系地址。填写完成后，就可以输入需要开通的电话号码了，输入电话号码、漫游状态和通话级别以及客户 ID。至此，就完成了开户操作。

1. 开户管理效果

通过上面的开户管理，我们应该已经知道大体的设计思路了吧。为了帮助大家更加直观地了解设计思路，我们给出了开户效果图，如图 12-12 所示。

具体开户管理流程如图 12-13 所示。

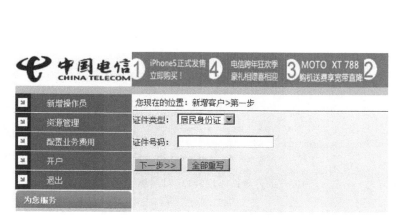

图 12-12　开户效果图　　　　　　　　　　　图 12-13　开户管理流程图

2. 表现层的实现

表现层主要实现和用户交互，将用户信息填入表单，然后提交到业务层取出来。具体界面实现代码如下。

```
……
<TD width="2">
<TABLE cellSpacing=0 cellPadding=0 width="100%" border=0>
    <TBODY>
      <TR>
        <TD height=25> 您现在的位置：新增客户>第一步</TD>
      </TR>
      <TR>
        <TD bgColor=#2650a6><IMG height=1 src="../images/blank(1).gif"
          width=1></TD></TR>
      <TR>
        <TD>
          <IMG height=2 src="../images/blank(1).gif" width=574>
        </TD>
      </TR>
    </TBODY>
</TABLE>
</TD>
</TR>
  <TR vAlign=top>
   <TD height="600" bgColor=#f1f3f9>
   <form method="POST" action="newCustomer1.jsp">
```

```
    <p>证件类型:
    <select size="1" name="idType">
      <option value="居民身份证">居民身份证</option>
      <option value="护照">护照</option>
      <option value="军官证">军官证</option>
    </select>
    </p>
    <p>证件号码: <input type="text" name="idNumber" size="20" value=""></p>
    <p>
    <input type="submit" value="下一步>>" name="B1">
    <input type="reset" value="全部重写" name="B2">
    </p>
    </form>
......
```

在界面中选择证件类型和填写证件号码，单击"下一步"按钮，就进入下一界面。当单击"下一步"按钮后，执行下面代码。

```
<form method="POST" action="newCustomer1.jsp">
```

由 action 控制跳转到 newCustomer1.jsp 界面中，该界面的具体代码如下。

```
<TD width="2">
<TABLE cellSpacing=0 cellPadding=0 width="100%" border=0>
   <TBODY>
      <TR>
        <TD height=25> 您现在的位置: 新增客户>第二步</TD>
      </TR>
      <TR>
        <TD bgColor=#2650a6>
        <IMG height=1 src="../images/blank(1).gif" width=1>
        </TD>
      </TR>
      <TR>
        <TD>
        <IMG height=2 src="../images/blank(1).gif" width=574>
        </TD>
      </TR>
   </TBODY>
</TABLE>
</TD></TR>
  <TR vAlign=top>
  <TD height="600" bgColor=#f1f3f9>
  <form method="POST" action="../addCustomer.action">
  <%Tcustomer customer=dooperator.isCustomerExist(mycostomer);
  if(customer!=null){
  %>
   <p>证件类型: <%=customer.getIdType()%>
      <input type="hidden" name="idType" value="<%=customer.getIdType
      ()%>" >
   </p>
   <p>证件号码: <%=customer.getIdNumber() %>
      <input type="hidden" name="idNumber" value="<%=customer.getIdNumber()
      %>" >
   </p>
   <p>姓名:
      <input type="text" name="customerName" size="20" value="<%=customer.
      getCustomerName() %>">
   </p>
```

```
  <p>性别：
    <input type="radio" value="M" <%if(customer.getCustomer Sex().equals
    ("M")){ %>checked<%} %> name="customerSex">男  
    <input type="radio" <%if(customer.getCustomerSex().equals("F"))
    { %>checked<%} %> name="customerSex" value="F">女</p>
  <p>生日：
  <input type="text" name="customerBirtyday" size="20" value="<%=
  customer.getCustomerBirtyday() %>">
  </p>
  <p>联系地址：
  <input type="text" name="customerAddress" size="20" value="<%=customer
  .getCustomerAddress() %>">
  </p>
  <%}else{ %>
  <p>证件类型：<%=mycostomer.getIdType() %>
  <input type="hidden" name="idType" value="<%=mycostomer.getIdType
  ()%>" >
  </p>
  <p>证件号码：<%=mycostomer.getIdNumber() %>
  <input type="hidden" name="idNumber" value="<%=mycostomer.getIdNumber
  () %>">
  </p>
  <p>姓名:<input type="text" name="customerName" size="20" value=""></p>
  <p>性别: <input type="radio" value="M" checked name="customerSex">男
     <input type="radio" name="customerSex" value="F">女</p>
  <p>生日: <input type="text" name="customerBirtyday" size="20" value=
  ""></p>
  <p>联系地址: <input type="text" name="customerAddress" size="20" value=
  ""></p>
  <%} %>
  <p>  </p>
  <p>
  <input type="submit" value="下一步>>" name="B1">
  <input type="reset" value="全部重写" name="B2">
  </p>
 </form>
```

在该页面中单击下一步，提交表单，调用 `<form method="POST" action="../addCustomer.action">`。该 action 注册在 struts 中，具体配置代码如下：

```
<action name="addCustomer" class="com.javaweb.ch12.struts.action.AddCustomerAction">
        <result name="success">/web/newUser.jsp</result>
        <result name="false">/saveInfo.jsp</result>
</action>
```

通过该 action 可以看到，具体控制在 AddCustomerAction 中执行。当提交表单成功后，页面跳转到 newUse.jsp 界面中。如果产生错误，则回到 saveinfo.jsp 中。

3. 业务层的实现

上面提到了 AddCustomerAction 控制页面的跳转，下面来看一下该类的具体实现代码。

```
/**
* 功能:增加客户
*/
public class AddCustomerAction extends BaseAction {
```

```
/*
 * Generated Methods
 *//*
 * Generated fields
 */

/** customerBirtyday property */
private String customerBirtyday;

/** customerAddress property */
private String customerAddress;

/** customerSex property */
private String customerSex;

/** customerName property */
private String customerName;

/** idNumber property */
private String idNumber;

/** idType property */
private String idType;

/**
 * Returns the customerBirtyday.
 * @return String
 */
public String getCustomerBirtyday() {
    return customerBirtyday;
}

/**
 * Set the customerBirtyday.
 * @param customerBirtyday The customerBirtyday to set
 */
public void setCustomerBirtyday(String customerBirtyday) {
    this.customerBirtyday = customerBirtyday;
}

/**
 * Returns the customerAddress.
 * @return String
 */
public String getCustomerAddress() {
    return customerAddress;
}

/**
 * Set the customerAddress.
 * @param customerAddress The customerAddress to set
 */
public void setCustomerAddress(String customerAddress) {
    this.customerAddress = customerAddress;
}

/**
 * Returns the customerSex.
 * @return String
```

```
    */
    public String getCustomerSex() {
        return customerSex;
    }

    /**
     * Set the customerSex.
     * @param customerSex The customerSex to set
     */
    public void setCustomerSex(String customerSex) {
        this.customerSex = customerSex;
    }

    /**
     * Returns the customerName.
     * @return String
     */
    public String getCustomerName() {
        return customerName;
    }

    /**
     * Set the customerName.
     * @param customerName The customerName to set
     */
    public void setCustomerName(String customerName) {
        this.customerName = customerName;
    }

    /**
     * Returns the idNumber.
     * @return String
     */
    public String getIdNumber() {
        return idNumber;
    }

    /**
     * Set the idNumber.
     * @param idNumber The idNumber to set
     */
    public void setIdNumber(String idNumber) {
        this.idNumber = idNumber;
    }

    /**
     * Returns the idType.
     * @return String
     */
    public String getIdType() {
        return idType;
    }

    /**
     * Set the idType.
     * @param idType The idType to set
     */
    public void setIdType(String idType) {
        this.idType = idType;
```

```
    }
    public String execute(){
        //通过收集从页面传过来的 form 表单构造客户对象
        Customer customer=new Customer();
        customer.setCustomerAddress(customerAddress);
        customer.setCustomerBirtyday(customerBirtyday);
        customer.setCustomerName(customerName);
        customer.setCustomerSex(customerSex);
        customer.setIdNumber(idNumber);
        customer.setIdType(idType);
        /*这个地方是用 spring 的关键所在
         * 通过 ClassPathXmlApplicationContext 类得到 spring 配置文件
         * 用 getBean(类对象名)方法即可得到 "具体干活的类"
         * 直接用接口类就可以调用相关方法
         */
        //加载 Spring 配置文件，初始化 IOC 容器
        ClassPathXmlApplicationContext context=new ClassPathXmlApplication-
        Context("/applicationContext.xml");
        //从容器接管 bean
        IOperator dooperator=(IOperator)context.getBean("operatorservice");
        //调用业务层方法判断客户是否存在
        Customer mycustomer=dooperator.isCustomerExist(customer);
        if(mycustomer==null){
            //如果客户不存在，调用业务层方法增加客户
            mycustomer = dooperator.addCustomer(customer);
            //直接调用实现了 Customer 类的子类的方法处理业务（增加客户）
            if(mycustomer!=null){
                //将客户信息写入 session
                this.session().setAttribute("customer", mycustomer);
                return SUCCESS;
            }else{
                this.request().setAttribute("message", "操作失败！请重试！");
                return "false";
            }
        }else{
            //将客户信息写入 session
            this.session().setAttribute("customer", mycustomer);
            return SUCCESS;
        }
    }
}
```

从代码中可以看到，页面收集的信息从表单提交，构造成客户对象。然后通过 Spring 得到 Bean 容器，并通过调用 dooperator.addCustomer(customer)业务层方法将 customer 对象的数据保存到 session 中，同时返回信息，由 Struts 控制页面的跳转工作。

Spring 用到的 bean 配置如下：

```xml
<bean id="operatorservice" class="com.javaweb.ch12.service.impl.OperatorImp">
    <property name="operator">
        <ref bean="operatordao" />
    </property>
</bean>
<bean id="operatordao" class="com.javaweb.ch12.dao.impl.OperatorDAOImp">
    <property name="factory">
        <ref bean="sessionFactory" />
    </property>
</bean>
```

```
<bean id="sessionFactory"

    class="org.springframework.orm.hibernate3.LocalSessionFactoryBean">
        <property name="configLocation" value="classpath:hibernate.cfg.xml">
        </property>
</bean>
```

在 AddCustomerAction 中的 dooperator.addCustomer(customer) 方法和 dooperator.is CustomerExist(customer)方法定义在 IOperator 接口中。具体在 OperatorImp.java 中实现，代码如下。

```
// 判断客户是否存在
public Customer isCustomerExist(Customer customer) {
        return operator.isCustomerExist(customer);
}
// 增加客户
public Customer addCustomer(Customer customer) {
        Customer mycustomer = null;
        if (operator.isCustomerExist(customer) == null) {
            mycustomer = operator.addCustomer(customer);
        }
        return mycustomer;
}
```

4. 持久层的实现

在上面的两个方法中，调用 operator.isCustomerExist(customer)和 operator.addCustomer (customer)这两个方法，二者的具体定义在 DAO 层的接口中，它们的具体实现在 OperatorDAOImp.java 类中。OperatorDAOImp.java 实现了 IOperatorDAO 接口，并实现了其中具体定义的方法。OperatorDAOImp.java 中的实现代码如下。

```
//判断客户是否存在
public Customer isCustomerExist(Customer customer) {
        Customer mycustomer = null;
        Session session = factory.openSession();
        Transaction ts = session.beginTransaction();
        Query query = session.createQuery("from Customer t where t.idNumber='"
                + customer.getIdNumber() + "'");
        List list = query.list();
        Iterator it = list.iterator();
        if (it.hasNext()) {
            mycustomer = (Customer) it.next();
        }
        ts.commit();
        session.close();
        return mycustomer;
}
//增加客户
    public Customer addCustomer(Customer customer) {
        Customer mycustomer = null;
        Session session = factory.openSession();
        Transaction ts = session.beginTransaction();
        session.save(customer);
        ts.commit();
        Transaction ts1 = session.beginTransaction();
        Query query = session.createQuery("from Customer t where t.idNumber='"
                + customer.getIdNumber() + "'");
```

```
        List list = query.list();
        Iterator it = list.iterator();
        if (it.hasNext()) {
            mycustomer = (Customer) it.next();
        }
        ts1.commit();
        session.close();
        return mycustomer;
}
```

这样，通过 Hibernate 操作实体类实现了对数据库中表的增删改查操作，从而完成了持久化。

12.5　本 章 小 结

本章主要介绍了模拟基于 SSH 的电信计费管理系统的设计与实现。严格按照软件工程的开发流程，依次介绍了该系统的开发背景和意义、电信计费系统需求分析、概要设计、详细设计和代码实现。

通过本章的学习，读者可以更好地熟悉和掌握 Java Web 项目的开发流程，了解和掌握 Java Web 项目开发所需要的一些基础知识。由于本书旨在指导读者入门，所以当读者阅读本章时并不会感觉到吃力，因为全部都是讲解如何对系统代码的阅读和理解，并没有深入地讲解该系统是如何实现编程的。

另外，由于篇幅有限，本章并没有做系统测试。所以测试这部分希望读者自己动手，按照测试说明完成测试。

本章是模拟电信计费管理系统，主要用于教学和知识传播，并非用于商业用途。所以和真正的电信计费系统有很大的区别，只是完成了用户管理、号码管理、配置业务管理、开户管理以及登录和退出等功能。

第 13 章　练武恒为贵，技艺赖深思——不断对软件问题思考并处理

学武只有长期的练习并思考其中的道理才能够发现并弥补自己的不足，有所提高，同样道理，作为软件开发人员，也需要不断地对软件开发中遇到的问题思考并寻求解决的办法，才可以有所提高，有所收获。本章就介绍了在软件开发中遇到的异常的一些常用处理方法和经验。希望读者通过本章的学习，能够掌握 Java 的异常处理机制和一些常见的异常处理方法。

13.1　Java 中的异常处理机制

本节主要介绍 Java 中的异常处理机制，让着读者了解为什么要引入异常处理机制、什么是异常以及常见的异常类型和处理方法。

13.1.1　为什么要引入异常处理机制

我们的程序在编译或运行时可能会出问题，当出现问题的时候程序就死掉了，这样的程序健壮性不好。因此在 Java 中我们引入了异常处理机制，既保证能及时发现问题并加以纠正，又能保证程序不死掉。

Java 中保证程序健壮性的方式有如下三种。

- ❑　垃圾回收机制（保证不会发生内存泄露）。
- ❑　弃用指针（保证不能直接对底层进行操作）。
- ❑　异常处理机制（保证程序不会因发生异常而死掉）。

有过一些经验的开发人员都能体会到，在开发项目的过程中，核心业务代码只占了 20%～30%左右的时间，而用于开发容错代码的时间却高于 70%～80%，这大大降低了开发效率。Java 中提供的异常处理机制，可以很好地在一定程度上解决这个问题。

Java 中的异常处理机制，就是把通常的错误处理封装了，当有异常发生时，由系统进行接管，我们只要负责向上抛就可以（系统已有的异常）。

13.1.2　什么是异常

什么是 Java 语言的异常呢？ 从字面上理解，异常（Exception）就是超出了程序员预计的某些特殊情况，不在正常的情况之列。

异常的处理，对于 Java 程序是至关重要的，谈到异常，我们首先要提起的就是 Throwable。Throwable 类是 Java 语言中所有错误或异常的超类。只有当对象是此类（或其子类之一）的实例时，才能通过 Java 虚拟机或者 Java throw 语句抛出。

Throwable 类有两个直接子类：Error 和 Exception。Exception 类对象是 Java 程序处理或抛弃的对象。Java 提供了两种 Exception 的模式，一种是执行的时候所产生的 Exception（Runtime Exception），另外一种则是受控制的 Exception（Checked Exception）。

所有的 Checked Exception 均从 java.lang.Exception 继承而来，而 Runtime Exception 则继承 java.lang.RuntimeException 或 java.lang.Error（实际上 java.lang.RuntimeException 的上一层也是 java.lang.Exception）。它有各种不同的子类分别对应于不同类型的例外。其中类 RuntimeException 代表运行时由 Java 虚拟机生成的例外。

从程序的运作机制上看，Runtime Exception 与 Checked Exception 不一样；从逻辑上看，Runtime Exception 与 Checked Exception 在使用的目的上也不一样。一般而言，Checked Exception 表示这个 Exception 必须要被处理，也就是说程序设计者应该已经知道可能会收到某个 Exception（因为要 try catch 住），所以程序设计者应该能针对这些不同的 Checked Exception 做出不同的处理。

但是 Runtime Exception 通常会暗示着程序上的错误，这种错误会导致程序设计者无法处理，而造成程序无法继续执行下去。Java 的可控制异常处理是通过 5 个关键字来实现的：try、catch、throw、throws 和 finally。这些关键字的使用，我们下面会详细地讲解。

上面说了这么多，其实就是想告诉读者，程序的问题分为以下两类。

（1）错误（Error）：严重的错误，无法通过修改代码来处理。如 JVM 运行失败、线程池出错导致 JVM 无法正确运行。

（2）异常（Exception）：异常表示程序执行过程中出现的不正常的现象，可以通过修改代码来进行弥补。

13.1.3　异常的类型

当出现程序无法控制的外部环境问题（用户提供的文件不存在、文件内容损坏、网络不可用等）时，Java 就会用异常对象来描述。

1．Java中用两种方法处理异常

（1）在发生异常的地方直接处理。
（2）将异常抛给调用者，让调用者处理。

2．Java异常可分为3种

（1）检查性异常：java.lang.Exception。
（2）运行期异常：java.lang.RuntimeException。
（3）错误：java.lang.Error。
顶层是 java.lang.Throwable 类，检查性异常、运行期异常和错误都是这个类的子孙类。
java.lang.Exception 和 java.lang.Error 继承自 java.lang.Throwable，而 java.lang.Runtime Exception 继承自 java.lang.Exception。

❑ 检查性异常：程序正确，但因为外在的环境条件不满足引发。例如：用户错误及 I/O 问题——程序试图打开一个并不存在的远程 Socket 端口。这不是程序本身的逻辑错误，而很可能是远程机器名字错误（用户拼写错误）。对商用软件系统，程序开发者必须考虑并处理这个问题。Java 编译器强制要求处理这类异常，如果不捕获这类异常，程序将不能被编译。通常这种异常又叫编译时异常，如 IOException、SQLException 等以及用户自定义的 Exception 异常，一般情况下不自定义检查异常。

❑ 运行期异常：这意味着程序存在 bug，如数组越界、0 被除、入参不满足规范等等，这类异常需要更改程序来避免，Java 编译器强制要求处理这类异常。如 NullPointerException、IndexOutOf BoundsException 等，这些异常是不检查异常，程序中可以选择捕获处理，也可以不处理。这些异常一般是由程序逻辑错误引起的，程序应该从逻辑角度尽可能避免这类异常的发生。

❑ 错误：一般很少见，也很难通过程序解决。它可能源于程序的 bug，但一般更可能源于环境问题，如内存耗尽。错误在程序中无须处理，而由运行环境处理。

13.1.4　异常如何处理

如何处理异常？对异常的处理，有一条行之有效的默认规则：向上抛出——被调用类在运行过程中对遇到的异常一概不作处理，而是直接向上抛出，一直到最上层的调用类，调用类根据应用系统的需求和特定的异常处理规则进行处理，如向控制台输出异常堆栈信息，打印在日志文件中。用一句形象的话来说，就是谁使用，谁（最上层的调用类）处理。

异常处理的顺序如下。

（1）引发异常（检测异常情况并生成异常的过程叫引发异常）。

（2）捕获异常（当异常被引发时，可被处理程序捕获）。

（3）处理异常（上面的两个过程总称为处理异常）。

Java 异常处理涉及到 5 个关键字，分别是：try、catch、finally、throw 和 throws，一个异常处理块的通常语法形式如下所示。

```
Try{
//可能引发异常的语句
}
Catch(ExceptionType1 ex){
//获得此类异常信息并处理异常的代码
}
Catch(ExceptionType2 ex){
//获得此类异常信息并处理异常的代码
}
（注意：Catch 块的放置顺序，捕获子类异常放前面，捕获父类异常放后面）
......
Finally{
//一般为释放资源的语句
}
```

🔔说明：以上语法有 3 个代码块。try 语句块，表示要尝试运行代码，try 语句块中代码受异常监控，其中代码发生异常时，会抛出异常对象。

异常处理的代码执行顺序有如下两种。

（1）不发生异常时：执行完 try 块里的语句后跳过 catch 块，执行 finally 里面的语句；若 try 块中有 return 语句时，先执行 finally 里的语句，再执行 return；若 try 块中有 sistem.exit() 语句时，将直接结束程序，不执行 finally 里的语句。

（2）当发生异常时有如下几种情况。

❑ catch 语句带一个 throwable 类型的参数，表示可捕获异常类型。当 try 中出现异常时，catch 会捕获到发生的异常，并和自己的异常类型匹配，若匹配，则执行 catch 块中代码，并将 catch 块参数指向所抛的异常对象。

❑ catch 语句可以有多个，用来匹配多个中的一个异常，一旦匹配上后，就不再尝试匹配别的 catch 块了。通过异常对象可以获取异常发生时完整的 JVM 堆栈信息，以及异常信息和异常发生的原因等。

❑ finally 语句块是紧跟 catch 语句后的语句块，这个语句块总是会在方法返回前执行，而不管 try 语句块是否发生异常。目的是给程序一个补救的机会。这样做也体现 Java 语言的健壮性。

在程序中具体使用如下 3 种方式来处理异常。

（1）try…catch。程序运行产生异常时，将从异常发生点中断程序并向外抛出异常信息。最开始接触 Java 异常应该是从 Java 的关键字 try 和 catch 开始，try 语句中是尝试执行的代码，catch 对 try 语句中出现的异常进行捕捉处理，如下代码所示。

```
int x = (int)(Math.random()*5);
int y = (int)(Math.random()*10);
int[] z =new int[5];
try
{
System.out.println("y/x="+(y/x));
System.out.println("y="+y+"z[y]="+z[y]);
}
catch (ArithmeticException exc1)
{
System.out.println("算术运算异常:"+exc1.getMessage());
}
catch (ArrayIndexOutOfBoundsException exc2)
{
System.out.println("数据越界异常:"+exc2.getMessage());
}
```

💭说明：ArithmeticException 和 ArrayIndexOutOfBoundsException 都属运行期异常 java.lang.Runtime Exception，运行时异常如果不用 try…catch 捕获，程序也是可通过编译的；但如果异常是检查性异常 java.lang.Exception，必须而且一定要用 try…catch 对其进行处理，否则无法通过编译。

这里注意以下两点：

❑ try 语句中抛出的异常，必须是 AException 的实例或者 AException 子类的实例，否则不能捕获，即 catch 块的代码不会执行；

❑ try 和 catch 块中都可以主动抛出异常，或者通过 return 停止 method 方法的执行。抛出 Exception 的例子如下。

```
public boolean mothed() throws AException {
    try {
        return true;
    } catch (Exception e) {
        throw new AException(e.getMessage());
    }

}
```

catch 里面主动抛出异常就是此处不解决此异常，交给它的调用函数自己处理。一般不在 try 里面主动抛异常。

（2）finally。如果把 finally 块置于 try…catch…语句后，finally 块一般都会得到执行，它相当于一个万能的保险，即使前面的 try 块发生异常，而又没有对应异常的 catch 块，finally 块将马上执行。具体使用如下所示。

```
public boolean mothed() {
    try {
        //
        return true;
    } catch (Exception e) {
        //
        return false;
    }finally{
    }
}
```

和 try…catch 语句相比，这里多了 finally 关键字，表示必须执行的语句块，也就是说不管 try 是否执行成功，catch 是否捕捉到了 try 抛出的异常，finally 里面的语句都会被得到执行，通常用来释放资源。

这个地方就牵涉到一个问题了，执行 finally 以后，代码怎么执行？是执行 finally 语句块后面的语句还是跑回去执行 catch 或者 try 里面的语句呢？答案是都有可能。如果 try 正确执行，运行到了 return true 的地方，程序不会马上返回，而是乖乖执行 finally 里面的语句，执行完成以后（如果里面没有抛出异常或者 return 之类的），就会回到 return true 的地方，从而结束 method 方法；如果是 try 里面出现了异常，被 catch 捕获，然后运行到 return false 处，同样也不会立即返回，也是执行 finally 里面的内容，然后回到 return false 处结束调用。如果 try…catch 里面都没有返回或者抛出异常，那么就只有执行 finally 块后面的代码了。

以下情形，finally 块将不会被执行。

❑ finally 块中发生了异常。

❑ 程序所在线程死亡。

❑ 在前面的代码中用了 System.exit()。

❑ 关闭 CPU。

（3）多个异常的处理规则。

定义多个 catch 可精确地定位异常。如果为子类的异常定义了特殊的 catch 块，而父类的异常则放在另外一个 catch 块中，此时，必须满足以下规则：子类异常的处理块必须在父类异常处理块的前面，否则会发生编译错误。所以，越特殊的异常越在前面处理，越普遍的异常越在后面处理。这类似于制订防火墙的规则次序：较特殊的规则在前，较普通的规则在后。

自己也可以定义并抛出异常,方法是两步:创建异常和抛出异常(首先实例化一个异常对象,然后用 throw 抛出)合在一起。

throw new IOException(异常说明信息)。将创建异常和抛出异常合在一起的好处是:创建异常时,会包含异常创建处的行信息,异常被捕获时可以通过堆栈迹(stack Trace)的形式报告这些信息。如果在同一行代码创建和抛出异常,对于程序的调试将非常有用。所以,throw new XXX()已经成为一个标准的异常抛出范式。

在定义一个方法时,方法块中调用的方法可能会抛出异常,可用上面的 throw new XXX()处理。如果不处理,那么必须在方法定义时,用 throws 声明这个方法会抛出的异常。

13.1.5 异常处理注意的问题

所谓异常处理时注意的问题,实际就是 Try Catch Finally 的使用以及 throw、throws 关键字的使用,过程所注意的问题。

1. Try Catch Finally使用时应注意的问题

- try、catch 和 finally 三个语句块均不能单独使用,三者可以组成 try…catch…finally、try…catch 和 try…finally 三种结构,catch 语句可以有一个或多个,finally 语句最多一个。
- try、catch 和 finally 三个代码块中变量的作用域为代码块内部,分别独立而不能相互访问。如果要在三个块中都可以访问,则需要将变量定义到这些块的外面。
- 多个 catch 块的时候,只会匹配其中一个异常类并执行 catch 块代码,而不会再执行别的 catch 块,并且匹配 catch 语句的顺序是由上到下。

2. throw、throws关键字的用法和对比

- throw 关键字是用于方法体内部,用来抛出一个 Throwable 类型的异常。如果抛出了检查异常,则还应该在方法头部声明方法可能抛出的异常类型。该方法的调用者也必须检查处理抛出的异常。如果所有方法都层层上抛获取的异常,最终 JVM 会进行处理,处理也很简单,就是打印异常消息和堆栈信息。如果抛出的是 Error 或 RuntimeException,则该方法的调用者可选择处理该异常。
- throws 关键字用于方法体外部的方法声明部分,用来声明方法可能会抛出某些异常。仅当抛出了检查异常,该方法的调用者才必须处理或者重新抛出该异常。 当方法的调用者无力处理该异常的时候,应该继续抛出,而不是囫囵吞枣一般在 catch 块中打印一下堆栈信息做个勉强处理。
- 一般来说,写了 throw 一定要写 throws,而写了 throws 不一定要写 throw。

3. throw、throws关键字用法举例

throw、throws 关键字的用法,举例如下。

```
public static void test() throws Exception{
//抛出一个检查异常
```

```
throw new Exception("方法 test 中的 Exception");
}
```

13.2　应用中常见异常处理

下面是 Java 中几个基本异常，是我们调试程序时经常会遇到的，有必要熟记于心。

❑ ArithmeticException：当出现异常算术条件时产生。

❑ NullPointerException：当应用程序企图使用需要的对象处为空时产生。

❑ ArrayIndexOutOfBoundsException：数组下标越界时产生。

❑ ArrayStoreException：当程序试图存储数组中错误的类型数据时产生。

❑ FileNotFoundException：试图访问的文件不存在时产生。

❑ IOException：由于一般 I/O 故障而引起的，如读文件故障。

❑ NumberFormatException：当把字符串转换为数值型数据失败时产生。

❑ OutOfMemoryException：内存不足时产生。

❑ SecurityException：当小应用程序（Applet）试图执行由于浏览器的安全设置而不允许的动作时产生。

❑ StackOverflowException：当系统的堆栈空间用完时产生。

❑ StringIndexOutOfBoundsException：当程序试图访问串中不存在的字符位置时产生。

13.2.1　java.lang.nullpointerexception 异常

作为一个 Java 程序员，特别是刚入门或初学者，遇到的最多的异常我想应属 java.lang.NullPointerException，当然这是不可避免的。不管你是多老的程序员，写的程序也不能保证不出现这个异常。但不可杜绝，并不代表不可避免、不可减少其出现的概率。下面我就本人的实际经验探讨下如何尽量避免其出现，首先看常见的出现该异常的原因。

1. 常见的出现该异常的原因

（1）对 Java 对象不熟悉，特别体现在初学者及刚入门者身上。如：类的成员还是对象的时候，初学者往往不知道如何初始化成员对象，结果导致对象未初始化就调用。

（2）数据是从外部获取，如数据库，取出数据后不检查就直接调用，常发生在用 Hibernate 等 ORM 工具取完数据后数据展示部分。

（3）Java 代码编写习惯。编写类方法不对方法参数进行检查就使用。

（4）引入外部包，而没有引入外部包的依赖包。

（5）另外就是个人粗心，这是最大的原因，特别是对于有一定编程经验的人来说最容易出现。

2. 常见的出现该异常的解决方法

针对前面的常见的出现该异常的原因，对应的解决方法如下。

（1）第一类属于 Java 基础不牢，建议多做练习，熟悉 Java 对象生命周期的相关知识。如 Java 对象内存分配、堆与栈、Java 初始化过程等。

（2）在外部读入数据的话，建议在读入数据后就检查其是否为 null。当然有时候也根据需求来定，但使用前必须做好检查工作。

（3）跟编程经验有相当关系。公用的方法，一般使用前检查参数，该抛出异常的抛出异常，该用默认值的用默认值处理。一些私有方法，人们因为觉得只有自己使用，自己控制不传人 null 值就可以，懒得去检查空异常。确实我自己也常这样干，但发现自己写的，但自己却总保证不了不传入空。所以建议使用前检查，但可以不抛出异常，可使用断言，自己用默认值处理掉。

（4）引入外部包出现 NullPointerException，随着各种框架的发展而越来越常见。主要是人们盲目引用各种包，而不去详细评估引用包的效果，及不去了解所引入包的依赖包。现在有 maven 工具，如果使用它构建工程的话，依赖报错可能就会少点了。

（5）粗心，这个就没办法了，相信没几个人改得了。并且因为粗心而出现的 bug，自己往往很难找出原因，这时可以借下团队的力量，可以让同事帮你去找，可能很快就找到了。如果不行就只好重新走读代码了。

3．如何找NullPointerException 出错代码

NullPointerException 异常找出出错位置还是比较容易的，Java 的异常链机制可以让你很快找到错误代码所在。这里提醒一点，千万不要使用如下的代码捕获异常。

```
try {
 代码;
}catch(Exception){}
```

因为这样的代码出错了控制台不报，log 打不出来，你怎么都不会找到的。

13.2.2　ArithmeticException 异常

public class ArithmeticException extends RuntimeException，当出现异常的运算条件时，抛出此异常。例如，一个整数"除以零"时，抛出此类的一个实例。

一般情况下遇到此异常都会想到除数为 0 的情况，在使用 BigDecimal 数据类型进行计算时，会有 3 种情况抛出 ArithmeticException，分别如下。

（1）当除数为 0 时，这种情况比较常见，所以我们在进行除法运算之前先判断下除数是否为 0。

（2）如果运算的结果是无限循环的小数，并且在除的时候没有对结果设置精确的位数，这时就会抛出异常，这种情况比较容易被忽视，抛出异常后一般都会考虑是否为 0，因此，要特别注意！

（3）当我们设置了结果的舍入模式是 ROUND_UNNECESSARY 模式时，如果确保了计算的结果是精确的，则不会抛出异常，否则，就会抛出 ArithmeticException 异常！

在进行金额等比较敏感的数据运算时，我们可以用 BigDecimal 类进行运算，即java.math.BigDecimal。此类为我们提供了 4 种构造方法，我们常用的两种是：BigDecimal（double）和 BigDecimal（String）。

例如下面的代码。

```
System.out.println (new BigDecimal(1.01));
System.out.println (new BigDecimal("1.01"));
```

输出结果如下。

```
1.0100000000000000088817841970012523233890533447265625
1.01
```

由此我们可以看到，要进行精确的计算，必须使用 BigDecimal（String val）。

13.2.3　java.lang.arrayindexoutofboundsexception 异常

在学习 Java 的过程中，不管你是新手还是工作很多年的老手，都会遇到这个异常错误。这里就来简单地介绍下数组越界的异常错误，主要是帮助新人认识下这个异常。该异常在编译的时候不会出错，在运行的时候才会报错。

大家看如下代码。

```
public class a {
    public static void main(String args[])
    {
        int[] i={1,2,3,4,5};

        for(int j = 0 ; j < 6 ; j++)
        {
            System.out.println(i[j]);
        }
    }
}
```

这是一段想要遍历整个数组所有元素的代码，但是因为种种原因在 for 循环中计算错了控制量 j 的取值范围，编译的时候并不会出现错误，但是在运行时却会报如图 13-1 所示错误。

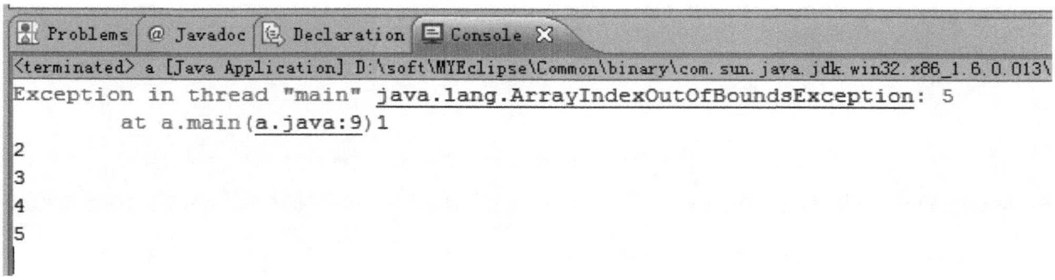

图 13-1　arrayindexoutofboundsexception 异常错误

这就是数组越界报出的异常，原因就在于数组 i{1，2，3，4，5}中一共有 5 个元素，但是在 for 循环中却遍历了数组 6 次，很明显访问越界了，但是就整段代码来讲并没有语法上的错误。那么在遍历数组的时候，为了避免此类错误的发生，建议读者将 for 循环中 j < 6 替换为 j < i.length 。也就是说尽量让电脑自己计算数组长度，从而避免自己在写代码的过程中出现这些虽小但是却很讨厌的错误，所以细节决定成败。

正确代码如下。

```
public class a {
    public static void main(String args[])
    {
            int[] i={1,2,3,4,5};

            for(int j = 0 ; j < i.length ; j++)
            {
                    System.out.println(i[j]);
            }
    }

}
```

运行结果如图 13-2 所示。

图 13-2　正确程序运行结果

13.2.4　java.lang.classnotfoundexception 异常

public class ArrayStoreException extends RuntimeException，表示向一个对象数组存放一错误类型的对象时的异常。例如，下面代码将产生一个 ArrayStoreException 异常，如下所示。

```
Object x[] = new String[3];
x[0] = new Integer(0);
```

产生的错误如图 13-3 所示。

```
🗗 Problems  @ Javadoc  🔍 Declaration  🖃 Console  ✕
<terminated> ch13_4 [Java Application] D:\soft\MYEclipse\Common\binary\com.sun.java.jdk.win32.x86_1.6.0.
Exception in thread "main" java.lang.ArrayStoreException: java.lang.Integer
        at ch13_4.main(ch13_4.java:6)
```

图 13-3　ArrayStoreException 异常

那么这样的异常怎么避免呢？关键就是元素的内容要正确。在上面的代码中使用字符串空间存放整型对象，不匹配造成异常了。

再看看下面的代码。

```
private Object[] objects;
```

```
....
objects = new ObjectSet[size];
```

很明显这里用父类的引用指向了子类的实现，那么给每个元素赋值的时候只能赋这个子类对象及这个子类的后代。但又将 object 赋值给它，那么就必须向下转型。

13.2.5　FileNotFoundException 异常

一般是因为你的程序里用到 File 类，对文件进行操作，根据 Java 的异常机制，throws FileNotFound Exception 是指该文件没有找到，例如下面的代码所示。

```
File file =new File ("c:\Test.doc")
```

抛出该异常时，说明 C 盘中的 Test 文档没有找到或者不存在。

例如：void read(File f) throws FileNotFoundException

用这个方法的时候要用 try/catch 来处理有可能出现的错误。具体代码如下。

```
try {
read(file);
} catch(FileNotFoundException e) {
 //如果找不到文件的话就会执行这里的程序
}
```

13.2.6　其他常见异常

由于异常的种类很多，在这里就不一一举例介绍了，下面列出一些其他常见的异常，以供初学者了解。

Java 中的异常分为运行时异常和编译时异常，运行时异常只有在程序运行时才会出现，在编译阶段不会出现该异常。

如表 13-1 所示，列出了 Java 的 java.lang 中定义的运行时异常的名称和说明。

表 13-1　Java的java.lang中定义的运行时异常表

异　　常	说　　明
ArithmeticException	算术错误，比如被 0 除
ArrayIndexOutOfBoundsException	数组下标出界
ArrayStoreException	数组元素赋值类型不兼容
ClassCastException	非法强制转换类型
IllegalArgumentException	调用方法的参数非法
IllegalMonitorStateException	非法监控操作，如等待一个未锁定线程
IllegalStateException	环境或应用状态不正确
IllegalTheadStateException	请求操作与当前线程状态不兼容
IndexOutBoundsException	某些类型索引越界
NullPointerException	非法使用空引用
NumberFormatException	字符串到数字格式非法转换
SecurityException	试图违反安全性
StringIndexOurOfBounds	试图在字符串边界之外索引
UnsurpportedOperationException	遇到不支持的操作

如表 13-2 所示，列出了 Java 的 java.lang 中定义的编译时异常的名称和相应的说明。

表 13-2　Java的java.lang中定义的编译时异常表

异　　常	说　　明
ClassNotFoundException	找不到类
CloneNotSupportedException	试图克隆不能实现 Cloneable 接口的对象
IllegalAccessException	对一个类的访问被拒绝
InstantiationException	试图创建一个抽象类或抽象接口的对象
InterruptedException	一个线程被另一个线程中断
NoSuchFieldException	请求的字段不存在
NoSuchMethodException	请求的方法不存在

异常处理可以捕获，还可以实现 Throwable 抛出。如表 13-3 所示，给出了在 Throwable 类中常用的核心方法以及方法的功能。

表 13-3　Throwable类中常用的核心方法表

方　　法	描　　述
Throwable fillInStackTrace()	填充该执行堆栈跟踪
String getLocalizedMessage()	创建该可引发类的本地化描述
String getMessage()	返回该可引发对象的错误消息字符串
Void printStackTrace	将可引发类及其反向跟踪打印到标准错误输出流
Void printStackTrace(PrintStream s)	将该可引发类及其反向跟踪打印到指定的打印流
Void printStackTrace(PrintWriter s)	将该可引发类及其反向跟踪打印到指定的打印机
String toString	返回关于该可引发类的简短描述

13.3　对开发者的建议

至这里，已经将异常的处理和主要的常见异常介绍完了，下面我就处理异常的一般原则以及如何在 Java Web 项目中设计一个高效合理的异常处理框架做一下介绍，希望能够给读者一定的启发和帮助。

13.3.1　异常处理的一般原则

（1）能处理就早处理，抛不出去还不能处理的就想法消化掉或者转换为 RuntimeException 处理。因为对于一个应用系统来说，抛出大量异常是有问题的，应该从程序开发角度尽可能地控制异常发生的可能。

（2）对于检查异常，如果不能行之有效地处理，还不如转换为 RuntimeException 抛出。这样也让上层的代码有选择的余地——可处理也可不处理。

（3）对于一个应用系统来说，应该有自己的一套异常处理框架，这样当异常发生时，也能得到统一的处理风格，将优雅的异常信息反馈给用户。

13.3.2　异常的转译与异常链

所谓的异常转译就是将一种异常转换为另一种新的异常，也许这种新的异常更能准确表达程序发生的异常。

在 Java 中有个概念就是异常原因，异常原因是导致当前抛出异常的那个异常对象，几乎所有带异常原因的异常构造方法都使用 Throwable 类型作参数，这也就为转义异常提供了直接的支持，因为任何形式的异常和错误都是 Throwable 的子类。比如将 SQLException 转换为另外一个新的异常 DAOException，可以这么写：先自定义一个异常 DAOException。

```
public class DAOException extends RuntimeException {
//一般来说都要写以下 4 个构造方法
public DAOException() {
super();
}
public DAOException(Exception ex) {
super(Exception ex);
}
public DAOException(Throwable th) {
super(Throwable th);
}
public DAOException(String str) {
super(String str);
}
}
```

比如有一个 SQLException 类型的异常对象 e，要转换为 DAOException，可以这么写：

```
DAOException daoEx = new DAOException ( "SQL异常" e);
```

异常链，顾名思义就是将异常发生的原因一个传一个串起来，即把底层的异常信息传给上层，这样逐层抛出。

当程序捕获到了一个底层异常，在处理部分选择了继续抛出一个更高级别的新异常给此方法的调用者。这样异常的原因就会逐层传递。这样，位于高层的异常递归调用 getCause() 方法，就可以遍历各层的异常原因。这就是 Java 异常链的原理。异常链的实际应用很少，发生异常时逐层上抛不是个好注意，上层拿到这些异常又能奈之何？而且异常逐层上抛会消耗大量资源，因为要保存一个完整的异常链信息。

13.3.3　设计一个高效合理的异常处理框架

对于一个应用系统来说，发生的所有异常在用户看来都是应用系统内部的异常。因此应该设计一套应用系统的异常框架，以处理系统运行过程中的所有异常。

基于这种观点，可以设计一个应用系统的异常比如叫作 AppException。并且对用户来说，这些异常都是应用系统运行时发生的，因此 AppException 应该继承 RuntimeException，这样系统中所有的其他异常都转译为 AppException，当异常发生的时候，前端接收到 AppExcetpion 并做统一的处理。异常处理框架如图 13-4 所示。

在这个设计图中，AppRuntimeException 是系统异常的基类，对外只抛出这个异常，这个异常可以由前端（客户端）接收处理，当异常发生时，客户端的相关组件捕获并处理这些异常，将"友好"的信息展示给客户。

在 AppRuntimeException 下层，有各种各样的异常和错误，最终都转译为 AppRuntimeException。AppRuntimeException 下面还可以设计一些别的子类异常，比如

AppDAOException、OtherException 等，这些都可根据实际需要灵活处理。再往下就是如何将捕获的原始异常比如 SQLException、HibernateException 转换为更高级一点 AppDAOException。

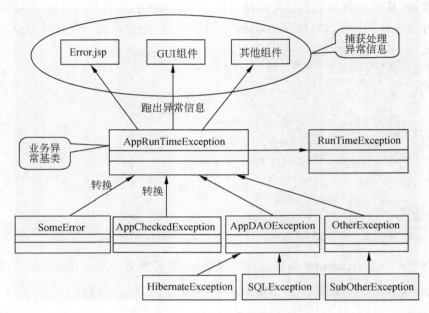

图 13-4　异常处理框架图

有关异常框架设计这方面，公认比较好的就是 Spring，Spring 中的所有异常都可以用 org.springframe work.core.NestedRuntimeException 来表示，并且该基类继承的是 RuntimeException。Spring 框架很庞大，因此设计了很多 NestedRuntimeException 的子类，还有异常转换的工具，　这些都是非常优秀的设计思想。

13.4　本章小结

异常是程序运行过程中出现的错误，在 Java 中用类来描述，用对象来表示具体的异常。Java 将其区分为 Error 与 Exception，Error 是程序无力处理的错误，Exception 是程序可以处理的错误。异常处理是为了程序的健壮性。

- ❑ Java 异常类来自于 Java API 定义和用户扩展，通过继承 Java API 异常类可以实现异常的转译。
- ❑ 异常能处理就处理，不能处理就抛出，最终没有处理的异常 JVM 会进行处理。
- ❑ 异常可以传播，也可以相互转译，但应该根据需要选择合理的异常转译的方向。
- ❑ 对于一个应用系统，设计一套良好的异常处理体系很重要。这一点在系统设计的时候就应该考虑到。

第 5 篇　扩展篇

第 14 章　超越自我，眼界开阔——移动 Web 开发新领域

2012 年已经成为了历史，尽管传谣末世，尽管这一年全球经济持续低迷，但移动互联网市场仍然保持着高速增长的态势，资本市场和 TMT 产业迎来一场深层次的商业变革。2012 年，移动支付、智能语音、NFC、HTML5、二维码等新技术逐渐得到市场认可，相关产业链的创业热潮也逐渐形成。与此同时，伴随着移动互联网的高速增长态势，移动 Web 已经从传统的互联网 Web 领域脱颖而出，进入了一个崭新的领域，给 Web 开发带来了新的契机。本章就带领读者一块走进移动 Web 领域的新天地。

14.1　移动 Web 开发概述

移动 Web 开发被称为"第五次工业革命的原动力"，它以易于开发，新用户易上手，开发周期相对短；自动更新，只要服务器端更新后，所有移动设备也一起更新；可充分利用现有 Web 内容等优点已经受到越来越多人重视。那么移动 Web 开发是什么，它有哪些优点，如何进行移动 Web 开发，等等，这里我们就向读者详细介绍一下。

14.1.1　什么是移动 Web 开发

移动 Web 开发，顾名思义就是用传统 Web 技术（如 HTML、JSP、JavaScript 等）开发移动应用。目前有两种方式：一种是纯网页的开发，另一种是基于 Web 的伪本地应用。下面就来介绍一下这两种方式。

1. 纯网页开发

纯网页开发是用户通过在浏览器中输入网址访问，利用 HTML 5 等技术可以做到离线存储、地理位置跟踪等，缺点是无法访问终端本地 API，如：摄像头、文件系统、手机联系人等。

2. 基于Web的伪本地应用

Web 程序被打包成本地应用安装在移动终端。比如生成 Android 的 APK 安装包，可以发布在各大 Market 市场。优点是理论上可以访问终端几乎所有 API，但是需要移动中间件的支持。这种方式也是本章主要要介绍的。

上文提到移动中间件，那么什么是移动中间件呢？

移动中间件是连接不同的移动应用、程序和系统的一种软件。移动中间件实际上隐藏

了多种复杂性：在移动环境下工作的复杂性，允许设备对设备的流畅交互的复杂性，移动与计算机集成的复杂性和移动应用开发的复杂性。

和其他的中间件一样，移动中间件也是通过提供信息服务来使不同的应用之间进行通话的一个典型。随着多样化的平台和设备进入到移动空间，移动中间件已经变得越来越重要。随之而来的结果就是，众多移动中间件厂商纷纷提供开发服务，以解决快速增长的移动硬件与移动软件市场的需要。例如 PhoneGap 就是一款比较优秀的研究移动中间件。

14.1.2 移动 Web 开发总体架构

移动 Web 开发总体架构，按照程序执行顺序为：移动 Web UI 框架（SenchaTouch、jQuery Mobile 等）→移动中间件（PhoneGap）→操作系统（Android、IOS、BlackBerry、Symbian 和 WebOS）。

从左到右，表示程序执行过程中，框架所处的位置，PhoneGap 处于页面和操作系统之间。上面的很多新兴名词也许读者还未可知，下面我就简单地介绍一下。

1. SenchaTouch

支持平台相对不多：iPhone、Android 和黑莓，但是功能强悍，可以简单看成 Ext 在移动设备的移植版本，如果你熟悉 Ext 框架会用起来非常顺手。像我这样的不喜欢写 div 布局页面的程序员比较喜欢，因为纯 JavaScript 搞定页面布局，丰富的组件支持，华丽的页面效果，但是需要考虑性能问题。

2. JQuery Mobile

Dreamweaver 集成该框架和 PhoneGap，该组合是前端开发人员最易入手的移动应用开发平台，JQueryMobile 支持很多平台，如 iOS、Android、Windows Phone 、Blackberr 和 Symbian 等。

14.1.3 移动互联网的现状

2012 年，iPhone 和 Android 大行其道，而与之相适配的移动支付、智能语音、NFC、HTML 5、二维码等新技术、新软件也迎来野蛮式的成长，人类生活方式与社会文明将会受到深远影响。而在移动 Web 开发中，发力最大的当属 HTML 5，下面就介绍一下这些技术的发展现状。

1. HTML 5

HTML 5 对于很多开发者来说，这项技术可多设备、跨平台地应用。基于该技术开发的 Web App 相较于原生 app 优势很明显，支持视频、动画、图形、多种样式、排版、数字出版和其他工具，致使以触屏页面为代表的 Web App 将是移动互联网下一个热点。

开发者只需推出一款 HTML 5 的游戏，可以推广 Opera 的游戏中心、Facebook 应用平台，还可通过封装的技术发放到苹果 App Store 和安卓市场上，省时省力。

所以 2013 年，很可能是 HTML 5 迎来大爆发的一年，谷歌、苹果、微软等巨头都对 HTML 5 持积极推进态度。国内的腾讯、UC、奇虎 360 等公司也不断推出基于 HTML 5 的移动端产品。

2．移动支付

据报告显示，2012 年全球移动支付总额将超过 1715 亿美元，用户超 2 亿，预估到 2016 年，移动支付将形成 6170 亿美元的市场，用户规模也将增至近 4.5 亿。

而在国内，移动支付进展也是如火如荼，中国联通与招商银行合作提供"手机钱包"服务，手机在 POS 机上一划即可轻松实现交易；建行和银联推出的银联手机支付，以及农行与银联、中国电信合作的"掌尚钱包"，杭州、成都、青岛等地先后启动了使用支付宝付打车款业务，实现"即拍即付"。

移动支付将更加直接地影响和改变人类的消费方式，其上下游产业链尤其是移动电商将迎来难得的发展时机。

14.1.4　主流移动 Web 开发框架

Java Web 企业开发有框架，而移动 Web 开发亦有自己的框架。下面我就向读者介绍一下移动 Web 四大主流开发框架，其中既有我们耳熟能详的 JQuery Mobile，也陌生的 iUI、jQTouch 和 Sencha Touch。

1．iUI

它是一个 JavaScript 和 CSS 库，用于在网页中模拟 iPhone 的外观和感觉。虽然是专为 iPhone 设计的 UI，但在 Android 上 90%以上的功能是完全可以使用的，因为 Android 和 iPhone 一样，都是基于 WebKit 浏览器的系统。

2．QTouch

是一个用于移动 Web 开发的 jQuery 插件，支持 iPhone、iPod Touch 和其他一些基于 WebKit 的系统。

3．Sencha Touch

可以让你的 Web App 看起来像 Native App。美丽的用户界面组件和丰富的数据管理，全部基于最新的 HTML 5 和 CSS 3 的 Web 标准，全面兼容 Android 和 Apple iOS 设备。它是 extjs 整合 jQTouch 和 Raphaël 库的产物。

4．jQuery Mobile

也就是 jQuery 针对移动设备的版本，目前还在紧张的开发中，预计会近期发布。jQuery Mobile 主要包括针对移动设备的 jQuery Core 和 jQuery UI。支持目前主流的移动操作系统 Android、iPhone、Symbian、Blackbery 和 WebOS 等。

14.1.5　移动 Web 开发前景

2012 已经过去，移动互联网谁登上了诺亚方舟？　腾讯依靠微信拿到通往移动互联网的船票，无数的创业者却倒在了黎明到来的前夜，还有更多的 PC 互联网巨头在纠结中痛苦挣扎，这就是整个 2012 年移动互联网行业的残酷现实。

从长期来看，移动互联网依旧非常被看好。2013 年，整个移动互联网市场将会仍然保持高速增长，甚至首批上市的移动互联网公司将涌现。只是，这胜利的果实，并不属于大多数创业者。

2011 年资本是在对移动互联网进行布局，大家在抢地盘，讲究投资项目要快。2011 年可以称作移动互联网元年，因为 2010 年移动互联网还看不出苗头，而在 2011 年，大批移动互联网公司获得融资，由于讲究投资速度，许多事后被验证为不好的移动互联网项目也拿到了融资，一时间，移动互联网的创业和投资达到了疯狂的地步。

而进入到 2012 年，资本开始迅速转冷。最直接原因是美国资本市场遇冷，大批排队到美国上市的中国公司 IPO 暂停，导致许多基金无法套现，也没有新的资金再去投资新的创业项目。2011 年的时候，市场上好的移动互联网创业项目较少，而钱很多，而 2012 年创业项目大量增加，钱却减少了，供需变化导致了创业项目估值缩水。

尽管如此，受惠于智能手机的大爆发红利，大多数移动互联网公司今年仍然获得了快速发展。得益于智能手机的爆发，移动 Web 开发也必将火爆升起。所以对于移动 Web 开发的前景将是非常光明的。

14.1.6　移动 Web 开发需要什么

可能对于入门者都有这样的想法，移动 Web 开发需要什么？我对读者的回答就是：一切以用户体验为中心。

我们在开发移动 Web 应用时，由于移动设备的本身特点和使用人群，所以要考虑移动化用户体验的诸多特点。当然，不仅局限于移动 Web，同样包括 App 等所有移动应用。那么移动中的用户体验重点在哪里呢？与传统的桌面程序有什么重大的不同？

我们说给那些移动设备做开发，不如说是给移动的人做开发。看看那些移动设备的使用场合吧，地铁、机场、休息室，无不代表了一个移动中的人。如果说用户体验是主观的话，显然要受用户这种移动的状态的影响。

（1）简单，易懂。对于移动的用户，意味着用户可能手头有其他的事情，即使是在休息室，他们也可能需要听着医生的召唤，或者等着孩子从补习班出来，亦或在嘈杂的环境中想进行电话会议。这带给我们的设计启示是什么呢？你的设计必须是简单且容易识别的，容易阅读、抓住注意力或者支持用户进行其他的操作。如果你正被别的事情打扰，你用来找东西的大脑细胞是会大大减少的。

（2）轻松，愉快。这里的轻松是用户需要一种放松的状态，当然最贴切的场景就是在家里使用移动设备娱乐。所以也要考虑这样的用户体验：用户想要的是放松，不想把太多精力投入到移动设备中去，所以如果这些需要太多操作，过于复杂或者干扰性，就可能引发用户的反感。

（3）适时，适宜。需要考虑的另外一个心理状态是，人们使用移动设备和阅读内容都是面向任务的。无论用户在路上或是家里，他们一般都关注于完成一项任务。如果任务很长，我们应该想些什么办法？

开始你的移动设计之前，我们要离开现有的网站，与我们的客户好好聊聊下面这几个问题。

❑　网站使用者会在什么情况下使用移动网站?

❑　他们使用的环境是怎样的?

❑　他们期待完成什么样的任务?

你也许会认为某些内容很重要,但这很可能是错的,永远正确的人是用户。在一个小小的屏幕中,约束和限制会更加严格。此时用户的需求比以往任何时候都更有决定作用。

14.2　移动 Web 开发方向

如今的移动应用火速发展,层出不穷,在这些新兴应用当中,有一些项目的设计寿命周期较短,其中尤以旅游指南类应用为甚;而其他应用则往往能够在未来的数年内持续发挥作用。而以增强现实类阅读器为代表的一类应用则需要不断收集实时信息、访问手机的各项底层功能,例如用户当前地理位置、摄像头、陀螺仪及运动传感器等等。

另有一些应用则对移动设备的屏幕尺寸及用户手势操作方案提出更高的要求。尽管应用程序林林总总,但它们都具备一大共同点,即每家企业都希望以尽可能低廉的成本与最短的周期来进行应用开发,而且需要应用产品能够运行于多种系统平台之上——至少要支持 Android、iOS 以及 Windows Phone。

14.2.1　选择适合自己的移动 Web 开发方向

那么面对这些应用和平台,我们又如何选择适合我们自己的移动 Web 开发方向?

要想做出正确决策,关键在于认真评估移动 Web 应用程序产品在当前及未来所要面对的潜在需求,并在满足用户需求与缩短应用开发周期之间找出恰到好处的平衡点。在如今 IOS、Android 和 Windows Phone 三分天下的时代,我们的应用程序绝不能只针对某一款特定系统平台。应该积极接纳多种开发平台,满足各类用户群体的心理预期才是合理的发展方向。在本小节中,我将与读者讨论如何才能针对我们的移动开发需求选择正确的开发方向。

移动应用开发方案分为三种不同类型,即 Native、Web 与 Hybrid。要想明智地选择开发方案,首先要对三者的优势与缺点了然于胸,这样我们才能决定应用程序的复杂程度并选择产品的目标运行设备。

如今的应用开发最基本的跨平台特性也需要支持至少三大主流系统,这就意味着我们的应用程序开发成本也将随之提高。即使我们在经过谨慎的市场调查后决定在特定的某一款移动操作系统上全力一搏,整个开发过程的时间及资金成本仍然不小。总而言之,跨平台特性带来的开销绝不是可以忽略不计的,因此大家必须认真权衡成本、人力投入以及产品交付周期,看看跨平台到底能不能为我们赚回钞票和用户。

纯 Native 应用能够提供最理想的设备契合度与用户体验,但却对开发人员的技术水平有着严格要求,同时也需要投入大量时间。

纯 Web 类应用程序,包括那些利用 WebKit 伪装成 Native 应用的类型——在部署效率方面效果拔群,但局限性也同样明显。

Hybrid 型应用程序开发也应时而生，它将 Native 预创建容器与动态 Web 代码加以结合，试图打造兼具二者优势的新型开发方案。然而一旦采取这种方案，我们的整个开发流程就会被束缚在特定的某一家软件服务商身上，由此带来的局限性与问题同样令人头痛。

因为大家刚刚开始与移动应用开发工作打交道，希望能够以测试为监控工具严格按照预期的时间及规划进行产品研发，那么请务必重视自己这次开发的机会。我们一方面要努力在预定周期内完成开发工作，另一方面则要降低对于功能性的预期，以朴实稳健的态度完成自己的第一款移动应用。

由于本书介绍的是 Java Web 开发入门，由于篇幅原因，下面就主要介绍一下第二类方案——纯 Web 类应用程序。

14.2.2　纯 Web 类应用程序

第二类方案受到热烈的追捧，是以 Web 为基础的开发模式。这类应用程序产品其实并不是严格意义上的应用，而是为特定网站量身订制出的特殊软件，能够模拟出应用程序所应该具备的外观与使用感受。

1. Web类应用程序优点

时至今日，这仍然是最便捷的开发方案，而且应用程序逻辑可以轻松迁移到各种不同类型的操作系统平台之上。在 iOS 设备中，我们甚至可以利用"添加到主屏幕"功能将当前 Web 应用的浏览器快捷方式放置在主界面中，这会进一步让用户产生 Web 应用与 Native 应用并无本质差别的感觉。

Web 类应用程序通常依赖于 JavaScript 的客户端编程能力。JavaScript 具备成熟的程序体系与面向对象的语言功能，与客户端 Java Applets 不同，JavaScript 能够支持几乎所有类型的移动浏览器。只要采用开源 JavaScript 框架，我们就能大大简化移动 Web 应用程序的编码流程，因为该框架能够提供大量预置的用户界面元素以及一套完善的 MVC 应用程序模板。

目前可供挑选的此类 JavaScript 框架很多，其中的佼佼者包括 Ext JS（现在更名为 Sencha）、JQuery Mobile 以及 The-M-Project。JavaScript 框架使用起来非常简单，基本上跟在 JavaScript 应用程序中添加框架的.js 文件或者在自己的 JavaScript 代码中添加框架功能差不多。正因为如此，我们完全不必对自己的 IDE 做出任何更改，这就使得 Web 应用开发的学习曲线非常亲民、可谓包教包会。

与 Native 开发模式对于程序员个人技能的严格要求不同，Web 应用程序提出的唯一考核标准就是大家得懂 Web 开发：HTML 5、CSS 以及 JavaScript，另外再了解一些诸如 Java、PHP 或者 Ruby 之类的服务器端语言即可。由于应用程序整体在 Web 中运行，因此我们可以随时对其加以更新，而无需对应用进行二次发布。

Xpous 公司推出的 iGenApps 售价 9.99 美元，能够为用户提供一套完全不必跟代码打交道的简易 Web 应用程序开发方案，而且成品能够顺利运行于 Android 与 iOS 两大主流平台。为了迎合小型企业对于应用程序低复杂性与廉价开发成本的需求，iGenApps 应运而生，它使得企业用户能够创建基于 Web 的移动设备应用产品。所有应用程序都被托管在 Xpous 公司的服务器上，并通过电子邮件中的 HTML 链接进行发布。收件人只需将该链接添加到浏览器主页的快捷图标中即可。

Adobe 公司的免费工具 PhoneGap 同样体现了 WebKit 的发展战略——它使得用户能够在服务器端完成应用程序代码的编写，然后将成果直接发布到多种移动操作系统当中，整个过程快捷而便利。PhoneGap 利用插件对基础 shell 进行了大幅强化，使其能够模拟多种 Native 界面效果，进而为用户带来更为逼真的 Native 使用体验。

2．Web 类应用程序缺点

当然 Web 应用程序同样也存在缺点，说了这么多 Web 应用程序的好处，再来谈谈缺点吧。虽然这类应用在外观与使用感受上与 Native 应用差别不大，但性能表现却往往大打折扣。由于用户通过设备上的 Web 浏览器访问应用程序，因此大部分功能都需要借助 Web 连接进行传输并加以执行，这就使得响应延迟成为用户体验的最大天敌。虽然 HTML 5 拥有访问 Native 存储数据的能力，但一般来说移动设备的内存容量也就几百兆，因此 Web 应用不可能将信息一直保存在内存中随时等待调用。

人类的智慧可谓无穷无尽，目前工艺最精致、打磨最严苛的 Web 应用已经能够将 WebKit 使用得炉火纯青。尽管仍然套着浏览器的外壳，但不少 Web 应用程序已经拥有完全独立的用户界面、全屏功能及导航、状态栏隐藏机制。

由于 WebKit 的实质属于 Native 应用，因为它能够访问设备中的许多底层功能，例如地理位置等。即使是体积最小巧的 WebKit 在与服务器端的 PHP、Ruby 或者客户端的 HTML 5、CSS 以及 JavaScript 等 Web 编程语言相结合之后，同样会迸发出令人印象深刻的化学反应——完美的 Native 应用模拟效果、所有常见操作按钮甚至是软键盘拨号，一切都与真正的 Native 应用毫无二致。而且值得一提的是，这一切仅仅是模拟出的效果，真正运行的只是最基本的应用代码，手机本身完全不必进行任何复杂的图形处理或者 CPU 运算。

可以说我们生在了最好的时代，如今可供选择的移动开发工具可谓史无前例地丰富、史无前例地实惠。我们既可以坚持不懈地走 Native 应用道路，花大价钱打造一款美观、高效的应用程序，也可以利用更为简单的 Web 或者 Hybrid 方式进行开发工作。希望大家花点时间把自己对于应用产品的需求一一列出，然后根据这些特性找出最合适的开发方向和工具。这样才可以正确地选择适合自己的移动 Web 开发方向。

14.3　移动 Web 开发基础

前面介绍了移动 Web 开发的概述和方向，本节将介绍移动 Web 的语法、语义和生态系统。通过本节的学习，读者将学会如何构建适应性强、响应迅速并且符合标准的移动 Web 站点，并确保其可以在任意移动浏览器上运行。本节中一些简单的开发提示和技巧将改进小尺寸屏幕中的 Web 可用性，使其适用于高级智能手机浏览器（具有电子邮件、桌面功能的 Web 浏览等集成 Internet 功能的高端手机中的浏览器），并且能够呈现完整的 HTML 并实现专有扩展。

对于移动 Web 开发人员来说，必须掌握以下知识，才可以在移动的疆场叱咤风云。

❑ 对移动标准和最佳实践具有专业而深入的了解。

❑ 批判性思维技能和正确对待怀疑。

   ❑　千方百计找出正确的语法。

   ❑　正确评价移动用户的需求。

　　基于标准的移动 Web 开发方法，确保在各种移动浏览器和平台之间的兼容性和可用性。要想在移动 Web 开发领域取得成功，必须了解所有规则，同时还要了解什么时候可以忽略规则。

14.3.1　移动 Web 和桌面 Web

　　前面我们介绍了企业级的 Java Web 开发，也就是 Java EE 开发。本小节主要讨论移动 Web 开发，以及还有一种桌面 Web 开发。

　　从根本上说，无论是 Java EE，还是移动 Web 或者是桌面 Web 开发都是 Web 开发，只有一种 Web 开发。Web 内容是可以使用各种 Web 浏览器查看的标准化标记、样式、脚本和多媒体。桌面 Web 由通过 TCP/IP 计算机网络连接在一起的大量服务器构成。这种服务器称为 Web 服务器，很多 Web 服务器实现超文本传输协议（HTTP）共享文档和文件。Web 服务器通过统一资源标识符（Uniform Resource Identifier，URI）提供对文本文件、标记文档和二进制资源的访问。

　　在 HTTP 请求中，客户端向 Web 服务器发送所需资源的 URI 以及一组请求头，其中一个请求头包含 MIME 类型列表，该列表公布客户端支持的内容类型。

　　在 HTTP 响应中，Web 服务器除了向客户端发送请求的文档（标记、文本或二进制文件）外，还会附带另外一组头，其中一个头包含 MIME 类型，描述传输到客户端的文档的文件类型。

　　移动 Web 在桌面 Web 的基础上添加了新的 MIME 类型、标记语言、文档格式和最佳实践，为小尺寸屏幕提供优化的 Web 内容，并可解决移动设备上的资源限制、Web 浏览器可用性差等问题。

　　移动 Web 在 Web 生态系统中引入了一些新的组件，包括如下内容。

   ❑　针对移动设备优化了标记语言和样式。

   ❑　可区分移动标记和桌面 HTML 的 MIME 类型。

   ❑　具有大量功能的浏览器客户端。

   ❑　使内容更适合移动客户端的网络代理。

　　如果将移动 Web 比作荒野，桌面 Web 就可称得上是世外桃源。桌面 Web 是一种较好理解的安全开发环境，采用根据已制定的标准建立客户端技术。截止到本书编写时，桌面 Web 已经走过将近 20 年的风雨历程了。桌面浏览器客户端是公开的、免费的、可轻易获得并且经常更新。目前人们使用的主流 Web 浏览器是由少数软件供应商和开放源代码项目生产的，这样就降低了跨平台 Web 开发中的测试难度。

　　在桌面生态系统中，如果一个 Web 页面到达目标浏览器，则其标记在传输途中几乎一直存在，Internet 中的中介服务器不会更改这些标记。网络所有者和 Internet 服务提供商（Internet Service Provider，ISP）对于通过自动标记适配及内容重新打包优化和改善网络体验没有任何兴趣。

　　桌面 Web 过滤软件可以阻止查看让人讨厌的网页，但是，Web 过滤器的工作方式是阻止页面访问，而不是调整页面语法。

如表 14-1 所示，给出了移动 Web 和桌面 Web 的特征对比。

表 14-1　移动Web和桌面Web的特征

特　　征	移动 Web	桌面 Web
平均会话长度	2～3 分钟	10～15 分钟
最小屏幕尺寸	90×60	800×600
最大屏幕尺寸	对于常用的设备为 240×400	无限制
浏览器供应商	超过 12 家并且还在不断增长	只有两家，市场份额超过 5%
浏览器故障	经常出现故障。除使用可更新操作系统的智能手机外，其他设备都无法修补	很少出现故障并且可以修补
W3C 标准	不规范。在移动行业中，有时会忽略甚至违背这些标准	接受并充分应用
标记语言	WML、CHTML、XHTML Basic、XHTML-MP、XHTML、HTML	XHTML、HTML
JavaScript 和 AJAX	90%的移动设备都不支持。采用 ECMAScript-MP 和 JavaScript。文档对象模型（Document Object Model，DOM）和支持的事件不同。一般都采用专有的 API	通常情况下支持
可寻址的客户	全球 30 亿移动订阅者	总计 10 亿台笔记本电脑、台式计算机和服务器

14.3.2　移动标记语言

目前，各种移动设备采用的移动浏览器一般是基于一定的标准，但又不一定遵从标准。这样，用户可以查看多种移动标记语言的 Web 内容，如下所示。

❑ XHTML 和 HTML。

❑ XHTML 移动配置文件（XHTML-MP）。

❑ CHTML（iMode）。

❑ 无线标记语言（WML）。

1．HTML和XHTML

HTML 是移动标记语言的旗舰产品。作为标准 Web 标记语言，HTML 被 Web 开发人员和设计人员广泛使用。很多移动浏览器都支持完整的 HTML 标记集，但是这些浏览器可能无法满足直接查看桌面 HTML 网站的用户体验。对于移动设备来说，屏幕分辨率、存储容量和带宽都存在限制，有必要开发出更加优化的标记和样式。当然，移动用户还希望针对他们的移动特性开发出一些专用的服务。

XHTML 在严格遵循 XML 语法的基础上，结合运用 HTML 标记集。对于移动浏览器来说，处理和呈现 XML 格式的标记要比处理松散的 HTML 语法规则容易得多。对于支持 HTML 的移动浏览器来说，XHTML 是最佳标记。

Android、iPhone、Nokia Series 60、Windows Mobile 和 BlackBerry 设备中的智能移动浏览器都支持 XHTML、HTML、JavaScript 和 AJAX。此功能集以及可选择添加的大量客户端缓存和 CSS 扩展功能构成了交互式移动 Web 应用程序的基础。

🔔注意：仅针对智能手机开发的移动 Web 站点可以使用 HTML 4 的完整功能集，并且在
　　　　不久的将来，还可以使用 HTML 5 的完整功能集。但是，在移动 Web 站点上使

用 HTML 和 XHTML 需要支付一定的费用。使用 HTML 和 XHTML 后，无法与使用旧版浏览器的高容量功能手机（市场上大量销售的低成本、功能很少的手机）兼容（尽管智能手机做了大肆的宣传，但还是有大量的功能手机用户在移动 Web 上冲浪）。

使用桌面标记还需要引入代码转换器，也就是通过重置标记格式优化桌面 Web，使之适用于移动设备的网络应用程序。代码转换器可以使系统认为标记是用于桌面浏览器的，同时机器会对标记进行重新调整，使其适合移动浏览器。

2．XHTML移动配置文件

XHTML 移动配置文件（XHTML-MP）由开放移动联盟（http://openmobilealliance.org）指定和维护，实际上，它就是移动 Web 的标准标记。移动配置文件，顾名思义，这种标记语言是 XHTML 的一个子集，专用于移动计算设备，包括手机，如下所示。

❑ XHTML-MP 1.0 设定了移动标记语言的基本标记。
❑ XHTML-MP 1.1 添加了<script>标记并支持移动 JavaScript。
❑ XHTML-MP 1.2 添加了更多表单标记和文本输入模式。截止到本书编写时，很多移动浏览器还不支持 XHTML-MP 1.2。

实际上，所有新开发的移动 Web 站点都使用 XHTML-MP 为移动用户提供服务。

这种标记语言在移动 Web 中引入了一些常用的概念，如分离标记结构和显示（presentation）。XML 格式的标记定义文档结构，而级联样式表（CSS）控制显示。大多数 XHTML-MP 移动浏览器都支持无线 CSS、CSS 移动配置文件和/或 CSS 2。当然，大多数意味着并不是所有支持 XHTML-MP 的移动浏览器也支持 CSS。

XHTML-MP 是无线应用协议（Wireless Application Protocol，WAP）第二版中规定的标记语言。尽管从技术上讲不够准确，但业界还是习惯性地将 XHTML-MP 称为 WAP 2。

3．WML

无线标记语言（WML）是一种旧版的简单标记语言，适用于低功耗的移动设备。1998 年，无线应用协议论坛（也就是现在的开放移动联盟）对这种语言进行了标准化处理。WML 是可扩展标记语言（XML）的一种行业说法，主要使用隐喻卡片组和卡片。一个标记文档可以包含多个用户界面（UI）屏幕或卡片。WML 最初设计用于在内存和处理能力极其有限的单色移动设备上显示文本。移动开发人员使用集成开发环境（IDE）或文本编辑器以纯文本的形式编写 WML，或者使用服务器端 Web 脚本语言生成代码。在某些移动网络中，WML 网关服务器会将标记编译为二进制格式，以压缩的形式传输到设备，这样可以提高传输速度。支持 WML 的移动浏览器反编译并显示该二进制 WML，也可以直接显示文本 WML。

WML 包含两个主要的版本：WML 1.1 和 WML 1.3。与前者相比，WML 1.3 引入了对彩色图像的支持。实际上，现在的所有移动浏览器都支持 WML 1.3 以及其他标记语言。目前美国境内所使用的移动设备中，大约 5%的设备其浏览器仅支持 WML，剩下的 95%支持并首选 XHTML-MP、XHTML 和/或 HTML。

WML 是 WAP 规范第一版中规定的标记语言。因此，在移动行业里，也将 WML 称为 WAP 1。这在技术上讲并不是很准确，因为 WAP 规范覆盖整个协议栈（包括标记本身），但尽管如此，还是沿用这种叫法。

WML 被认为是旧版移动 Web 语言。这种语言实在是老套，以至于 Apple iPhone 为追赶潮流而在其支持 Web 的移动浏览器中明确表示不再支持 WML。尽管 WML 语言已经存在了很多年，但其结构简单和压缩二进制格式的特点还是吸引了开发人员使用它开发一些简单的移动 Web 应用程序，或为旧式手机提供文本移动 Web 体验。

例如，俄勒冈州波特兰市的 Trimet 公共交通系统提供了一个简单的 WML 网站，用于查看公交车和轻轨的时刻表。每条线路中的每一站都显著地标记了一个唯一的数字 ID，以便于乘客识别。Trimet 网站用户在 WML 表单中输入站点 ID 即可了解下一班公交车和轻轨列车的预计到站时间。在该网站中，还可以按路线编号或位置浏览交通时刻表。

Trimet 交通网站为移动用户提供的功能很有限，却非常重要。文档很小，即使在 2G 的移动网络中，也可以实现快速浏览。由于该网站使用 WML，因此实际上目前使用的每部手机都可以查看交通时刻表。若要最大程度地提高市政移动网站在不同驾乘人群中的应用，则 WML 是一种非常不错的选择。您可以访问 http://wap.trimet.org 在 Trimet WML 网站中查询交通时刻表。Trimet 驾乘人员还可以使用许多其他移动 Web 站点和应用程序，包括许多面向 iPhone 和其他智能手机的移动 Web 站点和应用程序。

4．其他移动标记语言

移动 Web 中广泛使用的标记语言，包括 XHTML、HTML、XHTML-MP 和 WML。除此之外，还有其他一些未被广泛采用的标准化移动标记语言。其中一些标记语言要么超前标榜在移动设备上实现可靠的 Internet 访问，要么并入其后更流行的标准。对于这些标记语言，本书将简要说明其优势，而不做深入的探讨。

（1）HDML。WML 是移动 Web 的旧版语言，但它并不是第一种可在手机上查看的标记语言。这一殊荣属于 HDML（Handheld Device Markup Language，手持设备标记语言），它是 WML 的前身，由 Openwave （一家移动基础设备提供商和浏览器供应商，以前称为 Unwired Planet，也就是"无线星球"）设计。HDML 在 1997 年被提交到 W3C，但始终未标准化，也未被广泛采用。不过，HDML 对 WML 的语法形成和使用产生了很大的影响。

20 世纪 90 年代中期，手机都是黑白的，而且大多数使用的是三行显示屏。某些早期的移动设备支持显示 HDML 文档。HDML 浏览器对于语法的要求非常不严格。

作为一个喜欢尝试的人，我曾经使用 HDML 制作了一个基于表单的网站原型，并将其用于我的模拟手机。该网站可以运行，但我还是放弃了，因为浏览器强制执行少量达到 HDML 文档最大文件的大小。这种浏览器也最终没有向普通用户公布。在开发过程中，我经常用无效的 HDML 语法使浏览器崩溃，每次发生崩溃时，HDML 手机都会输出存在错误的文件名和出错的 C 源代码的行号。这个过程非常有趣。

（2）CHTML。日本的 DoCoMo 移动网络中的 I-mode 移动设备使用 HTML 的一个子集，即压缩式 HTML（Compact HTML，CHTML），显示 Web 内容。CHTML 由日本的移动浏览器公司 Access 所创建，并于 1998 年提交到 W3C 进行标准化。CHTML 采用 HTML 的结构，用一组严格限定的标记将 Web 内容传递到非常小的信息应用程序，如低端手机。CHTML 不支持以下 HTML 功能。

❑ JPEG 格式的图像（支持 GIF 格式）。

❑ 表格。

❑　图像地图。

❑　多种字体和样式（I-mode 设备中，仅支持一种字体）。

❑　背景色和背景图像。

❑　框架。

❑　样式表。

CHTML 仅在日本市场中销售的移动设备上使用，与此同时，通过 CHTML 开发的各种 I-mode 服务正在使用 XHTML 迅速地重新实现。

（3）XHTML Basic。对于功能受限的移动设备，在从 HTML 降级到 XHTML-MP 的过渡阶段，建议使用 XTML Basic 移动标记语言。该建议由 W3C 在 2000 年提出，开放移动联盟对 XTML Basic 的标记支持进行了扩展，从而创建了 XHTML-MP。

很多移动浏览器都支持 XHTML Basic DTD，但移动 Web 开发人员更倾向于使用支持更为广泛的 XHTML-MP。

14.3.3　移动脚本语言

移动浏览器中的客户端脚本编写曾经是智能手机的专属领域，但这种状况发生了日新月异的变化。到 2010 年，很多畅销移动设备都将支持 ECMAScript-MP 或移动 JavaScript。移动 JavaScript 是一种非常奇妙的工具，用于创造交互式的移动 Web 体验。与任何客户端移动技术一样，在真实的移动设备上测试 JavaScript 对于有效地完成开发工作至关重要，这是因为在模拟器上测试以及在 Firefox 中进行测试可能无法发现某些语法问题和性能问题，而这些问题很可能会在目标移动设备上发生。

移动 JavaScript 和桌面 JavaScript 的语法在本质上是一样的。移动版本严格遵守脚本行必须以分号结束。移动 JavaScript 减少了支持的字符集，并排除了计算密集型语言元素。与对应的桌面语言相比，移动语言的不同之处在于移动浏览器中的 DOM 和事件支持。DOM 和事件支持可能会因浏览器供应商和版本的不同而有所差异。若要成功完成移动 JavaScript 开发，则在设备上进行测试至关重要。

客户端脚本编写也可能会降低移动 Web 浏览性能。移动用户可以禁用 JavaScript 执行。因此，即使是专为移动设备设计的支持 JavaScript 的标记，也必须进行适度的调整，使之适应非脚本环境。灵活的移动 Web 设计首先实现标记，然后通过客户端脚本编写反复地对其进行增强。本书介绍设备识别和内容自适应技术，使得能够根据条件仅在支持 JavaScript 的移动浏览器上包含脚本。

📖注意：WML 提供了自己的脚本语言，即 WMLScript。WMLScript 需要从 WML 文档进行链接，并且支持表单验证、对话框、卡片导航和 URI 导航。本书中未对 WMLScript 进行讨论，我们关注的是在移动浏览器的客户端脚本编写中采用的脚本语言，也就是 JavaScript 和 ECMAScript-MP。

1．移动样式表

用于移动标记文档的样式表遵循三种 CSS 行业术语之一。最佳的移动浏览器支持 CSS

2，也就是在桌面 Web 中与 XHTML 和 HTML 结合使用的样式标准。支持 XHTML-MP 的移动浏览器使用无线 CSS 和/或 CSS 移动配置文件，二者都是 CSS 2 的子集，彼此独立而又存在一定的联系，可以在有限的浏览器上支持通用的样式属性。移动 CSS 子集删除了计算密集型 CSS 功能，如属性继承和 3D 元素对齐方式。

2．移动行业组织和标准机构

对于灵活的跨平台开发而言，遵守移动 Web 行业标准和最佳实践非常重要。一些 Internet 和移动行业机构掌管着移动 Web 标准和推荐的最佳实践，这些机构如下。

- ❑ W3C：该机构负责针对移动 Web 开发和测试标准化移动标记语言以及发布最佳实践文档。
- ❑ 开放移动联盟（以前称为 WAP 论坛）：该机构负责标准化移动标记和样式语言，以及其他设计用于实现跨设备、地域和移动网络进行互操作的移动技术。
- ❑ dotMobi（http://mtld.mobi）：该机构控制.mobi 顶级域，以及必须与设备适应并与移动设备兼容的内容。该机构还负责发布移动 Web 开发的最佳实践，并且通过在线社区对移动开发人员、市场营销人员和运营商进行相应的培训。
- ❑ 移动营销协会（Mobile Marketing Association）：该机构集中管理针对移动设备营销和广告的各种技术建议和最佳实践。
- ❑ 开放移动终端平台（Open Mobile Terminal Platform，OMTP）（www.omtp.org/）：这是一个由运营商创立的移动行业组织，主要负责标准化从 Web 应用程序访问移动设备的操作。

移动 Web 开发是一门新兴的学科，各种各样的标准和最佳实践如雨后春笋般涌现出来。聪明的移动 Web 开发人员应深谙这些行业文档，通过批判性的思维确定，在开发面向特定地域和移动设备型号的移动 Web 内容时应使用哪些最佳实践。

14.4　HTML 5 在移动 Web 开发中的应用

现在在和别人谈论移动应用开发和操作系统开发时，HTML 5 是一个绕不过去的话题。也许 2012 年 HTML 5 获得了最大的发展，在 2011 年底，HTML 5 看上去就是一个潜力无限的黑马。从一个科技从业人员的角度来看，HTML 5 在 2012 年有过极好的机会，例如谷歌、Mozilla、appMobi、Sencha、Resarch In Motion 以及 Facebook 等企业都纷纷使用 HTML 5 进行产品开发。在这样的情况下，HTML5 本能迎来自己的爆发。

但是，HTML 5 像是承受不了人们对它的期望所带来的压力一样，表现令人失望。HTML 5 曾经最主要的追求者是 Facebook，他们曾使用 HTML 5 来开发 iOS、安卓平台上的"本地"应用。这标志着一个网页服务走向移动应用开发方面。而在年中，Facebook 却彻底放弃了使用 HTML 5 开发 iPhone 应用的想法，转而使用本地代码来开发客户端。Facebook 此举严重影响了对 HTML 5 仍然持观望态度的其他企业。当 Facebook 表示将使用本地代码来开发客户端，以提供更好的表现和 UI 的时候，人们对此举进行了高度的注意。随之，人们转变了对 HTML 5 的态度，称 HTML 5 有其用武之地，但是它还未迎来自已发展的黄金阶段。

14.4.1　什么是 HTML 5

　　HTML 5 是用于取代 1999 年所制定的 HTML 4.01 和 XHTML 1.0 标准的 HTML 标准版本，现在仍处于发展阶段，但大部分浏览器已经支持某些 HTML 5 技术。

　　HTML 5 有两大特点：首先，强化了 Web 网页的表现性能；其次，追加了本地数据库等 Web 应用的功能。广义论及 HTML 5 时，实际指的是包括 HTML、CSS 和 JavaScript 在内的一套技术组合。它希望能够减少浏览器对于需要插件的丰富性网络应用服务（plug-in-based rich internet application，RIA），如 Adobe Flash、Microsoft Silverlight 与 Oracle JavaFX 的需求，并且提供更多能有效增强网络应用的标准集。

　　2012 年 12 月 17 日，万维网联盟（W3C）正式宣布凝结了大量网络工作者心血的 HTML 5 规范已经正式定稿。根据 W3C 的发言稿称："HTML 5 是开放的 Web 网络平台的奠基石。"

　　支持的浏览器包括 Firefox（火狐浏览器）、IE 9 及其更高版本、Chrome（谷歌浏览器）、Safari 和 Opera 等；国内的傲游浏览器（Maxthon），以及基于 IE 或 Chromium（Chrome 的工程版或称实验版）所推出的 360 浏览器、搜狗浏览器、QQ 浏览器以及猎豹浏览器等国产浏览器同样具备支持 HTML 5 的能力。

14.4.2　HTML 5 特点

　　HTML 5 有很多特点，下面就一一简要介绍一下。

- ❑ 语义特性（Class：Semantic）。HTML 5 赋予网页更好的意义和结构。更加丰富的标签将随着对 RDFa 的、微数据与微格式等方面的支持，构建对程序、对用户都更有价值的数据驱动的 Web。
- ❑ 本地存储特性（Class：OFFLINE & STORAGE）。基于 HTML 5 开发的网页 APP 拥有更短的启动时间、更快的联网速度，这些全得益于 HTML 5 APP Cache，以及本地存储功能。
- ❑ 设备兼容特性（Class：DEVICE ACCESS）。从 Geolocation 功能的 API 文档公开以来，HTML 5 为网页应用开发者们提供了更多功能上的优化选择，带来了更多体验功能的优势。HTML 5 提供了前所未有的数据与应用接入开放接口。使外部应用可以与浏览器内部的数据直接相连，例如视频影音可直接与 Microphones 及摄像头相连。
- ❑ 连接特性（Class：CONNECTIVITY）。更有效的连接工作效率，使得基于页面的实时聊天、更快速的网页游戏体验、更优化的在线交流得到了实现。HTML 5 拥有更有效的服务器推送技术，Server-Sent Event 和 WebSockets 就是其中的两个特性，这两个特性能够帮助我们实现服务器将数据推送到客户端的功能。
- ❑ 网页多媒体特性（Class：MULTIMEDIA）。支持网页端的 Audio、Video 等多媒体功能， 与网站自带的 APPS、摄像头和影音功能相得益彰。
- ❑ 三维、图形及特效特性（Class：3D、Graphics & Effects）。基于 SVG、Canvas、

WebGL 及 CSS3 的 3D 功能，用户会惊叹于浏览器中所呈现的惊人视觉效果。

- ❑ 性能与集成特性（Class：Performance & Integration）。没有用户会永远等待你的 Loading——HTML 5 会通过 XMLHttpRequest 2 等技术，帮助您的 Web 应用和网站在多样化的环境中更快速地工作。
- ❑ CSS3 特性（Class：CSS 3）。在不牺牲性能和语义结构的前提下，CSS 3 中提供了更多的风格和更强的效果。此外，较之以前的 Web 排版，Web 的开放字体格式（WOFF）也提供了更高的灵活性和控制性。

14.4.3　HTML 5 的优点

HTML 5 存在很多优点，主要表现在网络标准、多设备跨平台和及时更新等方面。

1．网络标准

HTML 5 本身是由 W3C 推荐出来的，它的开发是通过谷歌、苹果、诺基亚、中国移动等几百家公司一起酝酿的技术，这个技术最大的好处在于它是一个公开的技术。换句话说，每一个公开的标准都可以根据 W3C 的资料库找寻根源。另一方面，W3C 通过的 HTML 5 标准也就意味着每一个浏览器或每一个平台都会去实现。

2．多设备、跨平台

用 HTML 5 的优点在于，这个技术可以进行跨平台的使用。比如你开发了一款 HTML 5 的游戏，你可以很轻易地移植到 UC 的开放平台、Opera 的游戏中心、Facebook 应用平台，甚至可以通过封装的技术发放到 App Store 或 Google Play 上，所以它的跨平台非常强大，也是大多数人对 HTML 5 有兴趣的主要原因。

3．即时更新

游戏客户端每次都要更新，很麻烦。可是更新 HTML 5 游戏就好像更新页面一样，是马上的、即时的更新。

下面总结概括一下，HTML 5 有以下优点。

- ❑ 提高了可用性和改进了用户的友好体验。
- ❑ 有几个新的标签，这将有助于开发人员定义重要的内容。
- ❑ 可以给站点带来更多的多媒体元素（视频和音频）。
- ❑ 可以很好地替代 Flash 和 Silverlight。
- ❑ 当涉及到网站的抓取和索引的时候，对于 SEO 很友好。
- ❑ 将被大量应用于移动应用程序和游戏。

14.4.4　HTML 5 在 Web 开发中的作用

当人们讨论移动设备上的 HTML 5 技术时，他们通常只会有两种不同的看法。

（1）从感性的角度来看，HTML 5 技术的渲染过程主要是由浏览器、内嵌 HTML 5 解析器的应用程序（如 PhoneGap）、支持书签打开方式的应用程序又或者是移动手机产品

（iPhone 和 iPad）进行的。这种技术的好处就是能重用现有的网页设计，Web 开发人员也更容易上手，同时产品具备更高质量，更适用于多平台产品。也更易于调试和修正错误，并且，版本更新会更快。此消彼长，优势是它的功能，如果你像 PhoneGap 一样使用内嵌的架构，那么你会少很多麻烦事，劣势就是它的表现，这也是 HTML 5 技术面临的最大难题。

（2）从理性的角度来看，HTML 5 技术就是使用 JavaScript 引擎直接控制本地功能，改变移动设备上的浏览器组件。而 HTML 5 应用上的表现问题更多是由 HTML/CSS 渲染技术控制的，而不是由 JavaScript 解析生成的。如果使用正确，HTML 5 技术无疑可以给予你大量新增的表现效果。

1. HTML 5技术

目前使用 HTML 5 技术的例子包括 Appcelerator Titanium、Mobage/ngcore、Game Closure 以及 PhobosLabs。

以 PhobosLabs 的项目为例，这个项目是使用 WebKit 的 JavaScriptCore 组件完成，在设备端使用 OpenGL 渲染界面，而在开发时使用 HTML 5 的 canvas 组件的 API 开发。这就是说，开发人员可以在一个对 canvas 有良好支持的桌面浏览器内开发和测试他的 HTML 5 游戏，并且当他将这个游戏放到移动设备的浏览器打开时，也会出现同样优秀（甚至更优秀）的表现效果。这种用 HTML 5 开发的效果跟使用 Node.js 工具包开发的效果很相像，使用 Node.js 时，只需启用 JavaScript 引擎，而你仅需把你需要使用的 Node.js 组件添加到你的应用即可。

Appcelerator 的 Titanium 详述了 HTML 5 技术的概念，给我们展现了一个完整的 UI 工具的抽象层，这使得它可以被应用到生成其他游戏产品。意即一个 HTML 5 应用开发人员可以通过 Appcelerator 的 JavaScript UI 库创建按钮，而 Appcelerator 的内部逻辑会将这个按钮转换为 iOS 的原生界面按钮。我们可以通过 JavaScript 控制界面上的原生按钮。理论上，开发人员可以不需要写一句 Objective-C 代码。

HTML 5 技术有它的优势，当你依然在使用 JavaScript 编写代码时，你可以跟那些烦人的 HTML/CSS 布局逻辑和样式声明说再见。你还可以跟那些优秀的调试工具说再见。但这个技术也有蹩脚的一面，像 HTML 5 的游戏 API Mobage 就存在一些小毛病，canvas 组件可以在屏幕相对小一点的界面顺利显示，但如果屏幕稍微变大一点，就好像 Appcelerator 的例子一样，在调试时，你还需要考虑界面层额外的复杂性。在这里有很多 Appcelerator 的负面评论，如果你能把上面的几点记在心里，那么那些负面评论其实都可以被理解。

开发一个完整的 HTML5 手机应用的首要难题就是运行速度过慢。而第二大难题就是非常愚蠢的工具束缚，许多组件或多或少在不同的浏览器都存在一些漏洞，如 jQuery Mobile 的导航组件、iOS 的 innerHTML 组件的漏洞，所以你需要减少功能去避免出现漏洞，又或者你愿意花一些时间去修复这些漏洞。

你可以自己做个实验，当你在一个 iOS 应用里仅使用一至两个界面库时，再加上你自己写的少量 JavaScript 代码，没有更多的 JavaScript 库，你会发现这个 HTML 5 应用运行得流畅而完整，但却没什么功能。PhoneGap 的 iOS 项目仅需要 1～2 秒的时间就可以在 iPhone 3GS 上发布运行。这个事实可以告诉你，最基本的 HTML 5 应用运行起来真的非常流畅。所以，当你发现你的 HTML 5 应用的某些操作花费了 10～15 秒时间时，又或者花了 15 秒时间才加载完整个程序时，这都是一些 JavaScript 界面库给拖累的。

2．手机应用程序员需要两样东西

一个 HTML5 手机应用程序员需要的通常只有那么两样东西：第一样就是原生平台和网页界面的嫁接层；第二样就是手机 UI 库。

PhoneGap 近年已逐渐成为默认的嫁接层选择，它允许 HTML 5 应用通过 JavaScript 调用移动设备的照相机、访问手机通讯录和读写文件。而最受欢迎的手机 UI 库就包括 jQuery Mobile 和 Sencha Touch。

jQuery Mobile 是去年才创建的一个项目，所以它是非常新的，很显然，它也不够成熟。jQuery Mobile 的导航栏组件就非常糟糕，翻页时明显比原生的翻页功能要慢，如果你不刷新浏览器，你就没有办法递增列表内容。而在 PC 桌面平台测试时，它的 CPU 耗用率也是非常高（版本是 jQuery Mobile 的 alpha 4）。我的项目使用它，主要是考虑到相对简单（比较容易破解），因为这个库是基于 jQuery 构建的，所以任何一个资深的网页程序员都很容易上手。

据说 Sencha Touch 比 jQuery Mobile 更成熟、更快。但我一看到高复杂性的东西，我就会不自觉地厌恶它们。因为潜意识会告诉我，有很多功能我根本不会使用到，但却强制加载这些额外的东西到我应用里，让我应用整体表现差了很多。尽管我可能是错的，PhoneGap 应用页中最强大的手机应用是 IGN Dominate，它运行得很流畅并且它就是基于 Sencha Touch 开发的，但我确定他们肯定花了很多时间去优化这个产品。

3．HTML 5的调试或修改

在上面谈到的开发 HTML 5 应用时，许多人可能都忽略了一点，其实调试或修改一个 HTML 5 应用是很简单的。任何一个曾参与过大型 HTML 5 开发项目的开发人员都可以告诉你，调试和维护几乎占了整个项目生命周期的 80%的时间，甚至更多。这就是说，当你听到一个开发工具宣称可以在 15 分钟内开发一个聊天应用时，那么它可能只是能让你在 15 分钟内解决 20%的工作，剩下的 80%，你可能得耗上 3 倍以上的精力才能完成。

HTML 5 手机应用在调试时存在触碰问题，因为无法打印出控制台的日志。所以，如果 JavaScript 代码存在漏洞或者报错，你需要 alert()报错，否则你可能没法发现。PhoneGap 修正了这个问题，它可以通过 XCode 的控制台打印控制台的调式日志，但功能依然很有限。

目前最有效的解决方案就是 Weinre。尽管漏洞百出，但它就是能跑起来，有了它，你还能断点调试你的手机应用的 UI。Weinre 是基于 WebKit 的网页检查器的，它的调式工具后台通过远程服务端获取和替换调试代码。两至三周前，我曾对网页检查器的代码做过一些研究，我发现把它转换为一个远程调试器真的不难。Weinre 接下来几个月的开发进度将会更快，某些人可能还会开发出它的替代产品。我们拭目以待。

未来几年，移动应用开发中的 HTML 5 技术的调试工具无疑变得更加重要，它可以解决大部分开发人员 80%的工作量。你想要用 Objective-C 改变你的界面设计吗？编辑，再编译，运行。重复这三个步骤直到你满意为止。如果再编译步骤很多，这可能会耗上一天的时间。用 HTML 5 技术去实现？用 Weinre 编辑一些 CSS 属性并测试，你甚至不用关闭应用，就可以继续调试。一定程度上，你还可以在桌面浏览器调试你的 HTML 5 手机应用。但相信我，你的应用产品最终可能只会在移动设备上爆发一大堆漏洞而已，所以你必须得使用 Weinre。

不幸的是，人们常赞美某个工具包或者某项功能，但你却很少听到有人夸赞某个调试工具非常棒。所以我猜测就算它是 HTML 5 手机程序员最常用到的工具，我们也很少听到它被讨论到。

4．HTML 5现在的状况

在移动设备开发 HTML 5 应用只有两种方法，要不就是全使用 HTML 5 的语法，要不就是仅使用 JavaScript 引擎。

JavaScript 引擎的构建方法让制作手机网页游戏成为可能。由于界面层很复杂，读者可以预订一个 UI 工具包去使用。

纯 HTML 5 手机应用运行缓慢并错漏百出，但优化后的效果会好转。尽管不是很多人愿意去做这样的优化，但依然可以去尝试。

HTML 5 手机应用的最大优势就是可以在网页上直接调试和修改。原生应用的开发人员可能需要花费非常大的力气才能达到 HTML 5 的效果，不断地重复编码、调试和运行，这是首先得解决的一个问题。

14.5　jQuery Mobile 在移动 Web 开发中的应用

本节向大家介绍另一种移动 Web 开发技术——jQuery Mobile。在本节中，将和大家一块了解什么是 jQuery Mobile 以及 jQuery Mobile 的一些特性，帮助大家扩展一下知识面。至于 jQuery Mobile 如何使用在本节中不做深入讨论，感兴趣的读者可以自行阅读相关资料。

14.5.1　什么是 jQuery Mobile

jQuery Mobile 是 jQuery 在手机上和平板设备上的版本。jQuery Mobile 不仅会给主流移动平台带来 jQuery 核心库，而且会发布一个完整统一的 jQuery 移动 UI 框架，支持全球主流的移动平台。jQuery Mobile 开发团队说：能开发这个项目，我们非常兴奋。移动 Web 太需要一个跨浏览器的框架，让开发人员开发出真正的移动 Web 网站。

今天，jQuery 驱动着 Internet 上的大量网站，在浏览器中提供动态用户体验，促使传统桌面应用程序越来越少。现在，主流移动平台上的浏览器功能都赶上了桌面浏览器，因此 jQuery 团队引入了 jQuery Mobile（或 JQM）。JQM 的使命是向所有主流移动浏览器提供一种统一体验，使整个 Internet 上的内容更加丰富——不管使用哪种查看设备。

JQM 的目标是在一个统一的 UI 中交付超级 JavaScript 功能，跨最流行的智能手机和平板电脑设备工作。与 jQuery 一样，JQM 是一个在 Internet 上直接托管、免费可用的开源代码基础。事实上，当 JQM 致力于统一和优化这个代码基础时，jQuery 核心库受到了极大关注。这种关注充分说明，移动浏览器技术在极短的时间内取得了多么大的发展。

与 jQuery 核心库一样，您的开发计算机上不需要安装任何东西，只需将各种 *.js 和 *.css 文件直接包含到您的 Web 页面中即可。这样，JQM 的功能就好像被放到了您的指尖，供您随时使用。

14.5.2　jQuery Mobile 基本特性

jQuery Mobile 的基本特性包括以下几点。

（1）一般简单性。此框架简单易用。页面开发主要使用标记，无需或仅需很少 JavaScript。

（2）持续增强和优雅降级。尽管 jQuery Mobile 利用最新的 HTML 5、CSS 3 和 JavaScript，但并非所有移动设备都提供这样的支持。jQuery Mobile 的哲学是同时支持高端和低端设备，比如那些没有 JavaScript 支持的设备，尽量提供最好的体验。

（3）Accessibility。jQuery Mobile 在设计时考虑了访问能力，它拥有 Accessible Rich Internet Applications（WAI-ARIA）支持，以帮助使用辅助技术的残障人士访问 Web 页面。

（4）小规模。jQuery Mobile 框架的整体大小比较小，JavaScript 库 12KB，CSS 为 6KB，还包括一些图标。

（5）主题设置。此框架还提供一个主题系统，允许您提供自己的应用程序样式。

（6）浏览器支持。我们在移动设备浏览器支持方面取得了长足的进步，但并非所有移动设备都支持 HTML 5、CSS3 和 JavaScript。这个领域是 jQuery Mobile 的持续增强和优雅降级支持发挥作用的地方。如前所述，jQuery Mobile 同时支持高端和低端设备，比如那些没有 JavaScript 支持的设备。持续增强（Progressive Enhancement）包含以下核心原则。

❑ 所有浏览器都应该能够访问全部基础内容。
❑ 所有浏览器都应该能够访问全部基础功能。
❑ 增强的布局由外部链接的 CSS 提供。
❑ 增强的行为由外部链接的 JavaScript 提供。
❑ 终端用户浏览器偏好应受到尊重。
❑ 所有基本内容应该（按照设计）在基础设备上进行渲染，而更高级的平台和浏览器将使用额外的、外部链接的 JavaScript 和 CSS 持续增强。

jQuery Mobile 目前支持以下移动平台。

❑ pple iOS：iPhone、iPod Touch 和 iPad（所有版本）。
❑ Android：所有设备（所有版本）。
❑ Blackberry Torch（版本 6）。
❑ Palm WebOS Pre、Pixi。
❑ Nokia N900（进程中）。

14.6　本 章 小 结

本章介绍了移动 Web 开发，包括桌面 Web 和移动 Web 之间的基本区别。并对当前移动 Web 开发的主要技术及其技术特点和开发使用做了简要的介绍。

移动设备一般都外形小巧，而移动用户往往具有目标导向性，从而有必要开发面向移动设备和移动用户的专用移动标记语言。此外，介绍了一些用于移动 Web 的标记语言和脚本语言，在此过程中，还提到了一些非主流的语言，但仅仅是简单的介绍，并没有深入的讲解。

由于当前的移动开发非常火爆，本章主要是向读者介绍一下当前的移动开发领域，旨在让读者更多地了解移动 Web 开发，让读者能够更好地进入移动 Web 开发领域。本章只是简单的入门，抛砖引玉而已。如果想学更多的移动 Web 开发，还需要读者自己查阅更多的资料学习。

第 15 章　学海无涯，潜心修炼——不断探索新领域

随着移动互联网的高速发展，移动开发的关注度甚至超越了传统的软件开发，Android 和 iPhone 的火热程度也反映了这一点。那么 Java Web 开发在移动领域的开发前景又如何呢？

15.1　浅析移动领域 Java Web 开发前景

要谈移动领域 Java Web 发展前景，就不得不讲到两点：Java 的发展和未来的趋势；移动终端的发展和未来的发展趋势。因为移动 Java Web 是依附于移动终端的，而 Java Web 发展是依附于 Java 平台的。那接下来就和读者朋友一块探讨一下这两者的发展和未来的趋势。

15.1.1　Java 的发展和未来的趋势

除移动开发外，在过去一年中，传统软件开发界仍有很多亮点值得我们一一回味。

1. Java饱受争议，但依旧风生水起

当人们对"Java 将死"议论纷纷时，当 Java 失去编程语言排行榜的头把交椅时，或许你会觉得 Java 近年来的发展并不如意，特别是 SUN 被甲骨文收购后。但当我们回首 Java 的 2012 年，你会发现，尽管伴随着流言飞语，但 Java 的发展依然风生水起。同时，我们也看到了甲骨文对其的重视程度，未来十年的发展规划也已经出炉。

目前，Java 开发者的数量已超过了之前的 900 万，将近 97%的企业电脑也在运行着 Java，其下载量每年达到了 10 亿，如此一个庞大的数字怎么也不可能和"Java 将死"联系在一起。当然，也许是 Java 的包袱太重，更多的开发者希望 Java 能够像当初那样轻装上阵，完成类似 Ruby 或 Python 的动态特性，一个简单且完备的框架及时出现。

2. Java未来十年规划

由此我们可以看出，无论是在桌面端，还是在移动领域，Java 的优势依然明显。当然，这一切也离不开 Oracle 对其的重视程度，尽管在收购 SUN 后，Oracle 在对 Java 的管理上受到了诸多质疑。就算如此，Oracle 也列出了未来十年 Java 的发展路线图。

（1）JVM：近年将开始支持越来越多的流行编程语言，包括 Groovy、JRudy、Jython、Clojure、Clojure、Kotlin、Rhino 和 Ceylon 等。

（2）Java 8：提高释放对象能力、易用性以及在云计算方面的优化，提供统一的类型系统和优化数据结构。在云计算方面，JVM 为安全地运行多个程序提供多租户功能，及每个线程/线程组之间的资源处理和管理。

（3）Java 9：将新增一些语言上的特性，包括大数据的支持和 64 位的大数组备份。异种计算模型新增了 Java 语言对 GPU 的支持、FPGA、离线引擎以及远程 PL/SQL。

（4）Java 10 及以上：支持扩展函数类型，具有真正的泛型函数类型，包括多维数组数据结构优化。

3．Java SE 6生命终结

有"人"欢喜有"人"愁，甲骨文曝出未来十年 Java 的发展路线后，Java SE 6 的生命也就此终结。根据原定计划，JDK 6 和 Java SE 6 将在今年 7 月份终结，但实际终结日期推迟到了今年的 11 月份。甲骨文称，之所以推迟，是为了给予开发者更多的时间来过渡到 JDK 7。

4．企业级开发工具MyEclipse新版发布

MyEclipse 是一个十分优秀的用于开发 Java、J2EE 的 Eclipse 插件集合，MyEclipse 的功能非常强大，支持也十分广泛，尤其是对各种开源产品的支持十分不错。在今年 4 月，MyEclipse 官方网站发布了最新的 MyEclipse 10.1 版本，此版本一个重要特点是支持 Apache Maven 企业级应用，特性总结如下。

- 提供了对 Apache Maven 3 的支持以及自动化构建。
- 即时部署。
- 支持 HTML 5。
- 支持 Java EE 6。
- 支持 Struts 2。
- 高级的 JavaScript 工具。
- 支持 WebSphere 应用客户端项目，版本包括 WebSphere Portal Server 7.0、WebSphere 8 以及 WebSphere 6.1 和 7。
- 增强 JPA。
- 支持 Windows 和 Linux 操作系统上的 DB2 数据库连接。

5．未来趋势展望

有议论、有纷争，Java 的 2013 年注定不平凡。回顾过往，当我们还在为 SUN 被廉价收购感到惋惜时，而如今 Java 则在甲骨文的带领下蒸蒸日上。在移动领域 Android 设备的出货量已稳居全球第一，用户数量的暴增，则让开发者充满期待；在企业级开发领域，Java 一直处于老大哥的地位，同时，Oracle 在企业级方面十分有经验，可谓天时地利人和都在。

当然，随着 IT 产业的变革，云计算实现真正的落地，Java 在其中也有很大的发展机遇。Oracle 在云计算方面的布局清晰可见，Java 在其中扮演的角色尤为重要，作为上层企业应

用开发的主要语言，Java 肩负重任。另一方面，免费也让 Java 得到了更广阔的机会，比如在 VMware 大力推动 Spring 的情况下，Java 也得到了更好发展。所以 Java 的前景可谓是一片光明，前景无限。

15.1.2　移动终端发展和未来移动终端趋势

回顾过去，近十年移动终端发展和未来移动终端发展趋势大体可分为以下 4 个阶段。

第 1 个阶段：功能终端。满足用户基本通信需求，如发短信、打电话，附加些贪食蛇、推箱子小游戏。

第 2 个阶段：半智能化的终端。可扩展第三方应用，实现上网浏览等互联网基础功能，以诺基亚 S60 手机为代表。

第 3 个阶段：移动互联网智能化终端。手机和移动互联网更加紧密，浏览器、流媒体更加强大，互联网应用和手机系统特性结合得更加紧密；手机成为了一个平台，用户可以通过下载第三方应用来 DIY 这款终端，如偏好音乐，可以下载音乐类型的应用。代表为 iPhone、Android 和 Windows Phone。

第 4 个阶段（未来趋势）：物联网化的智能终端。此阶段的特点是现实生活和网络通过传感设备结合得更加紧密。

目前我们处于第 3 个阶段前期，对用户而言，由于收入不同、兴趣爱好不同、需求偏好的不同以及手机私人属性和随身性的特点，产生了不同的用户体验；对各个厂商而言，由于目标市场的定位不同、商业利益的不同、技术背景不同，造就了不同的手机操作系统。最终形成了手机操作平台多元化的局面。

目前主流手机操作平台可分为：Symbian、Android、iOS 、MTK、Windows mobile、Windows Phone 等 6 种。下面分别简要介绍下这几个平台的情况。

- ❑ Symbian：昔日王者，虽然眼下受到了 Android 和 iPhone 的强势狙击，被其瓜分了部分市场，有可能被 Windows Phone 7 取代。如果它不革自己的命，那么很可能被别人革命。
- ❑ Android：势如破竹，据国外媒体报道 Android 在去年第四季度已成为全球最大的智能手机平台，结束了 Symbian 在智能机领域长达 10 年的统治地位。作为后来者，Android 借鉴了 iPhone 的操作体验，但是由于 Android 完全开源，对于手机厂商和运营商来讲，很容易定制成自己特色和服务的手机，加上 Android 强大的互联网功能，因而获得二者的青睐。完全开源是把双刃剑，由于各厂商分别定义了各自的产品，这种不标准和不统一会给第三方软件适配带来门槛，会导致单个某型号的移动终端 Android 应用偏少，所以 Android 有可能成为智能手机中的山寨机。
- ❑ iOS：神话缔造者，从热销的程度我们可以看出 iPhone 4 创造的奇迹。超炫的 UI 设计，良好的交互操作，海量的应用，牢牢占领高端市场。从短期来看，iPhone 4 突出的优势会让它再火一段时间，从中期看 iPhone 4S 和 iPhone 5 依旧火爆，但是 iPhone 5 已经显然比不上 iPhone 4S 抢手。由于是自有系统，市场占有量取决于苹果手机终端用户认可情况，所以长期看，主要取决于苹果手机发展和竞争对手的变化。

- ❏ Windows mobile：廉颇老矣，尚能饭否？无论从 UI 视觉效果、易用性，还是第三方应用，Windows mobile 都完败 iPhone 和 Android。已经该退隐江湖了。
- ❏ MTK：山寨大王，MTK 是一个封闭的环境，不支持可扩展的应用，同时原功能也不完善，总之是个半成品。需要中间厂商来完善。相比较来讲，第三方程序少，易用性一般。山寨机的价格和功能形成的性价比优势，占据低端市场。
- ❏ Windows Phone 7：可能会是救世主，作为微软和诺基亚的救命稻草，但是个人感觉 Windows Phone 7 的体验并不比 iPhone 和 Android 的体验好，主要采用卷轴式 UI 设计风格，使 UI 体验别具一格。系统和互联网应用的紧密结合，加上诺基亚和微软的强力支持，这个操作系统有望在智能机领域形成 Windows Phone 7、Android、iPhone 三足鼎立的局面。

可以看出上述几大平台分别对应不同的体验和功能实现。对产品设计人员和开发人员而言，它们通常会参照移动终端的 UI 设计规范。因为移动终端系统本身定义了一些常用的控件和响应方式。产品保持与终端系统的一致，不但可以降低开发成本，而且易于用户学习和使用。

但是面对诸多平台，尤其是各个平台功能特点不尽相同，操作方式不同，屏幕大小不同，而每个主流平台又有相当规模的用户群，拥有众多不同的 UI 规范，这对于全平台的产品而言，无疑是具有灾难性的。

而 Java Web 开发以其具有良好的跨平台性就成为跨平台开发的最佳选择。所以 Java Web 在平台整合和统一方面任重而道远，大有所为，前景也不可限量。基于移动的 Web App 将会取得绝大优势，我们会看到移动 MVC 框架的大量增长，像 HTML 5、JQuery 等发展迅速。除此之外，移动 Web 的跨平台特性，让不管是开发个人级应用的团队，还是针对企业级市场的公司，都将其视为未来的发展趋势。

移动 Web 开发很有前途，不过也没有想象的那么美好，我觉得移动互联网吸引大量的关注本质上还是人生活方式的变革，我们和手机待的时间更多了，不过移动互联网的挑战在于产品本身需要更多地考虑场景、使用频率、规模化成本和线下资源整合等方面的问题。相比于以前我们认知的互联网而言，移动互联网中，除了游戏和工具应用，商业化的移动互联网服务可能会涉及更长的产业链，因而对于创业团队会有更大的挑战，但是本质上还是需要去把握人们生活中真正的需求，才有可能更好地去挖掘商业的价值，纯粹地从模式上研究移动 Web 开发没有太大的价值。

15.2　结　　束

读到这里，就是要和读者说再见的时刻了。通过本书的学习，相信读者对 Java Web 项目的开发已有领悟，有所掌握。本人真地想把更多的知识和技能传播出去，所以在编写本书时，对所讲知识反复琢磨，已达到精益求精。但是由于本人的知识和水平有限，所以书中可能会有一些纰漏之处，万望读者朋友见谅，本人一定会虚心聆听，加以改正。由于本书中的部分实例参考开源社区的代码改编，所以在此声明，本人所用的代码只是作为知识传播，并不用于任何商业开发和商业目的。只求为 IT 的发展尽自己的绵薄之力。

　　在结束时本人再次提醒读者，本书旨在指导读者入门，所以并没有从深层次挖掘知识的原理，读者在读完本书时会很清晰地感受到 Java Web 开发的流程和基本原理，但是对于真正地从事企业开发还需要读者自己加以练习。

　　最后送给读者太极拳口诀的最后几句，望读者知其妙、懂其理、积日有益、久练后成。

　　劲以积日而有益，功以久练而后成；至于身法原无定，无定有定在人用，势虽不牟理归一，手领身随浩气行。欲知拳中奥妙意，早晚太极不离身，气宜直养而无害，延年益寿健身心。